航空发动机工程通论

General Theory of Aeroengine Engineering

甘晓华　薛洪涛　雷友锋 ◎ 编著

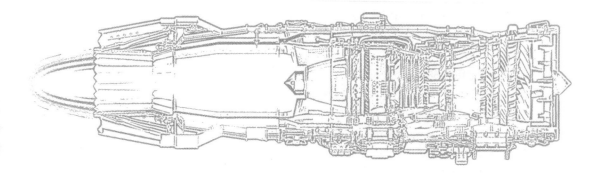

北京理工大学出版社
BEIJING INSTITUTE OF TECHNOLOGY PRESS

版权专有　侵权必究

图书在版编目(CIP)数据

航空发动机工程通论 / 甘晓华, 薛洪涛, 雷友锋编著. -- 北京：北京理工大学出版社, 2021.8(2021.9重印)

ISBN 978-7-5763-0133-5

Ⅰ. ①航… Ⅱ. ①甘… ②薛… ③雷… Ⅲ. ①航空发动机－航空工程－系统工程－研究 Ⅳ. ①V23

中国版本图书馆 CIP 数据核字(2021)第 155420 号

出版发行 /	北京理工大学出版社有限责任公司
社　　址 /	北京市海淀区中关村南大街5号
邮　　编 /	100081
电　　话 /	（010）68914775（总编室）
	（010）82562903（教材售后服务热线）
	（010）68944723（其他图书服务热线）
网　　址 /	http://www.bitpress.com.cn
经　　销 /	全国各地新华书店
印　　刷 /	三河市华骏印务包装有限公司
开　　本 /	787 毫米 × 1092 毫米　1/16
印　　张 /	28.5
彩　　插 /	6
字　　数 /	600 千字
版　　次 /	2021 年 8 月第 1 版　2021 年 9 月第 2 次印刷
定　　价 /	188.00 元

责任编辑 / 多海鹏
文案编辑 / 多海鹏
责任校对 / 周瑞红
责任印制 / 李志强

图书出现印装质量问题，请拨打售后服务热线，本社负责调换

前言

航空发动机是飞机的"心脏",是科技人员无止境追求的高精尖复杂机器,因而被人们称为工业皇冠上的明珠。

通常来说,一型航空发动机从概念设计、基础研究、技术攻关到研制生产和服役,基本上要耗时至少20年,从服役到退役需20~50年。航空发动机产品从孕育到退役经历的分析、设计、试验、制造和使用等各个发展阶段,都需要相适应的理论指导和技术来支撑。

目前我国高校航空发动机专业教科书中,通常设有航空发动机原理、结构与强度、燃烧与传热、控制等专业课程。学生们在掌握了这些理论知识再经过一段时间的工作实践后,基本都能够顺利地成为一名相应专业方向的设计师或技术人员。

但是,对于想要尽快成为一名航空发动机的系统工程师、总设计师或高级技术管理师的相关人员来说,需要从全局来把握航空发动机工程的特点和规律,也就是需要掌握航空发动机从各部件到总体的全系统知识,以及工程涉及的用户需求、产品概念、设计、试验、制造、使用和管理等各环节的全过程知识,即全系统、全过程"两全"知识。本书力图提供航空发动机全系统和工程全过程的相关知识,包括基本要求、程序、理论、方法和途径,而没有过多地涉及深入的发动机原理和结构等目前高校教材中已有的理论知识内容。本书适用于有一定航空发动机专业知识的高年级本科生或研究生,以及有一定航空发动机领域工作经历的人员。

发展一型航空发动机工程产品,要具备"必需、可行、好用、经济"四个要素,才称得上成功,本书内容也在一定程度上反映了支撑这四个要素的基本知识。作者把书名定为《航空发动机工程通论》,是因为该书主要介绍了航空发动机工程所涉及的基本知识,这有利于帮助技术和管理人员更好地理解和掌握航空发动机获得成功必须全面考虑及系统权衡的相关要素,从而发展优良可靠的航空发动机产品,推动航空事业的进步。

工程科学注重于将基础科学应用于最终产品,从而改变社会和造福人类，是人类科技活动的终极目标。没有工程产品，科学技术就成了空中楼阁。因此，人类在工程上投入的金钱和精力最多。对于航空发动机的经费投入来说，在其科学、技术、工程方面的投入比例大约是 1∶10∶100。因此，掌握和应用航空发动机工程科学的理论知识对于促进航空发动机发展是非常必要的。

作者基于多年从事航空发动机工程实践的认知，并参考了相关技术资料，撰写了这本航空发动机工程参考书。同时，本书也是对近年来我国航空发动机工程发展中的理论和实践总结的尝试。在编写本书的过程中，很多业内专家和同事提供了大量有价值的素材和有益的建议，在此表示感谢。尤其感谢中国航发集团胡晓煜女士、姚华和焦炟先生，西北工业大学张晓博先生，南方科技大学任光明、魏佐君、王波先生和陈曦女士，以及何峻女士和程卫华、陈超、王奉明、唐正府、王井科、宋志平、苏中高先生等。

本书涉及面广泛，引用了大量的文字、图、表、数据等，对这些原作者表示衷心感谢！此外，有的图、表和数据等内容难以溯源，未能注明出处，敬请谅解！由于作者水平和时间有限，难免有叙述不深不透，甚至存在错误与不妥之处，敬请读者批评指正。

编著　者

2021 年 5 月

目 录
CONTENTS

第1章 航空发动机概述 ·········· 001
  1.1 航空发动机的发展历程 ·········· 001
    1.1.1 活塞式发动机 ·········· 001
    1.1.2 燃气涡轮发动机 ·········· 003
  1.2 涡喷涡扇发动机概述 ·········· 007
    1.2.1 组成与工作机理 ·········· 007
    1.2.2 发动机性能评定 ·········· 009
    1.2.3 发动机划代 ·········· 011
  1.3 涡轴涡桨发动机概述 ·········· 014
    1.3.1 结构形式和工作特点 ·········· 014
    1.3.2 评定性能的指标 ·········· 018
  参考文献 ·········· 021

第2章 燃气涡轮发动机原理 ·········· 023
  2.1 产生推力的原理 ·········· 023
  2.2 热力循环和效率 ·········· 024
  2.3 不同类型发动机的热力循环 ·········· 026
    2.3.1 涡轮喷气发动机 ·········· 026
    2.3.2 涡轮风扇发动机 ·········· 028
    2.3.3 涡轮螺旋桨、桨扇和涡轴发动机 ·········· 030
    2.3.4 加力涡喷发动机 ·········· 031
    2.3.5 几种发动机推进效率的比较 ·········· 031
  2.4 进气道 ·········· 033
    2.4.1 进气道的类型 ·········· 034
    2.4.2 进气道的性能参数 ·········· 037

- 2.5 风扇和压气机 ·· 040
  - 2.5.1 压气机的分类 ·· 040
  - 2.5.2 压气机的工作原理 ··· 042
  - 2.5.3 压气机的主要性能参数 ·· 046
  - 2.5.4 压气机系统性能 ·· 046
- 2.6 燃烧室 ·· 047
  - 2.6.1 燃烧室的类型 ·· 048
  - 2.6.2 燃烧室的工作过程 ··· 048
  - 2.6.3 燃烧室的主要性能参数 ·· 051
  - 2.6.4 燃烧室特性 ··· 052
  - 2.6.5 加力燃烧室 ··· 053
- 2.7 涡轮 ·· 054
  - 2.7.1 涡轮的工作原理 ·· 055
  - 2.7.2 涡轮的主要性能参数 ··· 056
  - 2.7.3 涡轮特性 ·· 057
- 2.8 喷管 ·· 058
  - 2.8.1 喷管类型 ·· 058
  - 2.8.2 喷管性能 ·· 059
  - 2.8.3 其他功能 ·· 062
- 2.9 压气机与涡轮共同工作 ·· 063
- 参考文献 ·· 065

第3章 航空发动机的主要构成 ·· 068
- 3.1 压气机（风扇）··· 068
  - 3.1.1 离心式压气机 ·· 069
  - 3.1.2 轴流式压气机 ·· 070
  - 3.1.3 材料 ··· 074
- 3.2 燃烧室 ·· 074
  - 3.2.1 单管燃烧室 ··· 075
  - 3.2.2 环管燃烧室 ··· 075
  - 3.2.3 环形燃烧室 ··· 076
  - 3.2.4 材料 ··· 077
- 3.3 涡轮 ·· 077
  - 3.3.1 导向器叶片 ··· 077
  - 3.3.2 涡轮盘 ·· 078
  - 3.3.3 涡轮工作叶片 ·· 078
  - 3.3.4 材料 ··· 080
- 3.4 加力燃烧室 ·· 080

3.4.1 扩压器 …………………………………………………………………………… 081
3.4.2 供油装置 ………………………………………………………………………… 081
3.4.3 点火装置 ………………………………………………………………………… 082
3.4.4 火焰稳定器 ……………………………………………………………………… 083
3.5 排气系统 ……………………………………………………………………………… 084
3.5.1 亚声速喷管 ……………………………………………………………………… 085
3.5.2 超声速喷管 ……………………………………………………………………… 086
3.5.3 喷管变几何结构 ………………………………………………………………… 087
3.5.4 引射喷管 ………………………………………………………………………… 087
3.6 附件传动 ……………………………………………………………………………… 088
3.6.1 内部齿轮箱 ……………………………………………………………………… 089
3.6.2 径向传动轴 ……………………………………………………………………… 090
3.6.3 外部齿轮箱 ……………………………………………………………………… 090
3.7 润滑系统 ……………………………………………………………………………… 090
3.7.1 滑油箱 …………………………………………………………………………… 091
3.7.2 滑油散热器 ……………………………………………………………………… 091
3.7.3 滑油系统的其他装置 …………………………………………………………… 092
3.8 空气系统 ……………………………………………………………………………… 093
3.8.1 冷却 ……………………………………………………………………………… 094
3.8.2 封严 ……………………………………………………………………………… 096
3.8.3 轴承载荷控制 …………………………………………………………………… 098
3.9 控制系统 ……………………………………………………………………………… 099
3.9.1 概述 ……………………………………………………………………………… 099
3.9.2 液压机械式控制系统 …………………………………………………………… 102
3.9.3 数字控制系统 …………………………………………………………………… 104
3.10 涡轴涡桨发动机的构造特点 ………………………………………………………… 107
3.10.1 燃烧室 …………………………………………………………………………… 107
3.10.2 自由涡轮 ………………………………………………………………………… 109
3.10.3 排气装置 ………………………………………………………………………… 110
3.10.4 减速器 …………………………………………………………………………… 110
3.10.5 粒子分离装置 …………………………………………………………………… 110
3.10.6 红外抑制装置 …………………………………………………………………… 111
3.10.7 螺旋桨和调速系统 ……………………………………………………………… 112
参考文献 ……………………………………………………………………………………… 113

第 4 章 航空发动机研制发展阶段划分及其特点 ………………………………………… 115
4.1 国外航空发动机发展的管理理念演变 ……………………………………………… 115
4.2 航空发动机的研制阶段 ……………………………………………………………… 117

4.2.1　需求分析与论证阶段 ·· 118
　　4.2.2　方案设计阶段 ·· 119
　　4.2.3　详细设计阶段 ·· 122
　　4.2.4　试制与验证阶段 ·· 123
　　4.2.5　生产与服务阶段 ·· 123
　4.3　技术成熟度评价方法 ·· 123
　　4.3.1　基本概念 ··· 124
　　4.3.2　发展沿革 ··· 124
　　4.3.3　技术成熟度评价方法 ··· 124
　　4.3.4　技术成熟度等级评价流程 ·· 127
　　4.3.5　评价细则 ··· 128
　4.4　我国航空发动机全寿命管理概要 ·· 139
　　4.4.1　预先研究 ··· 140
　　4.4.2　工程研制 ··· 141
　　4.4.3　使用发展 ··· 142
参考文献 ··· 143

第5章　航空器对动力的需求分析 ·· 144
　5.1　概述 ·· 144
　5.2　飞机任务分析 ·· 145
　　5.2.1　飞机任务需求 ·· 146
　　5.2.2　约束条件分析 ·· 150
　　5.2.3　分系统性能参数优化选择 ·· 153
　　5.2.4　分系统性能参数指标的优化迭代 ··· 155
　5.3　发动机能力需求与指标体系 ·· 156
　　5.3.1　任务飞行能力 ·· 156
　　5.3.2　作战适用能力 ·· 156
　　5.3.3　环境适应能力 ·· 156
　　5.3.4　部署与快速出动能力 ··· 156
　　5.3.5　生存能力 ··· 157
　　5.3.6　综合保障能力 ·· 157
　　5.3.7　经济承受能力 ·· 157
　5.4　主要技术指标 ·· 159
　　5.4.1　性能与适用性 ·· 159
　　5.4.2　环境适应性 ··· 167
　　5.4.3　结构完整性 ··· 168
　　5.4.4　战斗生存力 ··· 170
　　5.4.5　"五性" ··· 171

5.4.6 经济可承受性 ··· 172
  5.4.7 子系统适应性与完整性 ·· 173
 参考文献 ··· 174

第6章 发动机初步总体设计 ·· 175
 6.1 设计点性能分析 ·· 176
  6.1.1 目的 ·· 176
  6.1.2 设计点循环分析 ··· 176
  6.1.3 举例发动机的选择：设计点分析 ·· 183
 6.2 非设计点性能分析 ·· 191
  6.2.1 目的 ·· 191
  6.2.2 分析计算 ·· 191
  6.2.3 非设计点循环分析示例 ··· 193
 6.3 确定发动机尺寸：安装性能 ··· 198
  6.3.1 概念 ·· 198
  6.3.2 分析计算 ·· 199
  6.3.3 发动机安装性能和最终尺寸确定的实例 ······························ 200
  6.3.4 AAF发动机性能 ··· 202
 6.4 小结 ·· 206
 参考文献 ··· 206

第7章 部件和系统的设计及要求 ·· 208
 7.1 主要部件设计 ··· 208
  7.1.1 压缩部件 ·· 208
  7.1.2 主燃烧室和加力燃烧室 ··· 214
  7.1.3 高压涡轮和低压涡轮 ··· 219
  7.1.4 喷管 ·· 224
 7.2 发动机总体结构设计 ··· 225
  7.2.1 结构布局内容 ··· 225
  7.2.2 发动机转子支承方案 ··· 226
  7.2.3 发动机承力系统 ··· 228
  7.2.4 临界转速估算 ··· 229
  7.2.5 重量估算 ·· 229
 7.3 发动机控制系统 ·· 231
  7.3.1 控制系统要求 ··· 232
  7.3.2 控制系统设计流程简介 ··· 234
  7.3.3 控制系统的发展 ··· 237
 7.4 发动机子系统设计 ·· 239
  7.4.1 燃油系统 ·· 239

7.4.2　润滑系统 …………………………………………………………… 241
　　7.4.3　健康管理系统 ……………………………………………………… 243
　　7.4.4　电气系统 …………………………………………………………… 245
　　7.4.5　点火系统 …………………………………………………………… 246
　　7.4.6　起动系统 …………………………………………………………… 246
　　7.4.7　防冰系统 …………………………………………………………… 247
　　7.4.8　尾喷管系统 ………………………………………………………… 247
参考文献 …………………………………………………………………………… 248

第8章　航空发动机通用质量特性 250

8.1　概述 250
　　8.1.1　基本概念 …………………………………………………………… 250
　　8.1.2　"五性"要求分类和主要提出方法 ………………………………… 252
　　8.1.3　装备"五性"指标体系简介 ………………………………………… 253

8.2　可靠性 260
　　8.2.1　航空发动机可靠性的重要性 ………………………………………… 260
　　8.2.2　航空发动机可靠性要求和指标体系 ………………………………… 261
　　8.2.3　航空发动机可靠性设计 ……………………………………………… 267
　　8.2.4　发动机故障模式、影响及危害度分析 ……………………………… 268
　　8.2.5　发动机故障报告、分析和纠正措施系统（FRACARS） ………… 268
　　8.2.6　发动机可靠性的检查与评估 ………………………………………… 269
　　8.2.7　发动机研制阶段的可靠性验证试验 ………………………………… 272
　　8.2.8　发动机使用阶段的可靠性评定 ……………………………………… 273

8.3　维修性 274
　　8.3.1　维修性的意义 ………………………………………………………… 274
　　8.3.2　要求和指标 …………………………………………………………… 275
　　8.3.3　维修技术要求 ………………………………………………………… 277
　　8.3.4　维修性评估验证 ……………………………………………………… 278

8.4　测试性 279
　　8.4.1　要求与指标 …………………………………………………………… 279
　　8.4.2　测试性评估验证 ……………………………………………………… 280
　　8.4.3　持续改进 ……………………………………………………………… 280

8.5　保障性 280
　　8.5.1　要求与指标 …………………………………………………………… 280
　　8.5.2　保障性验证要求 ……………………………………………………… 282

8.6　环境适应性 283
　　8.6.1　发动机整机要求 ……………………………………………………… 283
　　8.6.2　发动机附件要求 ……………………………………………………… 289

参考文献 ··· 290

第 9 章　航空发动机适航性 ··· 292

9.1　概述 ·· 292
9.1.1　基本概念 ··· 292
9.1.2　适航法规简介 ··· 293
9.1.3　民用航空器适航性工作 ·· 294
9.1.4　国外军用飞机适航性工作 ··· 296
9.1.5　军用飞机与民用飞机适航性比较 ···································· 298

9.2　军用飞机适航性 ··· 300
9.2.1　研制阶段适航性主要工作项目 ······································· 300
9.2.2　军用飞机适航性要求 ··· 301
9.2.3　军用飞机适航性验证 ··· 304
9.2.4　军用飞机适航审查 ·· 306

9.3　航空发动机适航性 ·· 308
9.3.1　发动机适航法规 ··· 308
9.3.2　某型航空发动机适航审查基础 ······································· 311
9.3.3　适航安全性水平 ··· 314
9.3.4　航空发动机适航性设计 ·· 315
9.3.5　某型发动机适航审查符合性方法 ···································· 316

　　参考文献 ··· 317

第 10 章　航空发动机试验鉴定 ··· 319

10.1　试验鉴定的概念和内涵 ··· 319
10.2　试验鉴定的内容和范围 ··· 320
10.3　试验鉴定特点、流程和要求 ··· 321
10.3.1　试验鉴定特点 ·· 321
10.3.2　试验鉴定的流程 ··· 322
10.3.3　试验鉴定的总体要求与主要规范 ·································· 324

10.4　国外航空发动机试验鉴定情况 ·· 328
10.5　技术指标验证需求 ··· 332
10.5.1　性能与适用性 ·· 332
10.5.2　环境适应性 ··· 334
10.5.3　结构完整性 ··· 334
10.5.4　战斗生存力 ··· 335
10.5.5　"五性" ··· 335
10.5.6　经济性 ··· 336
10.5.7　子系统适应性与完整性 ·· 336

10.6　航空发动机试验考核体系 ·· 337

10.6.1　顶层规范验证试验项目 337
　　10.6.2　试验考核体系分析 341
参考文献 350

第11章　航空发动机使用发展 352
11.1　概念与内涵 352
11.2　使用发展的作用意义 353
　　11.2.1　改进可靠性和耐久性 353
　　11.2.2　提高性能和扩大用途 353
　　11.2.3　降低成本和费用 354
11.3　使用维修与监控 354
　　11.3.1　飞机维修活动 354
　　11.3.2　发动机的维修工作 355
　　11.3.3　发动机健康管理 357
11.4　可靠性增长 365
　　11.4.1　定义 365
　　11.4.2　可靠性增长的需求 365
　　11.4.3　可靠性增长案例分析 366
　　11.4.4　可靠性增长的主要做法 367
11.5　定寿延寿 368
　　11.5.1　航空发动机寿命的内涵 368
　　11.5.2　常用定寿方法 369
　　11.5.3　结论 372
　　11.5.4　某型发动机单机延寿案例 372
11.6　系列化发展 374
　　11.6.1　系列化发展的技术途径 374
　　11.6.2　CFM56发动机的系列化发展案例介绍 375
　　11.6.3　АЛ-31Ф系列发动机案例介绍 378
参考文献 380

第12章　航空发动机标准体系 382
12.1　概述 382
　　12.1.1　定义 382
　　12.1.2　标准在国家建设中的地位和作用 382
　　12.1.3　军用标准化的历史 385
　　12.1.4　我国军用标准化概况 386
　　12.1.5　国外先进标准 390
12.2　军用装备标准化管理 391
　　12.2.1　型号标准化工作 391

12.2.2 型号专用规范 393
12.2.3 标准化程度评价 393
12.2.4 军用标准的选用和剪裁 394
12.3 航空发动机标准体系特点 394
12.3.1 国外航空发动机标准体系分析 395
12.3.2 国内航空发动机标准体系分析 397
参考文献 401

第13章 航空发动机技术状态管理 402
13.1 概述 402
13.1.1 技术状态管理发展的历史 402
13.1.2 定义 403
13.1.3 技术状态管理 405
13.2 技术状态标识 405
13.2.1 定义 405
13.2.2 主要活动 405
13.3 技术状态控制 408
13.3.1 概念 408
13.3.2 原则 409
13.3.3 工程更改 409
13.3.4 偏离/超差 411
13.3.5 接口控制 411
13.4 技术状态记实 411
13.5 技术状态审核 412
13.5.1 定义 412
13.5.2 人员 412
13.5.3 地点 412
13.5.4 步骤 412
13.6 监督与实施 412
13.7 应用案例 413
参考文献 413

第14章 航空发动机经济可承受性 415
14.1 概述 415
14.1.1 装备费用的构成与作用 415
14.1.2 装备经济可承受性 416
14.2 经济性研究基础 417
14.2.1 寿命周期费用分解结构 417
14.2.2 费用的时间价值 418

14.2.3　熟练曲线 ………………………………………………………… 418
　　14.2.4　费用估算程序 …………………………………………………… 420
　　14.2.5　费用估算方法 …………………………………………………… 424
　　14.2.6　寿命周期费用论证要点 …………………………………………… 427
　14.3　基于 PRICE 软件的寿命周期费用论证 ………………………………… 429
　14.4　发动机经济性算例分析 ………………………………………………… 431
　　14.4.1　某预研计划算例分析 ……………………………………………… 431
　　14.4.2　某涡扇发动机全寿命费用分析 …………………………………… 432
　14.5　控制发动机全寿命费用的措施 …………………………………………… 434
　　14.5.1　费用作为独立变量的方法 ………………………………………… 434
　　14.5.2　控制发动机费用的途径分析 ……………………………………… 436
　参考文献 …………………………………………………………………………… 436
符号表 ……………………………………………………………………………… 438

第1章
航空发动机概述

1.1 航空发动机的发展历程

1903年12月17日,美国莱特兄弟实现了人类历史上首次有动力的载人飞行。与之前航空先驱多次失败的尝试相比,莱特兄弟成功的主要经验之一是选择了高性能的内燃机作为航空发动机,实现了人类的飞行梦想。此后,航空技术经历百年发展,对世界政治、经济、军事和技术以至于人们的生活方式等产生了巨大影响。这充分表明航空发动机不仅是航空器飞行的动力,航空发动机技术也是社会发展进步的推动力之一。

航空发动机的发展历史大致可分为两个时期:第一个时期,从莱特兄弟的首次飞行开始,到第二次世界大战结束为止,在这个时期内,活塞式发动机作为飞机动力持续了40年左右;第二个时期,从第二次世界大战结束至今,属于喷气发动机时代,航空燃气涡轮发动机取代活塞式发动机居航空动力的主导地位。更详细的论述可见刘大响[1]、方昌德[2][3]的有关专著。

1.1.1 活塞式发动机

1.1.1.1 液冷发动机阶段

很早以前,我们的先辈就幻想像鸟一样在天空中自由飞翔,也曾做过各种尝试,但是大部分因为动力源问题未获得解决而归于失败。最初曾有人把专门设计的蒸汽机装到飞机上作为动力源,但因为蒸汽机作为飞机发动机太重,而没有成功。到19世纪末,在内燃机开始用作汽车动力的同时,人们即想到把内燃机作为飞机的动力源,并着手这方面的探索。

1903年,莱特兄弟和技师泰勒把一台4缸、水平直列式水冷发动机改装之后用于其"飞行者一号"飞机上进行飞行试验。这台发动机只发出8.95 kW的功率,重量却有约80 kg,功率/重量比(功重比)约为0.11 kW/kg。发动机通过两根链条带动两个直径为2.6 m的木制螺旋桨旋转而产生拉力。飞机首次飞行的留空时间只有12 s,飞行距离为36.6 m。但它是人类历史上第一次有动力、载人、持续、稳定、可操纵的重于空气飞行器的成功飞行(John D. Anderson[4])。

其后，在战争的推动下，特别是在欧洲，航空开始蓬勃发展，法国在当时处于技术领先地位。美国虽然发明了飞机并且制造了第一架军用飞机，但在参战时还没有可用的新式飞机。在前线作战的美军的 6 287 架飞机中有 4 791 架是法国飞机，如装备了伊斯潘诺 - 西扎 V 型液冷发动机的"斯佩德"战斗机。这种飞机速度超过 200 km/h，升限 6 650 m，其发动机的功率已达 130 ~ 220 kW，功重比为 0.7 kW/kg 左右。

当时，飞机的飞行速度还比较低，气冷式发动机冷却效果差，发动机为了冷却需要裸露在外，飞机阻力就较大，因此大多数飞机特别是战斗机采用的是液冷式发动机。

在两次世界大战之间，在活塞式发动机领域出现了几项重要的技术进步，为大幅度提高发动机和飞机的性能创造了条件。

1）发动机整流罩，既减小了飞机阻力，又有助于解决气冷发动机的冷却问题，甚至可以设计两排或四排气缸的发动机，为增加功率创造了条件；

2）尾气涡轮增压器，提高了高空条件下的进气压力，改善了发动机的高空性能；

3）变距螺旋桨，可增加螺旋桨的效率和发动机的功率输出；

4）内充金属钠的冷却排气门，解决了排气门的过热问题；

5）向气缸内喷水和甲醇的混合液，可在短时间内增加三分之一功率；

6）高辛烷值燃料，提高了燃油的抗爆性，使气缸内燃烧前压力由 2 ~ 3 atm[①] 逐步增加到 5 ~ 6 atm，甚至 8 ~ 9 atm，既提高了升功率，又降低了耗油率。

1.1.1.2　气冷发动机阶段

从 20 世纪 20 年代中期开始，气冷发动机发展迅速。在整流罩解决了阻力和冷却问题后，气冷星型发动机由于具有刚性大，重量轻，可靠性、维修性和生存性好，功率增长潜力大等优点而得到迅速发展，并开始在大型轰炸机、运输机和对地攻击机上取代液冷发动机。美国莱特公司和普·惠公司先后发展出单排的"旋风""飓风"以及"黄蜂""大黄蜂"发动机，最大功率超过 400 kW，功重比超过 1 kW/kg。到第二次世界大战爆发时，由于双排气冷星型发动机的研制成功，发动机功率已提高到 600 ~ 820 kW。此时，螺旋桨战斗机的飞行速度已超过 500 km/h，飞行高度达 10 000 m。

在第二次世界大战期间，气冷星型发动机继续向大功率方向发展，其中比较著名的有普·惠公司的双排"双黄蜂"（R - 2800）和四排"巨黄蜂"（R - 4360），前者在 1939 年服役，开始时功率为 1 230 kW，共发展出 5 个系列几十个改进型号，最后功率达到 2 088 kW，用于大量军、民用飞机和直升机，R - 2800 发动机仅为 P - 47 战斗机就生产了 24 000 台，其中 P - 47 J 飞机的最大速度达 805 km/h，据称是第二次世界大战中飞得最快的战斗机；后者有四排 28 个气缸，排量为 71.5 L，功率为 2 200 ~ 3 000 kW，是世界上功率最大的活塞式发动机，用于一些大型轰炸机和运输机。莱特公司的 R - 2600 和 R - 3350 发动机也是很著名的双排气冷星型发动机，前者在 1939 年推出，功率为 1 120 kW，用于第一架载买票旅客飞越大西洋的波音公司"快帆"314 型四发水上飞机以及一些较小的鱼雷机、轰炸机和攻击机；后者于 1941 年投入使用，开始时功率为

---

① 1 atm = 1.01 × 10^5 Pa。

2 088 kW，主要用于著名的 B-29 "空中堡垒"战略轰炸机。R-3350 在战后发展出一种重要改型——涡轮组合发动机，发动机的排气驱动三个沿周向均布的尾气涡轮，每个涡轮在最大状态下可发出 150 kW 的功率。这样，R-3350 的功率提高到了 2 535 kW，耗油率低达 0.23 kg/(kW·h)。1946 年 9 月，装载两台 R-3350 涡轮组合发动机的 P2V1 "海王星"飞机创造了空中不加油飞行 18 090 km 的世界纪录。

液冷发动机与气冷发动机之间的竞争在第二次世界大战期间仍在继续。液冷发动机虽然有许多缺点，但它的迎风面积小，对高速战斗机特别有利，而且战斗机的飞行高度高，受地面火力的威胁小，液冷发动机易损的弱点不突出。所以，它在许多战斗机上得到应用。例如，美国在第二次世界大战中生产量最大的 5 种战斗机中有 4 种采用液冷发动机。其中，值得一提的是英国罗·罗公司的"梅林"发动机，1935 年 11 月它在"飓风"战斗机上首次飞行时，功率达到 708 kW；1936 年在"喷火"战斗机上飞行时，功率提高到 783 kW。这两种飞机都是第二次世界大战期间有名的战斗机，速度分别达到 624 km/h 和 750 km/h。"梅林"发动机的功率在战争末期达到 1 238 kW，甚至创造过 1 491 kW 的纪录。美国派克公司按专利生产了"梅林"发动机，用于改装 P-51 "野马"战斗机，使一种普通的飞机变成了战时最优秀的战斗机。"野马"战斗机采用一个不常见的五叶螺旋桨，安装"梅林"发动机后，飞行高度为 15 000 m，最大速度达到 760 km/h，是当时飞得最快的飞机，并且有惊人的远航能力。到战争结束时，"野马"战斗机在空战中共击落敌机 4 950 架，居欧洲战场的首位。在远东和太平洋战场上，由于"野马"战斗机的参战，才结束了日本"零"式战斗机的空中霸主地位。航空史学界把"野马"战斗机看作螺旋桨战斗机的顶峰之作。

航空活塞发动机在第二次世界大战开始之初和战后的最主要的技术进展有直接注油、涡轮组合发动机和低压点火。

在两次世界大战的推动下，航空活塞发动机的性能得到快速提高，单机功率从不到 10 kW 增加到 3 000 kW 左右，功重比从 0.11 kW/kg 提高到约 1.5 kW/kg，升功率从每升排量几千瓦增加到 40~50 kW，耗油率从约 0.50 kg/(kW·h) 降低到 0.23~0.27 kg/(kW·h)，翻修寿命从几十小时延长到 2 000~3 000 h。到第二次世界大战结束时，活塞式发动机已经发展得相当成熟，以它为动力的螺旋桨飞机的飞行速度已发展到近 800 km/h，飞行高度达到 15 000 m。可以说，活塞式发动机已经达到其发展的顶峰。

在第二次世界大战结束后，由于涡轮喷气发动机的发明而开创了喷气飞机时代，活塞式发动机逐步退出主要航空领域，但功率小于 370 kW 的活塞式发动机仍广泛应用在轻型低速飞机和直升机上，如行政机、农林机、勘探机、体育运动机、私人飞机和各种无人机，活塞发动机目前在中小型无人机上占据了主要地位。有关活塞发动机的详细资料可以参考 Smith H.[5]、C. Fayette Taylor[6]、付尧明[7]、李卫东[8] 等的相关著作。

1.1.2 燃气涡轮发动机

在第二次世界大战末期，诞生了航空燃气涡轮发动机，开创了喷气飞机时代。多年来，航空燃气涡轮发动机逐步取代了活塞式发动机而占据了航空动力的主导地位，使航空器的性能跨上一个又一个新的台阶。

1.1.2.1 涡喷/涡扇发动机

英国的惠特尔和德国的奥海因分别在1937年7月和1937年9月研制成功离心式涡轮喷气发动机WU和HeS3B。前者推力为530 daN[①]，但1941年5月15日首次试飞的格罗斯特公司E28/39飞机装的是其改进型W1B，推力为540 daN，推力/重量比（推重比）约为2.20；后者推力为490 daN，推重比1.38，于1939年8月27日率先装在亨克尔公司的He-178飞机上试飞成功，这是世界上第一架试飞成功的喷气式飞机，开创了喷气推进新时代和航空事业的新纪元。

世界上第一台实用的涡轮喷气发动机是德国的尤莫-004，1940年10月开始台架试车，1941年12月推力达到980 daN，1942年7月18日装在梅塞施米特Me-262飞机上试飞成功。自1944年9月至1945年5月，Me-262飞机共击落盟军飞机613架，自己损失200架（包括非战斗损失）。英国的第一种实用涡轮喷气发动机是1943年4月罗·罗公司推出的威兰德，推力为755 daN，推重比2.0。该发动机当年投入生产后即装备"流星"战斗机，于1944年5月交给英国空军使用，该机曾在英吉利海峡上空成功拦截了德国的V-1导弹。

第二次世界大战后，美、苏、法通过购买专利，或借助从德国取得的资料和人员，陆续发展了本国第一代涡轮喷气发动机。其中，美国通用电气公司的J47轴流式涡喷发动机和苏联克里莫夫设计局的RD-45离心式涡喷发动机的推力都在2 650 daN左右，推重比为2~3，它们分别在1949年和1948年装在F-86和米格-15战斗机上服役。这两种飞机分别用于朝鲜战争期间的激烈空战。

20世纪50年代初，加力燃烧室的采用使发动机能够大幅度提高短时间的推力，为飞机突破声障提供了足够的推力。典型的发动机有美国的J57和苏联的RD-9B，它们的加力推力分别为7 000 daN和3 250 daN，推重比各为3.5和4.5，分别装在超声速的单发F-100和双发米格-19战斗机上。

在20世纪50年代末和60年代初，多国研制了适合飞行马赫数2（Ma2）以上飞机的一批涡喷发动机，如J79、J75、埃汶、奥林帕斯、阿塔9C、R-11和R-13，推重比已达5~6。在20世纪60年代中期还发展出用于Ma3一级飞机的J58和R-31涡喷发动机。到20世纪70年代初，用于"协和"超声速客机的奥林帕斯593涡喷发动机诞生，最大推力达到17 000 daN。以后，再没有重要的涡喷发动机问世。

涡轮风扇发动机是在涡轮喷气发动机的基础上发展而来的，是从民用发动机开始的。世界上第一台涡扇发动机是1959年定型的英国康维，推力为5 730 daN，用于VC-10、DC-8和波音707客机，涵道比（外涵道空气流量/内涵道空气流量）有0.3和0.6两种，耗油率比同时期的涡喷发动机低10%~20%。1960年，美国在JT3C涡喷发动机的基础上改型研制成功JT3D涡扇发动机，推力超过7 700 daN，涵道比为1.4，用于波音707和DC-8客机以及军用运输机。

---

① 1 daN = 10 N。

以后，涡扇发动机分别向低涵道比的军用加力发动机和高涵道比的民用发动机两个方向发展。

在低涵道比军用加力涡扇发动机方面，20世纪60年代，英、美在民用涡扇发动机的基础上研制出斯贝-MK202和TF30，分别用于英国购买的美国"鬼怪"F-4M/K战斗机和F111（后又用于F-14战斗机）。它们的推重比与同时期的涡喷发动机差不多，为5~6，但中间状态耗油率低，使飞机航程大大增加。在20世纪70—80年代，各国研制出推重比为8一级的涡扇发动机，如美国的F100、F404、F110，西欧三国的RB199，苏联的RD-33和AL-31F。它们装备目前在一线的第三代战斗机，如F-15、F-16、F-18、"狂风"、米格-29和苏-27等。目前，推重比为10一级的涡扇发动机已研制成功并服役，它们包括美国的F119、欧洲的EJ200和法国的M88-2，分别配装F-22、EFA2000和"阵风"飞机，其中，装有F119发动机的F-22飞机具有第四代战斗机代表性特征——超声速巡航、超机动性和隐身能力等。在F119发动机基础上进一步提升推力改进的F135发动机，配装F35飞机，可以实现飞机短距起飞、垂直着陆。

自20世纪70年代第一代推力在20 000 daN以上的高涵道比（4~6）涡扇发动机投入使用以来，开创了大型宽体客机的新时代。后来，又发展出推力小于20 000 daN的不同推力级的高涵道比涡扇发动机，广泛用于各种干线和支线客机。10 000~15 000 daN推力级的CFM56系列已生产13 000多台，并创造了机上寿命单机超过30 000 h的纪录。民用涡扇发动机自投入使用以来，已使巡航耗油率降低一半，噪声下降20 dB，CO、UHC（未燃烧烃）、NO_x分别减少70%、90%、45%。20世纪90年代中期装备波音777投入使用的第二代高涵道比（6~9）涡扇发动机的推力超过35 000 daN，其中，通用电气公司GE90-115B在2003年2月创造了56 900 daN的发动机推力世界纪录。目前，普·惠公司研制成功新一代齿轮传动涡扇发动机——PW1000系列发动机，通过在风扇和低压涡轮之间加入传动齿轮箱，使两个部件能够在其最佳转速下工作，进一步降低油耗10%左右。

1.1.2.2 涡桨/涡轴发动机

1942年，英国开始研制世界上第一台涡桨发动机"曼巴"，该机装在海军"塘鹅"舰载反潜飞机上。以后，英国、美国和苏联陆续研制出多种涡桨发动机，如达特、T56、AI-20和AI-24，这些涡桨发动机的耗油率低、起飞推力大，装备了一些重要的运输机和轰炸机。美国在1956年服役的涡桨发动机T56/501，装于C-130运输机、P3-C侦察机和E-2C预警机。它的功率范围为2 580~4 414 kW，有多个军、民用系列，已生产了17 000多台，出口到50多个国家和地区，是世界上生产数量最多的涡桨发动机之一，至今还在生产。苏联HK-12M涡桨发动机的最大功率达11 000 kW，用于图-20"熊"式轰炸机、安-22军用运输机和图-114民用运输机。涡轮螺旋桨发动机，终因螺旋桨在吸收功率、尺寸和飞行速度方面的限制，在大型飞机上逐步被涡轮风扇发动机所取代，但在中小型运输机和通用飞机上仍有一席之地。其中加拿大普·惠公司的PT6A发动机是典型代表，近60年来这个功率范围为350~1 100 kW的发动机系列已发展出30多个改型，用于144个国家的近百种飞机，共生产了30 000多台。美国20世纪

90年代在T56和T406的基础上研制出新一代高速支线飞机用的AE2100先进涡桨发动机，功率范围为2 983~5 966 kW，其起飞耗油率低，为0.249 kg/(kW·h)。

前些年，西欧四国为欧洲中型军用运输机A400M研制TP400涡桨发动机。该发动机以法国M88的核心机为基础，功率为7 460 kW，目前已经装备在飞机上使用。

在20世纪80年代后期，一些著名公司研发性能上介于涡桨发动机和涡扇发动机之间的桨扇发动机（propfan engine），后来也叫无涵道风扇发动机（unducted fan engine），而且在不同程度上进行了设计和试验。其中，通用电气公司的无涵道风扇GE36曾进行了飞行试验，只有乌克兰研制的D27发动机在安-70飞机上进入工程研制并批量生产。

从1950年法国透博梅卡公司研制出206 kW的阿都斯特I型涡轴发动机并装备美国的S52-5直升机上首飞成功以后，涡轮轴发动机在直升机领域逐步取代活塞式发动机而成为最主要的动力形式。半个多世纪以来，涡轴发动机已成功发展出四代，功重比已从2 kW/kg提高到9 kW/kg。第三代涡轴发动机是20世纪70年代设计，80年代投产的产品，主要代表机型有马基拉、T700-GE-701和TV3-117VM，分别装备AS322"超美洲豹"、UH-60A、AH-64A、米-24和卡-52等直升机。第四代涡轴发动机是20世纪80年代末、90年代初开始研制的新一代发动机，代表机型有英、法联合研制的RTM322，美国的T800-LHT-800，德法英联合研制的MTR390和俄罗斯的TVD1500，分别用于NH-90、EH-101、WAH-64、RAH-66"科曼奇"、PAH-2/HAP/HAC"虎"和卡-52等直升机。世界上最大的涡轮轴发动机是乌克兰的D-136，起飞功率为7 500 kW，装备两台发动机的米-26直升机可载重约20 t。以T406涡轮轴发动机为动力的倾转旋翼机V-22突破了常规旋翼机400 km/h的飞行速度，速度上限提高到了638 km/h。

自航空燃气涡轮发动机问世以后的约80年来，在技术上取得的重大进步可用下列数字表明。

1）服役的战斗机发动机推重比从2提高到9~10。

2）民用大涵道比涡扇发动机的最大推力已超过50 000 daN，巡航耗油率从20世纪50年代涡喷发动机1.0 kg/(daN·h)下降到0.55 kg/(daN·h)，噪声已下降20 dB，CO、UHC和NO_x分别下降70%、90%和45%。

3）服役的直升机用涡轴发动机的功重比从2 kW/kg提高到8~9 kW/kg。

4）发动机的可靠性和耐久性倍增，军用发动机空中停车率一般为0.1~0.4/1 000飞行小时，民用发动机为0.002~0.02/1 000飞行小时。战斗机发动机整机定型要求通过4 300~6 000TAC（总累积循环）循环试验，热端零件寿命达到4 000 h，相当于平时使用10多年；民用发动机热端部件寿命达40 000 h，整机寿命也达到40 000 h，也相当使用10年左右。

总之，80多年来航空涡轮发动机已经发展得相当成熟，为各种航空器的发展作出了重要贡献，同时还为各种航空发动机改型为轻型地面燃气轮机提供了基础。更详尽的资料参见詹姆斯·彼得关于美国航空发动机的发展历史[9]、彭友梅关于苏联/俄罗斯/乌克兰的航空发动机发展史[10]、彼得·皮尤关于罗·罗公司的发展历史[11][12][13]、马克·

P. 沙利文关于普·惠公司的发展历史[14]、倪金刚的 GE 公司发展史[15]，以及罗·罗公司的航空发动机科普著作[16]等。

为满足 21 世纪各种航空器发展的要求，航空发达国家从 20 世纪 80 年代末开始实施一系列新的涡轮发动机技术发展计划，进一步提高推重比、降低耗油率和提高经济承受性。在高超声速推进方面，重点发展超声速燃烧冲压发动机和连续爆燃发动机，近期目标是实现 M 4~8 的导弹推进系统，远期目标是发展供高超声速有人驾驶飞机、跨大气层飞行器和低成本可重复使用的天地间往返运输系统的组合动力系统。一些新概念发动机和新能源发动机也在探索之中，如以微机电技术为基础的微型无人机用超微型涡轮发动机和多电发动机，混合电推进以及液氢燃料、燃料电池、太阳能和微波能等新能源动力。更详细的可见金捷等对涡轮基组合循环发动机的介绍[17]、郑龙席等对各种新型发动机原理进行的描述[18]、严传俊对脉冲爆燃发动机进行的研究[19]，等等。可以说，航空发动机技术正呈现出加速发展的态势。

1.2 涡喷涡扇发动机概述

涡喷涡扇发动机的工作方式是直接产生喷气推力，主要是通过气体流过发动机内部时气体被向后加速而产生推力。

涡喷发动机由压气机、燃烧室、涡轮、加力燃烧室、喷管（排气管）、控制系统及其他辅助系统组成。根据压气机型别不同，可分为离心压气机和轴流压气机涡喷发动机；根据发动机热力循环方式可分为加力式和非加力式涡喷发动机；轴流压气机涡喷发动机还分单轴式、双轴式，即单转子和双转子涡喷发动机。

涡扇发动机将流入其通道的空气分成内、外两路，所以又可以叫作双路式或内外涵燃气涡轮发动机。根据压气机转子数量的不同，可分为单转子、双转子和三转子涡扇发动机；根据发动机热力循环方式不同，可分为加力式和非加力式涡扇发动机，其中非加力又分为内外涵分开排气（广泛用于民用飞机）、内外涵混合排气（一般用于军用），加力分为内外涵分别加力（应用较少）、内外涵混合加力（广泛用于战斗机）。对于涡喷涡扇发动机的详细介绍可见王春利[20]、张津[21]、张伟[22]等编写的文献。

1.2.1 组成与工作机理

1.2.1.1 组成

涡轮喷气发动机由压气机、燃烧室、涡轮、加力燃烧室、喷管、附件传动装置、控制系统及其他系统组成。图 1-1 所示为一个典型的涡喷发动机示意图。

典型的军用加力涡扇发动机的结构与加力涡喷发动机基本相同，如图 1-2 所示，由风扇、高压压气机、燃烧室、高低压涡轮、加力燃烧室、喷管及控制系统等组成。

1.2.1.2 各部件的功用

前面提到发动机推力主要是由于气体流过发动机内部时气体被向后加速而产生的，气体向后加速状况与发动机各部件的协调工作是分不开的。

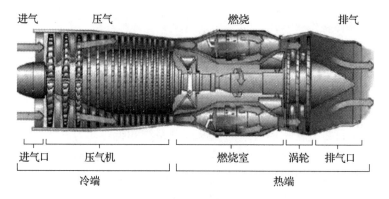

图 1-1 典型的涡喷发动机简图

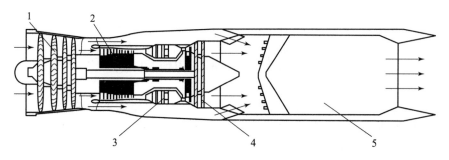

图 1-2 典型的加力涡扇发动机简图
1—风扇；2—压气机；3—燃烧室；4—涡轮；5—加力燃烧室

压气机（风扇）：依靠高速旋转的叶轮对空气做功，提高空气的压力。其原理有两个：一是利用压气机叶片通道扩张提高气体压力，适用于亚跨声速气流；二是利用弱激波系提高气流压力，适用于超声速气流。风扇也是一种压气机，作用同样是提高空气压力，之所以称为风扇，是因为其叶片比一般的压气机叶片大而长。

燃烧室：通过燃油喷嘴向燃烧室喷入燃油，并同压气机流过来的高压气体混合，形成燃油与空气的混合气体，再进行点火燃烧，以提高气流温度。根据发动机类型和用途，燃烧室出口温度一般为 1 200~2 000 K。

涡轮：安装在燃烧室后面，依靠燃烧室来的高温高压气体（燃气）在涡轮中膨胀做功，使涡轮高速旋转（一般大型发动机为 8 000 r/min~15 000 r/min，小发动机可更高）。涡轮与压气机安装在同一个轴上组成发动机转子，涡轮的作用就是带动压气机旋转。

高压压气机、燃烧室、高压涡轮组成一起称为核心机。以核心机为基础，配装上风扇、低压涡轮、加力燃烧室、外涵道等低压部件就形成了涡扇发动机。在核心机不变的情况下，通过选择不同的涵道比和风扇增压比，配装上相应的低压部件就能派生出一定范围的不同推力等级的涡扇发动机。

加力燃烧室：安装在涡轮后面，利用主燃烧室来流中未燃烧完的空气，由加力燃油喷油器（喷嘴）向加力燃烧室喷入燃油，再次燃烧，进一步提高燃气温度（一般可达

2 000 K甚至更高），以使燃气在喷管出口获得更高的喷气速度，从而提高推力。

喷管：分为简单收敛喷管和收敛-扩散喷管，其作用是使涡轮后或加力燃烧室后的高温高压气体充分膨胀，提高气流出口速度，将部分热能转换为动能。

控制系统：按所需要的工作状态对发动机工作进行控制，一般是通过调节燃油流量来实现的。控制系统分为机械液压式和电子式两种。

双转子：目前世界上军用航空发动机几乎都是双转子结构（也有少量的单转子和三转子）。它是将压气机和涡轮都分为高低压两部分，用两根轴分别相连接，低压压气机由低压涡轮带动，形成低压转子；高压压气机由高压涡轮带动，形成高压转子。两个转子之间没有机械联系，只有气动联系。发动机采用双转子结构主要是在总增压比较高的情况下，使发动机在全转速范围内能够稳定工作，防止发生喘振。

1.2.1.3 基本机理

从宏观上看，发动机的推力是由于发动机进口与出口之间的动量差和压力差产生的，涡喷发动机的推力公式一般可表示为

$$F = m_e v_e - m_0 v_0 + (P_e - P_0) A_e \tag{1-1}$$

式中，F——发动机的推力；

m_e——流出发动机的燃气流量；

v_e——流出发动机的燃气速度；

m_0——进入发动机的空气流量；

v_0——进入发动机的空气速度；

A_e——喷口截面积；

P_e——喷口气体压力；

P_0——外界大气压力。

从发动机内部看，发动机推力是由于流过发动机的空气与发动机内部之间的作用力与反作用力产生的。当气体流过发动机内部时，气体被向后加速，也就是说发动机内部对气体施加了向后的作用力，那么这部分气体也必然对发动机作用一个大小相等、方向向前的作用力。这个反作用力以压力的形式作用在发动机内部所有与气体相接触的壁面上，其合力就是发动机推力。

涡扇发动机产生推力的原理与涡喷发动机相同，主要区别在于进入发动机的气体经风扇压缩后，分为内、外涵两股气流流过发动机。外涵与内涵空气的流量之比 $m_{外}/m_{内}$ 称为涵道比。外涵的空气通过外涵道直接流到发动机涡轮后，内涵的气流经高压压气机进一步压缩进入燃烧室，再经高、低压涡轮膨胀做功带动风扇和高压压气机。内、外涵的气流在涡轮后混合，经加力燃烧室燃烧后由喷管排出。

1.2.2 发动机性能评定

1.2.2.1 推力性能指标

（1）推力和单位推力

推力是衡量喷气发动机性能的重要指标之一，单位为牛顿或拾牛顿。在飞机空气动

力特性相同的条件下，发动机推力越大，飞机飞得越快、越高，机动性越好，飞机的载重能越多，具有更好的技术性能。

但是，只考虑推力的大小，还不足以全面评定发动机的推力性能的好坏。因为推力的增大可能是通过加大发动机的几何尺寸以增大空气流量的结果。发动机的横截面积和重量越大，越不利于高速飞行。因此，判定发动机的推力性能，除推力外还要看每秒钟流过发动机 1 kg 空气能产生多大的推力，称为单位推力。在推力一定的条件下，单位推力越大，则发动机空气流量越小，发动机横截面积和重量也越小，越有利于飞行；在空气流量一定的条件下，单位推力越大，则推力越大。

（2）发动机推重比

发动机的推力与发动机重量之比，称为发动机的推重比。推重比也是评定发动机推力性能的指标之一。发动机推重比越大，说明推力一定时，发动机重量越轻；如果重量一定，则产生的推力越大。因此，推重比越大越好。

（3）迎面推力

发动机 1 m^2 的横截面积所能产生的推力称为迎面推力。迎面推力越大，说明推力一定时，发动机的最大横截面越小，或者最大横截面一定时，推力越大。因此，迎面推力越大越好。

1.2.2.2 经济性能指标

（1）燃料消耗量

发动机在单位时间内消耗的燃油量称为燃料消耗量，单位是千克/秒或千克/小时。

推力相等的发动机，可用燃料消耗量来比较它们的经济性，燃料消耗量越小的发动机经济性能越好。推力不相等的发动机，就不能用燃料消耗量来比较它们的经济性了，而只用燃料消耗率来比较它们的经济性。

（2）燃料消耗率

发动机产生的推力在单位时间内所消耗的燃油量，称为燃料消耗率，单位是千克/（小时·拾牛顿），即 $kg/(h \cdot daN)$。

燃料消耗率越小，发动机的经济性能越好。如果飞机的载油量一定，发动机的燃料消耗率越小，则飞机的航时和航程越长。

1.2.2.3 发动机的使用性能

（1）工作可靠

发动机工作可靠，是指发动机在各种情况下能安全可靠地进行工作，在飞行中不因外界条件变化而造成熄火停车或发生机件损坏等故障。

（2）起动迅速可靠

发动机由静止状态加速到慢车状态（发动机能保持稳定工作的最小转速状态）的过程叫起动过程。在保证安全的前提下，起动过程的时间越短越好。无论是在地面还是在空中都要求起动成功率高、可靠性好。对于装有加力燃烧室的涡喷、涡扇发动机，要求在尽可能宽的工作范围内都能可靠地接通或断开加力。

(3) 加速性好

快速推油门手柄时，发动机转速上升的快慢程度叫作发动机的加速性。通常以慢车转速上升到最大转速所需要的时间来表示发动机加速性的好坏，加速时间越短，说明发动机转速操纵越灵活，加速性越好。

(4) 发动机寿命长

发动机从生产出厂到第一次大修这一段期间总的工作时数称为翻修寿命，两次大修之间的工作时数称为翻修间隔寿命。发动机经数次翻修直到报废的总积累工作时数称为发动机总寿命，有的发动机采用工作循环次数来表示发动机寿命（循环寿命）。

(5) 易于维护

发动机维护简易，可以减轻维护人员的劳动强度和维护设备数量；容易发现和排除故障，缩短地面准备时间，保证迅速起飞。

1.2.3 发动机划代

对于战斗机发动机划代的问题，由于苏联和美、英等西方国家的航空发动机发展历程略有不同，所以两者的划代方法也不尽一致，目前用得较多的是美、英等西方国家的划代方法。

为便于发动机划代分析，先简要介绍一下战斗机的划代情况。自20世纪50年代初第一代超声速战斗机开始服役以来，至今已发展到第四代。第一代是20世纪50年代初开始投入使用的M1.3~1.5的低超声速战斗机，代表机型是美国的F-100和苏联的米格-19；第二代是20世纪50年代末、60年代初开始投入使用的Ma2.0一级的战斗机，美国以F-104、F-4为代表，苏联以米格-21、米格-23为代表，法国的"幻影"Ⅲ、"幻影"F.1及瑞典的Saab-37均属于这一代；第三代战斗机于20世纪70年代中期开始投入使用，典型机型是美国的F-15、F-16及F-18，俄罗斯的米格-29和苏-27，法国的"幻影"2000，英国的"狂风"等；第四代战斗机目前已研制成功，有的已投入使用，典型的机型是美国的F-22、F-35，俄罗斯的苏-57，西欧四国（英、德、意、西班牙）的EF2000等。十多年前，国外已经把这些第四代战斗机和发动机直接划为第五代，我国目前仍沿用以前的划代方法，称F-22飞机等为第四代。刘永泉[23]对战斗机发动机用涡喷、涡扇发动机的发展作了详细论述，见表1-1。

表1-1 涡喷、涡扇发动机的发展历程

适用机型	国家	飞机型号	主要特点	代表发动机	装备时间
第一代喷气战斗机	美	F-86	(1) 亚、跨声速飞行 $Ma_{max}=0.8\sim1.3$； (2) 近距格斗，雷达测距，尾追攻击	涡喷发动机； 推重比3~4； $T_4^*=1\,200\sim1\,300$ K 如：J57、BK-1、РД-9Б	20世纪40年代
	美	F-100			
	苏	米格-15			
	苏	米格-19			

续表

适用机型	国家	飞机型号	主要特点	代表发动机	装备时间
第二代喷气战斗机	美	F-4	(1) 高空高速，$Ma_{max}=2.0\sim2.5$； (2) 近距格斗、中距拦截、全向攻击； (3) 装备第二代空空导弹和火控雷达	涡喷和涡扇发动机； 推重比 5～6； $T_4^*=1\,400\sim1\,500$ K 如：J79、TF30、spey-MK202、M53-P2、P11-300、P29-300	20世纪60年代
	美	F-104			
	苏	米格-21			
	苏	米格-23			
	法	幻影-F1			
第三代喷气战斗机	美	F-15、F-16	(1) 超声速飞行，中、低空跨声速高机动性； (2) 超视距空战，下视下射； (3) 装 PD 雷达，全天候火控系统	涡扇发动机； 推重比 7～8； $T_4^*=1\,650\sim1\,750$ K 如：F100、F110、F404、RB199、РД-33、АЛ-31Ф	20世纪70年代
	美	F/A-18			
	苏	米格-29			
	苏	苏-27			
	法	幻影-2000			
	英	狂风			
第四代喷气战斗机	美	F-22	(1) 多用途先进战斗机，隐身，不加力超声速巡航； (2) 非常规及过失速机动性，短距起降； (3) 相控阵火控雷达，发射后不管，超视距攻击兼顾近距格斗	涡扇发动机； 推重比 9～10； $T_4^*=1\,900\sim2\,100$ K 如：F119、F135、EJ200、俄30号机	21世纪
	美	F-35			
	俄	苏-57			
	西欧四国	EF2000			

对于涡喷发动机，它的划代方法如下：

第一代涡喷发动机，用于配装亚声速战斗机，于 20 世纪 40 年代中后期开始服役，代表机型有苏联的 ВК-1（配装米格-15）、ВК-1Ф（配装米格-17），美国的 J47（配装 F-86F）、J65（配装 F-84F）。这一代涡喷发动机的推重比只有 2～3，均为单转子发动机，一部分为离心式发动机，一部分为轴流式发动机。

第二代涡喷发动机，主要用于配装第一代超声速战斗机，部分用于第二代战斗机，于 20 世纪 50 年代中期开始服役，代表机型有苏联的 РД-9Б（配装米格-19）及美国的 J57（配装 F-100）、J79（配装 F-4、F-104）。这一代涡喷发动机多是单转子加力式涡喷发动机（J57 是双转子发动机），推重比为 4～5，发动机的性能较低，结构相对不太复杂，研制周期也较短，从方案设计到通过定型一般不到 5 年时间。

第三代涡喷发动机，主要用于配装第二代超音速战斗机，于 20 世纪 50 年代末、60 年代初开始服役。第三代涡喷发动机主要由苏联发展研制，美、英等西方国家此时已开始发展和使用第一代涡扇发动机，代表机型有苏联的 Р-11（配装米格-21）、Р-13（配装米格-21）、Р-29-300（配装米格-23）。这一代涡喷发动机是双转子加力式涡喷发动机，性能较好，推重比为 5.5~6.5。由于苏联拥有很成熟的涡喷发动机技术，所以这一代涡喷发动机的研制周期也不长，一般为 5~7 年。

涡喷发动机发展到第三代，几乎已达到发展的顶峰，目前世界各国基本上都不再发展战斗机用的涡喷发动机，转而发展军用涡扇发动机。

对于涡扇发动机，它的划代方法如下：

1）第一代军用涡扇发动机，是 20 世纪 60 年代末和 70 年代初发展起来的，第一台用于战斗机的加力涡扇发动机 TF30 于 1967 年 10 月于美国空军服役，代表机型有美国的 TF30（配装 F-111、F-14）、英国的斯贝 MK202（配装 F-4K、F-4M）、瑞典的 RM8（配装 Saab-37）等。这一代发动机的性能水平比较低，推重比只有 5~6。西方国家在研制这一代涡扇发动机时，通常花费 5~7 年的时间。

2）第二代军用涡扇发动机，是 20 世纪 70 年代中后期和 80 年代发展起来的，用于配装第三代战斗机，第一台高性能的第二代涡扇发动机 F100 于 1974 年 11 月于美国空军服役，代表机型有美国的 F100（配装 F-15、F-16）、F110（配装 F-14、F-15、F-16）、F404（配装 F/A-18），英、德、意联合研制的 RB199（配装"狂风"），法国的 M53-P2（配装"幻影"2000），俄罗斯的 РД-33（配装米格-29）、АЛ-31Ф（配装苏-27、苏-30）等。

第二代军用涡扇发动机是当前世界各国广泛使用的军用航空发动机，这一代发动机性能较高，除 M53-P2 的推重比为 6.6、不加力耗油率为 0.9 kg/(daN·h) 外，其他发动机的推重比都达到 7~8.0 一级，不加力耗油率都降至 0.6~0.8 kg/(daN·h)，可靠性、维修性、耐久性好，作战适用性强。

第二代军用涡扇发动机在设计上的主要突出特点有：中等涵道比（0.6~1.0），短环形燃烧室，高压涡轮前温度约 1 650~1 750 K，收-扩喷管；单元体设计；带有状态监控的数控系统；应用部分新型合金及复合材料等。

第二代军用涡扇发动机性能较高，结构比较复杂，在研制中通常走了从验证机到原型机的发展道路，而且在原型机研制成功之后还在进行不断的改进和改型发展。这一代涡扇发动机的研制，从验证机研制开始，到原型机研制结束，通常用了 10 年左右的时间，研制费用为 4 亿~5 亿美元。

3）第三代军用涡扇发动机，是 20 世纪 90 年代发展起来的，用于配装第四代先进战斗机，目前已研制成功并投入使用，代表机型有美国的 F119（配装 F-22）、F135（配装 F-35），法国的 M88-2（配装"阵风"），西欧四国（英、德、意、西班牙）的 EJ200（配装 EF2000）等。

F119 是最为典型的第三代军用涡扇发动机，推重比超过 9，能够为飞机提供不加力超音速巡航的能力。在设计上的主要突出特点有：小涵道比（只有 0.2~0.3）；浮壁式短环形燃烧室；高涡轮前温度（高达 2 000~2 100 K）；二元矢量喷管；第三代双余度全权限数控系统；应用部分新型合金及复合材料，采用多种新型先进工艺等。

最为先进的现役军用航空发动机综合了各种先进的航空发动机技术，体现了当今世界航空发动机的技术水平。由于这种原因，这一代涡扇发动机的研制周期很长，从验证机研制开始到原型机研制结束，通常要用 15 年以上；研制费用也很高，高达二十几亿美元（当时价格）。

通常，为了方便描述，人们将发动机与飞机一起划代，即一代飞机、一代发动机。比如，美国将 F-15 飞机和配备的 F-100 发动机均称为第 4 代，将 F-22 飞机和配备的 F-119 发动机均称为第 5 代，中国、俄罗斯则将上述机型分别称为第 3 代和第 4 代。

1.3 涡轴涡桨发动机概述

涡轴和涡桨发动机工作目的与涡喷涡扇的不同在于：燃气发生器中产生的燃气通过动力涡轮驱动旋转轴输出轴功率，而不是输出推力。输出的轴功率主要分别带动旋翼和尾桨或螺旋桨工作，产生驱动飞行器的动力。其共同的特点是将动力涡轮有效功率的绝大部分（95%以上）通过输出轴分别带动旋翼和尾桨或螺旋桨，喷气推力所占比例较小，仅 5% 左右。不同的是涡轴发动机驱动旋翼产生升力和推力，涡桨发动机驱动螺旋桨产生拉力或推力。对于涡轴涡桨发动机的详细介绍可见参考文献 [17]、[21] 和 [22]。

1.3.1 结构形式和工作特点

对于涡轴涡桨发动机，其燃气发生器部分基本与涡喷涡扇的相同，工作机理也相同，主要区别是输出动力的形式，因而带来了不同的结构类型和工作特点。

涡桨、涡轴发动机都有动力涡轮，动力涡轮上带有一根输出轴，以带动螺旋桨或旋翼旋转。动力涡轮可分为定轴涡轮和自由涡轮两种，在这两类中还可按其燃气发生器为单转子或双转子进行划分（图 1-3～图 1-7）。目前国际上的涡桨、涡轴发动机中，燃气发生器为单转子型居多数，双转子型较少。典型的双转子涡轴发动机如英国罗·罗公司研制的 GEM（"宝石"）系列涡轴发动机（图 1-7），属于自由涡轮式的。涡轮螺旋桨发动机的类型有两种：螺旋桨和压气机共用一根轴同涡轮连接的，叫作单轴式涡轮螺旋桨发动机（见图 1-8）；螺旋桨和压气机各用一根轴同各自的涡轮连接的，叫作双轴式涡轮螺旋桨发动机（见图 1-9）。后一种发动机，由于用来带动螺旋桨的涡轮转速较小，故传动比可以小些，这样就能够减轻减速器的重量；同时，带动压气机的涡轮比单轴式的涡轮负荷小，所以发动机易于起动，加速性也较好。此外，采用双轴后还便于进行调节。但因构造复杂，目前采用得较少。前一种发动机构造比较简单，目前应用得比较广泛。

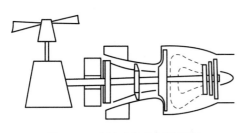

图 1-3 定轴式发动机示意图

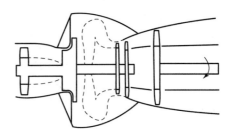

图 1-4 转子串列后输出式发动机示意图

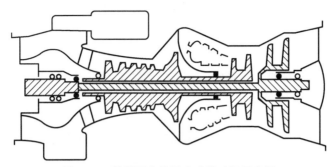

图 1-5　转子同心前输出式发动机示意图

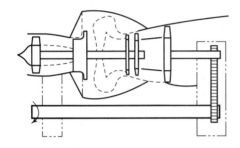

图 1-6　转子串列前输出式发动机示意图

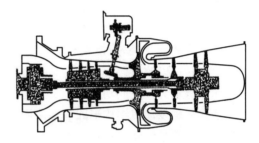

图 1-7　双转子同心前输出式发动机示意图

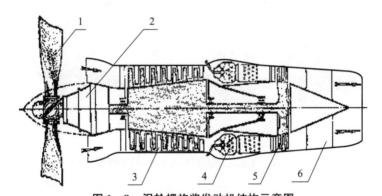

图 1-8　涡轮螺旋桨发动机结构示意图

1—螺旋桨；2—减速器；3—压缩器；4—燃烧室；5—涡轮；6—喷管

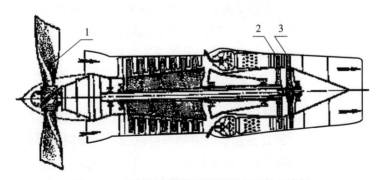

图 1-9　双轴式涡轮螺旋桨发动机结构示意图

1—螺旋桨；2—带动压缩器的涡轮；3—带动螺旋桨的涡轮

涡桨发动机通常为前输出形式，而双转子的涡桨发动机的转子运转方向一般是互为反向，以消除产生的扭转力矩。

1.3.1.1 定轴式

定轴式涡轴涡桨发动机，又称固定式涡轴涡桨发动机（图1-3），涡轮既驱动压气机又同时输出轴功率，其涡轮产生的功率远高于压气机所需功率，剩余功率经减速器（内减）输出，带动螺旋桨、直升机旋翼或其他负载。

由于定轴式发动机无自由涡轮，其功率输出与燃气发生器有机械连接，因此，其突出优点是：功率传输方便、加速性能好；结构简单，输出轴结构便于布局；调节简单，一般采用工作状态恒转速调节规律。

但上述结构也带来一定的缺点：起动性能差，起动机要带动整个发动机的转子，因此起动加速慢；为改善起动性能，往往要在轴上加装离合装置，以便在起动时不必同时带动惯性很大的螺旋桨轴/旋翼轴，这将使结构复杂、重量增加；动力传输转速高，使追求涡轮高转速以改善效率与螺旋桨/旋翼要求低转速的设计难度增加，造成飞机/直升机主减速器重量大；在同功率状态下，输出转速无法调节。

定轴式涡轴发动机结构形式一般采用转子的前输出轴形式，因此它与在前面输出轴功率带动螺旋桨的涡桨发动机有较多共性，在型号发展上往往桨和轴兼顾。这种方案的典型型号有法国的透博梅卡公司的 Artouste Ⅲ B 和 Astazuo14M 发动机（图1-10）。

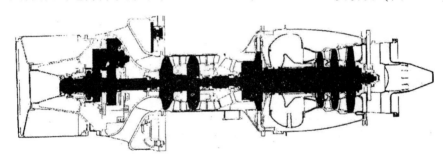

图1-10　Astazuo14M 定轴式涡桨/涡轴发动机

1.3.1.2 自由涡轮式

自由涡轮式发动机（图1-4~图1-7）由燃气发生器和自由涡轮组成，通过独立的自由涡轮输出轴功率。自由涡轮安装在发动机的输出轴上，该轴与涡轮压气机轴无任何机械联系，仅仅是气动联系，这样使得自由涡轮转速能够独立于燃气发生器进行调节，此特点对于配装多台发动机的飞机或直升机是非常重要的。

（1）特点

1）自由涡轮式发动机有以下优点：

①起动性能好：它起动时供给的起动功率只需供给燃气发生器转子转动，而无须带动动力（自由）涡轮转动。因此其起动所需功率可以远远小于同量级的定轴式发动机。其起动加速快、时间短，而且无须在起动机与发动机间加装复合式离合装置。

②工作稳定：这种发动机的燃气发生器不受其动力（自由）涡轮和负载的影响，其工作稳定性较定轴式好得多。

③调节性能好:由于其燃气发生器和动力(自由)涡轮各自以不同的转速工作,故可以使旋翼转速始终调节到最佳工作转速。

④经济性好:自由涡轮式动力涡轮的输出转速远远低于定轴式涡轮输出轴转速,因而降低了传动系统(内减和主减)的减速比和传动损失,而且在各种使用条件下均可获得较低的燃油消耗率。这使自由涡轮式涡桨/涡轴发动机的经济性优于定轴式涡桨/涡轴发动机。

⑤便于燃气发生器选配动力(自由)涡轮,这有利于通过核心机派生出各种需要的涡桨/涡轴发动机。

2) 自由涡轮式涡轴发动机的缺点如下:

①结构复杂:在燃气发生器转子的基础上,增加了动力(自由)涡轴系及轴系的支承和相应的转速测量与控制的要求。

②动力涡轮加速性较差:这是由于燃气发生器转子在加速过程中,与带动负载的动力(自由)涡轮无机械联系所带来的缺点。但现代涡轴发动机通过燃气发生器加速性的进一步改善,弥补了动力涡轮加速性较差的弱点。

现代自由涡轮式涡轴发动机的结构形式已由20世纪70年代前的燃气发生器转子与自由涡轮转子串列倒置后输出轴式,日趋发展为较一致的燃气发生器转子与自由涡轮转子同心的前输出轴式,这都是依赖于自20世纪70年代末期出现的宽弦长跨声级轴流压气机、跨声离心压气机、短环形燃烧室(直流和回流)以及高负荷涡轮、高DN值耐温防滑轴承和转子动力学等方面的技术进步。例如,制造成短小而高刚性结构,已无须采用并轴式结构,这有利于在核心机基础上发展为涡桨型、涡扇型甚至桨扇型等系列,如美国通用电气公司20世纪80年代中期发展的GE-27型发动机,就通过这种前输出轴形式实施了轴型、桨型、扇型及桨扇型计划。

(2) 单转子同心式自由涡轮涡轴发动机

这是现代涡轴发动机的主流结构形式,具有代表性的有英国R·R公司和法国TM公司联合研制的RTM322-01型,以及法国透博梅卡公司的TM333型和美国通用电气公司的T700-GE-701A型(图1-11),加拿大普惠公司的PT6A、PT6B-36。它们的主要特点是按进气流方向为前输出轴式,即在发动机进气口前方与负载机械相连,将轴功率输给负载。其优点是便于发展为一机多型系列,但也有涡轴尺寸加长和加工上的困难。

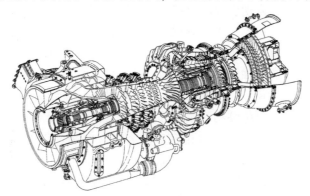

图1-11 T700-GE-701A型单转子自由涡轮涡轴发动机

(3) 单转子串列式自由涡轮涡轴发动机

这类发动机是20世纪70年代前常用的自由涡轮式涡轴发动机形式。其结构特点是自由涡轴功率从发动机后面引出，再通过一根与燃气发生器主轴串列的轴将发动机轴功率传输给负载。其中，由串列轴向前输出功率的称为串列前输出轴式。

串列前输出轴式的代表型号有法国透博梅卡公司的 Arriel – 1C1（即国产 WZ8A 型）（图1–12），串列后输出轴式的代表型号有苏联依索托夫设计局的 TV2 – 117A 型、法国透博梅卡公司的 TurmoⅢ C 发动机。

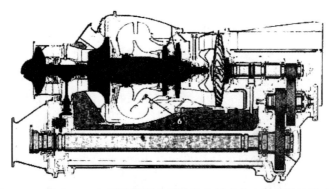

图 1 – 12　国产 WZ8A 型单转子串列前输出轴式自由涡轮涡轴发动机

(4) 双转子自由涡轮式涡轴发动机

双转子自由涡轮涡轴发动机，其高、低压转子在起动和低转速时可获得较大的喘振裕度。由于这种发动机构造较复杂，故在自由涡轮式涡轴发动机系列中发展的不多。其具有代表性的主要有英国·罗公司 GEM（"宝石"）系列（图1–5）和新发展的 PLT27 型自由涡轮双转子涡轴发动机。

当前发展的双转子自由涡轴发动机，其主要结构形式是转子同心前输出轴式。

1.3.2　评定性能的指标

涡桨和涡轴发动机是以轴功率输出为特点的航空燃气涡轮发动机，标志其性能的参数大体有三个方面，即发动机的功率特性方面、发动机经济性方面，以及发动机的物理特性方面等。

为了具体评定某一型发动机性能、技术水平和特征，在上述三方面派生出若干具体的数据和相应的量纲（有的是比值，量纲为1），以便描写涡桨、涡轴发动机的各参数指标。它们可以概括为：反映涡轴和涡桨发动机轴功率特性的轴功率（当量功率）、当量功、功率质量比、单位流量轴功率、单位迎面功率；反映涡轴、涡桨发动机经济性的燃油消耗率（当量燃油消耗率）、燃油消耗量；反映涡轴、涡桨发动机物理特性的结构尺寸、发动机净重、发动机单位轴功率质量等。由于直升机飞行条件对涡轴发动机性能参数影响较大，因此，一般研究的参数指在标准大气（海平面 101 325 Pa、+15 ℃）条件、发动机在海平面工作（$H=0$），以及直升机处于迎面气流为零速（$V=0$）的悬停工作状态；研究发动机的经济性则指涡轴发动机巡航工作状态下的耗油率。作为运输机的涡桨发动机也是如此。

1.3.2.1 轴功率特性

涡轴发动机的可用功率取自动力涡轮（多为自由涡轮）轴，因而通常称为轴功率，一般用千瓦（kW）或马力（hp）表示。涡轴发动机的轴功率（即输出轴功率）与动力涡轮功率可认为基本相等，这是考虑到动力涡轮功率转化为轴功率过程中，通过内减速器形成的机械损失较小。对于无内减器的直接驱动式涡轴发动机，则其自由涡轮功率即其轴功率。

轴功率是评价涡轴发动机的一项重要指标，因为这一参数决定该型发动机的用途，以及装用该发动机的直升机能有多大的可用载荷、飞行速度和升限等。但由于涡轴发动机轴功率的绝对值还不能表征具体发动机的本质特征，因此，虽然它是涡轴发动机的一个重要参数，却不能评价发动机性能的好与差。很显然，由于不同的设计水平及采用的先进材料和工艺水平，同等轴功率的涡轴发动机其空气流量、净重、外廓尺寸可有较大的差别。就一台涡轴发动机的本质功率特性来说，一般采用更科学的指标——轴功率质量比（也有采用比重的，为其倒数）、单位流量轴功率和单位迎面轴功率等来加以评定。

(1) 轴功率质量比

轴功率质量比也称轴功率重量比，简称功质（重）比，它是指涡轴发动机动力输出轴上所发出的功率与涡轴发动机净质量（或净重量）之比。通常，这里的净重包括发动机的工作所需全部导管，但不包括滑油和燃油，即

功质比 = 涡轴发动机轴功率/涡轴发动机净重（kW/kg 或 hp/kg）

涡轴发动机的功质比，可反映出其循环参数、结构设计、部件效率、选用材料等的完善程度。在轴功率一定时，涡轴发动机的功质比越大，说明其质量越小，它直接影响到装直升机后的全机功质比，对直升机的飞行速度、升限、航程，特别是对直升机的机动性的改善有重要影响。当代涡轴发动机的功质比在 4.5~11 kW/kg(6~15 hp/kg)，正在发展的第五代涡轴发动机则可达 15 kW/kg(20 hp/kg)；装机后的全机功重比一般在 0.3~0.4 kW/kg(0.4~0.5 hp/kg)。新一代的军用武装直升机可达 0.4~0.5 kW/kg (0.5~0.68 hp/kg)。

(2) 单位流量轴功率

单位流量轴功率也称单位空气流量轴功率，简称单位功率，它是指每一秒钟流过涡轴发动机 1 kg 空气在功率输出轴上所发出的轴功率。它是轴功率与涡轴发动机的空气流量之比：

单位功率 = 涡轴发动机轴功率/涡轴发动机空气流量（kW·s/kg 或 hp·s/kg）

涡轴发动机的单位功率，从本质上反映出该型涡轴发动机的气动设计水平、部件效率、结构合理性等特征。在轴功率一定条件下，一台涡轴发动机的单位功率越大，表征单位空气功质所做的功越大，则发动机的截面尺寸和质量（重量）会减小，它直接影响到飞机总体性能。因此，单位功率是表征涡轴发动机的性能，特别是尺寸、质量特征的重要指标。当代先进发动机的单位功率约为 250 kW·s/kg（350 hp·s/kg）量级。

(3) 单位迎面轴功率

涡轴发动机的单位迎面轴功率，是指涡轴发动机的轴功率与其最大横截面面积的比

值,简称单位迎面功率:

单位迎面功率 = 涡轴发动机功率/涡轴发动机最大横截面积(kW/mm^2 或 hp/mm^2)

单位迎面功率越大,或者在轴功率一定条件下发动机的最大横截面面积越小,涡轴发动机装机时的配置性能越好。这种安装配置性的改善,可促使动力装置的传动机构振动减小、飞机空气动力特性的改善,以及飞机空勤机组座舱和可用载荷舱(客舱或货舱)视野的改善。当代涡轴发动机的单位迎面功率为 $0.0045 \sim 0.0065$ kW/mm^2 ($0.006 \sim 0.009$ hp/mm^2)。

(4) 当量功率

在比较涡轮螺旋桨发动机的性能和进行计算时,往往需要知道发动机发出的全部功率的数值。为此,通常把喷气推进产生的功率设想成是由螺旋桨产生的,并且折合为螺旋桨轴的功率,然后再将这个折合功率与螺旋桨轴功率($N_桨$)相加,得出相当于发动机全部功率的当量功率。当量功率用符号 $N_当$ 表示。

1.3.2.2 发动机的经济性

表征涡轴发动机经济性的参数主要有燃油消耗率(简称耗油率)和滑油消耗量,而涡轮螺旋桨发动机则为当量燃油消耗率。

(1) 燃油消耗率

燃油消耗率是反映涡轴发动机经济性的最主要参数,也称为单位燃油消耗量。它是指涡轴发动机每小时燃油消耗量与涡轴发动机轴功率之比:

耗油率 = 涡轴发动机小时燃油消耗量/涡轴发动机轴功率[$kg/(kW \cdot h)$ 或 $kg/(hp \cdot h)$]

涡轴发动机燃消耗率越小,则反映该型发动机产生的 kW(或 hp)轴功率所消耗的燃油量越小,即经济性越好。这一指标直接影响到飞机的最低公里燃油消耗量、最低燃料费用等。例如,由于涡轴发动机以最大连续状态和起飞状态工作时,较装活塞式发动机的飞机能更经济地飞行,为获得低公里油耗,以接近最大速度飞行为好。当代涡轴发动机的燃油耗油率,起飞状态为 $0.40 \sim 0.27$ $kg/(kW \cdot h)$ [$0.30 \sim 0.20$ $kg/(hp \cdot h)$]、巡航状态为 $0.55 \sim 0.30$ $kg/(kW \cdot h)$ [$0.40 \sim 0.22$ $kg/(hp \cdot h)$]。

(2) 当量燃料消耗率

涡桨发动机每产生 1 kW(或 1 hp)的当量功率,在 1 h 内所消耗的燃料重量($G_{时燃}$)叫作当量燃料消耗率,以 $C_当$ 表示,即

$$C_当 = G_{时燃}/N_当 \qquad (1-2)$$

现代的涡轮螺旋桨发动机在试车台上工作时,其当量燃料消耗率为 $0.20 \sim 0.28$ $kg/(hp \cdot h)$。随着飞行速度及高度的增加,发动机的经济性得到改善,当量燃料消耗率可减小为 $0.15 \sim 0.20$ $kg/(hp \cdot h)$。

1.3.2.3 发动机的使用性能

(1) 可靠性与维修性

涡桨和涡轴发动机的可靠性、维修性的功用与评价,与涡喷、涡扇发动机是一致的,可靠性会影响飞机/直升机的飞行安全。评价发动机工作可靠性指标有若干项,如平均故障间隔时间(MTBF)、空中停车率(每千小时停车次数)、提前换发率等。维修

性决定着发动机维修是否简单、方便及维修费用水平，评价发动机维修性好坏的指标也有若干项，如无故障待命时间和单元体拆换工时等。

涡桨、涡轴发动机的可靠性与维修性问题是较复杂的命题，在这里只是说明它们是涡桨、涡轴发动机性能评定的重要内容之一。

(2) 振动与噪声级水平

振动与噪声是涡桨和涡轴发动机性能水平的重要指标。由于涡桨和涡轴发动机转速高，转子系统极易发生振动，再加上与战斗机相比，其飞行高度较低，故振动与噪声关系到飞机/直升机舒适性，也关系到其对周围环境的影响。涡桨和涡轴发动机的噪声主要来自燃气涡轮、压气机及排出气流，而排出气流则是主要噪声源，它发生于同介质混合形成的激烈紊流脉动之中。涡桨和涡轴发动机的振动源，主要来自发动机的旋转部件，如压气机、涡轮和自由涡轮转子，这是因为每分钟数万转（3万~5万 r/min）转子的精确平衡是非常困难的。

当代涡桨和涡轴发动机的振动级水平，多采用振动速度（V）值来评定（早期采用加速度 g），这是因为振动速度平方同部件质量的乘积反映出的振动动能。它们的振动值多为 10~30 mm/s，属于较低的振级水平，而当代中、大型航空燃气涡轮发动机，其振动速度值多为 40 mm/s 左右。

注：本章内容的主要素材取自以下参考文献以及若干其他资料。

参考文献

[1] 刘大响，陈光. 航空发动机-飞机的心脏 [M]. 北京：航空工业出版社，2010.

[2] 方昌德. 航空发动机的发展历程 [M]. 北京：航空工业出版社，2007.

[3] 方昌德. 航空发动机的发展研究 [M]. 北京：航空工业出版社，2009.

[4] [美] John D. Anderson. 飞机：技术发展历程 [M]. 宋笔锋，等译. 北京：航空工业出版社，2012.

[5] Smith H. Aircraft Piston Engine [M]. New York：McGraw-Hill Book Company，1981.

[6] C. Fayette Taylor. Aircraft Propulsion：A Review of the Evolution of Aircraft Piston Engines [M]. Washington：Smithsonian Institution Press，1971.

[7] 付尧明. 活塞发动机 [M]. 北京：清华大学出版社，2016.

[8] 李卫东，赵廷渝. 航空活塞动力装置 [M]. 成都：西南交通大学出版社，2004.

[9] [美] 詹姆斯·彼得. 美国飞机燃气涡轮发动机发展史 [M]. 张健，等译. 北京：航空工业出版社，2016.

[10] 彭友梅. 苏联/俄罗斯/乌克兰航空发动机的发展 [M]. 北京：航空工业出版社，2015.

[11] [英] 彼得·皮尤. 罗尔斯·罗伊斯的传奇：创业四十年 [M]. 闫尚勤，等译. 北京：航空工业出版社，2013.

[12] [英] 彼得·皮尤. 罗尔斯·罗伊斯的传奇：喷气式动力 [M]. 张正国，等译.

北京：航空工业出版社，2013.

[13] [英] 彼得·皮尤. 罗尔斯·罗伊斯的传奇：发动机家族 [M]. 闫尚勤，等译. 北京：航空工业出版社，2013.

[14] [美] 马克·P. 沙利文. 可信赖的发动机–普惠公司史话 [M]. 乔俊山，译. 北京：航空工业出版社，2013.

[15] 倪金刚. GE航空发动机百年史话 [M]. 北京：航空工业出版社，2015.

[16] Rolls-Royce Ltd. The Jet Engine [M]. fifth edition. Derby：Rolls-Royce Ltd，2005.

[17] 金捷，等. 涡轮基组合循环发动机 [M]. 北京：国防工业出版社，2019.

[18] 郑龙席，等. 新型喷气发动机技术 [M]. 西安：西北工业大学出版社，2015.

[19] 严传俊，范玮. 脉冲爆震发动机原理及关键技术 [M]. 西安：西北工业大学出版社，2005.

[20] 王春利. 航空航天推进系统 [M]. 北京：北京理工大学出版社，2004.

[21] 张津，等. 现代航空发动机技术与发展 [M]. 北京：北京航空航天大学出版社，2006.

[22] 张伟，等. 空军装备系列丛书—航空发动机 [M]. 北京：航空工业出版社，2008.

[23] 刘永泉. 国外战斗机发动机的发展与研究 [M]. 北京：航空行业出版社，2016.

第 2 章
燃气涡轮发动机原理

2.1 产生推力的原理

燃气涡轮发动机利用连续吸气和供油的方式工作。最简单的燃气涡轮发动机包括三个主要部件——压气机、燃烧室和涡轮。图 2-1 所示为最简单的燃气涡轮发动机的示意图。空气来流经压气机压缩后变为高压进入燃烧室,在燃烧室内与燃料燃烧加

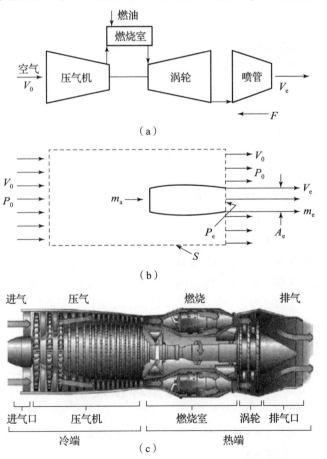

图 2-1 航空发动机工作原理图[1] (书后附彩插)

热而形成高温高压燃气，燃气在涡轮中部分或全部膨胀并输出功，驱动压气机所需的功即来源于涡轮。压气机和涡轮通过轴连接，实现二者间的机械能转换。如果燃气经涡轮完全膨胀，则输出功的主要部分被用于驱动压气机，其余部分被用于驱动风扇或螺旋桨推动飞机前进。如果燃气在涡轮中部分膨胀就能够产生足够的功驱动压气机，那么剩余的高温高压燃气就可以通过喷管提供高速射流。有关燃气涡轮发动机的原理，国内外有很多文献可供参考，如理查德·布洛克利[1]、赛义德·法罗基[2]、P. P. 沃尔什[3]、彭泽琰[4]、廉筱纯[5][6]、朱之丽[7]、Ю. Н. 聂恰耶夫[8]、H. I. H. Saravanamuttoo[9]等。

发动机产生的推力可以用如图2-1（b）所示的控制体加以分析[1]，该控制体从发动机进气的上游一直延伸到喷管的出口，侧面平行于自由来流的速度方向，并且和发动机表面之间有足够大的间距。根据牛顿第二定律，控制体积内流体的动量变化率等于它受的合力。假定流动稳定，则该定律可以表达为

$$\sum F = \int_S V(\rho V) n \mathrm{d}S \tag{2-1}$$

式中，F——力；

V——流体速度；

$\mathrm{d}S$——曲面 S 的微元；

n——对应的当地法向量。

假设发动机外部的空气流动可逆，除了发动机排气的出口（面积 A_e）外，控制体其他表面上的压力和速度都可被视为常数，则式（2-1）可被简化为

$$F - (P_e - P_0)A_e = m_e V_e - m_a V_0 \tag{2-2}$$

式中，m_a——进入发动机的空气流量（自由来流质量流量）；

m_e——出口质量流量，出口质量流量是 m_a 和 m_f 的总和，m_f 是发动机内燃烧的燃料流量；

V_e——发动机出口气流的排气速度。

根据式（2-2），得到推力 F 为

$$F = (m_a + m_f)V_e - m_a V_0 + (P_e - P_0)A_e \tag{2-3a}$$

一般地，为了简化分析，可以认为 $m_f \ll m_a$，因此在公式中略去 m_f，且认为理想状态下气流在喷管内完全膨胀，$P_e = P_0$，因此该公式可以进一步简化为

$$F = m_a(V_e - V_0) \tag{2-3b}$$

即推力为进气流量乘以进排气速度的差值。所以为了提高推力，可行的途径是提高进气流量或者提高排气速度。

2.2 热力循环和效率

燃气涡轮发动机是一种热机，热力循环为布雷顿循环，其温—熵（T-S）变化如图2-2所示，可详见文献［1］、［10］。

在图2-2中，1-2过程为在气流进入压气机前，自由来流通过进气装置时的实际

减速过程，而 1-2′过程表示的是理想的、没有损失的过程；2-3 过程为空气在压气机中的实际过程，而 2-3′过程表示的是理想的压缩过程，即等熵过程。压气机效率被定义为理想等熵过程所需功与实际过程所需功之比，表示为

$$\eta_c = (h_3' - h_2)/(h_3 - h_2) \qquad (2-4)$$

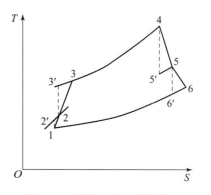

图 2-2 航空发动机热力循环

3-4 过程代表的是燃烧过程，此过程中压力在保持不变的同时，热能不断加入。实际过程中，燃烧室内必然存在一定程度的压降，和整个发动机内部压力变化相比该压降值非常小，常常被忽略不计，因此可以视为等压过程。4-5 过程代表的是涡轮内的膨胀过程，4-5 过程中气体膨胀的终了压力高于环境压力。4-5′过程表示理想的、无损失膨胀过程，即等熵膨胀过程。5-6 过程表示气体通过喷管进一步膨胀到和环境压力相平衡的过程。同样，5-6′过程表示喷管内的理想等熵过程。

涡轮效率被定义为实际涡轮输出功与等熵过程输出功之比，即

$$\eta_t = (h_4 - h_5)/(h_4 - h_{5'}) \qquad (2-5)$$

类似地，喷管效率被定义为实际功与等熵膨胀功之比，即

$$\eta_n = (h_5 - h_6)/(h_5 - h_{6'}) \qquad (2-6)$$

燃气涡轮发动机的热效率或循环效率被定义为气流动能的增量与燃料反应热产生的总热量之比，即

$$\eta_{th} = [(m_a + m_f)(V_e^2/2) - m_a V_0^2/2]/m_f Q_R \qquad (2-7)$$
$$= [(1+f)(V_e^2/2) - V_0^2/2]/f Q_R$$

式中，f——燃油与空气的质量流量之比（m_f/m_a）；

Q_R——燃料的反应热。

在相同两个温度间工作的一切热机，可能达到的最大热效率为卡诺循环热效率。燃气涡轮发动机将环境大气作为放热的蓄热体，因此循环中的最低放热温度即环境大气温度，用 T_a 表示。最大可能的吸热温度受燃烧过程和材料能力的限制，用 T_h 表示。那么，燃气涡轮发动机可能的循环最大热效率（卡诺循环效率）为

$$\eta_i = 1 - T_a/T_h \qquad (2-8)$$

飞机在海拔 11～30 km 飞行时，如果假设式（2-8）中 T_a 和 T_h 的值分别为 217 K 和 1 500 K，那么对应的 η_i 大约是 0.85。但在实际过程中，气体在发动机各部件中的运动都不是理想过程，存在各种损失，所以实际热效率要比该值低得多。

从上面的分析中可以清楚地看出，在环境温度一定的情况下，发动机热效率取决于循环的最高温度（即涡轮进口温度）。增加循环总压力比可以使参与燃烧的空气流量提高，相应可以提高加入的燃料量，因此可提高涡轮进口温度，从而提高循环效率。在发动机发展中，提高发动机温度和压力仍是提高循环效率的有效途径，但是涡轮进口温度将受限于涡轮、燃烧室等热端部件材料的耐热能力。

为应对发动机单位推力和效率持续提高的需求，现代飞行器动力装置需要非常高的涡轮进口温度，以保持高压涡轮效率和整机循环效率。若要提高涡轮进口温度，一方面可使用先进的材料，另一方面可提升涡轮冷却技术。传统的先进材料主要是耐温能力更高的金属材料，包括单晶材料，以及在金属材料上涂覆热障涂层，使热量难以向金属基体传导；从压气机引气可以直接冷却热端部件，自从1960年左右应用了气冷涡轮后，冷却技术在提高涡轮进口温度的贡献中约占2/3。

推进效率是衡量发动机输出能量转变为推力比例的参数，它代表了两种机械能形式的转换，定义为推进功率与排气中的净机械功率（气流经发动机获得的动能增量）之比，表示为

$$\eta_p = FV_0/m_a[(1+f)(V_e^2/2) - V_0^2/2] \qquad (2-9)$$

对吸气式发动机，上述表达式可以简化。一般情况下，$f(f \ll 1)$ 可以忽略不计；同时，和其他两项相比，式（2-3a）中的压力项也可以忽略不计。因此，用式（2-3b）代替式（2-9）中的 F，可以将其简化为

$$\eta_p = (V_e - V_0)V_0/(V_e^2/2 - V_0^2/2) = 2/(1 + V_e/V_0) \qquad (2-10)$$

从以上表达式可以看出，当排气速度等于飞行速度时，推进效率达到理论最大值1。但是空气是以飞行速度进入发动机的，此时推力是与排气速度和飞行速度间差值成比例的。因此，为获得推力，发动机的排气速度应高于飞行速度。所以推进效率永远不可能等于1，一定有一部分能量随着排气的动能损失了。

燃气涡轮发动机的总效率是热效率和推进效率的乘积：

$$\eta_0 = \eta_p \eta_{th} \qquad (2-11)$$

$$\eta_0 = (FV_0)/(m_f Q_R) \qquad (2-12)$$

利用式（2-7）和式（2-9），并假设 $f \ll 1$，可以将上面的公式简化为

$$\eta_0 = 2\eta_{th}/(1 + V_e/V_0) \qquad (2-13)$$

2.3 不同类型发动机的热力循环

2.3.1 涡轮喷气发动机

按照推力的形成方式，可将飞行器推进系统中的燃气涡轮发动机分为4大类，分别是涡轮喷气发动机、涡轮风扇发动机、涡轮螺旋桨发动机和涡轮轴发动机。所有的燃气涡轮发动机都有压气机、燃烧室和涡轮等核心部分，通常将这3部分称为核心机或燃气发生器，如图2-1所示。核心机的本质是提供高温、高压燃气，各种形式的燃气涡轮发动机都可由核心机（单轴涡喷）派生而来，以适用不同的要求，如图2-3所示。若给这个核心机加上排气喷管，则构成了涡轮喷气发动机，如图2-4所示。涡轮产生的功部分被用于驱动压气机，剩下的高压、高温燃气通过喷管膨胀，高速射流排出喷管产生推力，以推动飞机前进。

第 2 章 燃气涡轮发动机原理

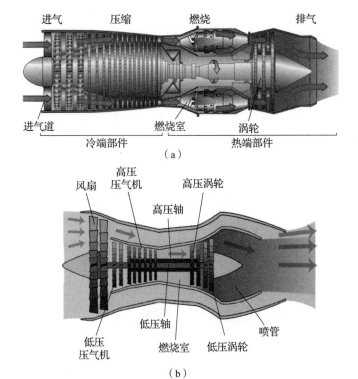

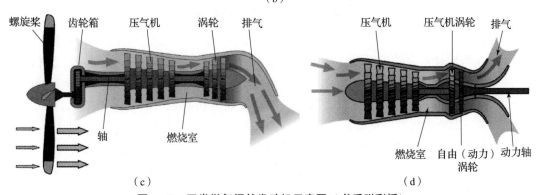

图 2-3 四类燃气涡轮发动机示意图（书后附彩插）

（a）涡喷——适用于高速飞行，但效率低；（b）涡扇——采用风扇和外涵道，效率高于涡喷；
（c）涡桨——用于低速飞行，效率高；（d）涡轴——用于直升机动力和地面动力，效率高

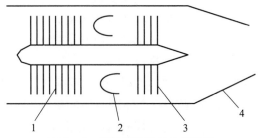

图 2-4 涡轮喷气发动机示意图

1—压气机；2—燃烧室；3—涡轮；4—喷管

在工程上，还经常利用 $P-V$（压力-容积）来表示航空发动机的工作过程，以一个最简单构型的涡喷发动机为例，并加入飞机进气道，其热力循环如图2-5所示，可详见有关文献[5]、[10]。

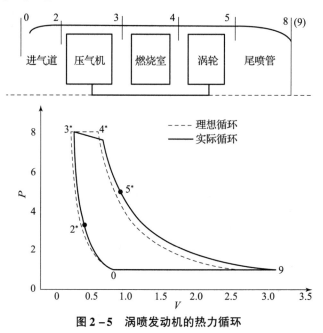

图2-5 涡喷发动机的热力循环

在 $P-V$ 图中，0-2 是进气道内的减速增压过程，2-3 为压气机内的减速增压过程，3-4 为燃烧室内的等压燃烧过程，4-5 是气体膨胀减压加速过程，5-9 是喷管内的进一步膨胀减压加速过程。

涡轮喷气发动机最简单的形式是由一根转轴连接所有旋转部件。第二次世界大战后，双转子涡轮喷气发动机面世。采用双转子方案后，压气机系统被拆分为低压（LP）压气机和高压（HP）压气机，每个压气机被独立安装在单独的轴（同轴心）上，由各自对应的涡轮驱动（即低压涡轮和高压涡轮）。当然，双转子发动机和单转子发动机总体上还是非常相似的。

2.3.2 涡轮风扇发动机

涡轮风扇发动机起源于双转子涡轮喷气发动机，主要是将发动机的气流通道分为内涵和外涵两部分，通过增加低压压气机（通常称为风扇）的相对尺寸来提高涵道比，使大部分空气从外涵通过。外涵空气或者从单独的喷管被排出，或者同低压涡轮的高温燃气混合，再通过混合排气喷管膨胀后被排出。

涡扇发动机可以分为两种形式，混合排气和分开排气。分开排气的涡扇发动机如图2-6所示，风扇和包容机匣形成了一个环绕在核心机外部的环形管状流道，通过环形管道的质量流量称为外涵流量，而通过核心机的质量流量则称为内涵流量，两者之比称为涵道比。现代民用涡轮风扇发动机的涵道比非常大，一般都在9左右，某些在研的先进超大涵道比涡轮风扇发动机的涵道比将超过12。由推进效率的表达式可知，流体被用于产生推力的速度增量越小,推进效率越高。因此,提高涵道比会在气流速度增加很小的同时,显著提高空气的质量流量,从而获得更高的推进效率。除此之外,由于较小的排气速度和较低的风扇叶尖速度,故采用大涵道比还可以有效抑制噪声。当然,通过增大外涵管道尺寸来提高涵道比会导致发动机径向尺寸和迎风面积增加,同时使飞机的飞行阻力明显增加,在设计中需要统筹考虑,以获得最佳的设计值。

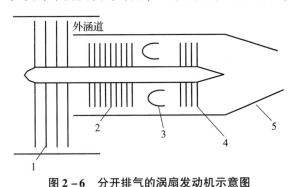

图 2-6 分开排气的涡扇发动机示意图
1—风扇;2—压气机;3—燃烧室;4—涡轮;5—喷管

分开排气涡扇发动机的 $P-V$ 图如图 2-7 所示。一些中等涵道比涡轮风扇发动机,内涵流路和外涵流路会在外涵中混合并膨胀,直到最终从喷管排出。这样的发动机也被称为混合排气涡轮风扇发动机。混合排气的 $P-V$ 图如图 2-8 所示。

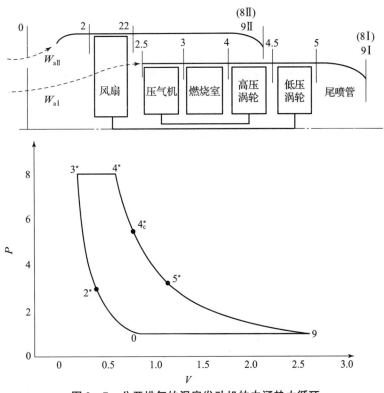

图 2-7 分开排气的涡扇发动机的内涵热力循环

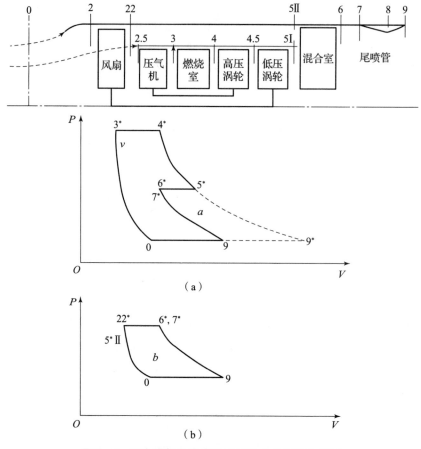

图 2-8 混合排气的涡扇发动机的内外涵热力循环
(a) 内涵理想循环；(b) 外涵理想循环

2.3.3 涡轮螺旋桨、桨扇和涡轴发动机

涡轮螺旋桨发动机（原理示意见图 2-9）依靠螺旋桨产生推力（拉力），其基本工作原理与风扇产生的推力类似，但没有涵道。螺旋桨直径通常要比外涵道风扇大得多，由涡轮通过减速器驱动它。减速器可将涡轮的高转速、低扭矩转化为低转速和高扭矩。当螺旋桨叶尖速度为 720 km/h 时，涡轮螺旋桨发动机工作效率最佳。当转速更高时，由于桨尖速度大，尽管仍处于亚声速，但容易产生气动损失，从而使螺旋桨工作效率降低。

桨扇发动机可被看成改型的无涵道涡轮风扇发动机。风扇被放在发动机短舱外，与压气机叶片在同一轴线上（图 2-10）。桨扇发动机也被称为超高涵道比（UHB）发动机，据美国于 20 世纪 70 年代的试飞结果表明，同涡轮风扇发动机相比，其燃油经济性提高了 30%。然而，燃油经济性在被提高的同时也带来了严重的噪声问题。乌克兰前进设计局研制了著名的 D-27 桨扇发动机，并批量装备在该国生产的安-70 运输机上，然而该机未能取得民航适航证，目前只用于军事用途。

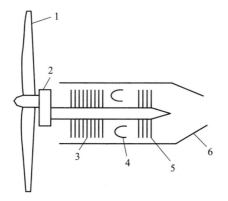
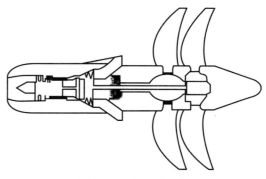

图 2-9 涡轮螺旋桨发动机示意图　　　图 2-10 桨扇发动机
1—螺旋桨；2—减速器；3—压气机；4—燃烧室；
5—涡轮；6—喷管（低速排气）

涡轮轴发动机更特殊一些，它是通过发动机动力涡轮驱动旋翼，旋翼驱动更多的低速气流，既产生升力又通过其水平分量产生推力，所以直升机的前进必须采取机头向下、旋翼向前倾斜的姿态，且其飞行速度远低于固定翼飞机。

一般而言，涡轮风扇发动机、涡轮螺旋桨发动机和桨扇发动机通过大量低速运动（仅比飞行速度稍高）的流体产生推力。相比之下，涡轮喷气发动机喷射的气流流量较小，但是速度非常高。从式（2-10）中给出的推进效率可以看出，利用较小的速度增量产生推力将具有更高的推进效率。因此，在一定的飞行速度范围之内，与涡轮喷气发动机相比，涡轮风扇发动机、涡轮螺旋桨发动机具有更高的推进效率和更好的燃油经济性。

2.3.4　加力涡喷发动机

通常，发动机主燃烧室排出的燃气中还有大量的未燃烧空气。这样，有时涡轮喷气（或涡轮风扇）发动机可以通过向涡轮下游和喷管上游间喷射燃油进行二次燃烧来增加推力（见图 2-11，其中 5-7 是加力燃烧室的等压燃烧过程）。

加力燃烧室是通过加力燃油喷嘴向气流喷入燃油，通过点火器将油气混合物点燃，提高排气温度和压力，以增加推力。同主燃烧室内燃烧过程相比，加力燃烧室的气流压力比较小，加力燃烧室的工作效率较低，仅被短时应用于满足起飞、爬升以及军用飞机机动飞行的高推力需求。

加力燃烧室主要用于军用涡轮喷气发动机和小涵道比军用涡轮风扇发动机，很少应用于民用航空发动机。

2.3.5　几种发动机推进效率的比较

前面提到的发动机推力公式（2-3b）表明，尾喷口喷出的气流速度越高，发动机推力就越大。因此，从提高发动机推力来讲，希望增大尾喷口的气流喷射速度。但是由发动机的推进效率公式（2-10）分析，尾喷口的气流喷射速度越高，推进效率就越低。各类发动机由于其热循环工作特点的差异，因而在不同飞行速度下具有不同的推进效率。图 2-12 所示为几种发动机推进效率随飞行速度的比较曲线（R·R公司[11]）。

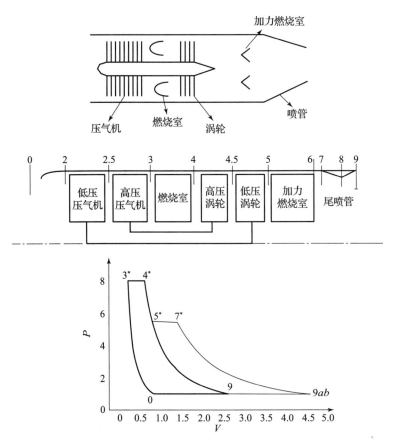

图 2-11 带有加力燃烧室的涡喷发动机

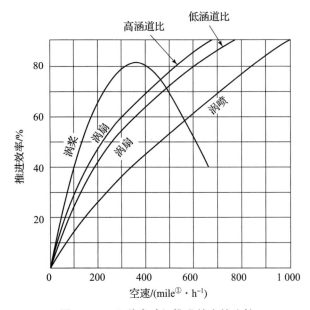

图 2-12 几种发动机推进效率的比较

---

① 1 mile = 1.609 344 km。

涡轮喷气发动机的推进效率，在很大程度上取决于飞机飞行速度（进入发动机的气流速度），飞行速度越大其推进效率越高，因此它适用于飞行速度高的飞机。飞行速度在 720 km/h 以下时，它的推进效率不如螺旋桨发动机。涡轮螺旋桨发动机在低速飞行时具有最高的推进效率，但当飞行速度在 560 km/h 以上时，螺旋桨叶尖会产生气流扰动，甚至趋于达到声速，其推进效率会迅速下降。因此，涡轮螺旋桨发动机适合中低速飞行，在这种飞行速度下不宜采用涡轮喷气发动机。涡轮风扇发动机在一定程度上结合了涡轮螺旋桨发动机和涡轮喷气发动机的优点，与涡轮喷气发动机相比，增加了外涵道，加大了空气流量，且喷口（尤其是外涵道）气流速度比涡喷发动机要低得多，其推进效率明显要高。在中低速飞行下，涡轮风扇发动机推进效率尽管比涡轮螺旋桨发动机要低，但是明显优于涡轮喷气发动机。增大涵道比，涡轮风扇发动机会越来越靠近涡轮螺旋桨发动机的推进效率。所以，在民用运输飞机方面，涡扇发动机会采用大涵道比，使得推进效率趋于接近涡轮螺旋桨发动机。在军用上，涡扇发动机采用小涵道比，既能满足涡喷发动机能达到的战斗机飞行的高度和速度要求，推进效率又比涡喷发动机的明显要高。但是，随着飞行速度增至更高，比如 Ma 大于 2.5 以上，相比于涡扇发动机，涡喷发动机的推进效率优势会逐渐显现出来。

2.4 进气道

进气道是飞行器机体的一部分，是飞行器中将空气引入推进系统的部件，也是飞机与发动机的界面和接口，传统上属于飞机设计师的工作。同时，由于进气道性能会影响发动机的整体性能，所以进气道也常被认为是推进系统的一个部件，一些发动机研制单位也常会设立进气道专业。一个好的进气道设计，应当保证飞行器和发动机在宽广的飞行工况下都能获得较高的性能。进气道方面的详细介绍可见朱俊强[12]、刘大响[13]、Ames Research Staff[14]、Antonatos P. P.[15]、Benson T. J.[16]、Heiser W. H.[17]、Hill P. G.[18]、Mattingly J. D.[19]、Murthy S. N. B.[20]、Seddon J.[21]等。

气流在管道中的流动参数变化可用式（2-14）来表示，如图 2-13 示，A 表示流道面积（m^2），V 表示流速（m/s），p、ρ、T 分别表示流体压力、密度和温度。于是就有表 2-1 所示的流体在管道（进气道）内流动各参数的变化规律，即

$$dA/A = (Ma^2 - 1)dV/V \quad (2-14)$$

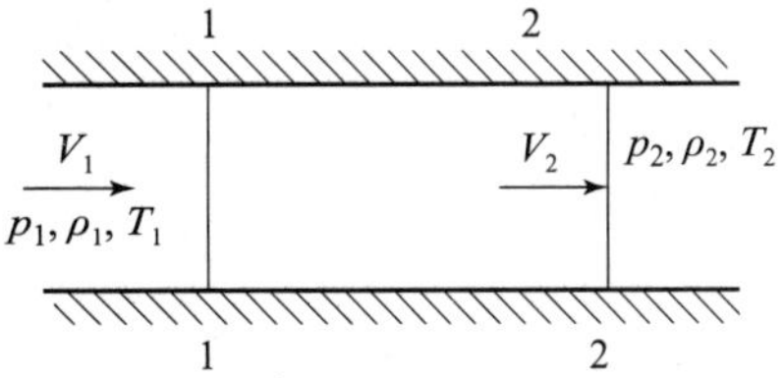

由此可见，气流为亚声速时，在收敛通道内流动，速度加快，压力、温度和密度下降；在扩张通道内则流速减小，压力、温度和密度增加。气流为超声速时，在收敛通道内流动，速度减小，压力、温度和密度增加；在扩张通道内则流速加快，压力、温度和密度下降。

图 2-13 流体管道流动示意图

进气道设计正是利用气流在通道内流动变化的规律来设计成不同的通道形状，以减小气流流动损失，使气流进入发动机时达到一个合适的速度状态。

表2-1 流体在管道（进气道）流动变化规律

Ma	Ma < 1 亚声流		Ma > 1 超声流	
管道形状	⊃←	⊂→	⊃→	⊂→
速度	↑加速	↓减速	↓减速	↑加速
p, T, ρ	↓	↑	↑	↓

2.4.1 进气道的类型

前面讲到的发动机推力属于发动机的非安装推力。当发动机安装在飞机上时，飞机进气道、发动机和飞机排气装置就共同组成推进系统，此时称为发动机安装推力或称为可用推力。发动机安装推力即发动机的非安装推力减去从发动机引气和提取功率（用于飞机有关功能）的推力损失，并减去进气道阻力、尾喷管和飞机后体阻力。现代战斗机大多具有非常高的速度，而且飞行高度也很高，高空的空气稀薄、氧气含量低，而且在高速运行时飞机的空气用量大；压气机和燃烧室对进入的空气条件要求相当苛刻，需要对高速空气来流进行减速增压，并且发动机在不同高度、速度飞行时进气量需适应性变化，等等，这就需要通过进气道来对进入发动机的空气进行调节。

飞行器的用途决定了其进气道的形状[1][6]。民航客机和亚声速飞机通常采用较短的轴对称皮托式进气道，如图2-14（a）所示。皮托式进气道在飞行器的设计点状态下具有性能好、重量轻的特点，但对飞行器的机动能力具有较大限制。高性能的超声速飞机通常采用矩形或轴对称的可变几何进气道，其通过改变几何形状实现较宽马赫数范围内的高效工作。图2-14（b）所示为轴对称形进气道，图2-14（c）所示为矩形进气道。空中优势战斗机通常采用与机体高度融合的保形进气道，如图2-14（d）所示。

亚声速进气道：不同飞行速度下，发动机进口流线呈现出不同的形态。对于亚声进气道，为减少唇口气体分离，通常设计成钝圆形唇口，如图2-15所示。在亚声速飞行速度下，不同飞行速度产生不同的进气道入口的流线形态，如图2-16所示。当来流速度V_0小于设计速度V_1时，相当于进气道面积大于设计状态所需面积，发动机进气道处于吸气状态；当来流速度V_0等于设计速度V_1时，进气道面积等于设计状态所需面积，发动机进气道处于设计点，效率最高；当来流速度V_0大于设计速度V_1时，相当于进气道面积小于设计状态所需面积，发动机进气道处于溢流状态。

超声速进气道：飞机超声速飞行时，因其进气道入口气流是超声速，而发动机所需要的入口气流为亚声速，所以进气道往往要通过一道正激波加多道较弱的斜激波来实现超声速气流的减速增压。在正激波之前，气流经过仅一道斜激波减速，如图2-17中$n=1$的曲线，损失最大；经过多道斜激波（$n=3$或4）减速，可有效减小流动损失[6]。

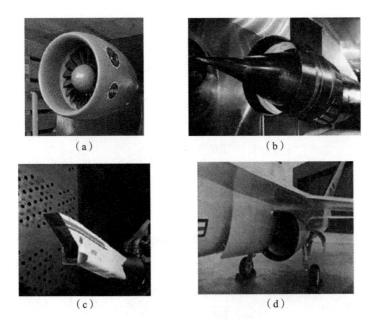

图 2-14 飞机进气道形状

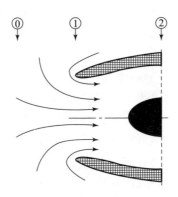

图 2-15 亚声进气道示意图

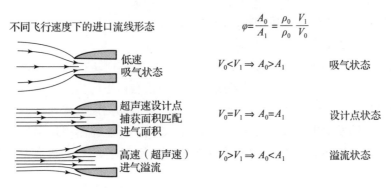

图 2-16 亚声速时在不同飞行速度下的流线形态示意图

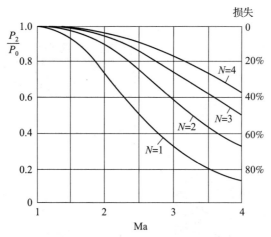

图 2-17 超声速进气道内弱斜激数量对气流损失的影响

超声速进气道分为外压式、内压式和混合式三种。外压式进气道：超声速减速在进气口外完成，进气口内通道基本上是亚声速扩散段。内压式进气道：超声速气流的减速增压主要在进口以内实现，内压式进气道效率高、阻力小，但非设计状态性能不好，起动困难［这个起动，是指进气道达到正常行驶功能状态。内压式进气道不能起动，就不能把来流的超声速气流降到亚声速（因为压气机入口通常设计成来流为亚声速）］，故很少采用。混合式进气道是内外压式的折中。一般的超声速进气道都有中心锥或者压缩斜板来调节进气量和调节激波的位置。

下面以图 2-14（a）中所示的通用进气道为例，介绍描述几何和流场特性的一些名词定义，参考坐标系被固定于进气道上，上游空气从左侧向右流向位于下游的发动机进口。进气道的外侧被称为唇罩，而唇罩最上游的部分则被称为唇口。唇口位置将进气道的流动区间沿流向分为两部分：从唇口到发动机进口的这一段称为内通道，而从自由来流到唇口的部分则称为外压段，并且唇口对应高度捕获的来流在唇口位置发生分流，一部分从唇罩外流过，而剩下的则进入内通道。进气道的捕获流线开始于自由来流，终止于唇口上的驻点，它是流向唇罩外的流体和进入内通道流体的分界线。在进气道的设计中，自由流到发动机进口整个区间的流动情况都必须加以考虑，因为该区内的流动状态均可能发生变化。在涡轮发动机的标准站位标记方法中，下标 0 表示来流，下标 1 表示唇口处，而下标 2 表示发动机进口，如图 2-15 所示。

以图 2-14（c）中所示的为燃气涡轮发动机供气的矩形进气道为例展开分析，假设进气道外部流道的宽度恒定，那么其各横截面，包括唇口平面均为矩形。在进气道的内部，其型面将从唇口截面的矩形过渡到发动机进口截面的圆形，并且该型面被设计为扩张管道的形式，即发动机进口的面积比唇口截面要大。扩压器面积最小的地方被称为进气道的喉道。为了减少在压气机中的流动损失，发动机进口马赫数通常被限制在 0.6 以下。

下面我们来考虑通过图 2-18 中所示进气道的气流情况，流过任意横截面的空气流量由可压缩流流量公式计算，即

$$\dot{m} = \frac{A p_{t0}}{\sqrt{T_{t0}}} \sqrt{\frac{\gamma}{R}} \mathrm{Ma} \left(1 + \frac{\gamma-1}{2} \mathrm{Ma}^2\right)^{-\frac{\gamma+1}{2(\gamma-1)}} \qquad (2-15)$$

式中, $\dot{m}$——质量流量;

A——横截面积;

p_{t0}——当地总压;

T_{t0}——当地总温;

Ma——当地的马赫数;

R——气体常数;

γ——比热比。

将唇口截面逆着自由来流截面方向投影,可得到进气道的理论捕获面积,在图 2-18 中用 A_c 标记。捕获面积决定了无内部堵塞情况下亚声速进气道应该捕获的最大空气流量。理论捕获流线在图 2-18 中用虚线示出。进入进气道内的空气流量 m_1 一部分被直接供给发动机使用,另外一部分用于飞行器环境控制、发动机旁路放气以及进气道边界层吸除。实际进入进气道内的气流可向前追溯到自由来流中,得到图 2-18 中的进气道实际捕获面积 A_0。这样,自由流流过 A_0 的空气流量 m_0 等于进气道的实际捕获流量 m_1,而进气道流量系数为实际捕获流量与理论捕获面 A_c 捕获流量之比。于是可得到

$$\text{流量系数} = \frac{\dot{m}_0}{\dot{m}_c} = \frac{A_0}{A_c} \qquad (2-16)$$

即进气道的流量系数随着发动机流量需求的变化而变化。

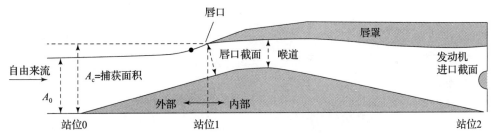

图 2-18 进气道的几何和气动参数定义

2.4.2 进气道的性能参数

进气道对发动机性能的影响通过两个方面评价:总压恢复系数和进气道畸变指数。

2.4.2.1 总压恢复系数

进气道总压恢复系数被定义为进气道出口截面的平均总压 p_{t2} 与自由来流总压 p_{t0} 之比,如式 (2-17) 所示:

$$\text{总压恢复系数} = \frac{p_{t2}}{p_{t0}} \qquad (2-17)$$

总压恢复系数是衡量进气道内部熵增大小,或者说流动不可逆性程度的一个参数。就理想的进气道而言,其总压恢复系数等于 1.0;而对于任何真实的进气道,其总压恢复系数总是小于 1.0。进气道设计的最大挑战在于如何使总压损失最小,即尽可能使总

压恢复系数最大,因为总压恢复系数对推进系统的性能有着线性的影响规律。视具体的推进系统不同,一般来说,进气道的总压恢复系数每减少1%,将导致发动机推力减少1.5%,单位燃油消耗率增加2.5%。进气道内的总压损失有三大来源:边界层、掺混或剪切层,以及激波。

进气道内部、外部的各个固壁表面上都会产生边界层。边界层导致总压损失的大小取决于边界层的厚度和状态(层流、湍流,或者是过渡状态)。当然,边界层导致的具体影响与飞行条件以及进气道的尺寸和形状有关,但即使是最简单的直管,也会由于边界层而产生总压损失。一般而言,进气道内边界层造成的总压损失为1%~2%。

如果进气道壁面出现了边界层流动分离,则分离区内及其周围的掺混和剪切作用会导致额外的总压损失。扩张比较大的进气道更容易发生边界层分离。这是因为在扩压器内产生了较高的逆压强梯度。对于出口偏置的进气道而言,其进、出口的中心线位置偏移往往会由于内通道的横向二次流而导致边界层分离。边界层分离导致的总压损失可能是非常严重的,一般为2%~5%。

超声速进气道的总压恢复问题较为独特,因为其上游是超声速气流,而出口处流动发动机要求为亚声速。为了将超声速流动转变为亚声速流动,超声速进气道中常会出现正激波,正激波造成的总压损失在很大程度上取决于波前马赫数。当波前马赫数为1.3时,正激波造成的总压损失接近2%;而当波前马赫数为2时,正激波造成的总压损失达30%。因此,当飞行速度马赫数超过1.3时,必须在正激波的上游对来流进行减速,通过多道较弱的斜激波产生较小的总压损失。图2-19表示了这种情况。

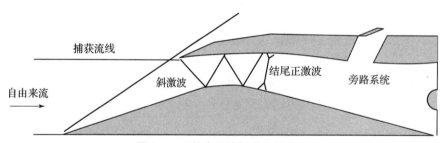

图2-19 超声速进气道中的激波

进气道设计和发动机工作状态对总压恢复系数的影响通常采用如图2-20所示的进气道节流特性曲线表示。该曲线表示的是当来流马赫数固定时超声速外压式进气道的总压恢复随流量系数的变化情况。曲线上的转折点被称为临界状态,此时结尾正激波刚好停留在进气道唇口面上,且流量系数仍保持最大。当流量系数减小时,进气道进入亚临界状态,正激波离开唇口,部分流体在其下游溢出唇罩。当流量系数降至最小可用状态时,进气道开始喘振。在曲线上的超临界状态部分,进气道的正激波进入了唇罩下游的通道内,超临界状态下,进气道的流量系数保持恒定。这是因为进气道的唇口截面始终保持为超声速状态,其流动参数和流量不变。进气道的总压恢复系数之所以沿着曲线逐渐下降,是因为随着正激波向扩压器下游移动,波前马赫数增加,故总压损失逐渐增加。另外,注意图中进气道的流量系数无法达到1,因为外压缩斜激波总会导致部分的超声速溢流出现。

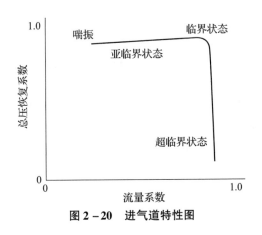

图 2-20 进气道特性图

2.4.2.2 进气道畸变

进气道畸变描述的是进气道出口平面的参数分布特征。由于压气机或风扇都是绕一条轴线旋转的，因此进气道出口的流场应当尽可能保持均匀。如果进气道出口的速度场存在畸变，即某区域的速度和其他区域不同，则当旋转叶片通过该畸变区域时气流的当地攻角将发生变化。如果当地攻角超过了叶片的失速攻角，则叶片将发生失速，使得其气动性能恶化，并可能导致气流倒流和发动机熄火。外流参数变化、飞行器出现大攻角和侧滑角姿态、进气道出口偏置，以及高扩压比或激波/边界层干扰产生的流动分离等都是进气道畸变的来源。一些进气道的畸变还会随时间变化，这样便产生了动态畸变。

对发动机工作性能影响最大的是压力畸变。图 2-21 所示为一个典型的进气道总压畸变图谱。图 2-21 中线旁的数字表示该等值线上的总压恢复系数值，黑色圆点表示总压探针的位置。

除了压力畸变，进气道还有温度畸变，主要是由于吸入进气道前不同总温的气流而形成的畸变，例如导弹排出的废气、前面飞机排出的燃气、反推力状态下吸入本身的回流气体、舰载飞机弹射起飞时吸入的蒸汽等。

旋流畸变是隐身飞机特有的，主要是由于进气道采用了 S 弯构型，造成气流在进气管路内产生一定旋转角度流动进而产生压力梯度。

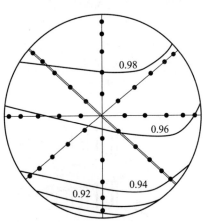

图 2-21 进气道压力畸变示意图

美国和俄罗斯有不同的进气道畸变指标，我国目前工程上常用的是俄罗斯的定义：总压畸变指数用综合畸变指数表示，由三个分量之和组成，即沿进口截面的总压周向不均匀度、径向总压不均匀度、总压随时间变化的面平均紊流度。

俄罗斯发动机行业通过大量的研究数据表明，径向总压不均匀度对各种不同结构形式发动机的稳定性影响很小，通常不予考虑。因此，综合畸变指数定义为周向不均匀度和面平均紊流度的叠加。

温度畸变指数有多种表达形式，主要有高温区周向范围、温度畸变持续时间、面平均温升、面平均相对温升、温度场周向不均匀度和温升率等。

2.5 风扇和压气机

风扇和压气机能够实现气体压力的升高,其性能对发动机有很大的影响,在发动机的研发过程中占有重要地位。有关风扇和压气机的详细介绍可参见戈登·C. 奥兹[22]、胡骏[23]、Aungier R. H.[24]、Bloch H. P.[25]、Boyce M. P.[26]、Cumpsty N. A.[27]、Horlock J. H.[28]、Japikse D.[29] 和 Saravanamuttoo[9] 等。

2.5.1 压气机的分类

就一般意义而言,压气机就是通过其运动部件向气体中加入能量,以提高气体压力的一种机械装置,这个过程被称为压缩。完成压缩有两种基本的方式:一种是减小气体的体积;另一种是增加气体速度。采用第一种方式的压气机称为正位移式压气机或者容积式压气机;采用第二种方式的压气机称为动能式压气机或者速度型压气机。由于航空发动机是连续供气的,工作中没有密闭的空间,因此只采用动能式压气机。

动能式压气机是通过转子增加连续气流的动能,然后使气流通过静子或扩压器将动能转化为静压,以实现压力提高的。在动能式压气机中,气流随着转子旋转并向下游运动。按照气流离开转子区的流动方式可将动能式压气机分为轴流式和离心式。在轴流式压气机中,气流的流动方向平行于压气机的旋转轴。在离心式压气机中,气流可能是轴向进入,但以垂直于旋转轴的径向方向离开转子,此时离心力在其压缩过程中起着重要作用。如果气流大致是以轴向和径向中间的某个角度离开转子,那么这类压气机称为斜流式压气机或混流式压气机。以上3类压气机如图2-22所示。

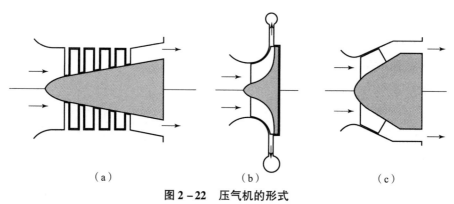

图 2-22 压气机的形式
(a) 轴流式;(b) 离心式;(c) 斜流式

2.5.1.1 轴流式压气机

轴流式压气机通常由几排叶片组成,且每排叶片沿圆周方向分布。其中的一些叶片称为转子,它们被安装在轮毂上并由轴带动而高速旋转;其余的若干排叶片是静止不动的,称为静子。转子与静子交替排列,转子在前、静子在后。每一对转子和静子在一起称为轴流式压气机的"一级"。气流在转子中加速,随后在静子中扩压并改变流动方向,重新平行于转轴,以满足下一级压气机或下游部件燃烧室的进口要求。通常多级轴流式压气机的单级增压比为 1.2~1.6,气流顺序流过一级又一级,压力被逐步提高,密度也相应增加。因此,为了保证压气机的性能,就将气流的流通通道不断变窄,以使气流保持合适的轴向速度。

轴流式压气机的优点是流量大、迎风面积和横截面积都比较小,具有很高的效率(达到甚至超过 90%),非常适用于大、中型航空发动机。为了获得足够高的压力,轴流式压气机通常需要很多级。因此,与离心式压气机相比,轴流式压气机更为复杂,加工成本更高。

2.5.1.2 离心式压气机

离心式压气机采用一个旋转轮,通常称为叶轮,如图 2-23 所示,气体由轴向进入装置,并在叶轮通道内做向外的径向运动,以到达叶轮的外缘。由于叶轮旋转不断做功的作用,气体得到加压和加速,在高半径处以垂直于轴线的方向流出。尽管叶轮进、出口两处的角速度相同,但出口处叶轮的圆周速度比进口处高很多,所以气流动能比在单级轴流压气机中增加得更多,随后的扩压器使气流速度降低,静压得到进一步提高。

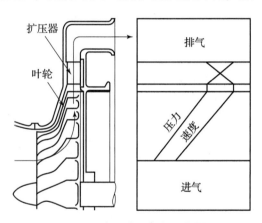

图 2-23 离心式压气机工作原理

单级离心式压气机的增压比比单级轴流式压气机高得多,通常单级可达 4~5。其优点是转子刚性较好、级数少、结构简单、维修方便、成本低。但是,其迎风面积大,从而带来了更大的流动阻力,而且空气流量受限。它主要用于小型涡轮发动机和辅助动力装置中。

地面应用时,由于对重量和尺寸等限制不高,所以可以采用多级形式的离心式压气机,以获得非常高的压力(几十兆帕),可将其广泛应用于需要连续运行的工业领域中,如炼油、化工和石油化工厂,以及天然气加工厂。

2.5.1.3 斜流式压气机

斜流式压气机,也称为混流式压气机,兼顾了轴流式和离心式压气机的优点与缺点。其气流出口平均直径大于进口平均直径,气流在叶轮出口处沿轴向和径向都具有速度,随后的扩压器将其运动速度逐渐变为沿轴向的流动。斜流式压气机的扩压器直径一般比离心式的小,这就改进了离心式压气机迎风面积大的缺点。理论上斜流式压气机应该有很大的应用前景,但实际上很少使用。

2.5.2 压气机的工作原理

虽然在动能式压气机中气体的流动本质是三维的,而且其设计过程也是一个非常复杂的三维过程,但是气体流动的基本原理可以利用简化的一维流动来说明。气体的气动热力参数可以在流道横截面上做平均处理,参数的平均值仅随流动方向变化,通常称为平均线。下面以轴流压气机为例分析流动过程。

动能式压气机通常由多级结构实现气体压力的升高。在压气机的一级中,转子在前、静子在后。沿着平均流线,转子的进口记为截面1,转子的出口和静子的进口记为截面2,而静子出口记为截面3。气体流过单级的流动情况如图2-24所示。

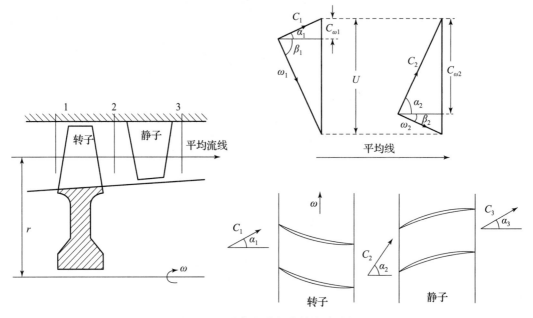

图 2-24 压气机单级内的流动过程

气体以绝对速度 C_1 流向转子,流动方向与平均流线的夹角为 α_1,转子以角速度 ω 转动,对应的轮缘速度 $U_1 = \omega r_1$(r_1 为平均半径)。相对于转子叶片,气流以相对速度 w_1 和角度 β_1 流入叶片通道,w_1 和 β_1 很容易由速度三角形求出,这两个值影响着气动特性。相对气流角应与叶片安装角相对应,相对气流角与叶片安装角的差值被定义为攻角"i"。通常,气流攻角在设计点接近于零。当压气机在非设计点工作时,气流攻角会发生改变。气流以相对速度 w_2 和角度 β_2 流出转子通道,由于转子叶片对气流加速并改变气流的流动方向,所以出口的绝对速度 C_2 和角度 α_2 要大于进口的值。取转子通道内的气体为控制体,应用动量矩定理得

$$\tau = \dot{m}(r_2 \cdot C_{w2} - r_1 \cdot C_{w1}) \tag{2-18}$$

式中,τ——力矩,即控制体内气流动量矩的变化率;

$\dot{m}$——流量;

C_w——绝对速度的切向分量。

对控制体所做功率 W 与力矩 τ 和转子角速度 ω 有关：

$$W = \tau \cdot \omega \tag{2-19}$$

式中，W——热力学第一定律中从外部获得的功。

燃气涡轮发动机中的压缩过程通常被视为绝热过程，所以吸收的功等于气流总焓的增加，能量方程可写为

$$\begin{aligned} W &= \tau \cdot \omega = \cdot \dot{m}(r_2 \cdot C_{w2} - r_1 \cdot C_{w1}) \cdot \omega \\ &= \dot{m}(U_2 \cdot C_{w2} - U_1 \cdot C_{w1}) = H_{02} - H_{01} \end{aligned} \tag{2-20}$$

式中，H_0——总焓（下标 0 表示滞止状态）。

由式（2-18）可以得到单位质量流体的能量方程，令 $h_0 = H_0/\dot{m}$，则有

$$U_2 \cdot C_{w2} - U_1 \cdot C_{w1} = h_{02} - h_{01} = U\Delta C_W \tag{2-21}$$

式（2-21）是叶轮机械的欧拉方程，该欧拉方程适用于所有的叶轮机械，不管是涡轮还是压气机，也不管是轴流式还是离心式的。无论是超声速还是亚声速基元级，动叶对气体的加功都是通过改变气流绝对速度的周向分量来实现的，而气流流过动叶后静压升高则是通过减小气流的相对速度来实现的，只是超声速基元级与亚声速基元级在加功和增压的方式上有一些差别。

这个方程表明：转速越高，压气机做功越多，气流得到的能量越多，可以获得更高的压力。当转速相同时，转子出口直径越大，转子轮缘速度越高，出口处气流绝对速度的切向分量就越大，气流就可以得到更多的能量，从而得到更高的压力。这也是相同级数条件下，离心式压气机比轴流式能获得更高气体压力的原因。

当气体离开转子后，进入静子内减速增压，并逐渐改变流动方向，变为沿平均流线流动。气流在静子出口需要有合适的绝对速度 C_3 和角度 α_3，以满足下一级的需要。在静子中气流的流动过程没有外部能量加入，只有动能转化为自身的压力势能。气流流过一级之后的最终结果就是压力得到提高，而进口处的 C_1 和出口处的 C_3 非常接近，流过下一级时重复着上述过程。

简而言之，动叶的作用就是对气流加功和增压，静叶的作用就是对气流进行导向和增压。气流通过压气机单级的气动热力参数变化如图 2-25 示。气流流过动叶时，其压力、温度和轴向速度增加，而相对速度下降；流过动静叶时，其压力、温度、和轴向速度均下降。

进气角与叶片安装角的影响（可详见文献 [5]）：

如果将叶身分为叶尖（t）、叶中（m）和叶根（h），如图 2-26 所示，在轴向来流速度为 C_1 时，叶身上下由于旋转半径不同而具有不同的周向速度，如果叶身沿高度的形状不发生变化，则使得叶身上下具有不同的进气攻角。如果在叶中的进气攻角处于设计状态，则叶尖和叶根处必然偏离设计状态，可分别在叶背和叶盆处产生气流分离，导致效率下降。所以，叶片沿叶高要设计成具有一定的扭角，以适应不同的周向速度变化。

气流量（轴向速度）对叶片攻角的影响，如图 2-27（a）所示。在设计状态下，

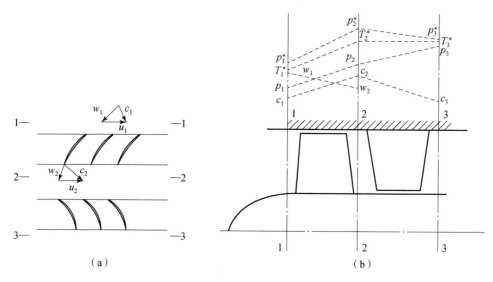

图 2-25 气体流经压气机级的参数变化

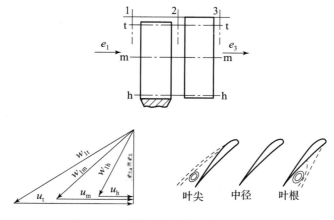

图 2-26 进气角与叶片安装角的影响

进气角与叶片安装角相近（攻角接近于 0）时，气流在沿着叶片通道流动，对应的流动损失最小。

由设计点增加流量，进气角相对于叶片进口角度减小（负攻角），如图 2-27（b）所示，所以当气流回到沿平均流线流动时转折角变小，使得压气机对气流做功减少，增压比下降。由于气流相对于叶片进口角小，因而流道有效横截面变大，允许通过的流量更多。当流量增大到一定程度时，攻角变得足够小。例如 -10°攻角时压力急剧下降，这种情况称为堵塞，此时气流在最狭窄的位置达到声速，即使下游压力进一步降低，流量也保持不变。从设计状态到堵塞状态，压气机效率下降，这是因为随着速度的增加，黏性摩擦损失增加，而在堵塞状态时由于流道内产生激波和流动分离造成流动损失，故效率会急剧下降。

当流量减小时，气流相对于叶片的角度变大（正攻角），如图 2-27（c）所示，那么气流回到平均流线流动时转折角也越大。当流量下降到一定程度，攻角足够大时，例如+10°，气流将无法再沿着叶片吸力面流动（称为分离），这将导致流动通道的有效宽度变小、气流扩压程度下降。同时，分离还会导致更大的流动损失，致使气体压力无法继续升高，效率下降。此外，这种情况下气体的压力和流量很容易发生波动，导致压气机工作不稳定，这种情况称为失速。失速经常出现在一排叶片通道中的某一部分，称为失速团。失速团可以传播到邻近的叶片通道，所以失速区看起来在沿着压气机的圆周方向旋转，被称为"旋转失速"。

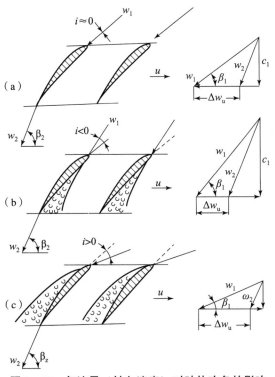

图 2-27　气流量（轴向速度）对叶片攻角的影响

如果在失速状态时流量进一步下降，则分离现象愈加严重，一直到气体压力降低到不能克服逆压梯度和黏性摩擦而导致气体回流，使上游压力升高，气体运动方向重新变为沿着流向，且随后再次发生倒流。这种在压气机出现气流反复前后运动的情况称为喘振，它会引起振动加大、温度升高、轴向力急剧变化，从而损坏压气机的零部件，如叶片、密封件和轴承等，它甚至会给整个压气机和发动机带来灾难性的后果。因此，在实际过程中我们必须避免喘振的发生。在一般情况下，压气机的最小流量工况与喘振点要保持一定的差距，这个距离称为喘振裕度。

由设计点增加流量，进气角相对于叶片进口角度减小（负攻角），所以当气流回到沿平均流线流动时转折角变小，使得压气机对气流做功减少，增压比下降。由于气流相对于叶片进口角小，因而流道有效横截面变大，允许通过的流量更多。当流量增大到一定程度时攻角变得足够小，例如-10°攻角时压力急剧下降，这种情况称为堵塞。在这种情况下，气流在最狭窄的位置达到声速，即使下游压力进一步降低，流量也保持不变。从设计状态到堵塞状态，压气机效率下降。这是因为随着速度的增加，黏性摩擦损失增加，而在堵塞状态时由于流道内产生激波和流动分离造成流动损失，效率会急剧下降。

2.5.3 压气机的主要性能参数

2.5.3.1 增压比

压气机增压比等于压气机出口总压和进口总压的比值，是衡量压气机性能的主要参数。如果在部分将压气机进、出口的站位分别用 2 和 3 来表示，则增压比 π_k 为

$$\pi_k = p_3^* / p_2^* \tag{2-22}$$

2.5.3.2 效率

从技术水平和经济效益层面来说，效率是分析压气机经常使用的一个术语，一般被定义为理想压缩过程中所消耗功与实际过程中所消耗功的比值。对于不同的理想过程可以使用不同定义的效率，例如"等熵效率"和"多变效率"。

$$\eta_k = \frac{\pi_k^{\frac{\gamma-1}{\gamma}} - 1}{\dfrac{T_3^*}{T_2^*} - 1} \tag{2-23}$$

式（2-23）是表达等熵效率非常实用的方法。对于等号右边所有的参数，都可以通过测量获得。设计压气机时始终追求获得更高的等熵效率，但是永远不可能达到理想的等熵压缩过程，即 η_k 永远不可能达到 1，依目前的技术水平，一般在 0.8~0.9。

2.5.3.3 喘振裕度

压气机稳定工作范围常用喘振裕度 SM(%) 反映，其定义为

$$SM = \left(\frac{\pi_{k\text{喘振边界点}}}{\pi_{k\text{工作点}}} \frac{q_{m\text{工作点}}}{q_{m\text{喘振边界点}}} - 1 \right) \cdot 100\% \tag{2-24}$$

压气机喘振裕度一般要求在 10%~20%。

2.5.4 压气机系统性能

常用两条曲线描述压气机性能的典型特点[5][6][31]：压力—流量曲线和效率—流量曲线。在不同的教材以及学术论文中，这两条曲线的横坐标（质量流量、体积流量或量纲为 1 的流量系数）和纵坐标（压力、增压比，以及等熵效率、多变效率或系统效率）各不相同，但曲线的基本意义相同。因此，选择使用"流量"为横坐标、"压力"和"效率"为纵坐标，得到的压气机性能曲线如图 2-28 所示。设计点处于流量范围的中间，此处效率为峰值。当流量增加时会导致效率和压力下降，流量减少时会引起压力升高和效率下降。无论是轴流式还是离心式压气机，压力和效率随流量的变化趋势均是如此。

压气机正常工作是有一个范围的，从低流量失速状态到大流量堵塞状态，对应的攻角也有一个由正到负的变化范围（如上例所示，+10°~-10°）。一个好的压气机设计通常是效率要高，同时工作范围要尽可能宽广。在设计中这两个目标往往相互矛盾，所以设计者要权衡后再进行选择。图 2-28 仅表示在某固定转速下的性能曲线，绘制不同转速下的性能曲线就形成了完整的压气机性能图。在工程上，常用的压气机特性线如图 2-29 所示。

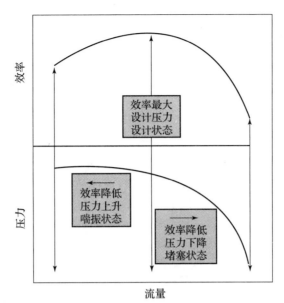

图 2-28 压气机性能——压力和效率随质量流量变化曲线

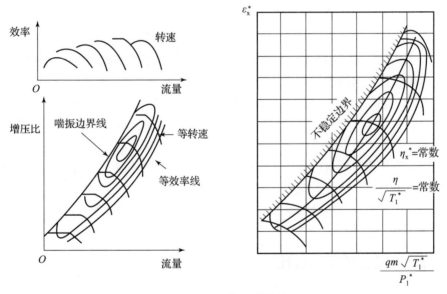

图 2-29 压气机特性图

2.6 燃烧室

燃烧室的作用是将来自压气机的高压（升温了）空气与燃油混合，燃烧成高温的燃气，然后流向涡轮做功。在现有的燃烧室中没有运动的机械部件，为了在一个宽的动力设定范围内能稳定、高效及清洁运行，燃烧室需要精心设计空气湍流流动。更详细的燃烧室资料可参见金如山[30]、尉曙明[33]、侯晓春[34]、Collier F. S[35]、Dodds W.[36]、Lefebvre A. H.[37]、McKinney R. G.[38]等。

2.6.1 燃烧室的类型

燃烧室通常围绕发动机主轴,被安置在压气机与涡轮之间。燃烧室在实际应用中有几种类型,如图 2-30 所示。

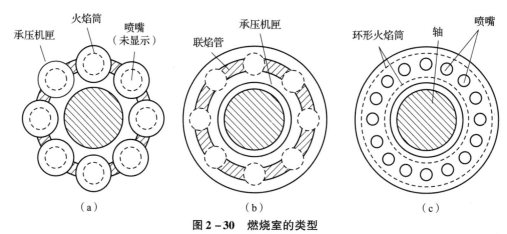

图 2-30 燃烧室的类型
(a) 单管燃烧室 (b) 环管燃烧室; (c) 环形燃烧室

最早期,人们采用单管燃烧室,它是由围绕发动机轴的多个燃烧筒或罐组成,如图 2-30 (a) 所示。针对不同尺寸的发动机,一旦确定了单个燃烧室的固定结构,安装多少个单管燃烧室就取决于发动机的空气流量了。

20 世纪 50 年代,出现了环管结构的燃烧室,如图 2-30 (b) 所示。它是由一个单环承压机匣将各自独立的机匣合并成一个非常简单的结构,而每个独立的火焰筒均被固定在这共同的环形机匣内。

现代燃烧室采用环形结构如图 2-30 (c) 所示,此时环绕发动机主轴的只有一个单一连续的热燃气整体,燃烧室壁面的面积被最小化,且不需要连焰管,火焰在一个整体内部从一个喷嘴传播到另一个喷嘴,具有结构简单、动力强劲且重量轻的特点。20 世纪 60 年代以来几乎所有发动机燃烧室均为这种结构。

2.6.2 燃烧室的工作过程

2.6.2.1 流动过程

燃烧室的流动过程如图 2-31 所示。燃烧室的主要功能是将燃油与空气混合并燃烧。来流空气首先通过燃烧室上游的扩压器,并尽可能多地将动压恢复为静压,适当减小燃烧室的进气流速。通常扩压器设计以燃烧室最大截面积处未燃空气流的平均轴向速度保持在 10 m/s 左右为宜。气流速度太低也是不利的,因为它需要更大的燃烧室。

燃烧室内紧挨着喷嘴的下游空间通常称为燃烧室头部。燃油喷嘴将燃油雾化并喷射到燃烧室头部,燃油和空气的混合过程发生在燃烧室前端。一个理想的喷嘴应该在燃料与空气燃烧之前将燃料与空气混合到均匀状态;性能差的喷嘴所形成的油气混合物局部 ER(油气混合当量比)变化很大。过富的混气团燃烧时会产生 CO 与炭黑,它们的化学能不能转化为燃气的热焓;过贫的混气团如果低于可燃混气下限,则不能燃烧,或只有

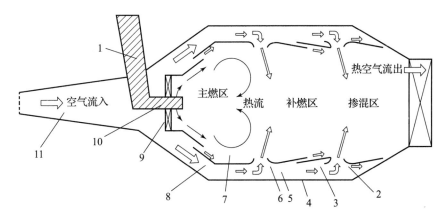

图 2-31 燃烧室流动图

1—喷嘴杆；2—次掺混孔；3—气膜冷却流；4—机匣；5—火焰筒；6—主掺混孔；7—主燃回流涡；
8—气膜冷却流；9—旋流叶片；10—燃油喷嘴；11—扩压器

部分燃烧，从而导致未燃碳氢产生，其化学能也不能被提取。贫油和富油燃烧均会导致环境污染。

电子点火器位于燃烧室前端附近，用来在开始时点燃燃油与空气的混合气。燃烧室头部周围空间通常称为主燃区，因为燃烧过程大多发生在这里。在正常工作时，燃烧室的总空气/燃油比可在 45:1 和 130:1 之间变化。然而，只能在接近于 15:1 的比例下燃油燃烧最有效，所以燃油必须只和进入燃烧室的一部分空气在主燃烧区中燃烧。在燃油喷嘴下游，火焰筒内充满热燃气，筒上有许多小孔，可让适量的空气流入，并在筒的内侧面形成气膜以冷却筒体。

燃油喷嘴下游约头部高度一半位置上，火焰筒上开有一系列孔，叫主掺混孔，来自这些孔的空气射流有助于在主燃区稳定火焰、稳定涡，也有利于补充空气，以燃烧掉大量的燃油。

在燃烧室后面部分设有次掺混孔来引入部分空气，以稀释燃气，适应涡轮承受能力，同时调制燃烧室出口温度分布。

2.6.2.2 雾化过程

对燃烧室性能影响最大的是燃料（油）喷嘴。燃油只有在气相状态且与空气在分子层面混合在一起时才能燃烧。燃油首先要雾化，这就需要燃油喷嘴来完成，图 2-32 所示为几种燃油喷嘴。喷嘴将液体燃油破碎成小油珠，一般最初油珠粒径为 10~50 μm，流动初速度为 15~30 m/s，从而大大提高了燃油蒸发的表面积。燃油喷嘴产生的气体湍流可以加快燃油的分布与掺混，而且来自周围热空气的热量能扩散到燃油内部，形成更多的蒸发。一个理想的喷嘴应该在燃料与空气燃烧之前将燃料与空气混合到均匀状态，而性能差的喷嘴所形成的油气混合物局部 ER（油气混合当量比）变化很大。过富的混气团燃烧时会产生 CO 与炭黑，它们的化学能不能转化为燃气的热焓；过贫的混气团如果低于可燃混气下限，则不能燃烧或只有部分燃烧，从而导致未燃碳氢产生，其化学能也不能被提取。贫油和富油燃烧均会导致环境污染。

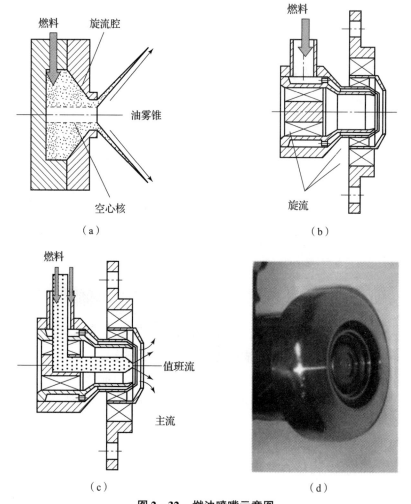

图 2-32 燃油喷嘴示意图

(a) 压力喷嘴;(b) 气动喷嘴(三旋流器);(c) 复合喷嘴;(d) 带值班压力喷嘴的气动喷嘴

2.6.2.3 燃烧过程

航空发动机使用煤油型的碳氢燃料,属于中间馏分油,包含多达上千种组分,但大多是正链与支链的烷烃、烯烃、环烷烃及芳香烃。为了方便,国产3号煤油 RP3 的平均化学分子式可表示为 $C_{12}H_{23}$,它与空气完全反应的化学平衡式可表示为

$$C_{12}H_{23} + 17.75(O_2 + 3.76N_2) \rightarrow 12CO_2 + 5.75H_2O + 66.74N_2 \quad (2-25)$$

燃料与空气完全反应的条件是指化学恰当状态,此时油气比约为 0.068。任何燃料—空气油气比与完全反应油气比之比称为当量比或 ER。当 ER 大于 1 时的燃烧称为富油燃烧,或富油;而当 ER 小于 1 时的燃烧则称为贫油。

(1) 火焰稳定

碳氢燃料燃烧是一个复杂的、多步骤、多路径的化学反应过程,并受燃料与空气混合速度的制约。火焰稳定需要:

1) 将燃料与空气快速混合成气态;

2）加快火焰传播速度；

3）提供持续点燃新鲜来流混合气的物理机制。

好的油气混合可通过燃油喷嘴设计来实现，较高的火焰传播速度可通过高压比带来的高进气温度来实现，而持续点火则可通过回流的热燃气与新鲜混气持久接触来实现。所有这些特性在传统燃烧室头部均存在：源于燃油喷嘴的高湍流流动、高进气温度及燃气温度，以及主燃区的回流涡旋等。主燃区的回流涡旋通常要靠一组旋流叶片环绕喷嘴周围，空气流过旋流叶片时形成旋流，并产生强烈的湍流和回流区，一方面加速油珠蒸发和与空气混合，另一方面使得下游的高温燃气不断地卷回至回流区而稳定火焰。

（2）掺混过程

通常主燃区的平均油气比稍稍偏富，但有些气团可能很富，这些缺氧的气团在燃烧时会产生一氧化碳与炭黑。为了消除这些不完全反应产物，通常通过一组主掺混孔或主燃孔来补充额外的空气，以燃尽不完全反应的产物，同时将 ER 降到 1 以下。大量热气流与空气流在补燃区以交叉射流的形式掺混及燃烧。由于燃气太热，所以可通过次掺混孔供入的新鲜空气与之掺混并起到稀释的作用，以便燃烧室排气温度下降到涡轮静叶片可以接受的程度。主掺混孔与次掺混孔的射流约占燃烧室总空气量的 1/3。

燃烧室其余的 1/3 进气被用于冷却火焰筒，这些冷却用的新鲜空气进入燃烧室后紧贴在火焰筒壁面上，并降低了壁面附近空气的平均温度。为了使燃烧室出口截面燃气温度分布均衡，掺混孔的射流会向燃烧室流程中间供入稀释空气。

燃烧室出口的燃气温度通常在 1 400 ~ 1 700 ℃，而要在高度方向上获得均匀温度分布，就必须具有良好的掺混与稀释作用。

尽管在一个运行周期中燃烧室压力变化很大，但通常燃烧室内气流的平均轴向速度是相对恒定的，提高这个参考速度会增大吹熄的可能性，而降低它则需要更大容积的燃烧室。折中后燃烧室的参考速度（平均前进速度）一般在 8 ~ 20 m/s。

2.6.3 燃烧室的主要性能参数

燃烧室存在两种不同的损失，即燃烧不完全损失和压力损失。前者意味着燃料与空气混合物中的化学能转变为热能的不完善；后者损失是滞止压力的降低，部分是由于黏性和加热而造成的。

2.6.3.1 燃烧效率

燃烧效率 η_b 反映了燃料燃烧的完全程度，用每千克燃油在燃烧过程中的实际放热量与完全燃烧放热量之比来衡量。对于主燃烧室，也可用以下公式[6]：

$$\eta_b = c_p[(m_a + m_f)T_4 - m_a T_3]/m_f q \tag{2-26}$$

式中，c_p——比热；

m——流量；

T——温度；

q——低热值。

现代航空发动机燃烧室的燃烧效率已达到约 99.9%。

2.6.3.2 总压恢复系数

总压恢复系数 σ_b 等于燃烧室出口总压和进口总压的比值，反映了气流流过燃烧室时的流动损失和气流加热引起的热阻损失。目前一般要求 σ_b 为 0.94~0.96，即

$$\sigma_b = p_4^* / p_3^* \tag{2-27}$$

2.6.3.3 最大出口温度

最大出口温度反映了燃烧室的技术水平，也直接决定着涡轮需要承受高温度的能力。现代航空发动机燃烧室燃烧出口平均温度已达到 2 000 K 左右。

2.6.3.4 燃烧室出口流场不均匀度

图 2-33 标出了燃烧室进出口站点位置。为保证涡轮叶片的工作安全，对燃烧室出口流场提出了均匀度要求，分为周向不均匀度 OTDF 和径向不均匀度 RTDF。OTDF 影响涡轮导向叶片的寿命，RTDF 影响涡轮工作叶片的寿命。其计算公式为

图 2-33 燃烧室进出口站点位置示意图

$$OTDF = (T_{4\max} - T_{4\mathrm{avg}})/(T_{4\mathrm{avg}} - T_{3\mathrm{avg}}) \tag{2-28}$$

RTDF 的公式形式相同，但最大值取切向温度的最大平均值。通常根据发动机的用途，OTDF 要求在 0.20~0.35，RTDF 在 0.05~0.10。

2.6.4 燃烧室特性

燃烧稳定性是指火焰持续稳定燃烧的范围。燃烧室稳定燃烧的空气/燃料的比例是有极限的，既有富油极限，也有贫油极限，超过了这个界限火焰就熄灭了，这些最可能发生在飞机机动飞行、滑行或下降、高空低速等状态时。R-R 公司[11]给出了一个典型的火焰稳定范围，如图 2-34 所示。火焰稳定范围的富油和贫油极限随着风速（空气流量）的增大而减小，如果空气流量增加到一定程度以上值，火焰就会熄灭。点火工作范围被火焰稳定范围所覆盖，或者说点火范围要小于火焰稳定范围，因为在"冷"状态下点火比维持正常燃烧要困难得多。

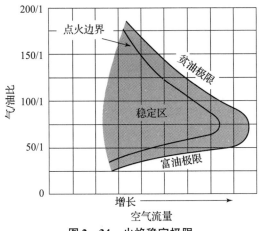

图 2-34 火焰稳定极限

在发动机使用过程中，燃烧室的总压恢复系数 σ_b 随燃烧室进口马赫数 Ma_3 的改变会有变化。但是，由于 Ma_3 比较低，所以 σ_b 的变化不大，一般可认为 $\sigma_b = \sigma_{b设计} = $ 常数。

图 2-35 所示为燃烧效率 η_b 随燃烧室温升 ΔT_b^* 和进口总压 P_3^* 变化，图上横坐标用燃烧室温升来反映油气比的大小。由图 2-35 可以看出：对于一条等 P_3^* 的线，η_b 有最高值；ΔT_b^*，即油气比过大或过小都会使 η_b 下降。对于同样的 ΔT_b^*，P_3^* 低于一定程度后，P_3^* 越低，η_b 越小[5]。

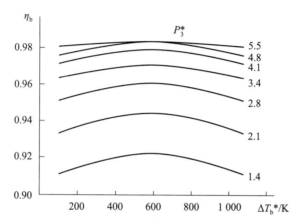

图 2-35　燃烧效率 η_b 随油气比和燃烧室进口压力的变化

2.6.5　加力燃烧室

加力燃烧室也称复燃燃烧室，位于涡轮和尾喷口之间，如图 2-36 所示。它利用燃气流中剩余氧气重新喷入燃油进行再燃烧，从而增加了燃气温度和喷气速度，因此增大了发动机的推力。对于涡喷发动机，燃气流就是流过涡轮的燃气，氧气占其中的 13%~17%（纯空气中氧气约占 21%）；对于涡扇发动机，燃气流是外涵新鲜空气和流过涡轮的燃气的混合气，氧气含量更大些。

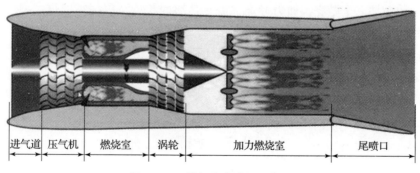

图 2-36　带加力发动机示意图

对于大部分发动机，采用复燃加力后，较最大状态推力可增加约 50%，涡扇发动机可增加 70% 以上。但增加这种推力是以较高的耗油率为代价的。加力燃烧室的结构比

（主）燃烧室要简单，其燃烧效率较低，通常达到 85% ~ 95%，加上加力燃烧室气体压力较低，使得热循环效率很低。通常，在发动机最大状态推力的基础上，加力增加推力 50%，相应的燃油消耗需要增加约 300%。因此，加力一般只在军用飞机起飞、爬升和战斗急剧加速等短时工作状态时使用。由于下游没有涡轮部件，因此加力燃烧室最大加热温度只受燃气含氧量、燃油热裂解和壁面冷却等因素的影响。加力燃烧室一般没有出口流场不均匀度的指标要求，其他参数要求与主燃烧室类似。

与主燃烧室相比，加力燃烧室有以下工作特点：

1）加力燃烧室进口的气流温度很高，可达 950 ~ 1 100 K，同时它是经涡轮叶片扰动后的强烈紊流。这两个因素可以加快混气的形成，提高燃烧的速度。

2）进入加力燃烧室的气流是燃气，含氧气比纯空气少了四分之一左右，而且流速高达 350 ~ 450 m/s。这两个因素对点火燃烧、燃烧完全程度和稳定火焰十分不利。

3）加力燃烧室进口总压较低，特别是高空低速飞行时，有时会低于 0.1 MPa，这使混气的着火条件变坏、稳定火焰困难、燃烧效率明显下降。

4）加力燃烧室后只有可调喷口，已没有其他转动的部件，温度无须过多限制。在当前材料及冷却技术不断提高条件下，出口温度可达 2 000 K 左右，而且高温燃气不再经过专门的掺混降温，直接从尾喷管高速排出，也无须设置火焰筒组织燃烧。

5）加力燃烧室一般不在过渡状态和慢车状态下工作，它仅在发动机最大状态或额定状态下为补充推力不足时才打开，因此它的工作状态变化并不太悬殊，不会出现过渡态下的极度贫油或富油现象。

6）加力燃烧室常发生振荡燃烧。振荡燃烧是加力燃烧室的有害现象，严重时会给发动机带来灾难性破坏。造成振荡燃烧的原因主要有：发动机转速过快、漩涡脱离、供油脉动、燃烧脉动等。多孔防振屏对消除加力燃烧室振荡燃烧是非常有效的。

根据加力燃烧室工作特点，除了与主燃烧室有共同的要求外，还有一些特殊要求：

1）减小流通阻力。由于加力燃烧室流速大，且供油、点火及稳定器部件在不开加力时不工作，会产生无效阻力，因此在保证稳定燃烧的前提下，应尽可能减少加力燃烧室各部分的流阻系数。

2）为使燃油完全燃烧，加力燃烧室需有足够的长度，以提高燃烧效率，降低发动机耗油率。

3）出口温度场尽可能均匀，以减少推力损失。

4）防止振荡燃烧。

5）点火和稳定性要好，特别是在低压高速下的点火速度、高度和燃烧稳定性。

2.7 涡轮

涡轮的工作原理是将气体的能量转化为轴功，从而驱动风扇和压气机。在这个过程中，燃气热能经过涡轮膨胀、降温、降压而转化为机械能。

与压气机一样，涡轮也可分为轴流涡轮与向心涡轮。在航空发动机中，轴流涡轮占主流地位。事实上，由于流体在流动过程中体积的膨胀和子午流道形状的改变，涡轮流道往往是圆锥形的，轴流涡轮中的空气流动不完全是轴向的。为了产生足够的力矩，涡轮通常有好几级，且每一级都由一排静止的导向叶片和一排旋转的动叶组成，其级数与所需要的动力、转速和涡轮直径等有关。相比于压气机，涡轮中的压力梯度是负值，因此流道中允许存在更大的转角和压降，其流体的控制要比压气机容易。所以，涡轮中的级数也要相对少一些。

涡轮可分为高压涡轮（HP）和低压涡轮（LP），分别驱动高压压气机和风扇/低压压气机。涡轴发动机的自由涡轮按照自己的速度独立旋转，与其他涡轮或压气机没有任何机械关联。

根据热力学基本定理可知，想要使发动机具有更高的热效率和功重比，就必须有更高的涡轮前燃气温度，这种趋势导致了采用很高的涡轮前燃气温度和压比，而涡轮前燃气温度受到发动机部件所用材料耐受温度的限制。为了保证部件的工作寿命，对高温部件必须采用强化冷却技术。因此，对前几级涡轮需要采用非常复杂的内部对流冷却和外部气膜冷却技术。

有关涡轮方面的更资料可参见曹玉璋[39]、Wu C. H.（吴仲华）[40]、Lakshminarayana B[41]、Denton J. D.[42]、Bohn D.[43]、Kays W. M.[44]、Bunker R.[45][46]等。

2.7.1 涡轮的工作原理

在简化的一维流动中，对于每一级涡轮中的气体流动，都可以用静子或转子同一半径截面上的平均速度矢量表示，如图 2-37 所示。相对速度 w 和周向速度 u 之间的矢量和就是叶片的绝对转速 c：

$$c = u + w \tag{2-29}$$

若将导向叶片前的站位记为站位 0，导叶后、动叶前的站位记为站位 1，级出口处的站位记为站位 2，速度三角形就可以用图 2-37 中不同站位中的速度矢量表示。此外，流场中的每一点速度矢量都可被分解到任意一个直角坐标系的 3 个方向上。

$$c = c_a + c_u + c_r \tag{2-30}$$

$$w = w_a + w_u + w_r \tag{2-31}$$

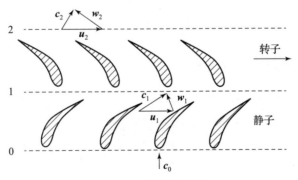

图 2-37 涡轮级的原理

在式（2-30）和式（2-31）中，下标 a 表示轴向分量（平行于发动机主轴），u

为周向分量，而 r 为径向分量（垂直于发动机主轴）。为进一步简化，轴向分量可被设为常数，而径向分量可被忽略不计。

图 2-37 中的速度三角形表明，导向器叶片使气流方向改变，增加了周向速度分量，引起绝对速度增大，同时压力减小。随后气流被引入涡轮工作叶片，通过转子叶片通道后，流体的静参数和滞止参数都发生了变化。由于流体冲击力的影响（冲击式涡轮）或后续流体的膨胀与加速（反力式涡轮），转子叶片将受到一个反作用力。

每千克质量流量的涡轮功率（单位功）可以通过以下公式计算：

$$\frac{P}{\dot{m}} = a = C_{u2}u_2 - C_{u1}u_1 \tag{2-32}$$

能量被不断从气体中提取，气体的周向速度逐步减小，单位功为负值。因此，气体在能量提取和转换前，必须存在旋转。显然，动叶转速越大或气流转折角越大，涡轮功就越大。在实际应用中，前者将引起较大的离心力，而后者会引起较大的气动损失。所以，在实际应用中要权衡好两者的关系。

随着气流在涡轮级中的膨胀，气流的静参数和滞止参数都有所减小（压力、焓与温度）。在冲击式涡轮中，几乎所有的静温和静焓降低都是在导向器中发生的，对应气流的加速非常明显。在反力式涡轮中，转子叶片会受到因为流体膨胀和加速而引起的反作用力。目前，航空燃气涡轮发动机中一般不会采用纯冲击式涡轮或反力式涡轮，而通常会把两者结合在一起使用。因此，导向叶片通道和工作叶片通道中静压降、静焓降是相互分开来的。动叶通道中焓降占整个涡轮焓降的比例定义为反力度 R，即

$$R = \frac{h_2 - h_1}{h_2 - h_0} \tag{2-33}$$

显然，纯冲击式涡轮中的 $R=0$，而纯反力式涡轮中的 $R=1$。在冲击式涡轮中，导叶中速度很大，将会导致气动损失增大，所以在选择 $R=0.5$ 后，无论是导叶还是动叶通道中，流体速度值都是中等程度。相比之下，$R=0.5$ 时反力式涡轮效率要高于纯冲击式涡轮。然而，冲击式涡轮拥有更高的焓降，所以它能输出近两倍的功，而对应的级数也仅仅为反力式涡轮的一半。从叶根到叶尖，反力度的值是变化的。通常情况下，反力度在叶根是最小的，而在叶尖是最大的，中截面的反力度为 0.5。然而，在气冷涡轮中，反力度的值一般选取得相对较小。这是因为，导向器中气体的温降越大，旋转叶片相应的热负荷就会越低。

2.7.2 涡轮的主要性能参数

涡轮级是静叶在前、动叶在后，形成一个完成的级。从燃烧室出来的高温高压气流首先在静叶中膨胀加速，温度和压力下降，绝对速度增加；然后在动叶中继续膨胀加速，温度和压力下降，相对速度增加，绝对速度降低，如图 2-38 所示。

2.7.2.1 落压比

涡轮落压比等于涡轮进口总压和出口总压的比值，是衡量涡轮性能的主要参数，即

$$\pi_T = p_4^* / p_5^* \tag{2-34}$$

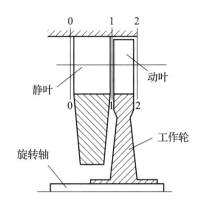 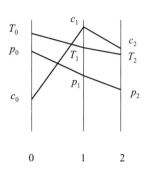

图 2-38 涡轮级内的参数变化

2.7.2.2 效率

涡轮效率反映涡轮膨胀过程的完善程度，一般定义为同样膨胀比下实际产生的膨胀功与等熵绝热条件下产生的膨胀功之比，推导可得

$$\eta_T = \frac{1 - \dfrac{T_5^*}{T_4^*}}{1 - \dfrac{1}{\pi_T^{\frac{\gamma-1}{\gamma}}}} \tag{2-35}$$

在压气机中，由于流动损失产生的热不断加热空气，使空气难以压缩，增压比越高，效率就越低，因而多级压气机的效率一般比各单级压气机的效率低。在涡轮中，多级涡轮的效率常常比单级涡轮的效率要高，一般单级涡轮的效率为 0.88~0.91，而多级涡轮的效率为 0.91~0.94。这是因为，燃气流经涡轮因流动损失而消耗掉的那部分机械能，是以热的形式储存于燃气中的。燃气的总温越高，则其所做的膨胀功也越大，因此在燃气膨胀过程中的流动损失可以在其以后的膨胀过程中补偿一部分。落压比越大，补偿得越多，涡轮效率也就越高。提高涡轮效率的途径在于减少气体流经涡轮的流动损失。合理的分级设计能使涡轮叶片的转折角和气流的马赫数明显下降，叶尖和叶根处反力度明显改善，从而使流动损失减小。将负荷过大的单级涡轮改为两级涡轮后，涡轮效率明显提高。

2.7.3 涡轮特性

图 2-39 所示为典型的涡轮通用特性图，横坐标为涡轮落压比，纵坐标分别为效率、流量比及涡轮转子出口气流与转动方向的夹角。该特性图描述了涡轮折合流量和效率与涡轮折合转速与膨胀比之间的变化关系。可以看出，在发动机常用的高转速范围工作时，由于涡轮导向器处于超临界状态工作，故涡轮相对折合流量等于1，与落压比大小无关，且在设计点附近，效率随落压比的变化不大。

在图 2-39 中[6]，1 为在设计转速状态工作，2 为小于设计转速状态，3 为大于设计转速状态。从图中可见，涡轮在不同的落压比工作状态下各种转速有不同的效率、流量比、涡轮转子出口气流与转动方向的夹角，设计时需要综合衡量这些参数的取值。

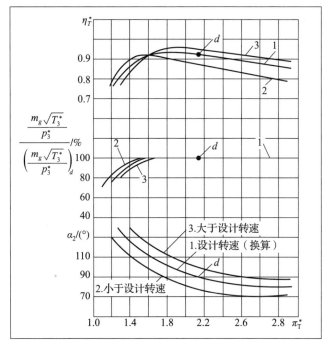

图 2-39 典型的涡轮特性

2.8 喷管

在燃气涡轮发动机中，喷管的主要功能是产生推力。在喷管内，高温高压燃气膨胀加速，在喷管出口高速排出，将内部的能量转换为动能。喷管通过截面面积的变化来实现上述过程，并使喷管出口的气体压力和外部环境压力趋于相同。为了给涡轮或风扇提供适当出口条件，喷管的几何形状必须具有恰当的面积比，以匹配发动机的工作循环。在宽广的发动机工作范围和飞行条件下，喷管需要通过面积变化来满足整个循环匹配要求。根据飞机任务的不同需求，喷管还可以提供其他额外的一些功能，例如反推力、推力矢量、噪声抑制和红外隐身等。有关喷管更详细的著作可参见 Anderson J. D.[47]、Covert E. E.[48]、Gamble E.[49]、Heiser W. H.[50]、Kerrebrock J. L.[51]、Pratt & Whitney and General Electric Aircraft Engines.[52]。

2.8.1 喷管类型

喷管有许多种类，但是根据几何形状可将它们分为两种基本类型，即收敛喷管和收敛—扩张喷管。收敛喷管，图 2-40（a）所示为最简单的一种喷管，流道面积不断收敛，在出口处达到最小。收敛的流道可以不断加速空气，最高可达到但不可能超过马赫数1，这种喷管主要用于低速和亚声速流动。为了使气流能继续加速膨胀，必须使用收敛—扩张喷管，如图 2-40（b）所示。在收敛—扩张喷管中，流道先收敛到一个最小面积（即喷管喉部），然后扩张至喷管出口，在喉部空气马赫数达到 1，进而在扩张段继续加速到更高的速度。收敛—扩张喷管主要用于高速流动，如发动机中排气压力非常高，而在出口处必须膨胀到外部自由来流压力的情况。

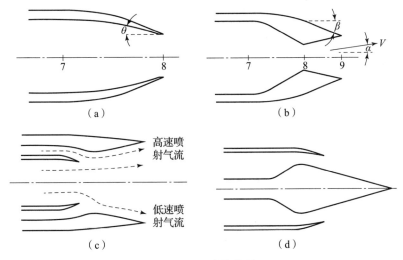

图 2-40 喷管类型

喷管流动分析中有 4 个关键位置：外部自由来流、喷管进口、喷管喉部和喷管出口。图 2-40 给出了喷管中关键截面的示意。在发动机子午面的站点位置标注中，收敛喷管出口编号为截面 8；在收敛—扩张喷管中，喷管喉部是截面 8，而喷管出口是截面 9。

2.8.2 喷管性能

喷管性能通常用两个关键参数来描述：流量和推力。喷管必须能够通过所有工况下发动机工作循环所需的流量。最小喷管面积，即收敛喷管的出口面积或收敛—扩张喷管的喉道面积，用于控制给定工况下的流量。对于工作范围宽广的发动机，即可能需要几何形状可变的喷管。

2.8.2.1 喷管流量与压比

喷管流量通常被定义为在喷管喉部通过的流量：

$$\dot{m} = \rho_8 V_8 A_8 \tag{2-36}$$

喷管性能的一个非常重要参数是喷管压比，被定义为喷管进口总压与大气压之比：

$$\mathrm{NPR} = P_7 / P_0 \tag{2-37}$$

式中，P_7——喷管进口压力；

P_0——外界大气压。

通过喷管的质量流量随喷管压比变化而改变，直到在喷管面积最小处气流速度到达马赫数 1，此时的压比称为临界压比，超过这个压比，喷管会出现堵塞，同时喷管的流量将不随下游出口压力变化而改变。因此，此时喷管流量不受高度变化的影响，但仍受进口条件变化的影响。

2.8.2.2 推力系数

工程上常用推力系数 C_F 来表示喷管的性能,它定义为喷管产生的实际推力与理想推力之比:

$$C_F = \frac{F_{\text{actual}}}{F_{\text{ideal}}} \qquad (2-38)$$

喷管的理想推力定义是:气流从喷管进口通过等熵膨胀到外部自由流压力时能够产生的推力。这个值是喉部面积、进口压力和喷管压比的函数。

根据气体动力学原理,对于一个给定的喷管压比,会有一个特定的面积比 A_9/A_8,才能使燃气在扩张管道完全膨胀到静压等于外界大气压,如图 2-41 所示,通过等熵膨胀会产生对应的理想推力。换而言之,对于一个给定的喷管几何形状(定面积比),只有一个特定喷管压比能使之产生最大的推力。所以,为了给工作压比范围宽广的发动机提供足够推力,常采用面积可调的喷管。

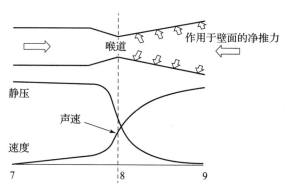

图 2-41 收敛—扩张喷管内的燃气流参数变化

2.8.2.3 收敛喷管性能

一般来说,收敛喷管的性能通常都非常高。喷管收敛角 θ 如图 2-40(a)所示,是主要的设计参数。推力系数是收敛角和喷管压比 NPR 的函数。在一般工况(压比 NPR 小于 3.0)下,收敛喷管推力系数随 θ 增加而减小;而在高压比时,这种趋势正好相反。设计时,必须综合考虑喷管收敛角变大对喷管长度、重量增加带来的影响,从而实现系统性能优化。在临界压比附近,收敛喷管的性能达到峰值。当压比高于临界压比时,气体将无法充分膨胀,离开喷管的出口后气流将继续膨胀加速到超声速,然后通过一个或多个激波达到外部自由流的压力。当压比大于 3.0 时,推力会迅速降低,靠近该工况点时必须考虑使用收敛—扩张喷管;低于临界压比时,气流在出口处可以扩张到外部自由流的压力,但通过喷管的流量将小于最大值,因此推力也相应比较小。

2.8.2.4 收敛—扩张喷管性能

对于一个给定的喷管面积比 A_9/A_8,存在一个特定的压比工况能得到最大的推力,被称为设计压比,记为 $\text{NPR}_{\text{design}}$。在其他的压比下,气流在喷管出口都不能完全膨胀,这会造成推力损失。

喷管工作在低于设计压比工况时,称为过膨胀,相比此时的压比,喷管面积比太大，喷管内空气膨胀到低于外部自由流压力状态，然后气流会经过一道正激波并在喷管剩余段内扩压，直到同外部自由来流压力相等，如图2-42（a）所示。激波及其带来的喷管壁面边界层分离会产生较大的总压损失和相应的推力损失；随着喷管压力的增加，正激波逐步被推至喷管出口，当压力比接近设计点时，出口处的正激波将会被斜激波所取代。喷管出口的下游会形成一系列膨胀波和压缩波（激波），一直到外部自由来流静压为止，如图2-42（b）所示。在设计压比工况下，喷管内气流在出口处达到外部自由来流压力，此时推力最大，同时气流平顺从喷管出口流出，如图2-42（c）所示。如果喷管工作在高于设计压比工况，则空气无法完全膨胀，此时没有足够大的喷管面积比，不能确保气流膨胀到外部自由来流压力。当气流到达喷管出口时，会产生一系列膨胀波和斜激波，直到其压力达到外部自由来流压力，如图2-42（d）所示。由于喷管的扩张长度受到结构重量的限制，因此不完全膨胀是喷管主要的工作状态。

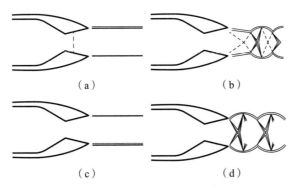

图2-42 喷管燃气膨胀示意图

(a) 过膨胀（内部存在正激波，$NPR \ll NPR_{design}$）；(b) 过膨胀（出口存在斜激波，$NPR < NPR_{design}$）；
(c) 完全膨胀（$NPR = NPR_{design}$）；(d) 不完全膨胀（$NPR > NPR_{design}$）

2.8.2.5 其他损失机理

不完全膨胀是喷管中的主要流动损失机理，但是还存在其他形式的损失，如喷管壁面上的摩擦使边界层内的气流总压下降，造成堵塞，并导致通过喷管的质量流量减小。此外，壁面摩擦会引起喷管壁面温度升高，因此当高温高速气流流过喷管时需要对喷管壁进行冷却，以保持其结构的完整性。在许多喷管结构中，喷管出口的气流会产生分离，因此速度方向并不能完全与推力方向保持平行，进而无法产生推力，也就相应造成了推力损失。这种损失称为分离损失。

几何可调的喷管需要可移动部件，而这些移动部件的间隙需要密封，以防止漏气，但仍会有一些高压气体会泄漏出去，从而导致性能下降。漏气损失会影响流量系数和推力系数，同时由于漏气损失中气流是一种边界层气流，对推力贡献不大，因而其导致的质量流量损失要大于推力的损失。

2.8.2.6 外部阻力

外部自由来流掠过喷管外表面时，会产生压力和表面摩擦力，这些力与飞行方向相反，称为外部阻力。在评价喷管性能时，必须考虑这些阻力。精心设计空气动力学外形以及喷管在飞机上的安装位置，可以使外部阻力降至最小。喷管的尾锥喷管后部的锥形外表面（见图2-40）是外部阻力的重要来源。外部自由来流在尾锥加速，尾锥外表面上的压力下降，产生阻力。

2.8.3 其他功能

喷管除了具有产生推力的基本功能和作为发动机控制阀的基本功效外，依据飞机的需求也可具备其他功能。

2.8.3.1 反推力装置

飞机上的反推力装置通常用于减少着陆过程中飞机速度降低到滑行速度所必需的滑行距离。反推力装置可以缓解制动系统的需求，减轻重量，并在恶劣条件（如跑道潮湿或结冰）下提供辅助制动。它一般应用于大型飞机，如民航客机或者军用运输机上。

飞机上的反推力装置主要有两类：蚌壳形门式和阻力/叶栅式。蚌壳形门式反推力装置采用一个圆形的挡板，在喷管出口处旋转，从而将引导气流反转，向前或向后喷射。在阻力/叶栅式装置中，喷管出口被堵塞，喷管外整流罩上的风门口打开，露出一级反向导流叶片叶栅，气流通过这些导流叶栅后，运动方向改变并产生反向推力。当在飞机上应用反推力装置时必须注意防止空气或燃气直接冲击飞机机身，影响机翼的操控面，并避免废气被重新吸入发动机。

2.8.3.2 推力矢量技术

推力矢量技术被应用于现代的战斗机上，通过改变发动机推力与飞机轴线的方向夹角产生推力在飞机前进方向之外的分量，可以提高操控性，减小或去除控制面，以及减小起飞和着陆所需的距离。推力矢量技术可以通过多种方法实现，如可以通过在轴对称喷管上加装作动器，使喷管出口偏向指定方向，该方式能够得到俯仰和偏航方向上不同的推力。对于具有可移动衬板的矩形喷管，衬板的位置可以独立确定，从而在俯仰轴方向上获得矢量推力。

2.8.3.3 噪声与消声

喷气式飞机发动机产生的噪声对机场附近的环境有巨大影响，各国政府已严格限制了机场附近的噪声水平；军用飞机的排气噪声会给机组成员带来不良的生理影响。飞机的排气噪声是由于喷射排出的尾流与周围大气间的湍流作用而形成的，其噪声水平和排气气流的速度密切相关。现代大涵道比涡扇发动机中大部分排气的速度相对较低，因而排气噪声亦相对较低，但严格的法规要求飞机必须具有更好的降噪能力。对于采用小涵道比发动机的战斗机和未来的超声速飞机，它们会产生更高水平的噪声，而这些噪声必须被抑制。抑制排气噪声有两种基本方法：降低排气速度、改变射流混合层内的湍流结构。

大涵道比涡轮风扇发动机使用的混合排气喷管比分开的排气喷管的噪声更低，这是因为在混合排气喷管中采用了复杂的混合器，使内涵气流和外涵气流在到达喷管出口前混合在一起，从而有效降低了整体的排气速度。

2.8.3.4 红外隐身

发动机的热端部件和排出的高温废气会辐射红外线,使飞机容易被探测到。为了降低红外特征,通常把发动机装入机身内部。喷管可以与机体高度集成,而且还可包含一个蛇形通道,使发动机的高温涡轮部分不会直接暴露在外部观察者的视线内。最后,在高温燃气排出机体之前,采用引射与混合装置可降低核心燃气射流的温度。

2.9 压气机与涡轮共同工作

压气机和涡轮是用一根共同的轴连接起来,这样,它们之间除了有气动连接外,还有机械连接。由于这种连接,故使得两者工作时必须满足共同的工作条件。目前广泛使用的燃气涡轮发动机有单轴的、双轴的,也有个别三轴的。下面以单轴发动机为例,来研究压气机和涡轮的共同工作特性。研究单轴也是研究双轴和三轴发动机问题的基础。

压气机和涡轮连在一起有其共同工作的条件:

(1) 物理转速相等

压气机和涡轮是共用同一根轴,因此压气机的转速 n_C 等于涡轮的转速 n_T:

$$n_C = n_T \tag{2-39}$$

(2) 物理流量一致

流过涡轮的燃气流量和流过压气机的空气流量,可以表示为

$$m_g = m_a + m_f \tag{2-40}$$

(3) 物理功率一致

燃气发生器平衡工作时,压气机由涡轮带动,两者的功率关系为

$$N_C = \eta_m N_T \tag{2-41}$$

(4) 两者压力平衡

涡轮进口气流的总压和压气机出口的气流总压有

$$P_4^* = \sigma_b p_3^* \tag{2-42}$$

以上就是发动机在任意转速下平衡工作时,压气机、燃烧室、涡轮的气流参数必须同时满足的条件。

当发动机在一定的飞行状态下工作时,如果保持燃油量和各部件的几何参数不变,那么发动机将在这一状态下稳定工作。如果改变这些参数量,则会使发动机进入不同的工作状态。由于发动机各部件是协调工作、相互影响的,所以任何一个部件工作状态的变化都将影响其他部件的工作。

根据有关文献[53],如果将表征压气机和涡轮工作特性的有关参数进行组合,转换并描述在同一张图上,则如图 2-43 所示。在图示坐标参数中,L_T 为涡轮功,n 为转速,m_g、p_4^* 分别为涡轮进口燃气流量和总压。图 2-43 中表征压气机和涡轮特性的数值分别从 p_3/p_2^*、p_4^*/p_5 而来,采用这两个组合参数主要是考虑在压气机和涡轮匹配工作问题上,压气机用静压对总压比、涡轮用总压对静压比,能更准确地反映有效能量转换。

从图 2-43 中可以看出,发动机只有在压气机和涡轮特性线的同等能量(数值)线

交互的共同点上才能实现平衡状态工作。将这些共同工作点在压气机特性图（见图2-29）上画出并连起来，就形成了一根线条，也就是压气机和涡轮的共同工作线，如图2-44所示。

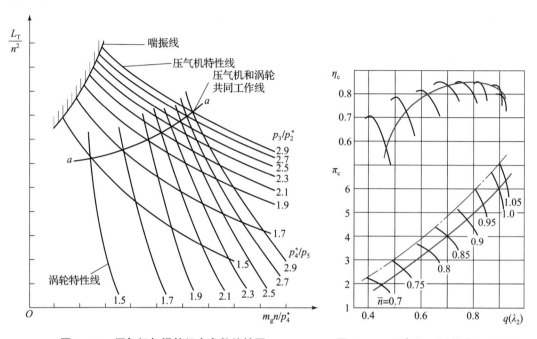

图2-43　压气机与涡轮组合参数特性图　　图2-44　压气机-涡轮共同工作线

以上所讲的共同工作线是在发动机几何不可调、涡轮导向器和尾喷管处于临界或超临界状态下单轴涡轮发动机的共同工作线。在上述条件下涡轮落压比等于常数，所以也称为涡轮落压比等于常数的共同工作线。当发动机在飞机上稳定运行时，只要上述条件成立，发动机工作点必然在共同工作线上。但是，实际上共同工作线会随着一些发动机关键参数的改变而发生变化。

比如，调整加大尾喷口面积，涡轮落压比会增加，涡轮功也会增加，这就破坏了原来工作点上的功率平衡，共同工作线将会向下移，远离喘振边界。

当燃烧室出口温度升高时，共同工作线将会向上移，接近压气机的喘振边界。

当转速恒定时，随飞行马赫数的增加，压气机进口温度会增加，共同工作线则向下移。

在低速飞行和物理转速较小的情况下，发动机总增压比较低，尾喷管可能处于亚临界状态，这时共同工作线与飞行马赫数有关，即马赫数减小，共同工作线沿着等转速线上移。

设计点的压气机增压比对共同工作线有明显影响，当压气机设计为高增压比，在低转速时共同工作线会向喘振边界移动；当压气机设计为低增压比时，在高转速时共同工作线会向喘振边界移动。

注：本章内容主要素材取自以下参考文献，尤其是文献[1]，以及若干其他资料。

参考文献

[1] [英] 理查德·布洛克利,等. 航空航天科技出版工程 2 推进与动力 [M]. 毛军逵,等译. 北京:北京理工大学出版社,2016.

[2] [美] 赛义德·法罗基. 飞机推进 [M]. 刘洪,等译. 上海:上海交通大学出版社,2011.

[3] [英] P. P. 沃尔什 P. 弗莱彻. 燃气涡轮发动机性能 [M]. 郑建弘,等译. 上海:上海交通大学出版社,2018.

[4] 彭泽琰、刘刚. 航空燃气轮机原理(上)[M]. 北京:国防工业出版社,2000.

[5] 廉筱纯,吴虎. 航空燃气轮机原理(下)[M]. 北京:国防工业出版社,2000.

[6] 廉筱纯、吴虎. 航空发动机原理 [M]. 西安:西北工业大学出版社,2005.

[7] 朱之丽,等. 航空燃气涡轮发动机工作原理及性能 [M]. 上海:上海交通大学出版社,2014.

[8] [苏] Ю. H. 聂恰耶夫,P. M. 费多洛夫. 航空燃气涡轮发动机原理(上、下)[M]. 姜树明,译. 北京:国防工业出版社,1984.

[9] [加] H. I. H. Saravanamuttoo et al. Gas Turbine Theory [M]. Pearson, 2017.

[10] 西北工业大学,等. 工程热力学 [M]. 北京:国防工业出版社,1982.

[11] Rolls – Royce Ltd. The Jet Engine, fifth edition. Rolls – Royce Ltd, 2005:15.

[12] 朱俊强,等. 航空发动机进排气系统气动热力学 [M]. 上海:上海交通大学出版社,2014.

[13] 刘大响,等. 航空燃气涡轮发动机稳定性设计与评定技术 [M]. 北京:航空工业出版社,2004.

[14] Ames Research Staff. Equations, Tables, and Charts for Compressible Flow [R]. NACA Report, 1953:1135.

[15] Antonatos P. P. , Surber L. E. and Stava D. J. . Inlet/airplane interference and integration [R]. AGARD LS – 43, Airframe/Engine Integration, 1975.

[16] Benson T. J. , Bissinger N. C. and Bradley R. G. . Air intakes for high speed vehicles, chapter 3 [R]. AGARD Advisory Report270 – Working Group 13, 1991.

[17] Heiser W. H. and Pratt D. T. . Hypersonic airbreathing propulsion [M]. New York:AIAA Education Series, 1994.

[18] Hill P. G. and Peterson C. R. . Mechanics and Thermodynamics of Propulsion [M]. USA:Addison – Wesley, 1967.

[19] Mattingly J. D. . Elements of Gas Turbine Propulsion [M]. New York:McGraw – Hill, 1996.

[20] Murthy S. N. B. and Curran E. T. . High speed flight propulsion systems [M]. Prog. Aeronaut. Astronaut. , 1991:137.

[21] Seddon J. and Goldsmith E. L.. Intake aerodynamics [M]. New York：AIAA Education Series，1985.

[22] [美] 戈登·C. 奥兹. 航空发动机部件气动热力学 [M]. 金东海，等译. 北京：航空工业出版社，2016.

[23] 胡骏，航空叶片机原理 [M]. 北京：国防工业出版社，2014.

[24] Aungier R. H.. Centrifugal compressors：A strategy for aerodynamic design and analysis [M]. New York：American Society of Mechanical Engineers，2000.

[25] Bloch H. P.. A practical guide to compressor technology [M]. Hoboken，NJ：Wiley-Inter Science，2006.

[26] Boyce M. P.. Centrifugal compressors：A basic guide [M]. Tulsa：Pennwell Corp，2003.

[27] Cumpsty N. A.. Compressor aerodynamics. London：Longman，1989.

[28] Horlock J. H.. Axial flow compressors fluid mechanics and thermodynamics [M]. London：Butterworths Scientific Publications，1958.

[29] Japikse D. and Baines N. C.. Introduction to turbomachinery [M]. Vermont：Concepts ETI Inc.，1997.

[30] 西北工业大学，南京航空航天大学，北京航空航天大学. 航空燃气涡轮发动机原理 [M]. 北京：国防工业出版社，1981.

[31] 张津，洪杰，陈光. 现代航空发动机技术与发展 [M]. 北京：北京航空航天大学出版社，2006.

[32] 金如山，索建秦. 先进燃气轮机燃烧室 [M]. 北京：航空工业出版社，2016.

[33] 尉曙明. 先进燃气轮机燃烧室设计研发 [M]. 上海：上海交通大学出版社，2014.

[34] 侯晓春，等. 高性能航空燃气轮机燃烧技术 [M]. 北京：国防工业出版社，2002.

[35] Collier F. S.. Progress toward aviation's environmental Goals and objectives—an LTO NOx perspective [R]. London, UK：ICAO/CAEP Workshop，2009.

[36] Dodds W.. Twin annular premixing swirler (TAPS) combustor [R]. The Roaring 20th Aviation Noise & Air Quality Symposium，2005.

[37] Lefebvre A. H.. Gas turbine combustion [M]，2nd edn. Taylor and Francis，1999.

[38] McKinney R. G.，Sepulveda D.，Sowa W. and Cheung A. K.. The Pratt & Whitney TALON X low emissions combustor：revolutionary results with evolutionary technology [R]. Reno, Nevada：，The 45th AIAA Aerospace Sciences Meeting，2007.

[39] 曹玉璋，等. 航空发动机传热学 [M]. 北京：北京航空航天大学出版社，2005.

[40] Wu C. H.. A general theory of three-dimensional flow in subsonic and supersonic turbomachine in radial axial and mixed flow types [R]. NACA TN 2604，1952.

[41] Lakshminarayana B.. Fluid dynamics and heat transfer of turbomachinery [M]. NewYork：John Wiley & Sons，Inc.，1996.

[42] Denton J. D.. Loss mechanisms in turbomachines. [J] J. Turbomachinery，115，1993：

621-656.

[43] Bohn D., Krüger U. and Kusterer K.. Heat Transfer in Gas Turbines [M]. Southampton: WIT Press, 2001.

[44] Kays W. M. and Crawford M. E.. Convective heat and mass transfer [M], 2nd edn. New York: McGraw-Hill Book Company, 1980.

[45] Bunker R., et al.. Film cooling science and technology for gasturbines [M]. Brussels: Von Karman Institute for Fluid Dynamics, 2007.

[46] Bunker R.. Thermal Engineering in Power Systems [M]. Southampton: Wessex Institute Technology Press, 2008.

[47] Anderson J. D.. Hypersonic and high temperature gas dynamics [M]. NewYork: McGraw Hill, 1989.

[48] Covert E. E.. Thrust and drag: its prediction and verification [M]. American Institute of Aeronautics and Astronautics, 1985.

[49] Gamble E., Terrell D. and De Francesco R.. Nozzle selection and design criteria [R]. AIAA Paper 2004: 3923.

[50] Heiser W. H. and Pratt, D. T.. Hypersonic airbreathing propulsion [M]. American Institute of Aeronautics and Astronautics, 1994.

[51] Kerrebrock J. L.. Aircraft engines and gas turbines [M], 2nd edn. Cambridge MA: MIT Press, 1992.

[52] Pratt & Whitney and General Electric Aircraft Engines. Critical propulsion components. Volume 3: exhaust nozzle [R]. CR 2005-213584/VOL3, 2005.

[53] 彭泽琰, 刘刚, 桂幸民, 黄勇. 航空燃气轮机原理 [M]. 北京: 国防工业出版社, 2008.

第 3 章
航空发动机的主要构成

本章将介绍航空发动机的主要部件及外部系统的主要构造和技术特点,有关本章更详细的内容还可参照有关资料,如:林左鸣主编的《世界航空发动手册》[1],介绍了世界主要的航空发动机的结构设计特点;Rolls – Royce[2]介绍了发动机的相关结构和原理;陈光[3]介绍了世界先进军民用涡扇发动机的结构,并分析了其设计特点;闫晓军[4]以涡喷 – 7 和涡喷 – 13 为例介绍了典型涡喷发动机的结构设计;刘长福[5]综合介绍了发动机的结构设计;张伟[6]主编的航空装备丛书中则对多种类型的航空发动机结构作了介绍。

3.1 压气机(风扇)

根据压气机的结构型式和气流的流动特点,可以把它分为轴流式和离心式两种。

离心式压气机(图 3 – 1(a)和(b)为离心压气机的叶轮)通常有单级或二级结构,用叶轮加速空气和增压,并在扩压器部分进行减速增压,来提高空气压力。

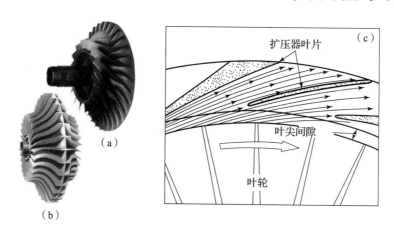

图 3 – 1 离心式压气机叶轮等

轴流式压气机,如图 3 – 2 所示,可以是一多级装置,用交替布置的一排排旋转叶片(转子,用于加速和增压)和静止叶片(静子,用于减速和增压)来使气流扩压,直到达到要求的压力。在某些情况下，尤其是在小发动机上，常用一个轴流式压气机来给离心压气机的进口气流增压。

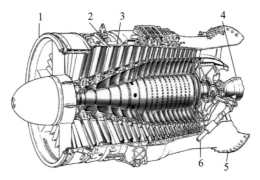

图 3-2　轴流式压气机

1—进气机匣；2—静子叶片；3—旋转叶片；4—涡轮轴连接器；5—燃烧室安装边；6—附件驱动

离心式压气机通常比轴流式压气机更结实，也比较容易制造。然而，轴流式压气机比同样迎面面积的离心式压气机空气流量大得多，再加上通过增加压气机级数就能增加增压比，这意味着在同样的迎面面积条件下，轴流式压气机将产生更大的推力。因此大多数发动机会采用轴流式压气机。然而，离心式压气机由于结构简单的特点，仍然为小型发动机所采用。

3.1.1　离心式压气机

离心式压气机有单面（图 3-1（a））或双面叶轮（图 3-1（b）），有时也采用双级单面叶轮。叶轮支撑于机匣里面，机匣还包容一圈扩压器导向叶片。如果采用了双面进气叶轮，则流向后侧面的空气流要逆向进入叶轮。离心式压气机主要由叶轮、扩压器和进气系统组成，如图 3-3 所示。

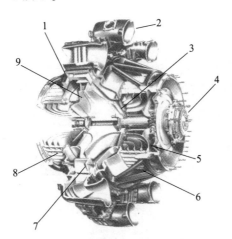

图 3-3　双面离心压气机示意图

1—前进气机匣；2—压气机排气机匣；3—旋转叶片；4—连接涡轮的叶轮轴；5—进气斜槽；6—后进气机匣；7—扩压器；8—涡流导叶；9—叶轮

叶轮含有一锻造的盘，在一侧或两侧上有整体式径向配置的导向叶片（见图3-1(a)、(b)和图3-3），与压气机机匣一起形成了收敛通道。导向叶片可以是后掠的，但为了易于制造，通常采用径向平直导向叶片。为了使空气从进气道中的轴向气流易于进入旋转的叶轮，叶轮中心部分的导向叶片做成向旋转方向弯曲。弯曲部分可以与径向导向叶片为一整体，或者单独制成，以使制造更加容易和更为精确。

扩压器组件可以和压气机机匣制造成一整体件，或者是一单独连接的组件。扩压器组件上有许多导向叶片，这些叶片做成与叶轮相切。导向叶片通道呈扩张形（图3-3），以便将动能转换成压力能。叶轮和扩压器之间的间隙是一个重要参数，因为此间隙太大，漏气过多，压气机效率就低；间隙太小会形成空气动力抖动冲击，此冲击会传给叶轮，造成气流不稳定及振动。

3.1.2 轴流式压气机

轴流式压气机是由一个转动件和一个静子件组成的，如图3-2所示。转动件（又称为转子或工作叶轮）包括转子叶片（或称为动叶、工作叶片）、轮盘和轮轴，静子件（又称为整流环、导流环）包括静子叶片（或称为静叶、整流叶片、导流叶片）和机匣。一个工作叶轮和一个位于其后的整流环称为轴流式压气机的一级。有的压气机在第一级之前还装有由一排固定的或可调节的进口导流叶片组成的导流环。轴流式压气机的级增压比较小，目前使用的一般为1.2~1.6，而整台压气机的总增压比要高得多，可达7~30甚至更高，所以轴流式压气机都是由多级组成的。

现代涡喷、涡扇发动机均广泛采用了双转子（甚至三转子）结构。以双转子为例，其压气机是由两个同心不同轴的压气机组成的，如图3-4所示。位于前面的是低压压气机，与低压涡轮一起组成低压转子；后面的是高压压气机，与高压涡轮一起组成高压转子。在工作中，两个转子没有机械上的固定连接，各自以不同的转速旋转。

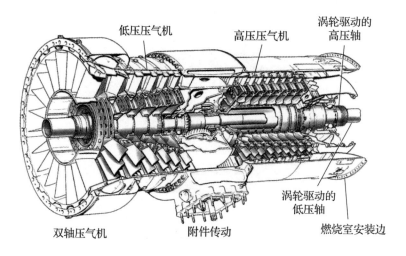

图3-4　双轴压气机示意图

3.1.2.1 转子

在压气机设计中，要考虑轮盘旋转所承受叶片离心载荷的能力。在许多盘装在同一根轴上时，可以用机械固定方法将它们连接并固定到一起。一般先将几个盘装配起来，并在靠近其外圆处焊接在一起，从而形成一个整体鼓筒，如图3-5所示。

转子叶片固定到盘上的典型方法如图3-6所示。固定可以是沿周向或者轴向，固定方法的选择是安装在盘上的相关载荷尽量小，从而尽量减轻盘的重量。大多数压气机的叶片是一片一片单独分开的，以满足制造和可维护性要求，但是，随着制造技术的发展，现代发动机多采用整体式叶盘。压气机转子部件的每一级是由盘片整体结构加工出来的，不再需要对盘和片进行组合装配，这样即增加了转子部件的强度，减轻了重量。

图3-5 压气机鼓筒照片

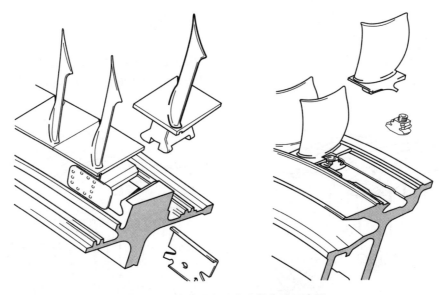

图3-6 叶片固定到盘上的方法示意图

转子叶片呈翼型截面形状（图3-7），通常设计成沿其长度有一定的压力梯度，以保证气流维持一个比较均匀的轴向速度。通常通过将叶片从叶根向尖部"扭转"，使得叶片每一点都具有合适的迎角，并且空气压力由叶根向叶尖方向逐渐升高来抵消转子旋转的离心作用，流过压气机的空气在内外壁面处产生两个边界层，一直将气流减慢到滞止的程度。为了补偿边界层中的缓慢气流，在叶片的尖部和根部局部增加了叶片的弯度。叶片最终的形状看起来像是将其每个角都被扭转形成的。

3.1.2.2 静子叶片

静子叶片也呈翼形截面形状，固定在压气机机匣或者固定到静子叶片保持环中，再

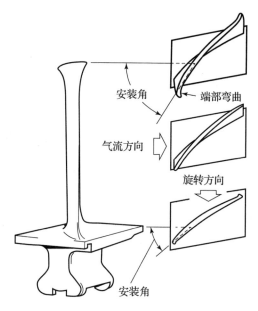

图 3-7 表示扭转外形的典型转子叶片

将这些环本身固定到机匣上（图 3-8）。在前几级中，静子叶片常常成组地装配，并在其小半径一端加有凸台，以尽量减轻气流变化对较长叶片产生的振动影响。对静子叶片还必须锁定，不让它们沿机匣转动。

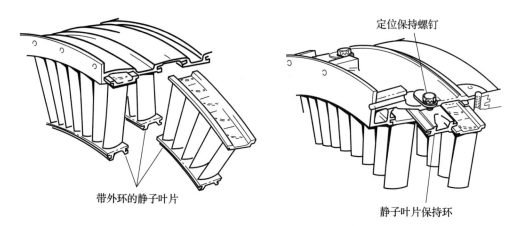

图 3-8 静子叶片在压气机匣上的固定方法

当要求在单轴上实现高增压比时，就必须在压气机设计中采用流量控制。控制形式可以是在第一级上安装可调进气导向叶片，此外，随着该轴上增压比的提高，在随后的一些级中也可采用可调静子叶片（图 3-9）。当压气机转速低于设计值时，这些静子叶片逐渐关小，以使空气流到后面转子叶片上的角度合适；也可以设置额外的级间放气，但是，目前级间放气在压气机设计中的使用通常限于在发动机加速时提供额外的裕度。其放气方式通常有液压式、气压式和电子式三种。

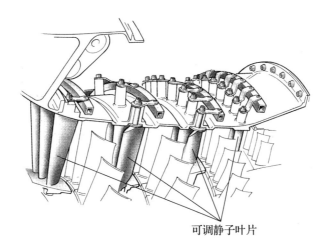

图 3-9 典型的可调叶片

3.1.2.3 多级压气机的结构特点

多级轴流式压气机中,由于各个级在整个流程中所处的位置不同,故它们的几何尺寸和进口参数各不相同,因而形成了多级轴流式压气机结构特点。

(1) 压气机的环形通道面积逐级减小

压气机从前往后,即从低压端向高压端,随着压力逐渐增高,空气密度沿压气机轴向不断增加,为保持一个接近恒定的轴向气流速度,要求转子与静止机匣之间气流的环形通道面积逐渐减小。随着环形通道面积逐级减小,叶片高度相应地逐渐减小。

减小环形通道面积的方法有四种:第一是外径不变,内径逐渐增大;第二是内径不变,外径逐渐减小;第三是平均半径不变,即外径逐渐减小,内径逐渐增大;第四是等外径和等内径的组合形式。外径不变的优点是:轮缘圆周速度大,加功量大,因此压气机级数可以减小,重量可以减轻,但是,对于高增压比的压气机,特别是当空气流量较小时,后面一些级的叶片太短,因而这些级的效率以及整个压气机的效率均会降低。内径不变的优缺点正好与外径不变的相反。综合形式的通道可兼具上述两种形式的优点,但加工较难。平均半径不变的方式受制造、安装及其他机械设计因素的影响,不常采用。

(2) 叶片的弦长逐级减小

为了减小压气机的轴向长度,在不影响叶片强度的条件下,最好缩短叶片的弦长。由于后面几级的通道面积减小,叶片较短,工作叶轮旋转时,叶片的离心力也就比较小。这样,叶片的弦长可以做得逐级减小。

(3) 叶片的数目逐级增多

弦长缩短后,叶片通道对气体的约束作用减小,气流就不易完全沿着叶片所引导的方向流动,空气在工作叶轮中的扭速逐渐减小。为了使后面几级对气体所做的功不致减小,必须增多叶片数目。

3.1.3 材料

机匣材料要求重量轻而刚性好,能保持高精度转子叶片尖部间隙,以保证尽可能高的效率。为达到这些要求,压气机的前部使用铝合金。因为压缩空气温度提高,压气机的后面数级在温度方面的要求提高,因此后面级常使用合金钢或钛合金,甚至需要采用镍基合金。目前,钛合金由于刚性密度比高,故在军用发动机上被广泛采用。

静子叶片通常采用钢或者镍基合金制造,主要要求是在受到吸入物击伤而出现"沟槽"时仍具有高的疲劳强度。其较早的设计采用铝合金,但是铝合金承受击伤的能力不够。

在转子盘、鼓筒和叶片设计方面,离心力是主要的,要求材料应具有最高的强度密度比,这能减轻转子组件重量,以减小对发动机结构的作用力,以进一步减轻重量。尽管钛合金初始成本高,但钛合金取代了早期设计中所采用的钢合金。随着承温能力更高的钛合金被研制成功,它们正在逐渐取代镍基合金来用于压气机后部端盘和叶片上。只有在钛合金得到应用后,高涵道比风扇叶片(见图3-10)的设计才成为可能。

图3-10 典型的风扇叶片

离心叶轮对材料的要求与轴流压气机转子类似,通常采用钛合金材料,具有足够的抗吸入物的能力。

3.2 燃烧室

燃烧室位于压气机和涡轮之间,它是发动机的基本部件。加力燃烧室位于涡轮和喷管之间,它是为了满足某些发动机在较短的时间内增大推力的特殊要求而设置的。相对于加力燃烧室,燃烧室又被称为主燃烧室。

发动机工作时,在燃烧室由燃油喷嘴供入燃料并雾化,与来自压气机的高压空气混合,形成可燃混合气,并进行充分有效的燃烧。燃烧后的燃气温度很高,使燃气的总焓增大,以便提高燃气在涡轮和喷管中膨胀做功的能力。

按构造不同,燃烧室分为多个单管燃烧室、环管形燃烧室和环形燃烧室。从燃烧室的发展历史来看,是先有单管燃烧室,然后有环管燃烧室,最后到环形燃烧室。有关燃烧室的详细资料还可参见彭拾义[6]介绍的燃烧室的详细结构以及甘晓华[8]介绍的燃油喷嘴技术,等等。

3.2.1 单管燃烧室

单管(由多个组成)燃烧室用于离心压气机发动机和早期的轴流压气机发动机中,如图 3-11 所示,其特点是每一个单管燃烧室均有燃烧室外套。这种类型的燃烧室结构复杂,需要复杂的进气与连接管,而且由于单位体积火焰筒的受热面积大,因此冷却时需要更多的冷却空气。每个单管燃烧室都需要一个单独的点火装置,或者使用联焰管将火焰从一个单管燃烧室引入至另一个燃烧室。F-86 飞机上的 J47 发动机以及米格 15 飞机上的 VK-1 发动机均采用这种燃烧室结构。

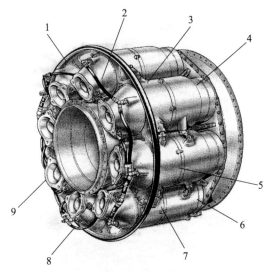

图 3-11 多个单管燃烧室

1—压气机出口弯管安装边接口;2—主燃油总管;3—发动机防火封严框;4—燃烧室;
5—空气机匣;6—放油管;7—联焰管;8—副燃油总管;9—主空气戽斗

3.2.2 环管燃烧室

环管燃烧室,如图 3-12 所示,其特点是所有的火焰筒共用一个燃烧室外套。这种布局兼有多个单管燃烧室易于翻修和试验以及环形燃烧室的紧凑性优点。环管燃烧室保持了容易改变大小,以适应不同尺寸发动机的特点。然而,它同样有单管燃烧室受热面积大、需要较多的冷却空气的问题。另外,各个火焰筒之间仍需要联焰管,以辅助点火。

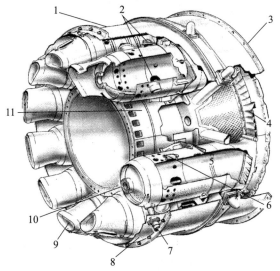

图 3-12　环管燃烧室

1—外空气机匣；2—稀释空气孔；3—涡轮安装边；4—导向器叶片；5—火焰筒；6—联焰管；
7—点火电嘴；8—扩压器机匣；9—主空气斗；10—漩涡叶片；11—内空气机匣

3.2.3　环形燃烧室

环形燃烧室的特点是只有一个环形火焰筒，如图 3-13 所示，因此扩大了燃烧室内的火焰空间，燃烧室的长度可缩短四分之一，所需要的冷却空气量减少了约 15%，可大大减轻重量和节省生产成本，且消除了各个燃烧室之间的燃烧传播问题。这是当今航空发动机普遍采用的燃烧室类型。

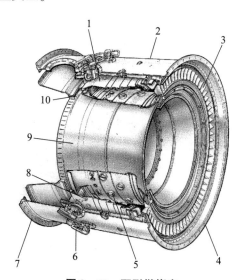

图 3-13　环形燃烧室

1—火焰筒；2—燃烧室外机匣；3—涡轮导向器叶片；4—涡轮机匣安装边；5—稀释空气孔；6—燃油总管；
7—压气机机匣安装边；8—燃油喷嘴；9—燃烧室内机匣；10—高压气机出口导向叶片

图 3-13 给出了典型双壳概念的航空发动机燃烧室的构造。外壳，即燃烧室机匣，其内面是热的高压空气；而内壳（火焰筒）则将高温燃气与外壳隔开。火焰筒主要承受热负荷，介于未燃气与燃气之间。火焰筒温度在 800~1 000 ℃，这种状况也会使火焰筒薄壁（1~2 mm）产生较大的热梯度，并因此在火焰筒上形成热诱导应力。发动机每次在改变动力的大小时，火焰筒的温度与应力也会相应改变。正常运行时火焰筒总处于波动温度中，最终疲劳限制了它的寿命。空气流强加给火焰筒的机械应力相对较低，为燃烧室进口压力的 4%~5%（火焰筒内外气流压力之差），主要源于冷却、掺混的空气加速穿过火焰筒上的系列小孔以及燃油喷射等产生的压差。

对于火焰筒，通常在后端固定，而前端则通过穿过外壳的喷嘴杆支撑，喷嘴杆则被固定于机匣上。在燃烧室温度改变时，火焰筒会产生热膨胀。为了适应这种膨胀，燃烧室前端会沿燃油喷嘴的纵向滑动。

3.2.4 材料

燃烧室机匣和内部零件不是旋转件，不用承受离心力，但要承受气体压力，尤其是要承受高温。因此，火焰筒材料必须能够承受主燃烧区很高的燃气温度，以及燃烧产物所造成的腐蚀、温度梯度产生的蠕变失效和由振动应力产生的疲劳。金属材料在温度升高后材料强度会下降，外壳是发动机整机主要承力件之一，需要在一定温度下仍有非常高的强度，且可以确保机匣重量较低。现代发动机，如 GE90 在起飞时燃烧室外壳承受 43 个大气压力，温度约 700 ℃。燃烧室部件通常采用镍基高温合金材料，以及耐高温涂层。

3.3 涡轮

涡轮的任务在于把来自燃烧室的高温、高压燃气的热能转换成涡轮轴上的机械功。涡轮通常也是多级的，如图 3-14 所示。多级涡轮的每一级也是由一个静止的导向器和一个旋转的工作叶轮组成的。区别于压气机，涡轮导向器在工作叶轮前面，就是让高温、高压燃气首先在导向器中膨胀加速，获得动能，其速度一般可达到 600 m/s 左右，以这样大的速度去冲击涡轮的工作叶轮，即可使涡轮发出较大的功率。

涡轮通常由燃烧室燃气导管、导向器叶片、涡轮盘和涡轮工作叶片组成。转动组件由装在涡轮机匣中的轴

图 3-14 两级涡轮

承支承，涡轮轴可以和压气机轴共用一轴，或者通过自动定心的联轴器与压气机轴相接。

3.3.1 导向器叶片

导向器叶片具有翼形截面，相邻叶片之间的通道构成了收敛的涵道，如图 3-15 所示。导向器叶片位于涡轮机匣中，其安装方式应能使它们发生膨胀。

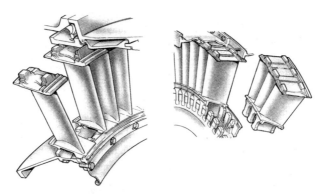

图 3-15 典型的导向器叶片

导向器叶片通常是空心结构，可以由压气机出口的空气在其内部流过进行冷却，以减轻热应力和气动负荷的影响。

3.3.2 涡轮盘

涡轮盘通常由机械加工的锻件制成，如图 3-14 所示，它可以与轴制成一个整体，也可以带安装边由螺栓连接涡轮轴，而且轮盘的外缘处还有涡轮工作叶片安装用的榫槽。为了限制从涡轮工作叶片向轮盘的热传导的影响，每一级轮盘的两面都通有冷却空气。

3.3.3 涡轮工作叶片

涡轮工作叶片设计成翼型截面，每个相邻叶片之间的通道使气流稳定地加速。早期的发动机涡轮工作叶片曾用球形叶根固定，但这种设计很快被枞树形的榫头所替代，如图 3-16 所示。这种榫头需要经过非常精密的机械加工，以确保每个榫齿都分担载荷。当涡轮处于静止状态时，叶片在榫齿上是活动的；当涡轮旋转时，在离心载荷的作用下，根部才变成刚性接合。

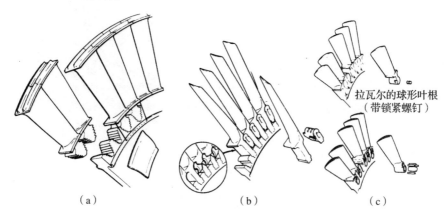

图 3-16 涡轮工作叶片叶根固定方式

(a) 枞树形叶根（带锁片）；(b) 枞树形叶根（带深根封严）；(c) B.M.W. 公司空心叶片（带固定销钉）

由于叶尖与机匣的膨胀和收缩率不同，故在叶尖和机匣之间的间隙是随着发动机工作状态的改变而变化的。为了减轻涡轮工作叶片的振动和减少燃气从叶片顶部的漏气损失，通常装有叶冠，如图3-17和图3-18所示，这是由每个叶片的叶尖处加一个小片构成的，这些小片在叶尖的周围形成一个圆环；机匣中还可以采用一条易磨带，用来减少燃气漏气；主动间隙控制是在整个飞行循环中保持叶尖间隙最小的、较为有效的方法，将来自压气机的空气用于涡轮机匣冷却，可以使涡轮工作叶片承受的温度和转速更高。

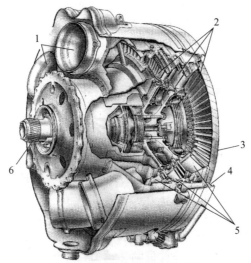

图3-17 带冠涡轮工作叶片

1—燃烧室燃气短管；2—三级涡轮；3—涡轮叶冠；4—排气装置安装边；5—导向器叶片；6—涡轮轴

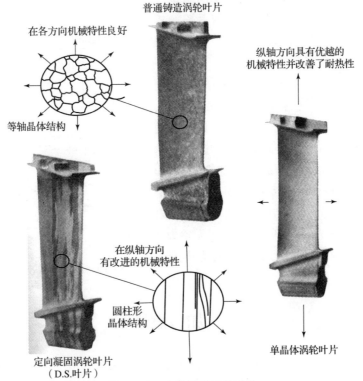

图3-18 各种涡轮工作叶片

3.3.4 材料

影响涡轮进口温度的因素有导向器叶片和涡轮工作叶片的承温能力及高速旋转速度向涡轮盘和工作叶片施加的拉伸应力。

导向器叶片由于处于静止状态,不像涡轮工作叶片那样承受旋转应力,因此耐热是其最主要的性能要求,虽然需要采用冷却来防止熔化,但仍要使用镍基合金。陶瓷涂层能够加强热阻特性,且在相同的条件下可减少需要的冷却空气量,提高叶片耐温能力,从而改善发动机效率。

涡轮盘必须在相对低的温度环境下高速旋转,并承受很大的旋转应力。影响轮盘可用寿命的限制因素是其抗疲劳裂纹的能力。在过去,涡轮盘是用铁和奥氏体钢制造的,而近年来则用镍基合金制造,增加合金中镍元素的含量可增大其抗疲劳特征,从而延长轮盘的寿命。另一个途径是采用昂贵的粉末冶金盘,其强度可提高10%,允许达到更高的转速。

尽管涡轮工作叶片在工作时已达到红热状态,但仍应具备足够的强度来承受高速旋转产生的离心载荷;一片小小的涡轮工作叶片重量仅60 g,在最高转速下的载荷会超过2 t;它还要承受燃气施加的很高的弯曲载荷,以产生驱动压气机所必需的数千马力的涡轮功率;涡轮工作叶片应当耐疲劳和热冲击,保证在燃气高频脉动影响下不致损坏;工作叶片还要能耐腐蚀和耐氧化。除了这些要求之外,工作叶片还应当采用可以精确成形和利用现有制造方法加工的材料制造。早期使用高温钢锻件,但是这些材料很快被铸造镍基合金所取代,镍基合金具有更好的耐温蠕变和疲劳特性。

随着工作时间的增加,涡轮工作叶片将会慢慢地伸长,这种现象被称为"蠕变",因此在损坏之前存在有限的可用寿命极限。

对常规(等轴晶)涡轮工作叶片的深入研究发现,在各个方向(等轴)存在无数晶体,通过将晶粒沿叶片长度方向排成柱状可以改善使用寿命,这种方法称为"定向凝固"。这种技术的进一步改进是用一个单晶体制造叶片,如图3-18和图3-19所示。定向凝固、单晶都增长了叶片的蠕变寿命,单晶叶片的使用温度可以大大增高。如今最先进的单晶叶片(无冷却)可长期承受约1 200 ℃的工作温度,有力推进了发动机的性能提升。

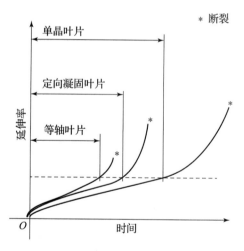

图3-19 涡轮工作叶片寿命特性的比较

3.4 加力燃烧室

加力燃烧室是涡喷、涡扇发动机的重要部件,主要在军用飞机上为加大发动机推力、增强飞行机动性而短时使用。使用加力燃烧室可以减小发动机的迎风面积和重量。

加力燃烧室通常由扩压器、供油装置、点火器、火焰稳定器、防振隔热屏和加力室筒体等部件组成，如图3-20所示。

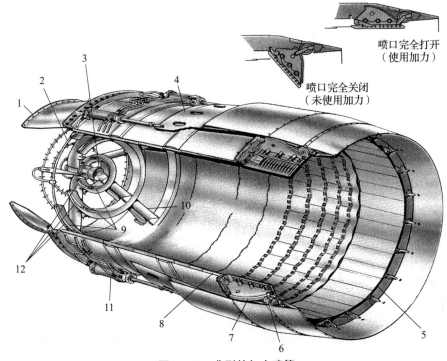

图 3-20 典型的加力喷管

1—扩压器；2—火焰稳定器燃油供应；3—催化剂点火器座；4—喷口作动套筒；
5—可调喷口（联锁鱼鳞片）；6—喷口收放滚棒；7—凸轮轨道；8—隔热屏；
9—火焰稳定器燃油总管；10—连接器；11—喷口作动筒；
12—火焰稳定器（蒸发槽）

3.4.1 扩压器

加力燃烧室的扩压器是由中心鼓筒和外壳构成的，按面积的扩压比一般在2左右（流道面积逐渐增大），其目的是将高速气流减速，并使压力有所提高，这有利于组织燃烧和减少阻力。

3.4.2 供油装置

加力喷嘴多置于扩压段通道里，这里气流的紊流度大，有利于蒸发和掺混。加力喷嘴也有用离心式的，但由于离心式喷嘴头部较大，故在加力燃烧室不工作时迎风阻力过大，而且分布不够均匀。大多数加力燃烧室均采用直流式喷嘴，即在喷油环和杆上钻许多小孔（直径一般在0.4~1.0 mm），其数量可达300个，这样可保证分布较为均匀。有的加力燃烧室，特别是涡扇发动机的加力燃烧室，为了适应不同的工况及做到加力比可调，除用油压控制外，还用分区供油的方法来调节。

一般掺混段（喷嘴至火焰稳定器间距离）安排得较长，为150~400 mm，基本上可使加力燃烧室浓度分布达到合适程度。

3.4.3 点火装置

加力燃烧室点火和主燃烧室点火有类似之处，也是靠外点火源将局部混气点燃，然后再将火源扩展到整个加力燃烧室内空间。

目前使用的加力点火方法主要有预燃室点火、热射流点火、催化点火和电嘴直接点火等。

3.4.3.1 预燃室点火

预燃室本身就是一个小型的燃烧室，一般涡喷发动机将其置于加力燃烧室截面的中心部位，涡扇发动机置于旁路。从预燃室头部引入一股预先掺混好的混气，混气速度较低，尽量使这股混气处于最有利的点火和稳定燃烧范围内，必要时可进行（高空时）补氧。预燃室一般用电火花直接点火，当预燃室点着后，即喷出一股热量较大的火舌，再点燃加力燃烧室。苏联发动机多采用预燃室点火，而英、美发动机则采用直接点火。

3.4.3.2 热射流点火

如图3-21所示，在加力供油的同时在主燃烧室中部适当位置定量挤入一股燃油（大约30 mL），这股燃油被高温热燃气点燃，火舌穿过涡轮，在涡轮后再喷一股燃油接力，于是这股强大的瞬时火焰就能把加力燃烧室点燃。

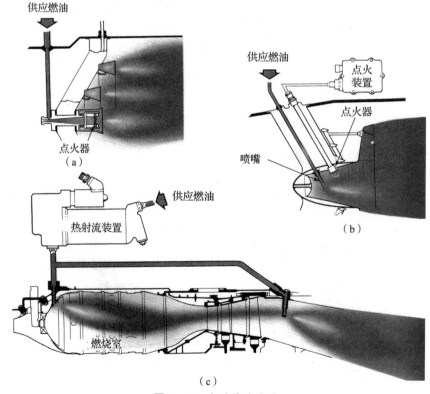

图3-21 加力点火方法

(a) 催化剂点火；(b) 火花塞点火；(c) 热射流点火

3.4.3.3 催化剂点火

如图 3-21 所示，催化剂点火是一种新的点火技术，它是将 400~500 ℃ 的涡轮后燃气流过一个文氏管，并在文氏管喉部喷注燃油，经扩张段掺混后穿过由铂-铑丝编织的网（有 2~3 层），由于铂-铑丝表面在吸附燃油后产生电离现象，铂-铑产生催化作用，可燃气体会自发点火，于是形成的火舌从点火器喷出，将加力燃烧室点燃。

3.4.3.4 高能电嘴的电火花点火

考虑到加力燃烧室点火的困难，对于采用高能电嘴的电火花点火的，火花功率要大，有时对称放两只电嘴，以提高可靠性。

3.4.4 火焰稳定器

加力燃烧室内的气流速度通常很高，超过 100 m/s，火焰在这么高的气流中无法稳定，会被吹熄，因此需要配置加力火焰稳定器。加力火焰稳定器在加力燃烧室的位置如图 3-22 所示。

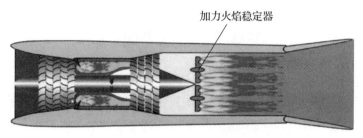

图 3-22 带加力的涡喷发动机示意图

3.4.4.1 V 形稳定器

V 形稳定器在加力燃烧室的形态，就是 V 字顺时针旋转 90°的样子。V 字的尖迎着气流，则气流流经稳定器时损失小。V 字的开口部是一个钝体，其下游是一个回流区，有利于稳定火焰。稳定器有双环或三环形式，有时要前后错开，以保持堵塞比最佳。

3.4.4.2 蒸发式火焰稳定器

燃油流经蛇形蒸发管之后与进入的小股空气掺混形成富油燃气，从环形稳定器底部喷出，然后再与从稳定器顶部均匀分布的小孔中喷出的空气进行掺混，在稳定器内形成内回流区。由于这个回流区受到 V 形稳定器的保护，因此基本不受外部气流流动的干扰，能保证稳定器内的点火及燃烧，进而保证点燃稳定器外的回流区。因此这种稳定器起着值班火焰的作用，极大地扩展了加力燃烧室的点火和稳定燃烧的范围。

3.4.4.3 气动火焰稳定装置

用较高压力的气体射入主气流形成回流区，以稳定火焰，其方式有侧喷和逆喷两种方式。

3.4.4.4 沙丘稳定器

沙丘稳定器主要是利用良好的自然气流结构来稳定火焰，如图 3-23 所示，既保证了良好的热量和质量交换，又减弱了 V 形稳定器尾缘漩涡的周期性脱落。

图 3–23　沙丘稳定器照片

3.5　排气系统

发动机的排气装置是使涡轮排出的燃气以一定的速度和方向排入大气，以获得推力。通常，排气系统的燃气温度为 550～850 ℃，有加力燃烧室时排气系统的燃气温度可达 1 500 ℃ 以上，因此所采用的材料及结构形式应能够抗高温挠曲和裂纹，并防止向飞机结构传导热。

排气系统的基本形式如图 3–24 所示。带反推力装置、消声器及双位推进喷管的排气系统使结构更为复杂，如图 3–25 所示。

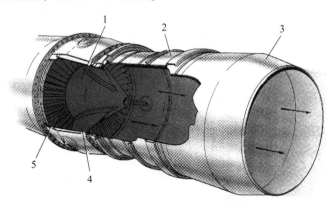

图 3–24　一种基本的排气系统

1—排气锥；2—喷管；3—收敛（推进）喷口；4—涡轮后支柱；5—涡轮后面级

由于燃气流离开涡轮时还存在漩涡，故会产生附加损失。为了减少这种损失，在排气装置中，涡轮后部支柱设计成能将气流在流入喷管之前先行扭直。通常，在排气装置出口的速度马赫数为 0.5 左右。

排气系统的进一步资料还可参见刘大响[9]主编的有关资料。

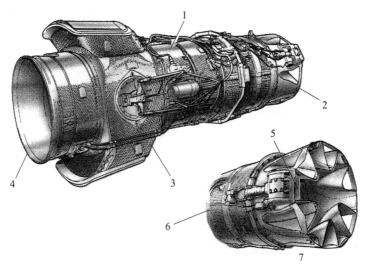

图 3 – 25 带反推力装置、消声器及双位推进喷管

1—喷管；2—消声器；3—反推力装置；4—转接段；5—可调鱼鳞片；6—隔热层；7—双位喷口

3.5.1 亚声速喷管

许多装备燃气涡轮发动机的飞机在亚声速巡航时，发动机喷管的压比通常为 2~3，而且要尽量不产生气流分离。对于这种应用场合，简单的收敛喷管就可以胜任了，喷管将工作在不完全膨胀状态，但膨胀损失常仅比完全膨胀时小 1%。

喷口面积固定的发动机工作范围很窄，为了扩大发动机的工作范围，可以采用可调面积的喷口。可调喷口采取自动控制方式。对于非加力发动机，由于可调喷口对性能的增益被增加的重量所抵消，因此非加力发动机实际上很少采用可调喷口。

现代亚声速商用飞机中，常采用大涵道比的涡轮风扇发动机，并配备结构复杂的双射流喷管。这些大涵道比涡扇发动机喷管和飞机发动机舱会被整合为一体结构。发动机舱的喷管部分通常可分为分开排气喷管和混合排气喷管，但无论是哪一种喷管，都采用了面积比非常小的收敛—扩张喷管。这样设计不是为了性能要求，而是要满足流量控制需求。在低压比时，喷管不会堵塞，由较大的出口面积控制空气流量；在高压比时，喷管壅塞，气流流量由较小的喉道决定。此外，在内涵道流动中经常设置塞子形状的中心锥，如图 3 – 26 所示，而中心锥外轮廓尺寸即可用来改变收敛和扩张流道型面。当不完全膨胀时，中心体外表面会受到喷管出口下游流体作用而产生压力，进而形成附加推力。

3.5.1.1 分开排气喷管

在高涵道比发动机中，通常使用分开排气喷管，外涵风扇的空气和核心机的空气分别从独立的通道被排出。外涵风扇的通道比发动机的其余部分都要短一些，以尽可能减轻喷管重量。外涵风扇空气在喷管出口高速喷出的同时，也在冲刷着内涵道的外表面，从而导致了较大的摩擦阻力，因此较短的外涵风扇喷管会产生较高的阻力。设计外涵风扇气流出流通道长度时，必须权衡考虑减小重量和增加冲刷阻力的综合效果。根据此思想，外涵风扇喷管通道长度变化规律与发动机的涵道比变化正好相反。

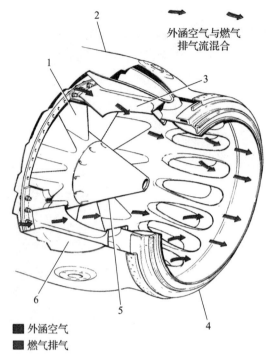

图 3-26 一种低涵道比的空气混合装置（书后附彩插）
1—涡轮后支柱；2—外涵道；3—混合器斜槽；4—喷管安装边；
5—排气装置的内锥；6—分流器的整流罩

3.5.1.2 混合排气喷管

在低涵道比发动机上，使用混合排气喷管，两股气流由混合器（图 3-26）掺混，混合器能使外涵低的空气进入涡轮排气流之中，保证这两股气流充分混合，并通过共同的喷管流出。混合气流提高了发动机的热力学循环效率，降低了燃油消耗率；采用混合排气还可以降低噪声，提高推力性能。但不管是混合排气喷管可以提高性能，还是带来其他好处，不可否认的是这种喷管的长度较长，增加了重量，同时较长的喷管也会带来更多的外部阻力。

3.5.2 超声速喷管

针对超声速飞机发动机工作对应较高的压比，需要采用收敛—扩张喷管，以获得适当的性能，并且为了保持低速下也具有足够的推力，必须应用喷管面积比可变技术。此外，超声速发动机工作温度非常高，必须对喷管表面进行冷却。超声速飞行通常可分成两类：超声速机动和超声速巡航。超声速机动是指军用飞机为了迅速接近或摆脱敌方，需要在短时间内以超声速飞行。这些飞机大部分时间都在亚声速巡航，因此该工况下的效率是设计中首先要考虑的。很多这样的飞机都装备了带加力燃烧室的发动机，可以为超声速机动提供更大的推力，其喷管的面积也需要可调，从而适应加力（二次）燃烧产生的更高温度。研究表明，喉道面积变化规律与加力温比的平方根成正比，加力二次燃烧的温度比通常在 2 左右，也就意味着喷管喉道面积需增加 1.4 倍，以适应加力工作需求。

图 3-27 所示为收敛扩散喷管，收敛段的出口正好是喉部。当燃气进入喷管的收敛段时，燃气速度增加，静压相应降低。喉部的燃气速度相当于声速，当燃气离开喉部进入扩散段时，速度得到进一步加速，直到出口为止。这种动量进一步增加了所产生的反作用，使得推力增加。

3.5.3 喷管变几何结构

绝大多数喷管都是圆形的，将圆形喷管安装在发动机上较为容易，同时它的面积最小，因此可以减轻重量，降低表面摩擦阻力。为了改变圆形喷管的流通面积，使用了鸢尾喷管（见图 3-28）。它采用了一系列重叠的花瓣形或薄片形结构，可以平滑地实现面积过渡变化，适用于收敛或缩扩喷管。

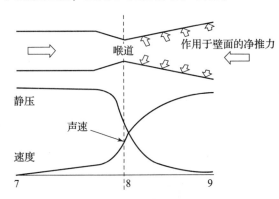

图 3-27 收敛扩散喷管

图 3-28 某发动机可调鸢尾喷管结构

喷管的面积由液压执行机构控制，有的喷管使用被动控制的分离部件，如 F-15 和 F-16 飞机发动机的喷管。在这些可变喷管系统中，分离运动部件的每一部分都是均衡的，从而在喷管内压力的作用下每个薄片都会移动到适当的位置；被动控制系统中不需要驱动这些分离部件，从而减轻了重量。另一个变几何驱动概念是 A_9 面积的变化规律和 A_8 面积的变化规律是相对应的，使用这种方法时，不可能总是能够达到最佳面积比，但降低了重量，减小了结构复杂程度。在一些飞机上，控制器可以独立控制 A_8 和 A_9，此时喷管的性能能达到最佳，但这也是采用的重量最重的解决方案。

某些应用场合对飞发一体化、低噪声、低红外特征要求很高，常使用矩形喷管。矩形喷管很容易和机身集成在一起，有效降低了外部阻力，同时研究也已证明矩形喷管有抑制噪声的优点。这些矩形喷管的变几何驱动通常是调节二维矩形喷管的某一个平面，非常易于实施。然而矩形喷管和相应的驱动仍然要比圆形喷管重量大，其重量增加主要是因为在流通面积相同的情况下，矩形喷管的面积更大，而圆形喷管则具备固有的结构优势。

3.5.4 引射喷管

引射喷管[如图 2-40（c）所示]夹带了二次气流，并在喷管内与发动机排气混合，这些二次空气可以是来自外涵的引气或者是外部自由来流。超声速巡航时，喷管长期工作于高温状态，未加热的二次气流可以冷却喷管表面。此外，引射流动提供了气动表面，可用来调节主流面积。当发动机循环状态适合小面积比喷管时，引射可提供更多的二次气流，以填补主流和喷管表面之间的空间。当需要大面积比喷管时，引射流量会下降，使主流可以向喷管壁面进一步膨胀扩张，故引射结构可以减少，甚至消除变几何装置，以减少重量，降低结构的复杂性。

来自引射器的额外气流在流出喷管时，还有助于增加推力，因此引射喷管的性能非常高。但是在设计时必须注意引入二次气流时产生的冲压阻力，SR-71和F-111飞机都应用了引射喷管。

3.6　附件传动

附件传动装置是为飞机液压、气压和电气系统提供动力，而且为发动机有效工作提供各种泵和控制系统的动力。通常，附件传动装置是由发动机的旋转轴经过内部齿轮箱传向外部齿轮箱来驱动的，如图3-29所示。较详细的资料可参见陆文华[10]、林基恕[11]的书籍。

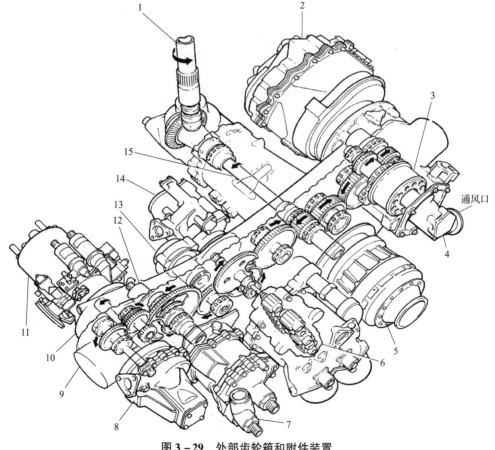

图3-29　外部齿轮箱和附件装置

1—径向传动轴；2—飞机发电机；3—离心式通风机；4—发动机手摇把口盖；5—起动机；
6—滑油泵；7—液压泵；8—低压燃油泵；9—前机匣；10—后机匣；11—燃油流量调节器；
12—转速表；13—发动机发电机；14—高压燃油泵；15—起动机/传动齿轮轴

3.6.1 内部齿轮箱

内部齿轮箱处于发动机的核心部位，图 3-30 所示为常见的几种内部齿轮箱的机械布局。

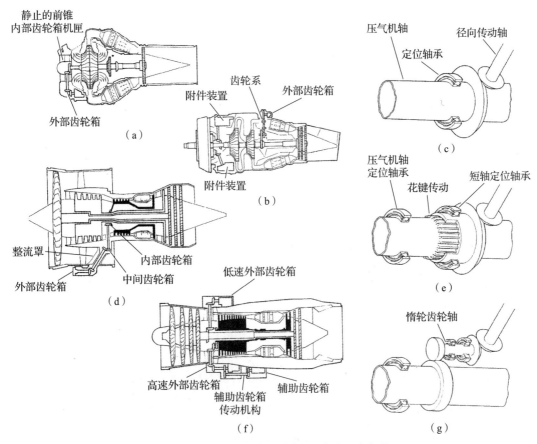

图 3-30 常见的几种内部齿轮箱的机械布局

(a) 装在前锥机匣内的内部齿轮箱；(b) 附件装置的直接传动和对外部齿轮箱的齿轮系传动；
(c) 直接传动；(d) 带中间齿轮箱的单轴传动机构；(e) 短轴传动机构；
(f) 带辅助齿轮箱的双轴传动机构；(g) 惰轮齿轮驱动

在多轴发动机上，究竟选择哪一个压气机用于传动内部齿轮箱主要取决于发动机是否易于起动。发动机起动通常是由外部齿轮箱提供输入扭矩来转动压气机轴而实现的。实际上，高压压气机转动后才能使空气流过发动机，因此选定将高压压气机与内部齿轮箱相接。

为了尽量减少压气机轴伞齿轮与径向传动轴伞齿轮之间由于压气机轴的轴向移动而造成的不必要运动，传动可采用图 3-30 中右图所示的方法。

为了分散传动附件装置的负荷，有些发动机从转速较低的低压轴接出第二套传动装置到第二个外部齿轮箱。这种方法还将附件装置分成两部分，因而可以克服发动机上外部空间有限的问题。这种布局通常是将发动机的附件安装在高压轴上，因为它是首先转动的轴,有利于发动机的工作,而飞机附件装置则由低压轴驱动。

3.6.2 径向传动轴

径向传动轴的目的是将转动运动从内部齿轮箱传到附件装置或外部齿轮箱,它还用来传递起动机的扭矩,以转动高压轴来起动发动机。

为了尽量减小传动轴通过压气机流通和阻碍空气流的影响,它被安装在压气机支承结构里面。在内外涵发动机上,传动轴既可以安排在出口导向叶片之中,也可被设置在低压压气机径向整流罩中。

为了减少对空气流动的干扰,要求传动轴的直径尽可能小,直径越小,传动轴扭矩越大。传动功率相同时,为了减小扭矩,必须提高转速,提高转速后可能引起振动问题。一根长的径向传动轴通常要在其中部位置安装一个滚棒轴承,以保证其平稳运转。

3.6.3 外部齿轮箱

外部齿轮箱,如图3-29所示,包括各附件的传动安装座,以及用于发动机维护的转动发动机转子的手动装置。

外部齿轮箱在总体布置上要考虑发动机的迎风面积,以减少飞机飞行中的阻力,因此齿轮箱被设置在发动机四周。为了维护方便,齿轮箱通常位于发动机的下部,以方便地勤人员接近。

起动机/传动齿轮轴大致上将外部齿轮箱分为两部分,一部分用于传动低功率的附件,另一部分则用于传动高功率的附件,这是一种减小重量而将传动分布开的有效方法。

如果某个附件装置损坏而使转动受阻,就有可能由于齿轮系齿牙剪切而引起外部齿轮箱内部的二次损坏。为了防止发生这种二次损坏,在传动轴上,用机械方法加工出"剪力颈"的薄弱部位,这个部位的破坏可以保护其他传动机构。但是这种设计不用于发动机的主要附件装置,例如滑油泵,因为它们对于发动机的运转至关重要。

由于起动机发出的扭矩是传动系中最大的扭矩,故通常起动机被安排在与发动机核心传动路线最短的位置,这就不必加强整个齿轮系,否则就会增加齿轮箱的重量。

3.7 润滑系统

润滑系统的功用是对所有齿轮、轴承提供润滑和冷却,它还可收集外来物,以防止外来物留在轴承机匣或齿轮箱内,造成严重的损坏。

大多数发动机使用循环式润滑系统,它将滑油分配到发动机的各个部位,用回油泵将滑油抽回滑油箱。图3-31所示为典型的滑油系统,增压泵直接向滑油供油喷嘴供油,为了防止滑油压力过高损坏油滤或滑油散热器,增压泵上安装有限压活门,在冷起动条件下或当发生堵塞时,使滑油能绕过这些装置而经旁路回油。详细介绍可参见陆文华[10]、林基恕[11]、赵升红[12]等著作。

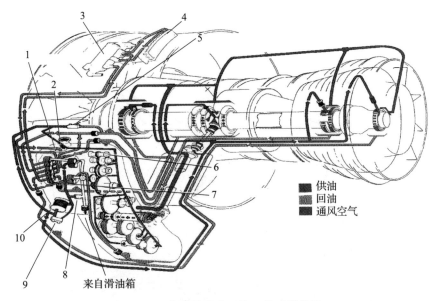

图 3-31 典型的滑油系统（书后附彩插）
1—油气分离器盘；2—节流后溢油流回滑油箱；3—燃油冷却滑油散热器；
4—空气冷却滑油散热器；5—滑油压力传感器和低压警告开关；
6—离心式通风机；7—滑油泵组件；8—减压活门；
9—滑油压差开关；10—高压油滤

3.7.1 滑油箱

如图 3-32 所示，滑油箱上设有用于放油和加油的装置、用于测量滑油系统滑油量的观察窗或量油尺、保证飞机倒飞连续供油的倒飞装置以及除去滑油系统中空气的油气分离装置。滑油箱加油既可以是重力式，也可以是压力式。

3.7.2 滑油散热器

所有的发动机都会因轴承腔或齿轮箱内的摩擦、搅动而向滑油传递热量，通常在滑油系统中设置滑油散热器，冷却介质可以是燃油或空气。

燃油冷却滑油散热器（见图 3-33）有一个蜂窝散热组件，由折流板分隔成段，大量的导管穿过蜂窝散热器输送燃油，滑油在折流板的引导下经一系列通道流过这些导管外面，其热量由滑油传递给燃油，降低了滑油温度。

燃油冷却滑油散热器在滑油的进口和出口之间装有一个旁路活门，该活门在预先设定的散热器前后压差下工作，从而防止在堵塞的情况下发动机缺滑油工作。通常在散热器的输油路上还设置一个压力保持活门，保证滑油压力始终高于燃油压力，使得在散热器发生内部故障的情况下滑油漏入燃油系统，以防止燃油进入滑油系统而发生潜在的危险。

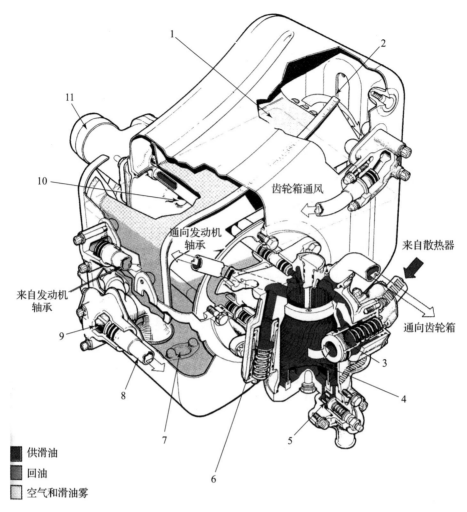

图 3-32 典型的滑油箱示意图（书后附彩插）
1—油气分离器盘；2—观察窗玻璃；3—油滤旁通活门；4—滤芯；5—油滤放油活门；
6—系统减压活门；7—放油塞；8—通向增压滑油泵；9—滤网；
10—高压油滤进口；11—滑油压力传感器

3.7.3 滑油系统的其他装置

除了滑油箱和滑油散热器，还有一些其他的主要装置共同构成滑油系统，如下：

1) 滑油泵：向滑油系统供油或回油。循环式滑油系统通常采用齿轮式滑油泵，当两齿轮旋转时，滑油被吸入油泵，在齿和泵体之间流过，在出口处向外供油。

2) 滑油喷油：将定量的滑油喷向润滑对象，滑油喷油大多数是单孔式，喷油孔的最小直径为 1 mm。

3) 磁性探屑器：装在回油路上，用来收集来自各个轴承腔的铁屑，可以在不拆卸和检查油滤的情况下提供故障征兆的警告。

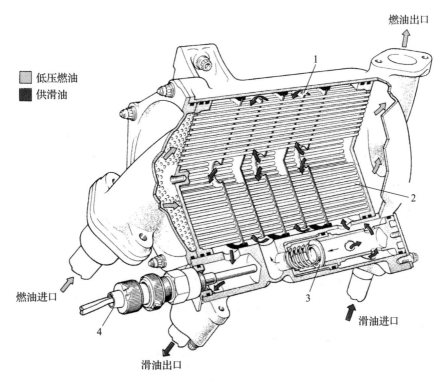

图 3-33 燃油冷却滑油散热器（书后附彩插）
1—折流板；2—蜂窝结构散热组件；3—滑油旁路活门；4—滑油温度传感器

4）离心通风器：为防止滑油箱、齿轮箱和轴承腔中空气压力过高，在滑油系统中有通大气的通风口。在空气通往机外之前，空气中的油滴被离心通风器分离出来返回滑油系统。

5）油滤网：为了防止外来物在滑油系统中不断循环，在滑油系统中设有若干油滤和滤网。

3.8 空气系统

空气系统的功能是：发动机的内部冷却和附件装置的冷却；轴承腔封严，防止热燃气吸入涡轮盘的空腔；控制轴承的轴向载荷、涡轮叶片的叶尖间隙；发动机防冻。该系统还为飞机提供空气，大约要使用发动机空气流量的五分之一。

当空气逐级流过压气机时，对空气做的功在增加，从而提高了其压力和温度。因此，为了减少发动机的性能损失，空气应当按照每个特定的功能要求尽可能从压气机的前几级抽取。冷却空气经由通风系统排出机外或重新进入发动机的主流气流，以减小一部分损失。

3.8.1 冷却

发动机需要空气冷却的区域主要集中在燃烧室和涡轮。冷却空气用于控制压气机轴和盘的温度，既可以对其进行冷却，也可以为它们加热。这样就保证了温度的均匀分布，并通过控制热膨胀，保持最小的叶尖和封严间隙，改善了发动机效率。典型的冷却和封严空气流如图3-34所示。

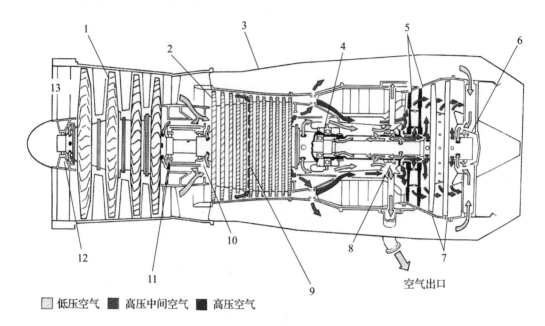

□ 低压空气　■ 高压中间空气　■ 高压空气

图 3-34　内部空气流简图（书后附彩插）
1—低压压气机；2—高压压气机；3—外涵道；4—定位轴承；5—高压涡轮；6—低压涡轮轴承；
7—低压涡轮；8—高压涡轮轴承；9—引气口；10—高压压气机前轴承；11—低压压气机后轴承；
12—低压压气机前轴承；13—空气进口

3.8.1.1　涡轮冷却

发动机性能在很大程度上取决于涡轮进口温度的高低，它受涡轮叶片和导向叶片材料的限制。对这些部件进行连续不断的冷却，可以允许它们的环境工作温度超过材料的熔点而不影响叶片和导向叶片的完整性。由于涡轮叶片向涡轮盘的热传导，故要求对轮盘加以冷却，从而防止热疲劳及不可控的膨胀和收缩。

图3-35所示为气冷式高压导向叶片和涡轮叶片。涡轮导向叶片和涡轮叶片的寿命不仅取决于它们的材料性能、结构形式，而且还与冷却方法有关。单通道内部（对流）冷却具有很大的实用效果，随后又发展了多通道的内部冷却涡轮叶片、带外部气膜的冷却冲击式导向叶片和涡轮叶片，如图3-36所示，用于冷却涡轮盘的空气进入轮盘之间的空腔，并往外流过轮盘表面。气流由级间封严件控制，在完成冷却之后排入主燃气流（见图3-37）。

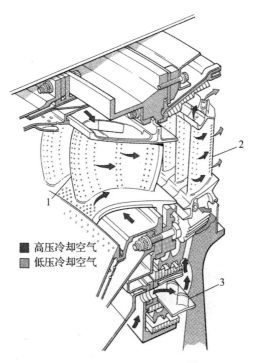

■ 高压冷却空气
■ 低压冷却空气

图 3-35　导向叶片和涡轮叶片的冷却布置图（书后附彩插）
1—导向叶片；2—涡轮叶片；3—预旋喷嘴

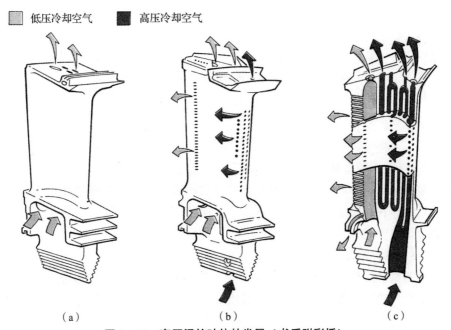

图 3-36　高压涡轮叶片的发展（书后附彩插）
(a) 单通道，内部冷却（20 世纪 60 年代）；(b) 单通道，多路内部冷却及气膜冷却（20 世纪 70 年代）；
(c) 五通道，多路内部冷却（广泛使用气膜冷却）

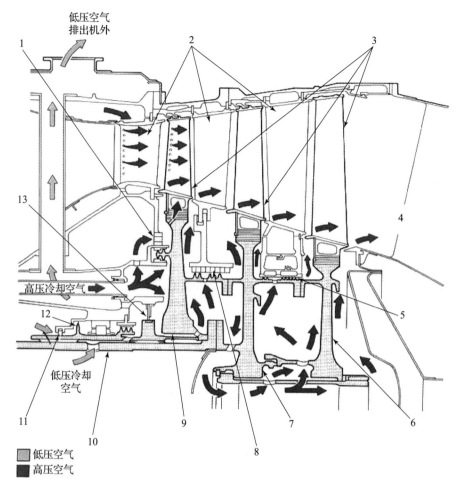

图3-37 涡轮冷却和封严示意图（书后附彩插）

1—预旋喷嘴；2—导向叶片；3—涡轮叶片；4—高压冷却空气进入燃气流；5—级间篦齿式封严件；
6，7，9—涡轮盘；8—级间蜂窝封严件；10—涡轮轴；11—浮动环封严件；
12—液压封严件；13—刷式封严件

3.8.1.2 轴承腔冷却

在正常情况下，不需要用空气来冷却发动机的轴承腔，因为润滑系统对于冷却目的来说已经足够。在需要额外冷却的情况下（如燃烧室、涡轮处），一般采用双层壁的轴承座，让冷却空气通入其中间的空腔。

3.8.1.3 附件冷却

发动机的某些附件（如发电机）会产生大量的热，这些附件常常需要有自己的冷却通路。当用空气进行冷却时，气源可以是压气机或者是从发动机整流罩引气口处引入的外界空气。

3.8.2 封严

封严件用于防止滑油从发动机轴承腔漏出，控制冷却空气流和防止主气流的燃气进入涡轮盘空腔。在涡喷、涡扇发动机上可采用多种封严方式，选择何种方式取决于周围的温度和压力、可磨蚀性、发热量、重量、可用空间，以及是否易于制造、安装和拆卸。

3.8.2.1 篦齿式封严

如图 3-38 所示，这种封严件广泛用于封挡轴承腔的滑油，它还用作控制内部气流的限流装置。篦齿式封严装置包括一个带篦齿的旋转件和一个静止的安装座，安装座嵌衬一层软的可磨材料衬带，或者装上一个耐高温的蜂窝结构。在发动机开始运转时，封严齿轻轻地摩擦并切入这个衬带，使它们之间的间隙最小。由于零件的热膨胀和旋转件的振动，故在整个飞行中间隙是变化的。每个封严篦齿的前后存在一定的压力差，阻止封严空气从篦齿的一侧流到另一侧。当这种封严方式用于轴承腔封严时，它只允许空气从轴承腔的外侧流入内侧，从而防止滑油泄漏。这个气流还可诱发正压力，有助于滑油的回油。

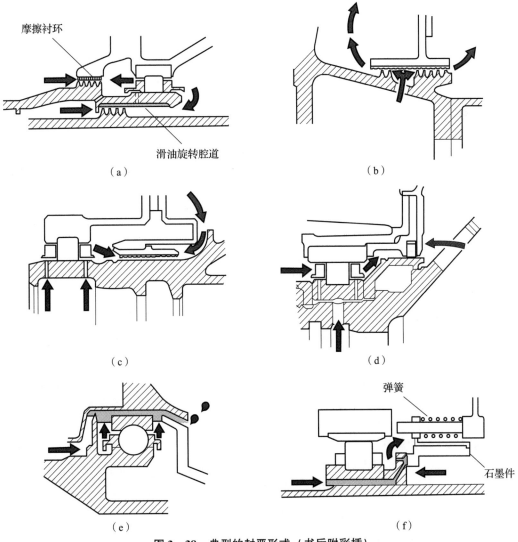

图 3-38 典型的封严形式（书后附彩插）

(a) 液体和摩擦衬环篦齿式封严件；(b) 级间连续槽（篦齿式）空气封严件；(c) 螺纹式（篦齿式）滑油封严件；(d) 浮动环式滑油封严件；(e) 轴间液压封严件；(f) 石墨封严件

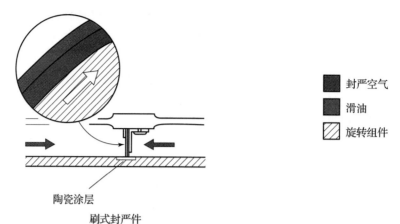

图 3-38　典型的封严形式（书后附彩插）（续）

用于两根旋转轴之间的封严，由于两根轴同时发生弯曲，所以更易导致篦齿与摩擦材料之间的摩擦，这会产生过量的热，使轴损坏。为了防止这一现象出现，使用了一种不产生热的封严件，这种封严件中的可磨蚀衬带由旋转中的滑油环所取代，当轴弯曲时，篦齿浸入滑油并使得封严件不产生热。

3.8.2.2　环形（浮动环）封严

如图 3-38 所示，环形封严有一个金属环，它安装在静止机匣紧密结合的槽中，该环和旋转轴之间的正常运转间隙比篦齿式封严所能达到的间隙要小，这是因为无论何时，当轴接触这个环时，环均可以在其所在的机匣内移动。

环形封严可用于轴承腔的封严，但由于高温会使得滑油结焦，导致环形封严件卡在机匣中，因此它不能用在高温区。

3.8.2.3　液压封严

液压封严方式常常用于两个旋转件之间来封严轴承腔，与篦齿式或环形封严的不同之处在于它不允许受控的空气穿过封严件。

如图 3-38 所示，液压封严是由一个封严齿浸在一个滑油环带中，轴承腔内外的任何空气压差由齿两侧的滑油油面差补偿。

3.8.2.4　石墨封严

如图 3-38 所示，石墨封严是由一个静止的石墨构件，它不断地与旋转轴的套环相摩擦。这种类型的封严全依靠接触的良好程度，不允许任何滑油或空气漏过，其因摩擦产生的热由滑油系统带走。

3.8.2.5　刷式封严

如图 3-38 所示，刷式封严是一个由很多细钢丝制成的刷组成的静止环，它们不断地与旋转轴相接触，并与硬的陶瓷涂层相摩擦。这种封严的优点是可以承受径向误差或位移而不增加渗漏。

3.8.3　轴承载荷控制

发动机工作中，压气机所受的气动力向前，涡轮所受的气动力向后，使得压气机轴与涡轮轴之间常处于拉伸应力之下，轴向载荷之间的差额由装在静止机匣上的止推轴承来承受。为了保证在整个发动机工作范围内止推轴承承受的载荷是适当的，通常引用发动机内部空气到轴承卸荷腔内，通过调整卸荷腔压力来控制轴承载荷。

3.9 控制系统

3.9.1 概述

控制系统通常被认为是发动机的大脑和神经调节系统，直接决定了发动机是否能够安全可靠运行及其性能的发挥。有关控制系统的著作可参见吴琪华[13]所著《机械液压控制系统》、黄金泉[14]、赵连春[15]、姚华[16]、Hanz Richter[17]所著有关现代控制系统的书籍，姚华[18]、臧军[19]介绍的现代数控系统发展，以及贺尔铭[20]介绍的民航用发动机控制系统，等等。

3.9.1.1 功用

发动机控制系统的功用主要包括以下几点。

1) 发动机控制是保证发动机稳定工作的需要。在航空发动机工作中，可能存在多种不稳定、危险的状态，如压气机旋转失速、发动机喘振、燃烧室不能稳定燃烧、转速超过最大允许、涡轮温度超过最大允许等，必须使发动机远离这些状态，因而需要对发动机进行控制。

2) 发动机控制是尽可能发挥发动机性能的需要。在人的操控指令（如加速手柄的位置）和不同的环境条件下，发动机会有不同的工作状态。在不同的工作状态下，必须调节某些部件，才可能使发动机的整体性能达到较优甚至最优的状态。

3) 发动机不仅要在变化的外界条件（飞行高度、速度等）下工作，而且还必须按所希望的规律改变其工作状态。为此，必须对发动机实行自动调节，方能使发动机性能得到最好发挥、工作可靠性得到充分保证。发动机控制系统的功用就是利用自动调节装置使发动机（调节对象）自动地按预定的规律运行，亦即在保证发动机安全可靠工作的前提下，充分发挥发动机的最佳性能。

早期的控制系统比较简单，通常只有燃油流量一个控制变量。对于这种比较简单的控制系统，液压机械式控制器完全能够胜任，而且工作也可靠。液压机械式控制器的主要功能为：起动、加速、减速的过渡态控制；调节发动机转速，以保持发动机具有一定推力的稳态控制；超转、超温、超压限制及防喘保护；加力的接通及断开、燃油的计量和喷口面积的加力状态控制以及像压气机导向叶片和放气活门可变几何面积等发动机其他变量的控制。液压机械式控制器主要是使用如弹簧、凸轮、杠杆、膜盒以及各种活门等元件来实现上述功能的。

但是，随着飞机和发动机性能的提高，控制变量越来越多，再加上计算机技术的迅猛发展，发动机控制系统已由液压机械式发展为数字电子式。除了具有液压机械式控制系统的功能外，发动机数字电子控制系统的功能主要有：实现发动机多变量控制、实现先进的控制模式、自动推力设定、自动温度限制、发动机状态监视、控制系统的容错以及与飞机其他电子系统进行通信，从而实现综合控制。

3.9.1.2 控制方案

控制方案是被调参数、调节中介与控制规律的统称，其目的是确定被调参数与调节中介的匹配关系，以及被调参数的变化规律，如图3-39所示。

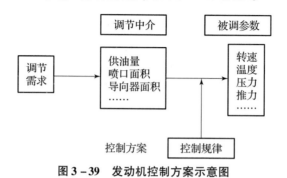

图3-39 发动机控制方案示意图

对于不同类型、不同用途的发动机，调节的目的不同，因而控制方案也不同。例如，用于歼击机上的发动机，其被调参数的变化应遵循在安全可靠的前提下，发动机推力尽可能大；用于运输机上的发动机，被调参数的变化应保证在巡航状态下，发动机燃油消耗率最小，即经济性好。

调节中介又称调节作用量。发动机被调参数的变化可以通过一些中间变量来实现，这些中间作用变量统称为调节中介，例如供油量和喷口面积是涡喷发动机的调节中介，被调参数的变化规律叫控制规律，转速、温度、压力和推力等均属于被调参数。

3.9.1.3 基本类型

（1）基本组成

控制系统由调节对象和调节器组成，其基本组成如下：

1）燃油泵：将飞机油箱来的燃油经过油滤过滤，再经增压泵初步增压后送到主燃油泵增压，最后将泵泵出的高压燃油送到燃油控制器。目前在役的发动机主要采用的燃油泵有柱塞泵、齿轮泵、叶片泵、离心泵和汽心泵。

2）燃油控制器：它的功能是感受各种参数，并按照飞行员的要求提供正确的燃油流量，使发动机产生所需的推力。燃油控制器一般分为计量部分和计算部分。计量部分按照飞行员要求的推力，在发动机的工作限制之内，依据计算部分计算的流量供往发动机；计算部分则感受各种参数，在发动机的所有工作阶段，控制计量部分的输出。目前常见的测量燃油流量的流量计有涡轮流量计和双转子流量计，它们都是基于流体流动冲击涡轮使之旋转的原理来测量流体流速的。

3）限制器：发动机控制要在各种限制之内进行。为保护发动机，控制器内、外常常设有各种限制器，常见的有最大燃油流量限制器、压气机出口压力限制器、涡轮排气温度限制器、扭矩限制器和转速限制器等。

4）执行元件：在控制系统中，执行元件可分为液压式、气动式和电气式三大类。液压式的执行元件主要包括将液压能转换成机械能的液压缸、向系统输送油液的液压马达、带动控制系统和仪表系统的伺服电动机以及将输入电脉冲信号转换成机械位移的步进电动机。

5）测量元件：测量元件的作用是将被测量的量按照某种规律转换成容易处理的另一种量，也叫传感器，主要有压力测量元件、温度测量元件、转速测量元件和扭矩测量元件等。

6）燃油喷嘴：燃油喷嘴是燃油系统中的最终组件，主要有单油路喷嘴、双油路喷嘴、可调进口燃油喷嘴等。其基本功能是执行燃油雾化或汽化的任务，以保证燃油快速燃烧。

7）活门：有控制燃油进入与泄出油箱的增压和泄油活门，以及将燃油均等分配的燃油分配活门等。

此外还有燃/滑油热交换器、伺服燃油加热器、发电机及燃油总管等。

（2）调节系统的划分

调节系统通常分为以下类型：

1）按调节中介分，有燃油流量调节系统和几何形状调节系统两种。

燃油流量调节系统以燃油流量作为调节中介，是发动机采用的最主要的调节方法，如转速调节系统、流量调节系统、加力调节系统、加速调节系统和减速调节系统等。

几何形状调节系统以发动机部件的几何形状为调节中介，如调节压气机进口整流叶片安装角、级间放气的防喘调节系统、发动机喷口调节系统和进气道调节系统等。

2）按调节原理分，有闭环调节系统、开环调节系统和复合调节系统三种。

系统输出信号对控制作用有直接影响的系统，叫作闭环调节系统。

系统输出信号对控制作用没有直接影响的系统，叫作开环调节系统。

复合调节系统是开环调节系统和闭环调节系统的组合式调节系统。

3）按调节的功能分，有发动机状态调节、过渡态调节和安全超控三种。

对发动机稳定状态提供调节的系统称为状态调节系统。目前的发动机，不加力时广泛采用调节转速作为主机状态调节的基本方法；加力时采用涡轮调节落压比作为加力状态调节的基本方法，即调节加力供油量和喷口面积，以保持主机状态不变的方法。

对发动机过渡态提供调节的系统称为过渡态调节系统。目前发动机上的主机过渡态调节系统绝大多数都是按时间程序或参数程序调节的开式系统，加力的过渡态调节有涡轮落压比等闭式调节和加力供油量开式与喷口面积闭式的组合式调节。

目前发动机的稳态控制主要用转速调节器，飞行员只需要操纵加速杆即可调节推力。但由于发动机日益复杂，性能更加接近极限，故而用了许多限制器、补偿装置、重调装置等，以便在某些情况下对基本调节系统进行超控调节。例如涡扇发动机除用一个高压转子转速调节器调节发动机的状态外，还有低压转子转速调节、涡轮出口温度调节、压气机出口压力限制、压气机出口温度限制、风扇质量流量限制或附面层控制重调装置等超控调节。

4）按元件属性分，有液压机械式、模拟式和数字式三种。

模拟式电子控制系统与机械液压式控制系统的主要区别是：其敏感元件虽然感受到

的还是转速、温度、压力等，但其输出不再是位移，而是电压或频率等模拟量的电信号；其执行元件则是电磁活门、力矩马达等，用以将电信号转换成流量活门等执行机构的位移而改变供油量。

模拟式电子控制系统的突出优点是响应速度快、调节质量高。但由于电子元件在发动机上要承受高温、振动等恶劣环境的影响，故使其可靠性不理想。

数字式电子控制系统是以微处理机为中心的控制系统，它是将感受到的转速、温度、压力等信号输入微处理机，经微处理机处理后，输出信号用以控制电磁活门、力矩马达等，以实行自动调节。

数字式电子控制系统的突出优点是可做成通用的。当控制方案不同时，只要通过改变计算程序即可满足，因而易于更改、灵活性大，对于复杂控制系统尤其适用。其他性能与模拟式电子控制系统基本相同。

3.9.2 液压机械式控制系统

在图3-40所示的压力控制系统中，以油门活门前后压力差作为主控制参数的控制系统。

在稳定状态时，油门压力加上弹簧力与油门伺服压力平衡，阻尼油门活门保持稳定，压力降控制膜片前后的压力处于平衡，油泵伺服压力调节燃油泵，以供给恒定的燃油流量。

当油门打开时，控制活门关闭套筒上的低压燃油孔，油门伺服压力增加，油门活门向选定的油门位置方向移动，直到低压孔打开，油门活门前后的压力恢复平衡为止。由压力降控制膜片感测油门活门前后降低的燃油压差，关闭溢流活门，以增大油泵的伺服压力，进而增加油泵输出。溢流活门移到感测位置，控制油泵伺服机构，使选定的油门位置下的正确的燃油流量得以保持。

在发动机加速时，燃油控制如上所述，主要的区别是：在预定的油门位置，发动机可得到更多的燃油，并且油门活门打开一个环形通道，引入额外的较高压力的燃油（油泵通过一个限制器供油），这部分额外的燃油进一步增加了油门的伺服压力，此压力增加了油门活门的移动速度和向喷嘴的供油量。

在发动机减速时，控制活门的移动通过伺服弹簧直接作用在油门活门上，打开燃油出口，通过低压孔放出伺服燃油。因此，油门控制压力使油门活门向关闭位置移动，从而减少向喷嘴的供油量。

进气道空气压力由于飞机高度或飞行速度的变化而引起的变化，由燃油控制装置中的膜片组件感测。随着高度的增加，进气道空气压力相应降低，真空膜片打开溢流活门，导致油泵行程减小，直到供油量与空气流量匹配为止。反之，进气道空气压力增加，关闭溢流活门，增加供油量。

高压压气机轴的转速用液压机械调节器调节，它采用与发动机转速成正比的液压油压力作为其控制参数，然后用控制压力来限制油泵的行程，借以防止高压轴的超转。控制压力不受燃油比重变化的影响。

第 3 章 航空发动机的主要构成

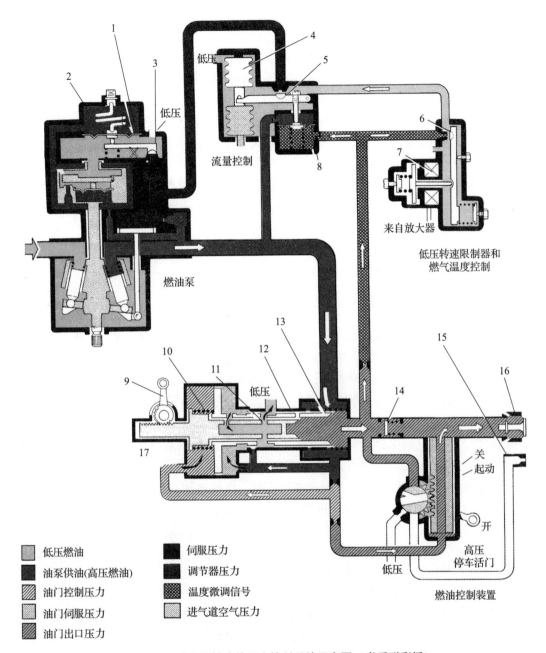

图 3-40 液压机械式的压力控制系统示意图（书后附彩插）
1—伺服控制膜片；2—高压轴调节器（液压机械式）；3—伺服溢流活门；4—真空膜盒；
5，6—溢流活门；7—电磁线圈；8—压降控制膜片；9—油门杆；10—伺服弹簧；
11—控制活门；12—带孔套筒；13—油门开关；14—反压活门；
15—起动燃油喷嘴；16—主燃油喷嘴；17—阻尼油门

高压轴转速较低时，旋转溢流活门保持打开状态，但是当发动机转速增加时，离心载荷使活门向关闭方向移动，抵消膜片载荷，这样便限制了向活门低压侧的回油，直到

103

在调节转速下，调节器压力使伺服控制膜片弯曲，并打开伺服溢流活门，由此来控制供油量，进而控制高压轴转速。

当发动机燃气温度要超过最大极限值时，在低压转速限制器及温度控制器线圈中的电流减小，使溢流活门打开，以减小作用在压力降控制膜片上的压力，然后流量控制溢流活门打开，使油泵伺服压力和供油量减小。

为防止低压压气机超转，通常在多转子发动机上装有一个低压转子转速传感器。低压转子转速及进气口温度传感器信号被输入放大器和电磁活门，该活门用与控制燃油温度相同的方法来限制供油量。

在上述系统中采用了有高压截止活门控制的主喷嘴和起动喷嘴。在燃烧室内装有2个起动喷嘴，每个喷嘴都位于点火电嘴之前，当发动机起动之后，向这些喷嘴供给的燃油由高压截止活门切断。

为了在高空条件下保证能维持供给喷嘴的燃油压力适当，位于油门活门下游的反压活门将压力提高，来保证燃油泵伺服系统的正常工作。

3.9.3 数字控制系统

3.9.3.1 数字控制系统的发展

随着飞机、发动机的发展，对发动机控制也提出了更高的要求，需要监视和控制的参数越来越多，控制回路不断增加。这些变量相互关联、相互影响，必须协调控制。而且，随着发动机控制和飞机系统之间联系的增加以及状态监视、故障诊断、参数显示等功能的扩充，飞机发动机一体化控制的水平要求不断提高。不论是三维凸轮计算元件还是膜盒计算元件，它们综合计算的参数是很有限的，参数的增多势必带来重量、体积、成本的增加，并且是难以实现的。

在20世纪50—60年代，在发动机液压机械、气动机械式调节器中，一些电气、电子部件已得到了采用。但由于电子部件的可靠性等问题，一直未能得到广泛的推广应用。20世纪70年代，由于计算机技术、大规模集成电路和微处理机的出现，为发动机数字电子控制奠定了基础。控制技术开始从传统的液压机械式控制向数字电子控制转变，数字电子控制从有限功能到全权控制。

现代飞机的发动机电子控制系统大体上可分为监控控制和全功能数字电子控制。监控控制是指在原有的液压机械控制器基础上再增加一个电子控制器，二者共同实施对发动机的控制。图3-41所示为一个典型的航空发动机控制与健康监控系统。发动机控制的主要功能仍然由液压机械式控制器完成，如转速与起动、加速、减速控制等。发动机电子控制器的作用主要有两个方面：监控和限制，即保证精确的推力控制，同时不要超出发动机的工作限制。监控型控制也可以看成是液压机械控制向全权数字电子控制转变的过渡阶段。全功能或全权限数字电子控制（Full Authority Digital Electronic Control，FADEC）是目前研制的重点和发展的方向，它将过去由液压机械式控制器完成的计算功能完全由电子计算机来代替，液压机械装置只保留作为执行机构，在有的机型也用它作为电子控制失效后的备份控制（简单的安全控制）。

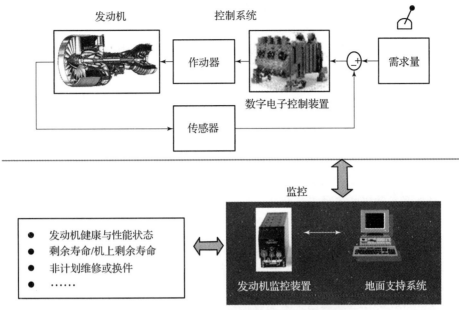

图 3-41 航空发动机控制与健康监控系统

3.9.3.2 系统的组成及工作原理

航空发动机数字电子控制系统包括硬件和软件两大部分,硬件有电子控制器及其接口、执行机构和传感器等;软件则存储在电子控制器中支配控制系统完成实时测控功能,包括各类型信号的数据采集、控制规律和逻辑计算的处理、输出控制、系统监控与自诊断等。

根据发动机功能的不同,FADEC 系统的构成有一定的差别,但是其基本构成和工作原理是相同的。FADEC 系统通常由输入部分、电子控制器、执行机构和控制程序四部分组成。

1) 输入部分:系统中的信号来自飞机和发动机,有飞机的高度、速度特性,有大气温度、压力;表征发动机各截面工作状态参数,即温度、压力、转速、位移等,这些都是由各类传感器来完成的。

2) 电子控制器:电子控制器是系统的核心部件,由输入模块、CPU、输出模块和电源模块组成。

3) 执行机构:系统中的执行机构也就是控制信号驱动的液压部件,包括主供油装置、加力供油装置、加力分配器、喷口作动筒、静叶导叶作动筒和间隙机构等。受控的电液转换装置有电磁阀、电液伺服阀、力矩马达等。

4) 控制程序:控制程序是系统工作的核心。控制规律、控制算法、参数设定、逻辑判断、故障诊断都是由软件来完成的,控制程序是根据系统的要求及所选用的控制方法进行的,只有不断地进行修改、调试才能编制出高质量的控制程序。

航空发动机数字控制系统的工作原理是由电子控制器通过各类传感器采集发动机的转速、温度、压力、位移以及其他发动机工作状态信号,再根据驾驶员输入的油门杆角度以及飞机的飞行高度、速度等,在电子控制器内按给定的控制规律和设计的控制算法得到发动机应该工作的状态。此状态与发动机实际工作状态相比较，如果偏离了给定的工作状态，控制器就给出偏离控制信号，通过电液转换装置调节各执行机构，使发动机最终工作在所要求的工作状态上。故障诊断系统能及时发现故障，容错控制系统能使发动机更加安全可靠。

3.9.3.3 主要技术

(1) 发动机建模技术

在航空发动机数字控制系统的研究和设计过程中，发动机数学模型是很重要的，无论是数字仿真、半物理仿真还是先进控制理论的应用研究都离不开发动机的数学模型。数字控制系统中应用的发动机数学模型通常要适当简化，同时又具有一定的运算精度，并能够代表真实发动机的各种工作状态。

(2) 多变量控制技术

随着发动机性能的提高，其控制变量数目也在不断增加。早期的 J-47 发动机仅有燃油流量一个控制变量，到 F100 这样高性能的加力涡扇发动机有 7 个控制变量，而新一代的变循环发动机有更多的控制变量。液压机械式控制器难以甚至无法完成多变量控制任务，发动机数控技术的应用为多变量控制的应用开辟了道路。

(3) 容错技术

FADEC 系统的容错设计可分为硬件容错和软件容错两种。硬件容错的关键是容错度的确定，这关系到研制成本和可靠性的最佳折中。软件容错设计可以减轻硬件设计负担、降低系统成本，所增加的开销仅仅是存储空间和运算时间，因此，软件容错设计技术越来越受到重视。

(4) 仿真技术

随着电子技术日益发展和数字控制系统日趋复杂，数字仿真技术和半物理仿真技术得到普遍应用。系统仿真可以缩短研制周期、降低研制成本。运用系统模型和控制程序进行仿真运行，可以发现系统设计和软件设计错误，通过修改设计并进行调试可以使系统最优化。

(5) 电子控制器设计技术

电子控制器是 FADEC 的核心部件。先进、高可靠性的电子控制器是系统的基本保障。电子控制器应具有抗震、耐高温、抗振动的能力，并满足尺寸小、重量轻、运算精度高及有一定容错能力的要求。

(6) 控制软件设计技术

航空发动机数字控制系统中软件的成功设计是系统中十分重要也是最基本的因素。软件设计必须完成发动机控制要求的全部功能。

(7) 执行机构设计技术

航空发动机 FADEC 系统只能代替原液压机械装置中复杂的计算机构，而系统中的燃油泵、计量机构是必不可少的。如果系统中设计有液压机械备份，则还需要一个简单完整的执行机构。这些都需要一些新型元件、新的设计思想，使系统能够计量精确、结构简化、重量减轻和可靠性提高。

(8) 其他技术

航空发动机 FADEC 系统设计中除了以上关键技术外，还涉及其他一些重要技术，如系统总体设计技术，温度、压力、转速、位移等传感器技术，系统监控和故障诊断技术，数据界面显示技术，试验及台架试车技术，评价技术，测量技术等。

3.9.3.4 FADEC 的未来先进技术

随着航空发动机性能的日益提高，航空发动机控制系统必须满足日益严格的功能和运行要求，系统设计者必须利用新的技术、新的方法来达到这些要求。新的设计所应用的先进技术包括高温电子学、光纤技术、轻质材料以及先进的控制概念等各个方面。

目前工作温度在 -55~300 ℃ 的半导体材料已经研制成功，有的高温电子器件在 FADEC 系统中已经过试验验证，在 300 ℃ 时具有长期的使用寿命。高温电子技术可以使电子控制器工作更可靠、体积更小，在发动机高温环境中不用考虑冷却的问题，从而使设计简单、重量更轻。

航空发动机数字控制系统中信号传输的导线重量占系统很大的比重，而且由于导线长、接口多，故严重影响着系统的可靠性。系统中的电子/磁性传感器也受到环境和性能的限制。光纤重量仅是电线重量的七分之一，不受任何辐射和电磁干扰，故光纤技术是一种极具吸引力的技术。

在航空发动机控制系统部件设计中采用复合材料可以大大减轻重量。复合材料在控制系统中的应用有复合材料控制器机箱、复合材料的执行机构以及复合材料燃油泵等。

航空发动机全权限数字控制系统中采用的控制算法及控制概念不断发展，目前被广泛研究和采用的有数字 PID 控制算法、自适应控制和多变量控制。

这些新先进技术的出现进一步提高了发动机的性能。

3.10 涡轴涡桨发动机的构造特点

涡轴涡桨发动机由于其工作特点，故具有一些不同于涡喷和涡扇发动机而特有的部件和系统，有兴趣的可见韩生寅[21]和郭允良[22]等的相关著作。

3.10.1 燃烧室

随着占据直升机动力数量70%的小空气流量发动机的发展，燃烧室设计技术取得了长足的进展。现代直升机涡轴发动机将进一步解决好小空气流量燃烧室燃油均匀分布、雾化好和因发动机的尺寸效应形成的冷却面积相对变大和燃烧室相对变长等一系列问题。现代涡轴发动机有很多采用折流形（带离心甩油盘），或回流环形燃烧室。

(1) 折流环形甩油盘式燃烧室及其特点

折流环形式也称折流环形甩油盘式燃烧室，如图 3-42 所示。燃油从发动机轴的中心沿径向向火焰筒内喷射（离心式甩油盘供油和雾化），然后向顺着发动机轴向的后方流动，火焰筒形状则是相应地从径向往轴向折转。这种方案的特点是燃油供油压力低、雾化质量高、周向分布均匀，而且结构紧凑，其最大直径与采用的组合式或离心式压气机的出口接合面尺寸相当。

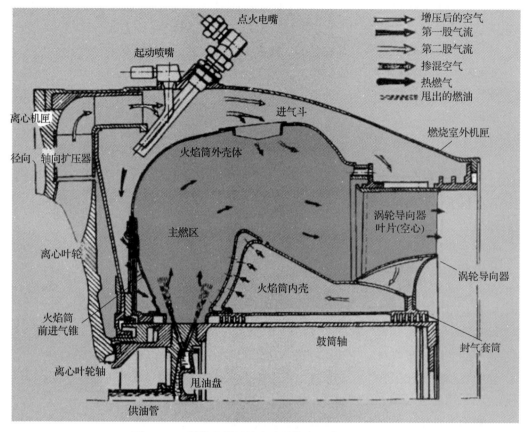

图 3-42 折流环形甩油盘式燃烧室（书后附彩插）

如法国 TM 公司的阿赫耶系列、马基拉系列，它们均带有离心式甩油盘，需要燃气流折流及其相对应的供油系统，这种方案能使燃油分布均匀，达到所需要的雾化程度，且与燃油供油压力无关。其雾化只取决于甩油盘旋转速度，不需要高压燃油泵，大大简化了燃油系统并增加了安全性。但这种甩油盘式环形折流燃烧室刚性差，而且低转速下燃油雾化不良，影响燃烧效率，不宜在流量大的发动机上采用。

（2）回流环形燃烧室及其特点

直升机发动机发展到第三代末和第四代，中、小型涡轴发动机多采用回流环形式燃烧室，其典型方案如图 3-43 所示，在尺寸和结构形式上使得压气机和涡轮转子之间距离最短，这首先在缩短全机尺寸、提高整体刚性和解决转子动力学问题等方面得到了好处。其特点是对压气机出口流场不敏感，出口温度均匀，可直接点火，减少发烟和污染，而且单位气动负荷大、单位容热强度高，燃烧室燃烧完全度高，流速低，压力损失小。其燃烧完全度达 0.99 以上，燃烧室总压恢复系数为 0.965~0.980，出口温度周向不均匀度达 0.2~0.30，涡轮导向器后周向温度不均匀度可达 0.08~0.12。随着涡轴发动机涡轮前温度日益提高，对温度的不均匀度要求更高，以防止热点温度过高，烧坏涡轮部件，而回流环形燃烧室在这方面则较为优越。

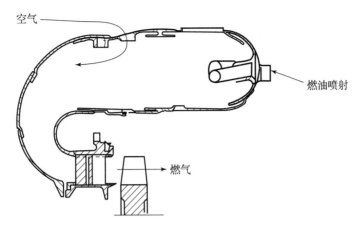

图 3-43 回流环形燃烧室方案

这种回流环形燃烧室的缺点是：需冷却的火焰筒表面积相对增大，火焰筒通道高度小，存在转弯附加损失问题。在较先进涡轴发动机中，采用回流环形式燃烧室的有英国罗·罗公司的 GEM（"宝石"）系列，法国 TM 公司的 TM333、TM319，美国莱康明公司的 T53、T55 系列，以及国际合作的 RTM322 系列、MTR390 系列等。

3.10.2 自由涡轮

涡轴、涡桨发动机的涡轮一般都包含在两个部分中，即燃气发生器和自由涡轮。所谓自由涡轮是指它与燃气发生器转子无任何机械联系，只有气动上的联系。此特点保证发动机和动力装置具有许多结构上和使用上的优点。燃气发生器的高温燃气首先流过带动压气机的燃气发生器涡轮，然后流过将轴功率传输给减速器进而驱动（或无内减速器而直接驱动）旋翼负载的动力涡轮（也有称旋翼涡轮的）。采用双轴式（分轴）涡轮结构可保证涡轴发动机在宽广的飞行状态和发动机工作状态变化范围内能稳定的工作。

涡轴发动机的自由涡轮一般为一级或二级轴流式。自由涡轮转速较燃气发生器涡轮转速（30 000～50 000 r/min）低得多，现代涡轴发动机的自由涡轮输出转速（带内减速器）为 2 000～8 000 r/min，多为 6 000 r/min 左右或更低，这就减小了直升机减速器的传动比，既简化了结构，也减轻了重量。

涡轴发动机的压气机涡轮和自由涡轮发出的功率，由燃气发生器的压气机和直升机旋翼的需用功率决定，它们取决于两组涡轮的焓降（热降）。在发动机起动时，仅需要驱动燃气发生器转子，燃气的全部焓降在压气机涡轮中完成。随着转速和热焓的增加，在压气机涡轮后出现了剩余热焓，再通过自由涡轮膨胀做功输出轴功率，便可平稳地驱动直升机旋翼。涡轴发动机的工作状态加大时，则焓降的分配转换在自由涡轮中加大，致使自由涡轮转速增加。

飞行条件变化时，涡轮中的热焓将重新分配，这是通过控制系统（液压机械式或全功能数字式控制系统）改变喷向燃烧室的供油量来实现的。在涡轴发动机全部工作状态范围内，可通过改变旋翼桨距控制自由涡轮转速来达到新的平衡，目的是保证旋翼始终以最高的效率工作。

3.10.3 排气装置

排气装置用来排出燃气流，并起到减速扩压作用。一般涡轮喷气发动机排气装置设计成收敛型的，而涡轴发动机排气装置则设计成扩散型的。这可使燃气在自由涡轮内充分膨胀做功，使自由涡轮出口静压低于大气压，必须扩压后才能排入大气，其目的在于尽可能使通过自由涡轮的热焓转变为轴功率。因为对于涡轴发动机来说，在直升机上的安装特点决定其难以利用自由涡轮膨胀做功后经排气装置的剩余推力。现代涡轴发动机95%以上的可用功用于自由涡轮向外输出轴功率，只有5%以下的循环功用来增大气体动能而产生推力，因而排气装置出口燃气流的流速较小。

为适应涡轴发动机减小尺寸和质量的要求，因排气装置进口燃气流速较大，为增大自由涡轮功，在自由涡轮前燃气流参数一定条件下，只能降低自由涡轮后的压力和流速，特别是通过降低静压来增大自由涡轮功。这时涡轮出口气流一般是总压大于大气压，静压低于大气压。这就是设计成扩散型涡轴发动机排气装置的原因。

在直升机上由涡轴发动机中排出的燃气流，通常总要因安装和飞行特点的要求而与飞行方向成60°～90°，因而难以产生沿飞行方向的推力。这些均证明涡轴发动机一般采用扩散型排气装置的合理性。

3.10.4 减速器

涡轴涡桨发动机为使其较高的输出轴转速适应较低的直升机旋翼和螺旋桨的转速要求，一般在设计上均设有体内减速器（内减）。通常采用星形轮系和斜齿轮普通轮系，其减速比涡轴发动机多为3.5～7，涡轮螺旋桨发动机的内减速器减速比一般为10～15。涡轴发动机减速比小的原因是直升机有主减速器（大量采用的涡轴发动机均为中小型，转速高，需要大减速比。因此，还要靠直升机主减速器的减速才能达到旋翼转速要求）。

但现代涡轴发动机也有一些型号设计成无体内减速器的，即由动力涡轮直接经直升机主减速器驱动旋翼。例如，R-R公司的R-R1004、GE公司的T700-GE-701A等。它们靠直升机主减速器将发动机输出轴转速（6 000 r/min左右）降至直升机旋翼转速（一般为200 r/min以上）。

3.10.5 粒子分离装置

直升机的进气防护问题，是现代涡轴发动机用于直升机时必须解决的重要技术问题，特别是军用直升机，其所遇到的更加恶劣的环境条件，尤需解决发动机的进气净化问题。直升机飞行无一定机场，且经常接地飞行，特别是在充满尘砂的大气中频繁起落，发动机经常受到外来物侵袭。因此，发动机的零部件，特别是压气机叶片，将首当其冲地受到进气流中尘土、砂、石、杂草、冰雪的冲打或冲刷。为解决这一问题，人们从20世纪60年代开始发展了各种进气防护装置，也称粒子分离器。

涡轴发动机的进气早期是采取各类拦阻式过滤装置，如机械滤网（尘障）等来进行防护的。由于其进气损失大和过滤性能不理想,且极易堵塞等问题,现代涡轴发动机大多采用原理大体相同、结构各异的惯性式粒子分离装置,作为涡轴发动机较理想的进气防护装置。

按惯性粒子分离装置的结构形式,可分为箱式、管式、周向预旋式、径向转折和径向收敛式五种,它们都是利用惯性力场,使运动着的含尘砂空气流过一定几何形状通道时,惯性(动量)较大的砂粒子越过空气流线由分散状态汇聚到一起而排出系统之外。

按工作原理分,即按平面流和立体流的惯性作用分,又可分为二维惯性分离式和三维惯性分离式。

惯性粒子分离装置,按其与涡轴发动机整体关系分,有整体式惯性分离装置和选装式惯性粒子分离装置。整体式惯性分离装置是将分离装置与涡轴发动机进气道设计成一体的分离装置。图3-44示出了按结构形式分类的各种粒子分离装置的结构示意图。

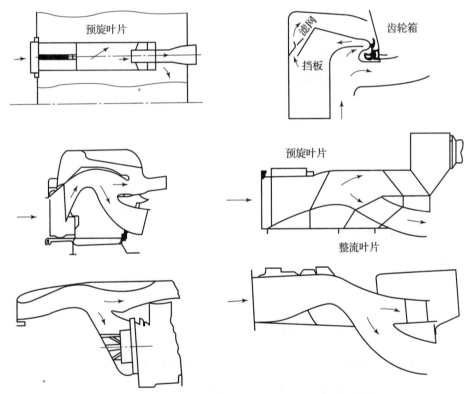

图3-44 按结构形式分类的各种惯性粒子分离装置

涡轴发动机带有惯性粒子分离装置后,其进气量将有所减小,会影响到燃气发生器的某些性能参数,并影响输出功率值。典型的带粒子分离装置的涡轴发动机试验表明,一般惯性粒子分离装置在工作时将使输出功率降低3%~4%、耗油率增长3%~4%。

3.10.6 红外抑制装置

军用直升机,特别是武装直升机的动力装置,还有一个重要特点是设计有防红外寻的导弹跟踪的红外抑制装置,目的是防御武装直升机受到热寻武器攻击,提高在作战环境下的生存率。

涡轴发动机（低速飞行器动力）的热部件和排出热燃气的红外辐射为武装直升机的主要红外辐射源，是红外寻的导弹的主要跟踪目标。这两方面的红外辐射源，其信号主要为其本体温度的函数，因此，抑制、减轻这种辐射，主要应从发动机热部件和排气两方面采取措施。

3.10.6.1 发动机热金属部件的红外抑制

早期的红外抑制就是发展为抑制这种远大于排气热流辐射信号的热金属部件辐射信号，这是世界上第一代红外抑制器。典型的方案是将发动机排气喷管弯曲向上，喷管外壁采用轻型隔热材料覆盖，以尽可能减少发动机暴露于外部热部件的红外抑制器，可以避开来自尾部水平方向和底半球方向的红外导弹的攻击。

其冷却壁面方式一般有两种，即对流散热冷却式和气膜冷却式。对流散热式是利用加强壁面向周围冷空气的对流换热以降低壁面温度；气膜冷却式是利用一股冷空气贴壁引入内壁面，形成一层包裹着热排气的隔热层，控制壁面温度。通常可以利用这两种方案设计出多种多样的结构方案，如肋片式散热冷却式结构和引射器式气膜冷却结构等。

3.10.6.2 发动机排气热流的红外抑制

目前在世界上主要采取以下技术措施来有效抑制发动机及其热流的红外辐射：

1）采用高效率的空气引射器，这是最主要而又有效的方法。它利用发动机排气热流的动能将周围大气的冷空气引入，与热排气热流渗混以降低排气热流温度，并冲淡热流中的 CO_2 浓度，减弱其红外信号源。

2）采用改善热流与大气空气渗混结构，主要是将通常的圆截面尾喷管改为二元喷管或多路二元喷管，以及采用菊花瓣式喷管结构，这类结构能够起到耗散排气热流动能、缩短热流长度、降低热流温度或发射率的作用，进而大大减弱发动机排气热流的红外辐射。

3）在安装方案与结构设计上还应充分利用直升机飞行速度和旋翼的下洗气流来抑制或耗散排气热流动能和降低热流温度，以减弱热流的红外辐射。

3.10.7 螺旋桨和调速系统

涡桨发动机的工作系统几乎与其他燃气涡轮发动机相同，其具有的特点是，在相关的系统中，要实施对自由涡轮及传动系统至螺旋桨工作的诸多控制。

飞机的动力装置由涡桨发动机与空气螺旋桨共同组成。因此螺旋桨是飞机的主要推进器，其作用是将从发动机得到的能量转变为使飞机前进的拉力。

因为螺旋桨是可变矩的，所以是发动机转速调节系统的一部分。它与调速器协同工作，在发动机的所有工作状态和飞行状态下，保持发动机转子的工作转速为某恒定速度。通过调速器中的离心机构（由发动机带动），感受发动机的转速偏离，输给螺旋桨变距机构液压信号，改变桨叶角，维持螺旋桨的需用扭矩的发动机输出扭矩之间的平衡，从而使发动机转速维持在给定值。

飞行中，发动机工作状态、飞行状态（飞行高度和速度）以及螺旋桨桨叶角的不同组合，将导致螺旋桨有以下三种不同工作状态：

1）推进状态：螺旋桨的主要工作状态。在此状态下，螺旋桨旋转所需的扭矩来自发动机，并在飞行方向上产生正拉力。

2）制动状态：在此状态下，螺旋桨旋转所需的扭矩来自发动机，但在飞行方向上产生阻碍飞机向前的负拉力。

3）风车状态：在此状态下，螺旋桨借助迎面气流的能力旋转，并带动发动机转子转动，同时产生负拉力。此时螺旋桨和发动机可能发生飞转。

上述三种螺旋桨工作状态可由作用于桨叶型剖面上的力和速度来表示，参见相关书籍。

在飞行中，当发动机的工作状态和飞行状态出现不协调或发动机或附件有故障时，桨叶便处于负攻角的位置上，产生负拉力或飞转。除在飞机着陆滑跑和应急下降时，螺旋桨产生的负拉力才起到良好的制动作用外，在其他任何情况下，过大的负拉力均会给飞机的操纵带来很大的困难，而飞转将造成发动机和螺旋桨发动机部分的损坏，故在螺旋桨毂中设置了中距限动、机械定距、液压定距和离心定距等安全保险装置。为了飞行安全和保持螺旋桨沿飞行方向的阻力最小，设置了扭矩自动顺桨、负拉力自动顺桨、人工顺桨、紧急液压顺桨及人工回桨等系统。

注：本章内容的主要素材取自以下参考文献以及若干其他资料，尤其是参考文献［2］和［6］。

参考文献

［1］林左鸣. 世界航空发动机手册［M］. 北京：航空工业出版社，2012.

［2］Rolls – Royce Ltd. The Jet Engine, fifth edition. Rolls – Royce Ltd, 2005.

［3］陈光. 航空发动机结构设计分析［M］. 北京：北京航空航天大学出版社，2006.

［4］闫晓军. 典型航空发动机结构对比与分析［M］. 北京：北京航空航天大学出版社，2011.

［5］刘长福，邓明. 航空发动机结构分析［M］. 西安：西北工业大学出版社，2006.

［6］张伟等. 空军装备系列丛书 航空发动机［M］. 北京：航空工业出版社，2008.

［7］彭拾义. 航空发动机燃烧室结构［M］. 北京：国防工业出版社，1978.

［8］甘晓华. 航空燃气轮机燃油喷嘴技术［M］. 北京：国防工业出版社，2006.

［9］刘大响，等. 航空发动机设计手册第7册进排气装置［M］. 北京：航空工业出版社，2000.

［10］陆文华，陈振坤. 航空发动机附件系统［M］. 北京：国防工业出版社，2017.

［11］林基恕. 航空燃气涡轮发动机机械系统设计［M］. 北京：航空工业出版社，2005.

［12］赵升红. 航空发动机与航空润滑油［M］. 北京：中国石化出版社，2012.

［13］吴琪华，等. 航空发动机调节［M］. 北京：国防工业出版社，1986.

［14］ 黄金泉. 现代航空动力装置控制［M］. 北京：航空工业出版社，2018.
［15］ ［美］赵连春，杰克马丁利. 飞机发动机控制—设计、系统分析和健康监视［M］. 张新国，译. 北京：航空工业出版社，2011.
［16］ 姚华，张天宏. 航空发动机控制系统设计技术［M］. 北京：科学出版社，2017.
［17］ ［美］Hanz Richter. 涡扇发动机先进控制［M］. 覃道亮，王曦，译. 北京：国防工业出版社，2013.
［18］ 姚华. 航空发动机全权限数字电子控制系统［M］. 北京：航空工业出版社，2014.
［19］ 臧军. 现代航空发动机控制技术［M］. 北京：航空工业出版社，2016.
［20］ 贺尔铭. 民用航空发动机控制原理及典型系统［M］. 北京：国防工业出版社，2002.
［21］ 韩生寅. 航空涡轮轴发动机构造学［M］. 北京：长城出版社，1996.
［22］ 郭允良. 国内外涡轮轴发动机［M］. 北京：蓝天出版社，1990.

第 4 章
航空发动机研制发展阶段划分及其特点

航空发动机是高度复杂的机电系统产品，其研制发展需要遵循科学的发展规律。从系统工程的角度出发，对航空发动机发展进行全寿命管理，准确掌握其发展各阶段及各节点的技术特点和状态，采取科学性的技术管理措施，对降低新技术在工程中的应用风险、提高经济性及保证研制进度和产品研制成功都是十分必要的。

4.1 国外航空发动机发展的管理理念演变

20 世纪 40 年代初，美国从英国引进怀特和尼恩离心式涡喷发动机，开始进行仿制和改进改型，研制出了 J31、J33 等发动机。在此期间，美国通过实施一系列的航空发动机发展计划研究新技术、新材料和新工艺，并大力兴建相应的试验设施，开始自行研制航空涡轮发动机。1944 年，美国研制出带轴流式压气机的涡喷发动机 J35，并在 F-84（"雷电喷气"）战斗轰炸机上试飞成功，然后在此基础上通过进一步吸收轴流式涡喷发动机的设计技术和经验，研制出 J47 涡喷发动机，装于 F-86D（"佩刀"）飞机上，创造了当时 1 145 km/h 的世界飞行纪录。至此，原来喷气发动机技术落后 5 年的美国迅速跨入喷气飞机的先进国家行列。

进入 20 世纪 50 年代，美国已经有了自行研制航空涡轮发动机的经验，于是率先研制出用于 Ma2 以上飞机的涡喷发动机 J75、J79。到 20 世纪 50 年代后期，美国又开始研制用于 Ma3 以上飞机的涡喷发动机 J58、J93，使涡喷发动机进入迅速发展和广泛应用的时期。这个时期，美国采取一种拼部件的"武库法"研制策略，即把研究得到的部件成果直接应用到型号研制中。这是一种高风险、低水平的管理方法，但由于当时飞机对发动机的要求相对简单，主要以性能为主，对可靠性、耐久性和维修性要求并不高，因此，这样的策略当时还可以被接受。

20 世纪 60 年代，由于飞机对发动机的要求变得多样化，同时加力式涡扇发动机的出现，使得发动机内部各部件之间、飞机与发动机的匹配问题变得非常突出。为减少发动机型号研制风险，并保证发动机发展相对于飞机的提前量，美国在发动机研制管理上进行了一次重大改革，即在部件研究与型号研制之间增加了一个预先发展阶段，在将部件研究成果应用到型号研制之前先放到尽可能接近发动机真实环境中，研究部件之间的相互影响并验证其匹配性和适应性，称为预先发展的"配套发展法"。为此，实施了一系列预先发展计划。预先发展又可分为两类：一类是不针对特定型号但明确应用背景的计划，目的在于研究和验证发动机技术，如先进涡轮发动机燃气发生器（ATEGG）计划、飞机推进分系统综合（APSI）计划和综合技术验证机（JTDE）计划；第二类是针对特定型号的计划，目的在于验证全台发动机设计的可行性，以减小发动机进入工程研制阶段的风险，如各种各样的型号验证机计划。这样，美国经过不断探索，开始走上一条基础研究→部件技术研究→核心机→技术验证机→型号验证机→工程原型机的发动机研究和发展道路，从而降低了型号研制风险、缩短了研制周期、降低了研制成本。

20 世纪 70 年代初是片面追求发动机高性能的时期，而最具有代表性的是 F100 发动机。P&W 公司仅用 5 年时间就研制出推重比 8 一级的 F100 发动机并投入使用，但在投入使用后的 5 年内出现了大量的可靠性、耐久性和维修性问题，严重影响了飞行安全和战备完好率，并大大增加了改进和维修费用，使得军方不堪重负。1976 年，美国国防部在《飞机燃气涡轮发动机采办和后勤保障的管理评论》中指出："发动机的决策主要是针对解决当前的或近期的问题。由于缺乏衡量发动机品质的共同准则，加之没有完整的、精确的寿命期费用数据，结果决策不是根据整个系统的费用作出的，也不是最佳的。"

此后，美国政府和军方在发动机研发管理体系、设计权衡、研制程序和方法上采取了一系列改革措施：一是建立统一的研究、发展、采购及后勤保障管理体系和信息系统，对发动机进行全寿命管理；二是建立寿命期费用模型，并将其作为发动机设计权衡的主要品质因素；三是制定发动机寿命期管理条例，修订发动机型号研制程序和规范，采用新的研制方法。美国空军于 1980 年颁布了 AFR800 – 30《航空涡轮发动机寿命期管理条例》，协调各部门对发动机的方案探索、验证、全面研制、生产和使用各阶段实施统一的管理。条例规定，在型号规范中，除性能指标外，还应该包括可靠性、耐久性和维修性指标。同时，美国军方对 1973 年颁布的航空涡喷涡扇发动机通用规范 MIL – E – 5007D 进行修改，在 1985 年颁布的美军标 MIL – STD – 87231 中，将原来规定的只进行飞行前规定试验和设计定型试验两个阶段，改为初始飞行许可、全面飞行许可、初始使用许可和工作能力许可四个阶段，型号研制周期从 4~5 年延长到 8~9 年，总试验时数从 8 000 h 增加到 11 000 h。其目的是在大批量发动机交付使用后，使得再进行费用昂贵的结构改进的风险降到最低。

进入 20 世纪 80 年代以后，美国的航空涡轮发动机技术已经取得了巨大的进步，战斗机发动机推重比从早期的 1~2 提高到 8 左右。美国为了在 21 世纪的燃气涡轮发动机技术方面继续保持全面领先地位，1988 年，在美国国防部的推动下，制订并实施了一项国家级预研计划——综合高性能涡轮发动机技术（IHPTET）计划。其总目标是分三个阶段大幅度提高推重比，降低耗油率及生产和维护费用，但使用寿命不能减少，到 2002 年使美国航空涡轮发动机的技术基础能力大幅度提高——推重比提高 1 倍，耗油率降低 30%~40%，成本降低 35%。IHPTET 计划目标已经实现，在计划实施过程中，其研究成果不断用于新机研制和现役机种的改进,如 F119、F135 新机研制,F404、F414、F100、F110 发动机改进等。继 IHPTET 计划之后,美国还实施新的预研计划——多用途、经济可承受先进涡轮发动机(VAATE 计划,2006—2017 年),耗资 37 亿美元,目标是到 2017 年使发动机的能力/成本比是 F119 的 10 倍①。自适应变循环发动机研究就在此计划框架内安排,目前已经实现工程研制。

美国第四代发动机的研究和发展是完全按照全寿命管理理念和方法进行的。第四代发动机部件技术研究始于 20 世纪 70 年代中期,1980 年开始核心机研制,1983 年开始技术验证机研制,1986 年开始型号验证机研制。F119 发动机型号工程研制从 1991 年开始,1999 年实现设计定型,2002 年 7 月获得初步使用批准,2005 年 12 月配装 F-22 飞机并具备初始作战能力。F119 发动机研究和发展全周期长达 30 年,其中型号工程研制周期也有 15 年之久。为满足第四代飞机的超声速巡航、隐身、超机动性、短距起降和高保障性等要求,F119 发动机采用了许多新技术。但综合起来看,F119 发动机的性能指标(推重比、涡轮前温度和中间状态耗油率)发展速度远远低于 F110 投入使用前 30 多年美国军用发动机的平均发展速度,主要原因除发动机技术难度不断提高以外,就是从过去片面追求高性能,转变为性能与适用性、可靠性、耐久性和维修性并重的作法,而且发动机试验的内容和时间大大增加,试验苛刻程度大大提高。例如,F119 发动机到 2005 年批准具备初始作战能力时,整机累计试验时数达到 8 677 h;到 2002 年 7 月批准初步使用时,飞行时数超过 4 000 h,没有发生过发动机空中停车和失速事件;到 2007 年 10 月,飞行时数达到 50 000 h。

总之,美国航空涡轮发动机经过 80 多年的发展,在发动机技术水平不断提高的同时,不断总结研制经验和教训,在发动机发展策略和研制管理上,从强调性能的拼部件"武库法",到重视适用性的预先发展"配套发展法",再转变到性能与适用性、可靠性、耐久性和维修性并重的全寿命管理方法,走出了一条较为成熟的发动机发展道路,使美国在航空燃气涡轮发动机技术方面持续保持世界领先的地位。方昌德[1]、刘永泉[2]等对航空发动机发展道路有更详细的论述。

4.2 航空发动机的研制阶段

航空发动机作为一个高技术的复杂系统,其研制过程一般在 10~20 年,甚至更长。此外,航空发动机的研发也具有自身的特殊规律,随着研制过程的发展和技术研发的深入,其阶段性的技术管理特点也不尽同。因此,需要将研制过程分若干个阶段进行管理,需要有具体的、针对性的研制流程和对应的管理办法。对于军用航空发动机研制流程适用的相关规定有:武器装备(航空发动机)采办的程序制度和流程(可参见杨克巍[3]、魏刚[4]等),以及相关研发流程(参见段卓毅[5]、王永庆[6])等。此外,有很多学者还对此进行了大量研究,提出了很多有益的观点和理念,可见方昌德[1]、刘廷

---

① 注:由于美国严格保密,目前公开信息没有披露目标是否实现。

毅[7]、吴大观[8]等著作。

以下主要以民用发动机研制发展过程为例,来探讨发动机的研制阶段划分和管理。

通常,一型航空发动机的研发过程可以分为几个阶段:需求分析与论证阶段、方案设计阶段、详细设计阶段、试制与验证阶段、生产与服务阶段。各阶段的特点如下。

4.2.1 需求分析与论证阶段

燃气涡轮发动机对飞机性能有着决定性的影响,并且它们必须按用户的用途需求来设计。需求的产生过程,军机和民机有其不同的方面。

军用飞机发动机的用户是唯一的、确定的,因此其研制往往是由用户驱动的。当军方认为其现有飞行器不能满足当前和未来的军事需求时,会向供应商提出研发新型飞机/发动机的要求,用来描述所希望飞机(或飞机/发动机)性能的常用方法是给出一份需求文件(招标书),详细规定飞机/发动机最终的飞行特性或能力,而不论述如何实现它们。

招标书实际上或许是几年前就开始的一系列活动的一个里程碑,在此期间,用户将与可能的供应商一起决定:经过实施新的工程研制计划,什么样的飞机/发动机技术要求是有可能实现的,并且按此研制出来的飞机/发动机是用户买得起的。招标书的颁发表明存在一个可接受的成功可能性,但不是没有风险。由于新飞机/发动机的研制费用和将来可能的销售额是以数十亿美元来计算的,因此供应商间会存在激烈竞争。

通常,接到招标书的包含几家飞机公司和几家发动机公司,它标志着初始研究和预测阶段的结束和产品研制阶段的开始,它也标志着进入了目标的相对稳定期。当然,初步的招标书有时也会在环境允许条件下作协商修改。

对于民用飞机发动机来说,用户即全球航空公司,是分散的、不确定的,因此新型飞行器的研发主要是由供应商推动的。波音、空客或者其他的飞机公司,需要根据自己的市场预测、技术积累来确定下一代民用飞机是什么样的性能、售价几何,并提出详细的设计方案来吸引航空发动机的意向订单。如果没有航空公司的意向,设计过程不会有实质性的推进。发动机供应商需要及时参与这个过程,一般称为联合定义阶段。

需求分析与论证阶段的目标为:

根据市场和(潜在)客户需求、适航需求和现有技术基础,形成发动机研制要求,并提出初步的发动机产品解决方案。

主要工作:

1)分析市场需求和(潜在)用户,分析产品的经济性和竞争性,预测产品的市场价格。

2)收集分析国内外同类产品的技术现状、性能和结构技术水平,制造试验技术水平,并对可制造性做出预估和发展趋势的分析。

3)初步确定发动机性能指标并进行总体热力估算,主要包括发动机推力等级、单位推力、推重比和耗油率等。

4)初步确定发动机总体结构布局,提出发动机方案草图或方案示意图,给出有关系统的方案考虑与说明，包括借鉴参考的原准机及所采用的新技术和成熟技术。

采用的设计工具：总体性能计算软件或者程序。

4.2.2 方案设计阶段

实际上，就燃气涡轮发动机设计而言，并不存在绝对标准的设计流程，每个设计者头脑中发动机的设计过程都是有差异的。航空发动机设计过程所包含的步骤取决于各发动机公司和有关设计人员的经验，以及项目自身的特点。一项全新发动机的设计相比于一个现有发动机的改型将需要更多的分析和迭代。

然而，设计过程的一般性规则还是存在的，这种规则可提供有用的相关设计信息。图4-1所示为对整个研制过程的一种设计流程，它表示一个具有代表性的全新发动机的设计流程（可参见 Mattingly J D.[9]）。

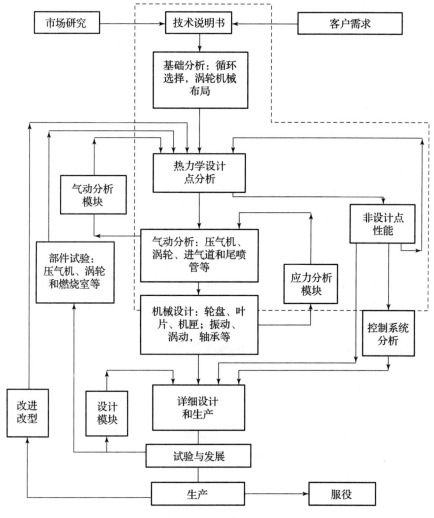

图4-1 典型的航空发动机设计流程

航空发动机设计流程的基本要素一般包括：

1）设计过程始于确定的需求，并受其约束。

2）在设计一个系统时，如飞机（直升机）和发动机总会存在许多合理的解，但没有一个可以被认为是唯一的或最优的。为确定最期望的解，必须找出系统的方法，最终方案的选择总是取决于设计者的判断和折中。

3）发动机的设计过程本来就是一个迭代过程。当发现预先的假设不成立时，经常需要返回到前面的步骤。

4）航空发动机的许多技术和专业是交叉的，燃气涡轮发动机设计至少涉及热力学、空气动力学、传热学、燃烧学、结构强度、材料、制造工艺、仪表测试和控制，等等。

5）航空发动机这种复杂系统的设计需要每一位参加者的积极参与和跨专业的交流。由于系统中的每个部分都影响所有其他部分，所以只有当参与者能清楚、定期（经常）地共享研究成果时，才能找到最佳的解（避免重大的问题和矛盾）。

6）存在新研制的飞机选用货架发动机的情况。但是在军用发动机领域，这种情况越来越罕见，特别是开发具有全新能力的飞行器时，必定需要开发全新能力的动力；民用飞行器由于对经济性、舒适性的兴趣往往大于对新技术的兴趣，所以还存在新飞机选用成熟发动机的情况。但是，如果想得到革命性的进步，新型发动机的研制就是必需的。

7）即使飞机是选用货架发动机，也要根据飞机的具体需求进行相应的改进改型，完全的移植是不存在的，也需要用本书介绍的流程来考虑，只是许多工作可以大大简化了，可能只需要对发动机的参数进行必要的调整、接口进行适应性的改进。

8）需要指出的是，航空发动机在进入设计前，有关的基础研究和关键技术已经取得突破，并已具备进行型号研制的基础。

方案设计阶段的目标：

依据产品需求文档进行产品级多方案设计，通过多方案筛选，确定最佳总体方案，同时对部件/系统提出详细要求，形成支撑总体方案的初步部件/系统方案，并开展关键的部件/系统级验证。

主要工作：

1）进行发动机循环参数的选择，确定发动机设计状态和设计点，进行设计点热力计算。

2）协调部件气动参数和基本结构，根据气动和强度的要求，确定发动机流路尺寸、发动机转速、发动机流路图和特征截面的气流参数及其变化范围；提出主要部件方案要求（部件性能指标、部件特性、部件流路及结构型式、尺寸和重量范围等）。

3）发动机主要部件方案设计，在满足总体性能、结构和强度要求的前提下，开展以下工作：

①主要部件气动性能参数选择、设计点和其他工作状态性能参数计算；

②高温部件冷却方案设计；

③部件特性预估；

④部件结构方案设计,进行主要零件材料的选择和强度估算,以及重量、中心和惯性矩估算;

⑤选定主要配套成附件。

4) 发动机总体方案设计

与部件方案设计同步开展并进行相互协调。

开展发动机总体性能方案设计,具体包括:

①发动机热力性能计算,确定不同状态下发动机热力循环参数、部件效率、总压损失、冷却和封严用空气量、主要特征截面的气动参数以及发动机总体性能参数。

②按照发动机使用特点确定发动机调节方案和控制规律。

③进行发动机特性计算,主要包括共同工作线、转速特性、高度速度特性、温度特性。

开展发动机总体结构方案设计,具体包括:

①在部件结构方案图的基础上,开展发动机承力机匣和安装节的结构及轴承、联轴节和支承结构设计。

②进行发动机内部气路和油路设计及封严装置设计。

③确定发动机定位基准,各零部件特征定位面与定位基准的名义尺寸。

④确定部件和主要零组件相互连接部分结构、连接要求和发动机装配、分解程度与技术要求。

开展发动机关键零部件强度计算和分析:

①初步选定主要零件强度计算点和发动机的载荷状态。

②开展发动机主要承力部件的载荷计算。

③轴向力的估算和调整。

④转子临界转速的计算与分析。

⑤盘、轴齿轮和承力机匣等重要零件强度估算。

5) 发动机系统方案设计

发动机系统方案设计主要包括燃油、控制、滑油、电气和传动等系统方案设计,制定系统的原理方块图,完成附件的选择和设计。对于特别重要的数控系统,由于其与典型机载航电系统具有很多共同的特色,故需要参照机载系统的研发程序。具体流程可参见 Ian Moir[10][11] 的相关著作。

6) 提出技术设计要求

发动机设计点性能、稳定工作范围和过渡态要求;发动机装配和分解要求,与相邻零部件连接部分的结构和尺寸、形位公差要求;发动机规定的零件强度设计点和校核点;发动机的重量和尺寸限制;发动机系统技术设计要求;发动机的轮廓图和安装要求。

采用设计工具:总体性能计算软件或程序;压气机一维方案设计及特性计算程序,二维气动性能计算程序;涡轮一维方案设计及特性计算程序,二维气动性能计算程序;燃烧室零维/一维设计程序;二次空气系统计算及分析软件;转子动力学特性计算及分析软件；有限元计算及分析软件。

4.2.3 详细设计阶段

详细设计的阶段目标如下：

在方案设计的基础上权衡各方面要求，综合考虑技术、制造、质量、经济性和适航审定等因素，完成发动机总体、部件/系统的详细设计工作及发动机工艺和试制准备。

主要内容：

（1）部件详细设计

在气动设计方面，计算设计状态下发动机各截面的气动参数，确定发动机气流流路尺寸；进行叶片造型和流场计算；进行部件特性计算（考虑发动机本身抽气影响和冷气量的影响）；确定为扩大工作范围和提高非设计点效率而采取的技术措施。

基于发动机冷却空气量与分配，进行热端部件温度场计算。

开展部件尺寸链计算，同轴度和转静子间的径向、轴向间隙计算，以及发动机重量、重心和惯性矩计算，进行发动机部件打样图设计，形成发动机部件装配分解程序和技术要求。

强度计算方面，在确定强度计算点、发动机工作载荷状态和零件强度设计状态后，进行叶片强度和振动、盘和盘鼓的强度及薄盘的振动、轴类零件强度、机匣强度与包容性、机匣和转子的低循环疲劳次数、齿轮强度、转子轴向力、部件转子临界转速和热端零件强度的计算与分析。

（2）发动机总体设计

考虑部件性能及特性，进行不同状态下发动机的热力计算：

1）考虑与不考虑安装损失的发动机特性计算（共同工作线和转速、温度、高度与速度等稳态特性）。

2）发动机过渡态性能计算、起动和加速性的分析与计算；

3）强度设计点的气动参数计算。

在部件打样图的基础上进行发动机总体结构设计，主要工作内容包括：

1）总体尺寸链和同轴度的计算，确定整机调整垫的位置和分组，审核部件尺寸公差、形位公差的合适性和径向、轴向间隙变化的合格性。

2）整机装配和分解程序与技术要求。

3）各部件和主要组件分界面的结构和技术要求。

4）承力系统、轴承和联轴节的协调。

5）发动机内腔空气、滑油、燃油系统流路的设计及各封严装置设计。

6）工程图设计，形成发动机总体图、系统图、原理图、安装图、外形图、电气图及调整图、模型图和特殊图样等。

总体强度计算，主要内容有：

1）确定零件强度设计状态和发动机工作载荷状态。

2）发动机主要承力部件载荷计算。

3）发动机承力系统和轴承传力分析。
4）转子轴向力的计算与调整。
5）临界转速的计算与分析。
6）零件强度的补充计算。
（3）发动机系统设计
（4）发动机各系统线路与管路设计和附件布置

设计工具：总体性能计算软件或程序；压气机通流设计及分析程序；压气机叶片造型程序或软件；压气机 S1 流面计算分析软件；涡轮通流设计及分析程序；涡轮叶片造型程序或软件；涡轮 S1 流面计算分析软件；全三维流场分析软件；气动弹性分析软件或程序；涡轮传热分析及温度场预估软件；燃烧室三维流场分析及计算软件；二次空气系统计算及分析软件；转子动力学特性计算及分析软件；有限元计算及分析软件。

4.2.4 试制与验证阶段

试制与验证阶段目标如下：

完成发动机零部件试制和配套成附件采购及发动机装配，完成发动机零组件、部件/系统、整机相关试验，完成适航审定计划中要求的全部工作，取得型号合格证，并具备申请生产许可证的条件。

主要工作：

1）配合试制和试验，视情况改进设计。
2）完成发动机、部件/系统、零组件的制造和装配。
3）完成配套成品件的订货采购。
4）完成所有零组件、部件/系统、整机的工程验证试验和飞行试验。
5）按照适航性说明规定，完成规定的各项试验。

4.2.5 生产与服务阶段

生产与服务阶段的目标如下：

交付与服务意味着取得了生产许可证，小批量进入市场，使用过程中可能暴露的问题得到解决，服务和保障体系正式运行，满足持续适航要求。

主要工作：

通过试生产和使用，对产品批量生产条件、产品质量和生产能力进行全面考核，达到并符合批量生产标准，解决试生产和领先使用中暴露出的问题，稳定产品质量和提高可靠性。

在使用环境条件下，进一步考核发动机的可靠性、维修性和适用性，对使用中暴露出的问题由设计、生产、使用部门共同研究处理，使产品不断改善、不断向前发展。

4.3 技术成熟度评价方法

技术成熟度是一种先进的技术管理工具，它将新技术的发展过程划分为若干个级别,用于准确评价技术发展状态或阶段,以进行科学的管理。目前,采用技术成熟度对技术发展过程进行管理在国内外得到越来越广泛的应用,在航空航天工程中尤其注重技术成熟度方法的应用。

4.3.1 基本概念

与技术成熟度评价方法相关的基本概念主要有技术成熟度、技术成熟度等级和技术成熟度评价。

技术成熟度(Technology Readiness,TR)是指任何一项技术都必然有一个发展成熟的过程。从理论上说,技术和系统的发展都应遵循相似的演变轨迹。一项技术的应用要以其成熟性、功能性、环境适应性以及融入系统的可能性为依据。

技术成熟度等级(Technology Readiness Level,TRL)是指对技术成熟程度进行度量和评测的一种标准,可用于评价特定技术的成熟度、比较不同类型技术之间的成熟度。

技术成熟度评价(Technology readiness Assessment,TRA)是指采用技术成熟度等级标准对技术进行评价的方法、过程和程序。技术成熟度评价必须遵循约定的程序和方法,其最终体现形式是技术成熟度评价报告。

技术成熟度(TR)、技术成熟度等级(TRL)和技术成熟度评价(TRA)这三个概念作为一个整体,是构建技术成熟度评价方法的基础。

有关技术成熟度的资料见张新国[12]、吴燕生[13]所著的有关书籍。

4.3.2 发展沿革

20世纪70年代,美国航空航天局(NASA)最早提出技术成熟度的概念和方法,并于20世纪90年代开始逐步采用这一方法来评价项目的技术成熟度。2000年,美国国防部将技术成熟度评价方法引入采办条例,并于2001年6月开始在重大采办项目中推行,这一方法逐步成为国防部在国防采办项目中施行技术风险分析与评价的量化工具。

2002年以来,美军先后颁布了《国防采办手册》《技术成熟度评价手册》《项目成功概率评价手册》和《制造技术成熟度手册》,逐步明确了各军种科学与技术执行官和项目管理员在技术成熟度评价工作中的职责和要求,从硬件、软件和制造技术成熟度等方面规范了装备研制的技术成熟度管理工作,并把技术成熟度评价作为装备项目管理的有效工具,使之成为预先技术研究、型号研制必须遵循的工作要求。

4.3.3 技术成熟度评价方法

关键技术是指在项目研制、生产和使用过程中,支撑装备参数实现的技术。技术成熟度评价工作包括硬件技术成熟度、软件技术成熟度和制造技术成熟度(MR)三个方面,有的文献还提出了工程制造技术成熟度(EMR)的概念。这些分类方法的共同特点是:技术成熟度等级越高,技术的环境适应性就越强,可用性就越高。

4.3.3.1 技术成熟度等级定义

技术成熟度等级(TRL)的定义及表述有多种不同形式,但大同小异。美军技术成熟度等级的定义是在航空航天局提出的理论基础上，经国防部少量修改形成的，已正式编入国防部采办条例 DOD 5000 - 2R 中。该定义既适用于硬件，也适用于软件。

经过 50 年的研究、应用和发展，技术成熟度评价方法在西方发达国家已渐趋成熟，根据技术准备情况，将关键技术成熟度划分为 9 个等级（见表 4 - 1），在管理与控制重大项目技术风险方面取得了良好的效果。我国于 21 世纪初开始关注技术成熟度的概念，已在关键技术预研领域全面推广技术成熟度的应用，并制定了通用的评价准则；在航空动力领域，也开始利用通用的技术成熟度等级划分概念对技术成熟情况进行宏观评价，但其内涵还较为笼统。根据技术成熟度的通用定义，适用于发动机的技术成熟度各等级定义见表 4 - 1。

表 4 - 1 关键技术成熟度在航空动力技术领域的判读

成熟度等级	技术准备	技术成熟度定义概述	航空动力技术成熟度定义概述
1	已观察到和报道过的基本原理	最低的技术准备水平。科学研究开始转化为应用研发。示例包括在图文上研究技术的基本特性	从相关渠道得到或提出发动机新技术概念，并开始对其基本原理进行研究，建立了计算模型，设计包含新技术元素的试验原理样件，完成了新原理、新思想、新方案的理论方面的研究
2	已提出技术概念和/或应用方案	发明开始。一旦观察到基础原理，就可以创造实际应用，这种应用是推测性的，还没有证据或详细的分析来支持假设。示例仍然局限于图文研究	在摸通新原理、新思想、新方案的理论基础上，以航空发动机为应用对象建立模拟实际航空发动机工作环境的数值仿真模型，设计具有一定相似度的试验零件，研究其在航空发动机上应用的可行性
3	分析的和试验的关键功能和/或特性的方案研究	开始进行主动的研究和发展。通过分析研究和试验室研究，来自物理上验证构成技术的各独立要素的分析预测结果。示例包括尚未集成或者还不具有代表性的零件	统筹考虑性能、结构等耦合因素，开展与实际应用结构相近的组件试验件或缩比试验模型设计，并完成相关试验（模拟零件工作条件或集成到部件上完成）
4	试验室环境下部件和/或模型试验件确认	将基本技术零件集成为共同工作的组件，在实验室开展试验。与最终的系统相比，保真度较低。示例包括试验室中特定硬件的集成	将组件集成为系统/部件，加工出试验样机，并进行深入验证，系统/部件试验的工作环境尽量逼近真实工作环境。此时部件可以集成多个关键技术

续表

成熟度等级	技术准备	技术成熟度定义概述	航空动力技术成熟度定义概述
5	相关环境下部件和/或模型试验件确认	模型或技术验证平台在相关环境下进行试验，试验技术的保真度显著提高。将基本技术零件与合理的真实支持零件相集成，以便能够在模拟的环境下进行技术试验。示例包括零件在试验室的"高保真度"集成	将包含新技术的部件集成到整机环境，在地面台架状态下进行试验。此时整机可以为核心机、原理样机、技术验证机、工程验证机，与日后发展的型号在技术状态上可有较大差别
6	工作环境下系统/子系统模型或样机证实	具有代表性的模型或样机系统在相关环境下进行试验，该模型远优于用于验证第5等级的模型试验件，代表在已经证实的技术储备级方面迈出了重要一步。示例包括在高保真度试验室环境或模拟工作环境下进行样机试验	根据需求开展发动机的方案设计，设计出与待发展型号发动机具有相当工作能力的发动机，进行整机集成验证，并将技术状态进一步逼近型号发动机，开展高空模拟试验
7	使用环境下系统原型进行了演示验证	系统级的工程样机通过典型使用环境验证。该样机与最终系统的技术状态基本相同。试验环境是典型使用环境（全包线）	发动机完成了原型机，技术状态基本固化。开展了发动机的地面试车、高空台试车等首飞前试验，进行了极限工况的各种试验，并在飞机上成功开展科研试飞
8	完成实际系统并完成试验和验证	系统级产品通过测试和定型试验。试验主要是由用户组织和确认的，测试表明满足全部使用要求，性能稳定可靠	发动机技术状态固化，完成全部定型试验和试飞（性能试验），批准设计定型（状态鉴定），开始小批量使用
9	通过任务的成功执行，系统得到最终验证	系统级产品通过实际使用得到验证，使用要求全部满足，产品满足最终技术状态，具备批量稳定生产能力和使用保障能力	飞机发动机在实际飞行使用，完成用户试验，批准使用定型（生产定型），可以批量使用

4.3.3.2 技术成熟度等级评价

美军在装备采办过程中设置了三个里程碑决策点，通常称为里程碑决策 A、B 和 C。其中里程碑决策 A 是指从方案阶段向部件或实验样件研制阶段过渡的控制点，里程碑决策 B 是指从部件或实验样件研制阶段向系统模型或原型样机研制阶段过渡的控制点，里程碑决策 C 是指系统模型或原型样机研制阶段向装备生产和部署阶段过渡的控制点。这三个决策控制点与技术成熟度评价过程是相互衔接和融合的，彼此间存在着密切关联。

按照 DODI 5000.2 要求，美国国防部安排的主要采办项目至少都要经过三轮技术成熟度的评价过程，国防部主管科技的副部长助理、项目经理、部门采办执行官都要参与技术成熟度的评价工作。

第一轮评价，在方案决策以及里程碑决策 A 之前，主要开展的工作是辨识关键技术，对被选方案进行详尽的分析，重点考察技术成熟度、技术风险及对技术成熟度的需求。技术成熟度等级应达到 4 级。

第二轮评价，在系统模型或原型样机开发接近尾声、里程碑决策 B 之前进行。如果某一项技术不能满足既定的成熟度标准，则不能进入系统样机研制阶段。这一轮评价重点对系统模型或原型样机的分解结构、关键技术进行验证，同时要对系统的整体性能进行验证。技术成熟度等级应达到 6 级。

第三轮评价，在系统样机研制基本完成、里程碑决策 C 之前进行。重点开展系统集成和演示验证工作，其间要完成设计成熟度评审，组织对部件和子系统集成验证，并最终完成系统成熟度验证，确保没有明显的制造风险。技术成熟度等级应达到 8 级。

4.3.4 技术成熟度等级评价流程

4.3.4.1 技术分解

对于系统性攻关项目的技术分解，要参考工作分解结构（WBS）方法，按系统组成构建技术分解结构。如果研制项目是由若干单项武器装备组成的，通常分解为装备体系、单项装备、分系统、子系统或部组件四个层次；如果是单项装备项目，通常分解为装备系统、分系统、子系统或部组件三个层次。对于预研的共用技术项目，可参照上述方法进行分解，或作为单项技术。通常，技术分解至少要到技术涵盖载体单元的下一层次技术要素。

4.3.4.2 遴选被评估技术

根据实际需要，可从技术分解结构中选择关键技术开展评估。选定关键技术遵循的原则：一是同时满足以下条件。首先，对武器装备系统性能、研制进度或寿命周期费用有重大影响的技术，或者对国防科技自主创新和整体水平有重大带动作用的技术；其次，新技术或者对现有技术有较大改进的技术，或者应用条件和环境变化较大的已有技术。二是优先选择高层级技术。在技术分解结构中，有从属关系的关键技术，应优先选择层级较高的进行评估。

4.3.4.3 细化技术成熟度评估标准

根据技术成熟度评估标准，结合不同类型项目具体的技术特点和要求，对每一项参评关键技术，围绕成果形式、指标要求、考核方式等几项内容，制定技术成熟度评估细则。

4.3.4.4 准备关键技术信息

依据关键技术攻关实际进展和技术成熟度评估资料需求，收集整理有关设计情况、验证过程、试验数据等资料，形成完整、准确、真实和可靠的信息报告。

4.3.4.5 评定关键技术成熟度等级

根据关键技术信息，对照技术成熟度某一等级的评估细则，分析判断该技术成果形成和研制情况等是否达到相应要求，并按照试验需求必须全面达标、其他细则要求基本达标的准则，确定该关键技术的成熟度等级。

4.3.4.6 进行项目综合评估

根据最终确定的各关键技术成熟度评定等级，综合分析项目的技术状况和主要技术问题，就后续的主攻方向与相关要求提出意见和建议。

4.3.5 评价细则

美国空军实验室针对航空平台，提出了不同等级关键技术成熟度要素具体分解评价细则（见表 4-2）。这个细则将技术成熟度评价工作按照工作性质进行了详细的分类，非常具有操作性。

表 4-2 关键技术成熟度等级定义及要素分解

技术等级	技术成熟度要素分解	说明	
技术成熟度等级1	1. 研究提出新技术的未来应用需求及应用潜力分析，确定了简化或粗略的应用环境	B	T
	2. 提出新技术中所蕴含的物理原理和科学假设	B	T
	3. 构想的一些方案可通过建模实现	S	T
	4. 通过研究，明确了在未来的一段时间内需要利用什么软件手段以辅助新技术研究	S	T
	5. 通过纸面研究，确认了新技术基本原理	B	T
	6. 提出了反映新技术概念的算法，该算法具有利用编程实现运行的可能性	S	T
	7. 提出一种方法，利用该方法能捕获蕴藏的基本原理	S	T
	8. 各种会议、期刊中发表了研究成果的学术论文	B	P
	9. 总结出基本的科学规律	B	T
	10. 清楚新技术的可能应用方向、归口管理单位和研究经费申请方向	B	P
	11. 阐明了研究假设	B	T
	12. 明确了技术进一步研究的分工	B	P

续表

技术等级	技术成熟度要素分解	说明	
技术成熟度等级2	1. 根据技术特性，进一步确定使用对象	B	P
	2. 可能应用新技术的系统或部件已经明确	B	T
	3. 纸面研究证明提出的新技术具有可应用性	B	T
	4. 明确新技术能为哪些项目提供技术支撑	B	P
	5. 提出了一套清晰的理论或试验研究方案	B	T
	6. 分解出了基本的技术要素	H	T
	7. 具备了试验台研究环境	B	T
	8. 技术构成要素被清晰描述	H	T
	9. 每个关键技术要素的应用效果预测	H	T
	10. 用户表达了对新技术的应用兴趣	B	P
	11. 编写了部分软件代码，用于确认基本原理	S	T
	12. 完成了需要实现的主要功能的初步分析	B	T
	13. 开展了数学建模仿真工作，但模型只具备验证新技术物理原理的能力	H	T
	14. 完成系统主要功能的详细说明	B	P
	15. 根据假定的试验边界条件，开展试验研究工作	S	T
	16. 建立需求分析跟踪系统，以对新技术的需求分析进行渐进式深入研究	B	P
	17. 通过严密的分析工作，确认提出的基本原理	B	T
	18. 分析研究成果在各种科技刊物、会议和技术报告中发表	B	P
	19. 单独的关键零件试验开始开展	B	T
	20. 明确了运行编制的软件代码的计算机硬件需求	S	T
	21. 明确需要什么样的输出设备	B	T
	22. 投资策略清单	B	P
	23. 清楚研究人员和研究设备的能力与局限	B	P
	24. 确定需要完成的试验（试验方案）	B	T
	25. 定性的风险分析（经费、进度、方案）	B	P
	26. 粗浅的技术应用市场分析（包括可能的技术应用方，他们对该技术的看法）	B	P

续表

技术等级	技术成熟度要素分解	说明	
技术成熟度等级3	1. 具备支撑研究的专业设置	B	T
	2. 预测的新技术先进性通过分析得到了验证	H	T
	3. 通过分析研究确认各种预测和生产算法	S	T
	4. 在现有计算模型基础上，二次开发新数学/计算模型和仿真模型	H	T
	5. 系统的初步性能特性和指标已经得到确认和评估	H	P
	6. 列出软件算法描述	S	T
	7. 预测的技术元素能力通过数值仿真手段得到了验证	H	T
	8. 软件代码的初步测评表明软件能满足运算需要	S	T
	9. 在实验室环境下，利用模拟试验组件验证物理原理	H	M
	10. 通过实验室试验研究，确认了新技术应用的可能性	B	T
	11. 预测的新技术能力通过试验手段得到了验证	H	T
	12. 技术应用方代表确定加入研究团队中	B	P
	13. 技术应用方提出了在下一代武器中对新技术的应用设想	B	P
	14. 技术交叉影响开始识别，给出初步的性能与强度等因素的相互约束关系	B	T
	15. 应用新技术的设计方法完成研发或确认	H	M
	16. 纸面研究表明，包含新技术元素的组件能与其他组件集成工作	B	T
	17. 技术应用方确定技术转化应用的时机和渠道	B	P
	18. 建立技术指标要求体系	B	T
	19. 开始缩比模型试验研究	B	P
	20. 开始选取少量、典型的试验点进行试验	S	T
	21. 软件的主要运算法则已经在实验室的代理处理器上运行	S	T
	22. 试制出零件模拟件，零件制造概念得到验证	H	M
	23. 清楚现有的软件哪些能用和其具备完成类似任务的能力（100%具备说明软件已开发成功）	S	T
	24. 现有软件可应用性的验证	S	T
	25. 评估生产零组件所需的制造能力	H	M
	26. 当前应用软件的局限性识别	S	T
	27. 可行性进行了充分论证	B	T

续表

技术等级	技术成熟度要素分解	说明	
技术成熟度等级3	28. 通过分析目前的技术现状，表明新技术确实有需求	B	T
	29. 大致的风险识别	B	P
	30. 确定风险化解措施	B	P
	31. 完成了基本效益分析（没有考虑物价上涨因子）	B	P
技术成熟度等级4	1. 技术交叉影响识别已经比较充分，强度、性能等约束条件要清晰	B	T
	2. 在实验室环境下，利用可行的试验组件模型代替构成实际系统组件开展试验	H	M
	3. 单独的组件级试验在实验室中完成或外委完成（合同中规定的组件验收试验）	H	T
	4. 部分零件、组件已具备初始生产条件	H	M
	5. 利用数学建模仿真方法验证零组件之间的接口关系	H	T
	6. 开始开发系统结构方案	S	T
	7. 用户发布需求说明书	B	P
	8. 系统的所有应用需求都已明确	B	T
	9. 系统性能指标体系已经建立	B	P
	10. 通过分析，提出需要开发软件的明确功能的详细说明	S	T
	11. 基于满足系统试验需求的实验室试验条件需求要明确	B	P
	12. 所有的可用组件集成为系统	H	M
	13. 组件集成后在实验室完成试验，表明能协调工作	H	T
	14. 每项功能的需求已经明确	S	T
	15. 运算法则转化为程序代码	S	T
	16. 数据分析要求和格式定义完成	S	T
	17. 单个部件的设计要符合系统初步结构设计要求	S	T
	18. 用硬件串装或计算机仿真确定零组件的相容性	H	T
	19. 设计方案通过正式评审	S	M
	20. 研究试验标准已经建立	B	P
	21. 在简化环境中演示技术的基本功能	B	T

续表

技术等级	技术成熟度要素分解	说明	
技术成熟度等级4	22. 开始评估软件程序代码量功能	S	P
	23. 具有一定保真度的试验样机加工出来	H	M
	24. 系统的初始方案设计已经完成	B	P
	25. 设计技术和手段进行了识别，对哪方面的设计工作需要哪些应用软件进行了详细说明	H	M
	26. 实验室环境的局限性，分析模拟条件与实际条件的差异及对实际使用效果的影响	B	T
	27. 初步经费需求分析	B	P
	28. 确定了实验研究要解决的所有问题和典型状态数据设置	S	T
	29. 开始综合研究	B	M
	30. 费用作为独立变量（CAIV）的目标设置	B	P
	31. 在实验室环境下，对单独的功能或模块进行验证	S	T
	32. 关键加工工艺开始识别	H	M
	33. 缩比模型的相关技术文档和图表整理完成	B	P
	34. 通过集成试验验证，表明多个功能和模块集成后能协调工作	S	T
	35. 在实验室条件下，对关键制造工艺进行评估	H	M
	36. 制定了初步系统工程管理计划（SEMP）	B	P
	37. 具有一定保真度、在实验室环境下的技术集成"系统"已经完成	B	T
	38. 为弥补加工/生产能力不足而采取的临时性措施	H	M
	39. 用户方已通过试车验证或通过谅解备忘录确认了新技术向应用转化	B	P
	40. 性能与结构的耦合影响开始研究	B	T
	41. 正式成立产品综合设计队伍（IPT）	B	P
	42. IPT 成员中包含用户代表	B	P
	43. 开始制定正式的风险管理方案	B	P
	44. 完成（失效模式和影响分析）FMEA 或风险瀑布模型的初步分析	B	P
	45. 确定了技术有效日期	B	P

续表

技术等级	技术成熟度要素分解	说明	
技术成熟度等级5	1. 通过分析，进一步识别并确定技术交叉影响	B	T
	2. 试加工硬件具备可用性	H	M
	3. 系统界面要求已经清晰	B	T
	4. 对系统要求进一步细化、分解（系统工程开始）	B	P
	5. 完成系统软件构架	S	T
	6. 在前期技术评估的基础上提出技术改进目标	H	M
	7. 描述外部界面属性，包括以下几个方面：设计输入、形式、结构、内容和维护方式等	S	T
	8. 完成内部界面要求分析	S	T
	9. 通过调研和实验室研究，确定关键制造工艺	H	M
	10. 组件/子系统之间的界面设置是合理的	B	T
	11. 关键技术的应用，形成多方案验证	H	M
	12. 软件的部分功能和模块代码已经固化	S	T
	13. 样机完成设计	H	M
	14. 在实验室环境下，验证了加工与制造能力	H	M
	15. "高保真度"的系统级试验件已完成加工，具备在真实或模拟环境下开展试验的条件	B	T
	16. 设计技术将聚焦于关键技术难点，并进行详细说明	H	M
	17. 根据用户需求，确定系统级试验件的形状、尺寸和功能	H	P
	18. 系统模型的保真度从二维向三维转化	H	T
	19. 开始考虑质量和可靠性问题，但是具体的设计目标还没有明确	B	M
	20. 一些特定的组件开始与实验室组件组合到一起，进行集成验证	H	M
	21. 三维模型和线路图已完成，并提交	H	P
	22. 实验环境进一步逼近实际工作环境	B	T
	23. 装配需求分析进行了初步评估	H	M
	24. 详细的设计图纸已经完成	H	P
	25. 对必须满足CAIV目标的 σ 等级进行详细说明	H	M
	26. 对初步系统工程管理计划（SEMP）进行综合	B	P

续表

技术等级	技术成熟度要素分解	说明	
技术成熟度等级5	27. 对初步系统工程管理计划（SEMP）进行试验和评估	B	P
	28. 对初步系统工程管理计划（SEMP）进行机械部分和电子部分进行划分	B	P
	29. 同制造和生产方共同确定加工工艺	H	M
	30. 初步系统工程管理计划（SEMP）开始执行，并逐渐达到期望的最终标准	B	P
	31. 风险管理计划形成文件	B	P
	32. 软件模块实现了要求的功能	S	T
	33. 配置管理计划到位	B	P
	34. 单一的功能通过试验验证能取得预期效果	S	T
	35. 软件通过软件测评	S	T
	36. 在实验室环境下完成软件模块功能的验证	S	T
	37. 作为配置管理的一部分工作，完成了所有模块/组件的正式审查	S	P
	38. 配置管理计划固化	B	P
	39. 形成试验评估管理计划初始方案（TEMP）	B	P
	40. 在模拟真实目标环境下的典型工作点状态下，进行了软件主要运算法则的检验（半物理模拟试验）	S	T
	41. 初步硬件技术"系统"工程报告已完成	H	P
	42. 用户答应通过POM程序对技术进行应用转化	B	P
	43. 具有商业模式的初步技术应用转换计划	B	P
	44. 完成故障模式和影响分析（FMEA）	H	P
	45. 包括多技术方案和无可替代材料的价值分析	B	P
	46. 产品综合设计队伍开始制定自始至终的研发要求矩阵	B	T
	47. 在加工能力下，对新式结构可实现性进行分析	B	T
	48. 包含全寿命周期费用的价值分析	B	P

续表

技术等级	技术成熟度要素分解	说明	
技术成熟度等级6	1. 技术交叉影响程度和性能特性完成确认	B	T
	2. 质量和可靠性水平开始建立	H	M
	3. 频繁的设计更改产生，形成多种方案	B	M
	4. 设计草图基本完成	H	P
	5. 系统实际使用环境已经清楚	B	T
	6. 开始收集实际的维修性、可靠性、保障性数据	B	P
	7. 着眼于实现成本目标的设计工作开始确定	B	P
	8. 制造、工艺方面的投资需求已经明确	H	M
	9. 利用数学建模仿真方法研究系统在真实使用环境下的性能	B	T
	10. 试验评估管理计划最终确定	B	P
	11. 使用方认可的试验件开始在实验室组装，形成验证样机平台	H	T
	12. 典型的模型或样机在高度逼真的试验室/模拟环境中开展试验，同时说明与使用环境的异同及影响分析	B	T
	13. 在非试验室的真实的环境中进行试验，但可能不是最终使用环境条件（飞行平台上）	B	T
	14. 系统工程管理计划最终确定	B	P
	15. 外部界面接口清单完成确定	S	T
	16. 技术转化应用分析更加深入	B	P
	17. 对缩比模型研究遗留问题完成了识别和分析	B	P
	18. 进度约束分析完成	S	T
	19. 数据库结构和交互界面分析完成	S	T
	20. 开始建立一个界面控制方法	B	P
	21. 初步加工计划由使用方和开发方共同确认	H	P
	22. 关键制造工艺完成确定	H	M
	23. 大部分预生产硬件是可用的	H	M
	24. 完成技术转化应用协议通过了最终用户的调整和签署	B	P
	25. 以样机为平台解决缩比模型所不能解决的一些实际问题	S	T
	26. 新编的运算法则与已有硬件和软件进行集成	S	T

续表

技术等级	技术成熟度要素分解	说明	
技术成熟度等级6	27. 完成材料、工艺、设计综合设计方法	H	M
	28. 开展单独的模型试验，目的是证实模型组件（功能）集成后具有较好的工作协调性	S	T
	29. 技术"系统"说明书完成	B	P
	30. 组件在功能上与使用系统是相容的	H	M
	31. 典型的软件系统或验证样机在实验室环境下开展试验	S	T
	32. 样机在实验室系统模拟的高保真度环境下，开展功能性试验验证	B	T
	33. 正式的组织管理程序被详细定义，以控制技术状态更改	B	P
	34. 综合验证完成	B	M
	35. 最终技术报告	B	P
	36. 生产过程被确定，主要问题得到解决	H	M
	37. 部分软件文档已经完成	S	T
	38. 审查、确认，认为初步合格	S	P
	39. 工艺和加工工具已经成熟	H	M
	40. 生产验证已经完成	H	M
	41. 程序的 α 版本发布	S	P
	42. 工程可行性得到充分验证	B	T
	43. 具有商业模式的最终技术应用转换计划	B	P
	44. 技术应用发展研制里程碑确定	B	P
	45. 包含商业因素的价值分析完成	B	P
	46. 技术途径已经收敛	B	P
	47. 需求分析已经完成	B	P
技术成熟度等级7	1. 采用建模仿真手段模拟一些难以获得的系统元件	H	T
	2. 在超常和异常条件下对系统/软件的每个接口进行单独的测试	B	T
	3. 软件算法在使用环境的处理器上运行	S	T
	4. 使用环境，但不是最终平台，例如试验飞机	B	T

续表

技术等级	技术成熟度要素分解	说明	
技术成熟度等级7	5. 部件已具备生产型特征	H	T
	6. 大多数功能可以在模拟的使用环境中得到验证	B	T
	7. 实验室系统在典型环境中进行使用/飞行试验	B	T
	8. 全集成的系统样机在实际的或模拟运行环境中验证	B	T
	9. 系统样机在外场环境中成功完成试验	B	T
	10. 已识别出材料、工艺、方法和设计技术	H	M
	11. 初步验证材料和制造工艺与方法	H	M
	12. 通过软工装进行样机集成	H	M
	13. 工装和试验/检测设备在生产环境下验证	H	M
	14. 机床和工装获得验证	H	M
	15. 设计更改显著减少	H	M
	16. 可靠性、维修性和保障性数据已超过总需要数据的60%	B	M
	17. 材料、工艺、方法和设计技术得到一定发展和验证	H	M
	18. 具备所有预生产硬件，数量可能有限	H	M
	19. 制造工艺得到充分理解	H	M
	20. 建立初步的质量控制等级	H	M
	21. 消除了大多数软件"bug"	S	M
	22. 生产计划完整	H	M
	23. 样机质量提升至预生产标准	H	M
	24. 为小批量生产做好准备	H	M
技术成熟度等级8	1. 部件在形式、装配和功能上与使用系统相容	B	T
	2. 部件在形式、装配和功能设计上与最终平台/武器系统相容	B	T
	3. 在最终平台/武器系统进行形式、装配和功能演示验证	B	T
	4. 接口控制程序已经完成	B	T
	5. 最终体系接口框图已提交	B	T
	6. 软件完成了充分调试	S	T
	7. 所有功能在模拟使用环境中完成验证	B	T

续表

技术等级	技术成熟度要素分解	说明	
技术成熟度等级8	8. 系统通过实际平台的试验与评价完成鉴定	B	T
	9. 完成研制试验与评价，系统满足规范要求	B	T
	10. 估计费用小于目标费用的125%	H	M
	11. 制造设备和工装在生产环境下完成验证	H	M
	12. 制造过程通过试生产作业线、低速生产或类似项目生产得到验证	H	M
	13. 制造过程达到可接受的生产能力水平	H	M
	14. 制造过程控制在4-sigma或合适的质量级别	H	M
	15. 所有材料都已备好且可用	H	M
	16. 完成可靠性、维修性和保障性数据的全面收集	B	M
	17. 准备进入批生产	H	M
技术成熟度等级9	1. 作战使用概念被成功实现	B	T
	2. 系统在预订的平台中安装并使用	B	T
	3. 实际系统完成全面验证	B	T
	4. 实际任务系统通过成功的任务行动获得飞行验证	B	T
	5. 估计费用小于目标费用的110%	H	M
	6. 在初始生产和后续的里程碑中考虑经济可承受性问题	H	M
	7. 设计稳定，设计方案很少或无须更改	H	M
	8. 所有制造过程控制在6-sigma或合适的质量级别	H	M
	9. 稳定生产	H	M

在实际应用中，需要根据评价的产品或技术，按照表4-2具体编制评价细则。表中B表示软件硬件都要求，S表示软件要求，H表示硬件要求；T表示设计技术类要求，M表示制造工艺类要求，P表示规划计划类要求。

具体值得注意的是，该细则十分适用于复杂的航空产品的评价，虽然名为技术成熟度评价，然而评价标准是全面综合的，特别是包括了设计技术、制造工艺和管理活动三个方面，这些细则是相互影响、有机联系的，不能只引用某一类技术细则。特别是管理活动类细则，需要认真研究、分析其工作要求，根据国内管理文件对应开展相应活动，才能起到准确评价的效果。

4.4 我国航空发动机全寿命管理概要

当前，我国航空发动机自主研制正处于蓬勃发展时期。因此，在自主发展新型航空发动机的过程中，需要不断总结研制的经验和教训，研究借鉴国外先进航空发动机的发展经验，深入研究并形成更加有效的管理方法——按时间分阶段的全寿命管理方法，全面推行技术成熟度评价管理，以达到控制发动机研制风险、提高发动机使用完好率、降低发动机全寿命期成本的目标，不断提高我国新型航空发动机研制的技术和管理水平。

我国航空发动机研制是在当时综合国力不强、工业基础薄弱、发动机研制技术基础几乎是空白的历史背景下起步的。航空发动机自主发展经历了一个十分艰难坎坷的历程，对航空发动机的战略地位、重要作用、技术难度和研制规律有一个逐步认识的过程，发动机技术基础、研制经验与研制管理体系也有一个逐步建立和积累的过程。

但从总体上看，我国航空发动机还处于经历完全自主研制和使用发展全过程的初步阶段，在自主发展的过程中，有着不少深刻的经验和教训，尚待建立起系统、完善的发动机全寿命管理体系。例如，某型发动机在研制出来装备部队使用中，先后暴露了发动机中高空性能裕度不足、地面起动冷热兼容性差、结构故障多发等问题，影响了部队的战备完好率，发动机还远未达到成熟。这些问题的产生，既是研制和使用中必然要经历的不断暴露、解决故障和问题的过程，也有深层次的技术和管理问题。

近年来，国家对航空发动机的发展高度关注，加大了政策支持和投资力度，加强了发动机研究与发展全过程的投入和管理。2010 年，在新发布的 GJB 241A—2010《航空涡轮喷气和涡轮风扇发动机通用规范》中，将发动机科研试飞、全寿命试车、领先使用和生产定型纳入工程研制阶段，进一步完善了发动机型号研制的试验考核内容。

近年来，我国业界（见刘廷毅[7]等著作）汲取了航空发动机自主研制经验和教训，借鉴国外航空发动机发展和管理道路，结合我国实际，总结了我国新型航空发动机按时间分阶段的全寿命期管理方法（见图 4-2）。新型航空发动机全寿命期可分为预先研究、工程研制和使用发展三个大阶段，每个大阶段又可细分成若干个子阶段，并设置了相应的审查点，以控制进入下一个研制阶段的风险。

从图 4-2 中可以看出，在应用基础研究阶段会产生许多新的原始发明，但大部分发明在应用研究和先期技术开发阶段就被排除了，只有少部分新的构思经过不断筛选、改进和验证后可以进入到工程研制阶段。在工程研制阶段中，验证机的研制也是多方案筛选的过程，其目的是验证发动机总体方案的可行性，以及新技术、新工艺、新结构的成熟度和可用性，为确定原型机设计方案奠定基础，以减少发动机进入型号研制的技术、进度和成本风险。原型机的研制通过四个阶段逐步向前推进——初始飞行前规定试验、科研试飞、状态鉴定（设计定型）、列装定型（生产定型）。工程研制阶段结束后，将最终给出是否可以大批量装备使用的结论。

随着新型发动机全寿命期各个研究和发展阶段的逐步推进，发动机潜在的故障隐患大部分被排除，发动机技术成熟度不断提高。在新型航空发动机全寿命期中，从应用研

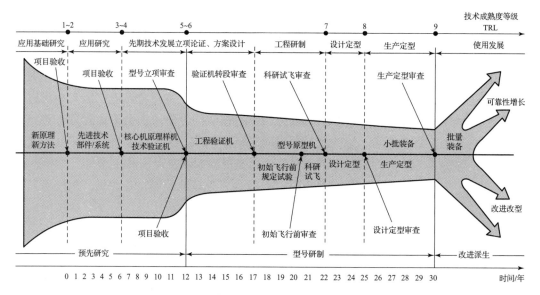

图 4-2　航空动力技术研究发展阶段划分

究开始到工程研制结束时的研究和发展周期规划约为 30 年,技术成熟度等级从 1 级逐步达到 9 级。

4.4.1　预先研究

预先研究阶段的主要任务是为发展新型发动机提供技术储备,缩短研制周期,降低研制风险,不断提高发动机技术水平,促进新型发动机发展。同时,为改进现役发动机性能、可靠性提供实用的技术支撑。

预先研究阶段又细分为应用基础研究、应用研究和先期技术开发三个阶段。

1) 应用基础研究:是以发展新一代或新概念发动机为主要目标,探索发动机新的工作原理、新的设计思想和新的设计概念,探索新材料、新工艺技术,通过实验室原理验证和数字仿真等展示其工程应用前景,为探索新型装备提供理论依据和基本知识。其主要成果包括论著、论文、研究报告;原理和技术的应用前景分析报告;初步或基本的原理方案;设计方法和设计程序;技术概念和可行性分析报告;原理试验或计算机仿真报告等。应用基础研究结束时的技术成熟度等级一般为 2 级。

2) 应用研究:是以新型发动机研制需求为背景,运用应用基础研究获得的技术成果,进行以工程应用为目标的设计、材料和工艺等先进技术研究和试验,开展部件或系统的设计、制造和试验验证,为开展核心机、技术验证机以及发动机工程研制提供技术储备。应用研究阶段不仅研究先进部件的气动性能,也要研究和验证部件的结构完整性,但一般只涉及部件或系统自身特性的评价,不评价部件之间的相互影响。其主要成果包括关键技术研究报告;部件或系统的设计和试验报告;部件或系统的设计规范、暂行材料标准和工艺规程等。

应用研究阶段结束时的技术成熟度等级应达到 3~4 级。

3) 先期技术开发：以实现新型发动机综合或单项技术特征为目标，开展部件与系统技术集成研究和试验验证，研究部件之间的相互影响和匹配性，初步验证部件与系统的可靠性和耐久性，以减少新技术进入工程应用的风险。

先期技术开发通常包括核心机、技术验证机的设计和试制，并在试验器、地面试车台以及模拟高空条件下开展试验验证；编制并验证部件、系统、发动机的设计规范，以及工业生产条件适用的材料、工艺、检测等技术标准和工艺规程。其主要成果包括验证平台（核心机、技术验证机）实物、设计报告、图样资料；试验报告；实现新装备技术特征的可行性分析报告；发动机设计规范；材料、工艺、检测标准和规程等。

先期技术开发阶段的试验时数应达到 100~500 h，该阶段结束时的技术成熟度等级应达到 5 级。

4.4.2 工程研制

工程研制，也称型号研制，该阶段的主要任务是，根据主要使用性能指标，研制满足装备使用要求的发动机产品。工程研制阶段又分为工程验证机研制、原型机研制两个阶段。

4.4.2.1 工程验证机研制

工程验证机研制是针对发动机型号的使用性能要求，通过验证机的设计、试制、试验等工作，将型号研制准备采用的新技术进行集成，验证发动机部件在整机环境、整机在模拟真实环境下的可行性，进一步验证新技术、新工艺、新结构的成熟度和可用性，减少发动机进入原型机研制的技术、成本和进度风险，并为确定原型机设计方案奠定基础。工程验证机研制是发动机原型机研制的重要准备阶段。

工程验证机研制阶段将开展零部件、系统的性能验证试验和必要的结构完整性试验，开展验证机地面台架性能和功能试验、可靠性和耐久性累积试验、高空模拟试验，完成验证机研制技术要求规定的性能、功能、工作特性、结构完整性等技术指标的试验验证，包括稳态性能、瞬态性能、温度裕度、喘振裕度等，发动机应无重大结构隐患。

工程验证机研制阶段的主要成果包括：工程验证机设计技术报告和图纸资料，部件、系统试验件和验证机实物，试验验证报告，型号技术指标和工程研制风险评估报告，试制生产适用的设计规范、技术标准、工艺规程等。

验证机研制阶段发动机试验时数应达到 200~1 000 h，该阶段结束时的技术成熟度等级应达到 6 级。

4.4.2.2 原型机研制

根据发动机型号研制立项批复，在验证机试验验证的基础上为全面实现研制总要求规定的各项指标，而开展的设计、试制、试验、试飞等研制工作。通常发动机工程研制按研制进度与技术状态分不同批次进行设计和试制，以便通过"设计–试验–改进"过程，逐步冻结发动机技术状态。原型机研制包括四个阶段——初始飞行前规定试验、科研试飞、状态鉴定、列装定型。原型机研制阶段零部件试验时数应达到 10 万 h，系统试验时数应达到 4 万~5 万 h，整机试验时数应达到 8 000~10 000 h，高空模拟试验时数应达到 500～2 000 h，设计定型前发动机试飞时数应达到 2 000～5 000 h，发动机小批领先使用时数应达到 10 万 h。

(1) 初始飞行前规定试验阶段

发动机开始初始飞行前，通过一系列部件、系统、整机地面试验以及发动机高空台试验，验证发动机是否适于有限飞行包线的飞行试验。其主要试验包括关键零部件结构完整性试验、重要成附件试验和系统安全性试验、发动机 70 h 持久试车和高空台试验、电磁环境效应试验等，开展可靠性、维修性、测试性、安全性和初始寿命评估，给出是否可以进行初始飞行（科研试飞）的结论。

(2) 科研试飞阶段

进入发动机定型试飞前，在真实的飞行条件下和有限的飞行包线范围内开展科研试飞。其主要任务包括初步考核发动机飞行性能、功能特性，评估发动机的可靠性、维修性、测试性和保障性，给出是否适于整个飞行包线内进行定型试飞的结论。科研试飞可以在发动机拟装备的飞机上进行，也可以在其他合适的飞行平台上进行。科研试飞结束时的技术成熟度等级应达到 7 级。

(3) 状态鉴定阶段

在发动机状态鉴定前，开展一系列部件、附件、系统和整机级性能鉴定试验（试飞），摸清发动机性能底数，考核战术技术指标达标程度。其主要任务包括关键部件结构完整性试验、重要成附件试验、环境和吞咽试验、发动机外部特征和燃油试验、发动机持久试车和高空台试验，并在整个飞行包线内进行鉴定试飞，开展可靠性、维修性、测试性、安全性和寿命评估，给出是否可以进行状态鉴定和开始小批领先使用的结论。完成发动机状态鉴定时的技术成熟度等级应达到 8 级。

(4) 列装定型阶段

在发动机完成状态鉴定后、列装定型前，开展小批试生产，小批试生产发动机作为试用装备随飞机/直升机开展使用试验（或作战试验），同步开展发动机全寿命试车，并对发动机的质量稳定性和批量生产条件进行全面考核。其主要任务包括考核发动机作战使用性能和部队适用性，做好发动机外场使用技术服务保障和排故攻关工作，开展发动机全寿命试车和试修理、高空台试验（如技术状态有变化），进一步考核发动机可靠性、维修性和保障性并进行全寿命评估，给出是否可以大批量装备使用的结论。完成列装定型时的技术成熟度等级应基本达到 9 级。

4.4.3 使用发展

使用发展，也称改进派生，该阶段是发动机全寿命期科研工作的重要组成部分，发动机装备使用后应不断解决使用中暴露的技术质量问题，提高可靠性，并根据装备发展需求和新技术研究成果进行改进改型发展。使用发展阶段包括可靠性增长和改进改型工作。

可靠性增长：是发动机使用全寿命期内的重要科研工作，主要是针对发动机使用中暴露的故障和技术质量问题，以及可靠性、维修性评估情况，开展可靠性改进，使发动机可靠性、维修性和寿命等获得增长或改善，提高武器装备的出勤率和战斗力。其主要任务包括发动机排故、可靠性和维修性改进、延寿等科研工作，对于故障多发、危害严重的发动机，也可按装备改进科研项目立项进行综合整治。

改进改型：是根据发动机装备使用提出的性能、可靠性和寿命等方面的改进需求，对发动机设计、材料、工艺等进行改进，形成新的批次改进产品。批次改进项目主要包括适应装机需求的结构适应性改进、性能小幅提高（一般不超过5%）、系统功能扩充或主要部件结构改进。

按照发动机研制发展规律，一型发动机完成研制装备使用后，通常要根据武器装备研制发展需求和发动机技术进步，立项开展发动机改型研制科研工作，以提高性能、扩展功能，延长寿命，扩大发动机使用范围，形成系列化产品。发动机改型发展的科研工作程序与新机型号立项研制基本相同，但不一定经历新型发动机全寿命期的所有过程。

注：本章内容的主要素材取自以下参考文献以及若干其他资料。

参考文献

[1] 方昌德. 航空发动机的发展研究［M］. 北京：航空工业出版社. 2009.

[2] 刘永泉. 国外战斗机发动机的发展与研究［M］. 北京：航空工业出版社，2016.

[3] 杨克巍，等. 武器装备采办管理［M］. 北京：科学出版社，2015.

[4] 魏刚，陈浩光. 武器装备采办制度概论［M］. 北京：国防工业出版社，2008.

[5] 段卓毅. 航空装备顶层设计［M］. 北京：航空工业出版社，2019.

[6] 王永庆. 航空武器装备研发理论与实践［M］. 北京：航空工业出版社，2018.

[7] 刘廷毅. 我国新型航空发动机研制应深入研究和推进全寿命管理方法，航空发动机研讨活动专家发言材料汇编. 中国人民解放军空军装备部，2011.

[8] 吴大观. 航空发动机研制工作论文集［M］. 北京：航空工业出版社，2009.

[9] Mattingly J D.. Aircraft engine design［M］. American Institute of Aeronautics and Astronautics，Inc.，2000：6 – 7.

[10] ［英］Ian Moir，Allan Seabridge. 飞机系统设计和研制导论［M］. 凌和生，等译. 北京：航空工业出版社，2012.

[11] ［英］Ian Moir，Allan Seabridge. 飞机系统：机械、电气和航空电子分系统综合［M］. 凌和生，等译. 北京：航空工业出版社，2011.

[12] 张新国. 国防装备系统工程中的成熟度理论与应用［M］. 北京：国防工业出版社，2013.

[13] 吴燕生. 技术成熟度及其评价方法［M］. 北京：国防工业出版社，2012.

第 5 章
航空器对动力的需求分析

5.1 概述

对于航空发动机研制,研制方首先需要与用户合作进行需求分析。军用发动机用户包括直接用户——军用飞机研制单位和最终用户——军队,需求同时来自这两方。对于民用发动机,用户包括直接用户——民用飞机研制单位和最终用户——运营的航空公司或其他用户。同时,为了保证民众飞行安全和环境保护需要,民航当局代表公众提出适航需求,用户需求同时来自这三方。本书主要从军用飞机角度论述发动机的需求分析。

在航空发动机研制过程中,一般应以飞机未来可能遂行的飞行任务为牵引,从任务需求出发,从飞机能力需求分解转化为发动机能力目录,形成一套结构清晰、内容完整、定量与定性相结合的航空发动机效能与适用性指标体系,为航空发动机研制提供技术要求,并为后续使用试验与在役考核常态化发展提供牵引和支撑。

军用航空发动机论证分析过程一般遵循以下流程:①任务需求—②装备体系能力—③装备系统能力—④飞机能力需求—⑤飞行性能要求—⑥发动机能力需求—⑦发动机使用性能—⑧发动机技术指标—⑨发动机总体方案—⑩试验验证评估。

以上前 4 个阶段主要由军方自行完成,飞机研制方参与完成④、⑤阶段,主要完成第⑥阶段,其后的工作主要由发动机研制方与军方共同完成。

本章主要探讨从④飞机能力需求到⑧发动机技术指标或能力需求分析内容,在随后的第 6 和第 7 章对发动机总体、部件和系统的设计进行深入讨论。

Mattingly J. D. 在所著的《Aircraft engine design.》[1]著作中介绍了从飞机能力需求到发动机总体性能和尺寸要求的发动机总体初步设计步骤和顺序,如图 5-1 所示。首先,飞机要根据规定的完成任务剖面的能力需求,进行约束条件和任务分析,获得飞机起飞总重量、机翼面积、标准大气海平面静止条件下发动机最大状态安装推力、每个航段的安装推力和安装耗油率等量化的飞行能力指标。然后据此开展新发动机的总体性能设计,进行发动机飞行特性分析和安装性能分析,并随研制工作的进展,以发动机的安装性能代替预估的发动机性能、实际的飞机气动性能代替预估的飞机气动性能,重新进行约束条件和任务分析,检查发动机和飞机在整个飞行任务中的性能匹配。如满足,则发动机总体性能设计告一段落,获得发动机的基本性能指标;如不满足,则展开迭代过程,直到满意为止。

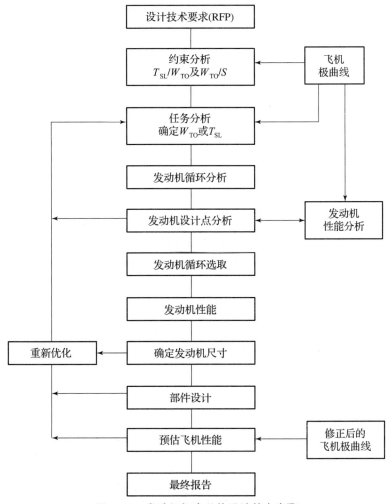

图 5-1 发动机初步总体设计基本步骤

5.2 飞机任务分析

作为发动机研制方,应尽可能了解和掌握飞机任务需求和能力需求。军用飞机(以战斗机为代表)能力需求通常包括:体系兼容能力、环境适应能力(包括自然环境、机械环境、电磁环境等)、任务飞行能力(包括安全飞行能力、机动飞行能力、航向控制能力等)、攻击能力、生存能力(包括雷达隐身、红外隐身)、部署与快速出动能力和综合保障能力。

飞机对发动机的要求是,发动机的能力要能满足飞机任务需求。因此,要求发动机研制方通过熟悉和消化飞机的任务需求,将其转化为对发动机的能力要求,进而成为对发动机设计的约束条件。当然,这些约束条件是需要发动机研制方通过与飞机部门就需求和相互的能力不断地进行迭代而形成的。Mattingly J. D.[1]在其著作中还介绍了一个实例：首先，军方（甲方）下达飞机项目招标书，明确战斗机任务需求、任务剖面和约束条件；其二，飞机研制方则吃透招标书要求和飞机任务剖面，分析约束条件，得出满足招标书要求的可行域；其三，对飞机和发动机主要性能参数进行选择和优化迭代，得到发动机的基本性能指标；其四，发动机研制方还需要对发动机的基本性能指标是否满足飞机任务要求、使用需求等要求进行分析检查。如有不满足的情况发生，则需修改飞机（如飞机的起飞总重和翼载）或发动机的原始方案，直到全部飞行性能和能力都能满足为止。

以下介绍该著作中的一项空战战斗机（AAF，Air–to–Air Fighter）招标书的相关内容，以及飞机和发动机主要参数的确定过程。

5.2.1 飞机任务需求

5.2.1.1 背景设想

进入21世纪，F-15和F-16战斗机已经老旧，所使用的技术也已过时。虽然飞机电子设备和武器装备方面的进步将继续改善它们的性能，但为了在一个作战环境中保持空中优势，2020年前仍需要发展一种新型飞机。隐身（可探测信号抑制）、随控布局（CCV）、复合材料、光传操纵、涡流襟翼和超声速巡航（在不加力条件下超声速巡航飞行）等技术的近期发展，使得以更有优势和更强生存力的飞机来替代已有机队提供了可能性。到2010年F-22猛禽将进入战斗机序列，其先进技术的应用将为战斗机性能树立新的标准。然而，作为F-22的补充，对轻型、廉价的战斗机的需求变得更为迫切，它是战斗机"高/低"搭配的低端。空战战斗机为满足需求将采用先进技术，RFP（需求招标书）的目的就是为空战战斗机探寻设计概念。

5.2.1.2 任务

该飞机的飞行任务剖面如图5-2所示，任务阶段说明见表5-1。

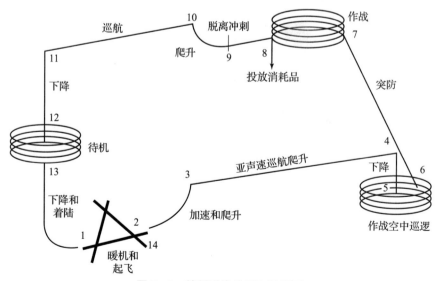

图5-2 某新型战斗机飞行剖面

表 5-1 各飞行任务阶段说明

飞行任务阶段	说明
1—2 暖机和起飞	机场压力高度 2 000 ft，大气温度 100 °F。 燃油用量按慢车状态工作 5 min 滑行和军用推力状态（即中间推力状态）暖机 1 min 计算。 在湿的硬质表面跑道上（起飞摩擦系数 $\mu_{TO} = 0.05$）起飞，起飞滑跑再加上 3 s 抬前轮的总长度 ≤1 500 ft①，起飞速度 $V_{TO} = 1.2V_{失速}$（$K_{TO} = 1.2$）
2—3 加速和爬升	用军用推力状态以最短时间爬升到最佳巡航马赫数和最佳巡航高度（BCM 和 BCA）
3—4 亚声速巡航爬升	以最佳巡航马赫数和最佳巡航高度做亚声速巡航爬升。2—3 段爬升和本段巡航爬升加在一起总航程为 150 mile
4—5 下降	下降至 30 000 ft。该段不计航程、燃油消耗量和时间
5—6 作战空中巡逻	完成 20 min 作战空中巡逻的待机飞行。高度 30 000 ft，飞行马赫数按续航时间最长确定
6—7 超声速突防	在高度 30 000 ft 和马赫数 1.5 做超声速突防至作战空域，航程 110 mile。如可能，应以军用推力做超声速巡航突防
7—8 作战	作战模型如下： (1) 发射 2 枚先进的中程空-空导弹； (2) 在高度 30 000 ft、马赫数 1.6 条件下完成一次过载为 $5g$ 的稳定盘旋； (3) 在高度 30 000 ft、马赫数 0.9 条件下完成两次过载为 $5g$ 的稳定盘旋； (4) 用最大推力（即最大推力状态）在高度 30 000 ft 上从马赫数 0.8 加速到 1.6； (5) 发射 2 枚空中拦截导弹并发射一半炮弹。 作战的机动飞行不计航程，作战终了的状态为高度 30 000 ft，马赫数为 1.5
8—9 脱离冲刺	以马赫数 1.5 和高度 30 000 ft 脱离冲刺，航程 25 mile。这段超声速冲刺飞行如可能，则使用军用推力
9—10 爬升	使用军用推力，按最短时间爬升至最佳航程马赫数和最佳巡航高度（如起始能量高度超过爬升终了高度，可用等能量高度机动飞行跃升）。爬升段不计航程
10—11 亚声速巡航爬升	以最佳巡航马赫数和最佳巡航高度做亚声速巡航爬升。从作战终了算起，这段总航程为 150 mile

① 1 ft = 304.8 mm。

续表

飞行任务阶段	说 明
11—12 下降	下降至高度 10 000 ft，不计时间、燃油消耗量和航程
12—13 待机	在高度 10 000 ft 以最大巡航时间的马赫数待机 20 min
13—14 下降和着陆	机场压力高度 2 000 ft，大气温度 100 ℉。自由滑跑 3 s 后制动，总距离必须 ≤1 500 ft。跑道为硬质表面湿跑道（着陆滑跑系数 $\mu_{制动}=0.18$），接地速度 $V_{TD}=1.15V_{失速}$（$K_{制动}=1.15$）

该型 AAF 携带两枚响尾蛇空中拦截导弹（AIM-9L）、两枚先进的中距空对空导弹（AMRAAM）和一门 25 mm 机炮。这架飞机须能执行下列规定的飞行任务，除起飞和着陆外，所有上述性能的计算全按无风和标准大气条件进行。

5.2.1.3 要求/约束（限制）

（1）性能要求

该飞机的性能要求见表 5-2，其有关说明如下：

1）按地面滑跑加抬前轮的距离计算。

2）按 3 s 自由滑跑后制动至完全停止的总距离计算。飞机重量是完成全部作战任务后的着陆重量。

3）飞机处于机动飞行重量状态。机动飞行重量包括 2 枚 AIM-9L 导弹、250 发炮弹和 50% 内部载油量。

4）超声速巡航要求是用来产生有效的超声巡航能力而设计的。其目标是使用军用推力在高度 30 000 ft 时达到马赫数 1.5，能达到此目标的设计方案将被优先选择。设计方案至少应能以部分加力推力达到规定的速度/高度状态，以保证在超声速巡航时有最高的燃油效率。

表 5-2 性能（要求）

项目	要求
有效载荷	2 枚 AMRAAM 导弹 2 枚 AIM-9L 导弹 500 发 25 mm 炮弹
起飞距离	1 500 ft
着陆距离	1 500 ft
最大马赫数	1.8 Ma/40 000 ft

续表

项目	要求
超声速巡航要求	1.5 Ma/30 000 ft
加速性	0.8→1.6 Ma/30 000 ft $t \leqslant 50$ s
稳定过载	在 0.9 Ma/30 000 ft 时 $n \geqslant 5$（过载系数） 在 1.6 Ma/30 000 ft 时 $n \geqslant 5$（过载系数）

(2) 其他要求的或希望的能力

1) 单座（要求的）。座舱按一名驾驶员设计。座舱内所有操纵部分和仪表的安排有利于提高驾驶员工作效能，包括监视保证飞行安全所需要的所有功能。飞行员和设备的重量按 200 lb[①] 计。

2) 可进行空中加油（要求的）。可与 KC-135、KC-10 和 HC-130 加油机兼容。

3) 先进的航空电子设备。按另外的招标书。

4) 维修。设计的一个主要目标是易于检查、可达性好、所有重要系统的主要构件易于更换。

5) 结构。结构承载能力在各个方向上都应该是驾驶员能安全承受的载荷的 1.5 倍。结构能承受的动压头为 2 133 lbf[②]/ft² （相当于海平面 Ma = 1.2）。主结构应按耐久性、损伤容限和可修复的要求设计，在可能的情况下应结合结构传载设计。主结构和次结构皆可采用具有足够强度的复合材料。在主结构和次结构上使用复合材料应得到较常规金属结构重量有明显减轻的结果。结构设计除考虑导弹挂架外，还应有两个位于机翼下方的挂架和一个位于机身中心线下方的挂架以携带其他外挂物。

6) 燃油和油箱。燃油为标准 JP-8 喷气发动机燃料（要求的）。所有燃油箱皆为自封闭的。如果携带外部燃油，则应置于容积为 370 gal[③]（JP-8 航空煤油，比重为 6.5 lbf/gal）的外挂燃油箱中。

7) 信号特征。飞机雷达、红外、目视、声和电磁等信号应按实际上可能达到的最低水平设计。（希望的）

5.2.1.4

(1) 武器装备/装备量（用品）

1) AIM-9L 响尾蛇导弹。

发射重量：191 lbf。

2) AMRAAM 导弹。

发射重量：326 lbf。

---

① 1 lb = 0.453 59 kg。

② 1 lbf = 4.45 N。

③ 1 gal（美国）= 3.785 L。

3) 25 mm 机炮。

炮身重量：270 lbf。

发射速度：3 600 发/min。

装弹系统重量（500 发）：405 lbf。

炮弹（药）（25 mm）重量（发射的炮弹）：550 lbf。

（回收的）弹壳：198 lbf。

（2）阻力伞

展开的伞直径：15.6 ft。

开伞所需时间（在自由滑跑期间）：2.5 s。

（3）喷气发动机

发动机尺寸取决于飞机安装单发还是双发。发动机在军用推力状态（中间状态）工作是不加力的，主燃烧室出口燃气温度达最大允许值。主燃烧室和加力燃烧室出口温度都达到最大值的工作状态称为最大状态。加力燃烧室应能在部分加力和全加力状态下工作。每台发动机应能引出1%的核心空气。发动机应能在任何飞行条件下提供提取轴功率300 kW。

5.2.2 约束条件分析

约束条件分析的目的是确定满足飞机作战能力需求的可行域，初步确定飞机总体方案中的翼载（W_{T0}/S）（起飞重量/机翼面积）和起飞推重比（$T_{SL}/(W_{T0})$）（起飞推力/起飞重量）。约束条件分析时需要用到初步飞机总体方案确定的飞机气动性能数据和推进系统性能的估算模型。为了确定飞机性能约束边界，需建立翼载、飞机推重比和各飞行任务段性能之间的函数关系式，由此求出不同翼载下满足飞机性能要求的最小飞机推重比边界，即约束边界。每一个性能要求对应一条约束边界，所有约束边界围成可行域。根据 Mattingly J D[1] 介绍的方法思路，国内西北工业大学和空军研究院联合开发了对应软件并编写了《飞机/航空发动机提一体化设计系统》，本书中采纳了使用该软件计算的有关结果。

从飞机设计任务书中选择重要的性能约束分析，表 5-2 中列出了所选的 7 个约束，即起飞、超声速突防和脱离冲刺、战斗盘旋1、战斗盘旋2、水平加速、着陆以及最大马赫数飞行。除起飞和着陆外，均可使用下列飞机性能公式计算性能约束边界。

$$\frac{T_{SL}}{W_{T0}} = \frac{\beta}{\alpha} \left\{ \frac{q_0 S}{\beta W_{T0}} \left[K_1 \left(\frac{n\beta}{q_0} \cdot \frac{W_{T0}}{S} \right)^2 + K_2 \left(\frac{n\beta}{q_0} \cdot \frac{W_{T0}}{S} \right) + C_{D0} + C_{DR} \right] + \frac{1}{V_0} \cdot \frac{\mathrm{d}}{\mathrm{d}t} \left(H + \frac{V_0^2}{2} \right) \right\}$$

(5-1)

式中，V_0，H，q_0，n——飞行速度、高度、动压和过载；

S——机翼面积；

g——重力加速度；

α——飞机飞行时需用推力与起飞推力之比，取决于飞行的高度、速度和发动机状态；

β——飞机瞬时重量与起飞总重之比，取决于消耗燃油和投放载荷；

K_1，K_2——飞机升力-阻力极曲线中的系数；

C_{D0}，C_{DR}——飞机基本构型和有外挂时的阻力系数。

在每个约束条件边界计算中采取同样的步骤。首先，将上式化为适合本约束条件的方程；然后列出方程中所有常量值的数据；接着，根据给出的数据求解特定的约束条件边界方程；最后，将此方程的某些解列入表5-3。

表5-3 用于约束条件分析的性能约束

任务航段和分航段		性 能 要 求
1—2	起 飞 加 速 起飞抬前轮	机场压力高度2 000 ft，大气温度100 °F $\mu_{TO} = 0.05$，$K_{TO} = 1.2$，V_{TO}，最大推力 $t_{拉起} = 3$ s，$S_{TO} = S_{滑跑} + S_{拉起} \leq 1\,500$ ft
6—7 和 8—9	超声速突防 和脱离冲刺	$H = 30\,000$ ft，$Ma_0 = 1.5$，不加力
7—8	作 战 盘旋1 盘旋2 水平加速	$H = 30\,000$ ft $Ma_0 = 1.6$，一次360°，$n_Y = 5$，稳定盘旋，打开加力 $Ma_0 = 0.9$，两次360°，$n_Y = 5$，稳定盘旋，打开加力 $Ma_0 = 0.8 \rightarrow Ma_0 = 1.6$，$\Delta t \leq 50$ s，最大推力
13—14	着 陆 自由滑跑 制 动	机场压力高度2 000 ft，大气温度100 °F $\mu_{制动} = 0.18$，$K_{制动} = 1.15$，$V_{接地}$，$t_{自由} = 3$ s 阻力伞直径1.56 ft，打开时间≤2.5 s
最大 Ma 数		$H = 40\,000$ ft，$Ma_0 = 1.8$，最大推力

不同约束方程的各参数取值也不同，具体参见有关书籍。上述5个任务航段的约束方程求解后的计算结果见表5-4。它表示出不同翼载时满足性能约束的最小飞机推重比，F_{ASL}代表发动机空中推力。

表5-4 约束边界上的翼载和飞机推重比

翼载 $W_{TO}/S/(\text{lbf} \cdot \text{ft}^{-2})$		20	40	60	80	100	120
飞机推重比 $\dfrac{F_{ASL}}{W_{TO}}$	超声速突防和脱离冲刺	2.580 0	1.299 0	0.876 3	0.668 0	0.545 4	0.465 8
	战斗盘旋1	1.699 0	0.968 8	0.778 5	0.723 2	0.721 8	0.747 4
	战斗盘旋2	0.872 3	0.893 3	1.104 0	1.361 0	1.637 0	1.923 0
	水平加速	1.772 0	1.162 0	0.962 6	0.865 7	0.809 9	0.774 6
	最大马赫数	1.645 0	0.831 2	0.563 8	0.433 0	0.356 9	0.308 0

对于起飞航段，规定起飞滑跑距离 $S_{滑跑}$ 和 3 s 拉起距离 $S_{拉起}$ 之和小于 1 500 ft，用下列约束方程计算。

$$S_{滑跑} = \frac{\beta^2}{\alpha} \times \frac{K_{T0}^2}{\rho_0 C_{Ymax}} \left(\frac{W_{T0}}{S}\right) \bigg/ \left(\frac{F_{ASL}}{W_{T0}}\right) \quad (5-2)$$

$$S_{拉起} = t_{拉起} K_{T0} \sqrt{\frac{2\beta}{\beta_0 C_{Ymax}}\left(\frac{W_{T0}}{S}\right)} \quad (5-3)$$

计算时，各参数取值如下：$\beta = 1.0$，$\alpha = 0.877\ 5$，$K_{T0} = 1.2$，$\rho_0 = 1.055\ \text{kg/m}^3$，$C_{Ymax} = 2.0$。给定一系列飞机推重比，并按起飞约束条件令 $t_{拉起} = 3$ s，$S_{滑跑} + S_{拉起} = 1\ 500$ ft，由上两式求出对应的翼载值，计算结果见表 5-5。

表 5-5 起飞约束条件下飞机推重比与对应翼载关系的计算结果

飞机推重比 F_{ASL}/W_{T0}	0.436 9	0.690 2	1.016 0	1.415 0	1.897 0	2.482 0
翼载 $W_{T0}/S/(\text{lbf}\cdot\text{ft}^{-2})$	20	40	60	80	100	120

对于着陆航段，规定自由滑跑 3 s 的距离 $S_{自由}$ 和制动滑跑距离 $S_{制动}$ 之和小于 1 500 ft，用下列约束方程计算：

$$S_{自由} = t_{自由} K_{制动} \sqrt{\frac{2\beta}{\rho_0 C_{Ymax}}\left(\frac{W_{T0}}{S}\right)} \quad (5-4)$$

$$S_{制动} = \frac{\beta(W_{T0}/S)}{\rho_0 \xi_L} \ln\left\{1 + \frac{\xi_L}{\left[\mu_{制动} + \frac{(-\alpha)}{\beta}\left(\frac{F_{ALS}}{W_{T0}}\right)\right]\frac{C_{Ymax}}{K_{制动}^2}}\right\} \quad (5-5)$$

式中，$\xi_L = (C_X + C_{X伞} - \mu_{制动} C_Y)$。其中 $C_{X伞}$ 为阻力伞的阻力系数，计算时以机翼面积为特征尺寸，并假设 $S = 500\ \text{ft}^2$。

计算时，各参数取值如下：$K_{制动} = 1.15$，$\rho_0 = 1.055\ \text{kg/m}^2$，$\beta = 0.56$，$C_{Ymax} = 2.0$，$C_X = 0.277\ 5$，$C_Y = 1.21$，$C_{X伞} = 0.534\ 8$，$\mu_{制动} = 0.18$。

由式（5-4）和式（5-5）可知，$S_{自由} + S_{制动}$ 只与 W_{T0}/S 有关，而与 F_{ASL}/W_{T0} 无关。按着陆约束条件，令 $t_{自由} = 3$ s，$S_{自由} + S_{制动} \leqslant 1\ 500$ ft，可求得满足着陆要求的最大翼载值为

$$W_{T0}/S = 70.55\ \text{lbf/ft}^2$$

如果不采用阻力伞，用同样的假设条件和计算方法得到的翼载约束值为

$$W_{T0}/S = 50.6\ \text{lbf/ft}^2$$

上述计算得到的 7 个约束边界表示在图 5-3 上，则形成了可行域（解空间）。在图中，除了着陆限制的点应在边界左侧外，其他限制决定了可选的解必须在边界的上方。这样，从图中可以看出，由起飞、着陆以及超声速巡航三条线构成的有限区域就是 AAF 可选的工作空间，则限制 T_{SL}/W_{T0} 和 W_{T0}/S 选择的约束就是这三个状态。考虑到降低成本的要求，应选择可行域中较低的飞机推重比，据此选定空战战斗机 $T_{SL}/W_{T0} = 1.25$，$W_{T0}/S = 64\ \text{lbf/ft}^2$，$T_{SL}$ 代表起飞推力。

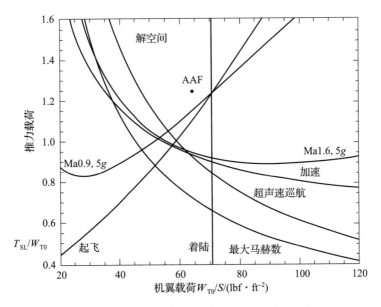

图 5-3 空战战斗机约束边界和可行域计算结果

需要说明的是，这里的分析过程是基于一个已经选定的发动机节流比 $T_R = 1.07$ 确定的，这个参数代表了发动机空中最高总温与地面最高总温之比，是用来确定发动机控制规律的一个重要工作点。其具体的确定方法可见参考文献《Aircraft Engine Design》[1]。

5.2.3 分系统性能参数优化选择

在确定了战斗机任务剖面要求和约束条件之后，如何从可行域中选出最佳方案，对飞机和发动机主要性能参数进行选择，主要是一个优化迭代的过程。评价一个方案的优劣必须有一个评定指标，这个指标称为"目标值"。对于飞机设计可以以起飞推力、起飞总重量、费用等作为目标值。在优化过程中，只能从中选择少数几个关键指标作为目标值，对它们的要求是越小越好或越大越好，其余要求都作为约束，要求达到或超过一定水平即可。

优化选择的方法是首先采用分航段开展任务分析，确定各个航段飞机的重量比（Π_{i-f}）、燃油消耗量，进而求得飞机的起飞总重、起飞推力、机翼面积等主要参数。具体方法不再赘述，这里仅列出计算的结果供后续章节引用，见表 5-6。表中，W：飞机瞬时重量；W_{T0}：起飞重量；W_f/W_i：分航段瞬时重量比，f 和 i：航段的代号。重量比代表了飞行中由于燃油消耗带来的飞机重量变化。

表 5-6 任务分析结果总结

任务航段	任务分航段	分航段终点瞬时重量比 $\beta = W/W_{T0}$	分航段前后重量比 $W_f/W_i = \Pi_{i-f}$	燃油消耗/lbf	有效载荷/lbf
1—2A	暖机	0.989 4	0.989 4	255	

续表

任务航段	任务分航段	分航段终点瞬时重量比 $\beta = W/W_{T0}$	分航段前后重量比 $W_f/W_i = \prod_{i-f}$	燃油消耗/lbf	有效载荷/lbf
1—2B	起飞加速	0.985 2	0.995 8	100	
1—2C	起飞抬前轮	0.983 6	0.998 3	39	
2—3D	加速	0.977 5	0.993 8	145	
2—3E	爬升	0.958 1	0.980 2	465	
3—4	亚声速巡航	0.932 8	0.973 5	608	
4—5	下降	0.932 8	1.000 0	0	
5—6	作战空中巡逻	0.902 4	0.967 5	728	
6—7F	加速	0.887 9	0.983 8	350	
6—7G	超声速突防	0.832 9	0.938 2	1 310	
7—8H	发射 AMRAAM	0.805 8			652
7—8I	Ma1.6/5g 盘旋	0.788 5	0.978 6	414	
7—8J	Ma0.9/5g 盘旋	0.770 6	0.977 2	431	
7—8K	加速	0.757 7	0.983 3	309	
7—8L	发射 AIM-9L 和一半弹药	0.730 3			657
8-9	逃逸	0.715 4	0.979 6	358	
9-10	最小时间爬升	0.713 2	0.997 0	51	
10-11	亚声速巡航爬升	0.691 0	0.968 9	533	
11-12	下降	0.691 0	1	0	
12-13	待机	0.668 7	0.967 7	537	
13-14	下降着陆	0.668 7	1	0	
结束	卸掉永久载荷	0.612 5			1 348
总计				6 644	2 657

该算例选择的结果是起飞总重量 $W_{T0} = 24\,000$ lbf, 起飞推力 $T_{SL} = 30\,000$ lbf, 机翼面积 $S = 375$ ft²。

优化的过程就是通过优化计算在满足约束条件的可行域中选出最佳的飞机和发动机方案, 从而确定发动机的基本性能指标。图 5-4 所示为优化过程的框图, 从图中可以看出, 整个优化计算, 飞机和发动机（或推进系统）的性能数学模型和优化方法是关键。数学模型的精度以及优化方法本身,一方面影响优化结果的可靠性,另一方面也影响计算的工作量。

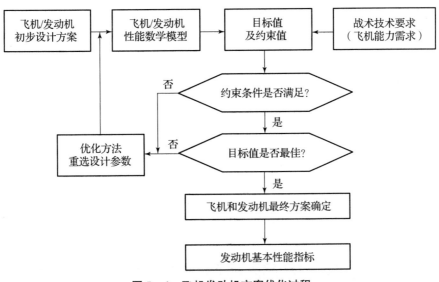

图 5-4 飞机发动机方案优化过程

通过优化选择,最终可以得到发动机的基本性能指标,并可以对发动机的研制过程进行指导。

5.2.4 分系统性能参数指标的优化迭代

对于发动机的基本性能指标是否满足任务要求和使用需求等,要进行分析检查。如有不满足的情况发生,则需修改飞机(如飞机的起飞总重和翼载)或发动机的原始方案,然后对新修改的方案在计算机内进行"飞行"检验,直到全部飞行性能和作战能力都能满足要求为止。这种工作完成后选出的飞机/发动机方案虽已满足全部飞行性能和能力需求,但还需要进一步迭代优化,形成最佳的方案。

由于分析过程未考虑飞机的稳定性、控制和具体的结构设计等,因此随着研制工作的发展,飞机的气动性能等设计方案进一步深化,还需以发动机实际的安装性能替代预估的安装性能,以试验获得的飞机气动性能替代预估的飞机气动性能,重新进行发动机与飞机的任务分析,检查发动机和飞机在整个飞行任务中的性能匹配。如能满足飞机设计任务等要求,则发动机总体性能方案论证告一段落,将转入发动机的部件设计,发动机总体性能方面的技术指标随之确定;如果不能满足要求,则重新选择飞机推重比和翼载,并重新调整发动机总体性能方案和发动机基本性能指标。

对于航空发动机设计者来说,掌握一定程度的飞机设计知识是十分必要的。D. P. Raymer[2]、Leland M. Nicolai[3]、刘虎[4]等介绍了飞机概念设计和总体设计的主要过程,劳埃德·R. 詹金森[5]以设计案例为牵引介绍了飞机设计流程,段卓毅[6]、王永庆[7]介绍了军用飞机的研发实践,L. R. 詹金森[8]介绍了民用喷气客机研发,尼古拉斯·昆普斯蒂[9]介绍了从飞机需求到发动机的设计过程,等等,可供参考。

5.3 发动机能力需求与指标体系

除了根据飞机任务分析获得发动机的主要技术参数需求外，还需对飞机每项主要能力进行分解和转化至发动机的能力需求（要求）。这种对于发动机能力的需求，有来自计算的、分析的、经验的、技术规范的等，经综合权衡并分类后可形成对航空发动机自身的能力需求和指标体系。图 5-5 展示了一型军用航空发动机能力需求的分解表，其主要内容如下：

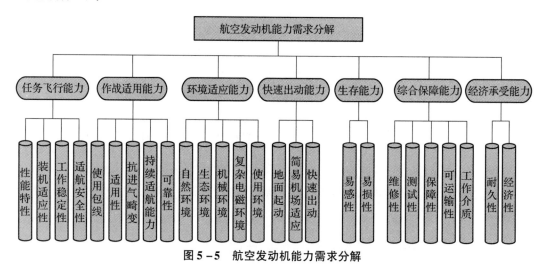

图 5-5 航空发动机能力需求分解

5.3.1 任务飞行能力

支撑任务飞行能力的性能主要包括发动机性能特性、装机适应性、工作稳定性、适航与安全性等。

5.3.2 作战适用能力

支撑作战适用能力的性能主要包括使用包线的能力、发动机适用性、抗进气畸变的能力、持续续航能力和可靠性等。

5.3.3 环境适应能力

支撑环境适应能力的性能主要包括自然环境适应性、生态环境适应性、机械环境适应性、电磁环境效应、使用环境适应性等。

5.3.4 部署与快速出动能力

支撑部署与快速出动能力的性能主要包括地面起动性能、简易机场适应能力和快速出动能力。

5.3.5 生存能力

支撑生存能力的性能主要包括易感性、易损性等。

5.3.6 综合保障能力

支撑综合保障能力的性能主要包括维修性、测试性、保障性、可运输性和工作介质等。

5.3.7 经济承受能力

支撑经济承受能力的性能主要包括耐久性（寿命）、经济性等。

针对发动机的技术特点，国际上有一系列技术指标要求或标准规范等，如美国国防部标准 JSSG—2007《航空涡轮发动机联合使用规范指南》[10]、我国军用标准 GJB 241A—2010《航空涡轮喷气和涡轮风扇发动机通用规范》[11]、GJB 242A—2018《航空涡轮螺桨和涡轮轴发动机通用规范》[12]等顶层标准规范，这些技术指标体系大致可归纳为以下七类（见表 5-7），其中：

表 5-7 航空发动机主要技术指标项目

序号	指标分类	指标细目
1	性能与适用性	(1) 地面静止条件稳态性能
		(2) 高度—速度特性
		(3) 性能保持
		(4) 工作包线
		(5) 稳定性
		(6) 推力瞬变（加减速性）
		(7) 风车运转
		(8) 反推力/推力矢量
		(9) 起动特性
		(10) 引气和功率分出能力
		(11) 抗进气畸变能力
		(12) 工作姿态要求
		(13) 外廓尺寸、重量与接口
2	环境适应性	(14) 自然环境
		(15) 吞咽能力
		(16) 电磁环境效应
		(17) 噪声与排气污染

续表

序号	指标分类	指标细目
3	结构完整性	（18）强度
		（19）振动
		（20）寿命
4	战斗生存力	（21）雷达反射
		（22）红外辐射
5	"五性"	（23）安全性
		（24）可靠性
		（25）维修性
		（26）测试性
		（27）保障性
6	经济性	（28）购置成本
		（29）使用成本
7	子系统适应性与完整性	（30）控制系统
		（31）燃油系统
		（32）电气系统
		（33）润滑系统
		（34）矢量喷管系统
		（35）反推力系统
		（36）起动系统（含点火、补氧等）
		（37）健康管理系统/监视系统
		（38）软件

第一类是性能与适用性，主要规定发动机自身性能指标以及适应航空装备需求的能力，包括发动机稳态性能（海平面台架性能和高度—速度特性）、工作包线、加减速性、稳定性、起动特性、引气和功率分出能力、抗进气畸变能力、姿态工作能力、外廓尺寸与重量等。

第二类是环境适应性，主要规定发动机适应外界环境的能力，包括自然环境条件、吞咽能力（吞鸟/冰/砂/水/火药气体）和电磁环境效应等。

第三类是结构完整性，主要规定发动机在预定使用条件下的结构可靠性和耐久性，包括强度、振动、耐久性等方面的要求。

第四类是"五性"，主要包括可靠性、安全性、维修性、测试性、保障性等方面的要求，这类指标虽与前面三类具有紧密的关联性，但具有明显的统计特征，因此单独归于一类。

第五类是战斗生存力，主要规定发动机的雷达反射特性和红外辐射特性等。

第六类是经济性，主要规定发动机的采购成本和使用成本等。

第七类是子系统适应性与完整性，主要规定发动机各子系统与发动机的匹配性、适应性，以及各子系统完整性，包括控制系统、燃油系统、防冰系统、电气系统、润滑系统、起动系统（含点火、补氧）、监视/健康管理系统、软件资源、反推力/矢量喷管系统等。

5.4 主要技术指标

航空发动机技术指标是规范研制方需实现的目标，也是衡量研制发动机是否达到规定的验收标准，是用户与研制方必须共同遵守的约定。这些指标通常是由用户根据需求提出并与研制方反复协商的结果，其依据主要是使用需求、国家或行业标准、长期积累的经验、国际惯例或先例等，但有些关键指标需要综合飞机使用需求、发动机性能计算和相关试验结果确定。

民用飞机的性能指标还要向民航适航当局申报并在型号适航证上详细列出，作为适航状态的基本数据。例如在中国民用航空当局的网站上可以查阅到在中国境内运行的航空发动机的型号适航证书。

5.4.1 性能与适用性

本节将以典型的军、民用发动机（如美国 F119 发动机、俄罗斯阿勒 –31F 发动机、美法合作的 CFM56 发动机等）为例，介绍发动机性能与适用性指标（数据来源于公开资料）。

5.4.1.1 地面静止条件稳态性能

发动机使用效能和适用性最基本的指标是发动机在地面静止条件下的稳态性能，即地面台架试验的（无飞机引气/功率提取）主要状态性能，这些状态性能可反映发动机的基础能力，而且对其试验评估可通过地面试车方便地进行。地面静止条件稳态性能主要指：海平面标准大气条件性能、海平面热天条件性能、高原条件性能等。其主要内容包括：在海平面标准大气静止条件，无飞机引气和功率提取，以及考虑典型的飞机引气和功率提取时，发动机的主要状态性能；在海平面高温天（30 ℃或其他温度）静止条件，无飞机引气和功率提取，以及考虑典型的飞机引气和功率提取时，发动机的主要状态（至少起飞状态）性能；在高原机场（4 000 m 以上）条件、常用温度下，考虑典型的飞机引气和功率提取时，发动机的主要状态（至少起飞状态）性能。

发动机主要状态通常应包括：最大状态、中间状态、最大连续状态、慢车状态，以及飞机巡航时发动机使用状态（如 0.75 最大连续或巡航状态）、飞机爬升时发动机使用状态（如爬升状态）和飞机着陆时发动机使用状态（如飞行慢车状态）。对于带加力的发动机，还应规定最小加力状态的性能，有时也可规定起飞状态，通常战斗机发动机起飞状态应不限于最大状态，还应包含中间状态及加力状态。

涡扇发动机主要状态性能规定推力和耗油率指标。发动机推力指标应规定最小值（发动机全寿命期或翻修寿命期内），其中最小加力状态、慢车状态按最大值规定；耗油率指标规定最大值（发动机全寿命期或翻修寿命期内），慢车状态规定耗油量。

对于带矢量喷管的发动机，上述性能（包括5.4.1.2提到的空中飞行性能）应是发动机带矢量喷管（中立状态）的性能；对于带S弯喷管的发动机，上述性能应是发动机带S弯喷管的性能。否则，喷管的性能损失应由明确的飞机设计部门考虑。此外，还应规定在最大、中间、最大连续等典型状态下，喷管最大偏转角时，绕发动机质心的偏转力矩（发动机全寿命期或翻修寿命期内最低值）。

为满足飞机地面滑行、起飞的需要（包括高温天起飞、高原起飞），还需规定发动机在地面装机条件（有飞机引气/功率提取）下的主要状态性能，且至少包括海平面、高原和高温条件的性能。（注：装机条件下飞机进气道的损失影响通常由飞机研制方考虑。）

为满足飞机的使用需求，要考虑飞机系统引气和功率提取对发动机性能的影响。根据发动机验证机试车结果和发动机性能计算结果确定发动机性能指标时，一方面要留有一定裕量，另一方面还要考虑到发动机使用到全寿命或翻修寿命时的性能衰减量（通常可按3%~5%考虑）。

对于发动机的最大连续状态性能，还要考虑到发动机全寿命期内无限制使用的结构完整性约束条件。对于发动机的慢车推力，需考虑飞机着陆和滑行速度要求、最低的飞机环控系统引气要求、发动机推力瞬变时的稳定性和加速时间要求、最小功率提取要求等因素，根据GJB 241《航空涡轮喷气和涡轮风扇发动机通用规范》的规定，一般应不超过中间推力的5%。

1) CFM56-5B1发动机，在海平面标准大气条件下的部分主要指标：
①海平面起飞推力：13 345 daN；
②海平面最大连续推力：12 940 daN。

2) AЛ-31Φ发动机，在海平面标准大气条件下的部分主要指标：
①海平面最大推力（加力）：12 258 daN；
②海平面中间推力（不加力时最大）：7 620 daN。

5.4.1.2 高度-速度特性

为衡量发动机是否满足飞机空中飞行性能需求，需规定发动机在空中飞行条件下的主要状态性能，包括有、无飞机引气/功率提取的性能。高度-速度特性应包括高空特性、中空特性和低空特性等。

应明确在不同高度、不同马赫数的标准大气条件下，无飞机引气和功率提取，以及考虑典型的飞机引气和功率提取时，发动机的主要状态性能（推力和耗油率，慢车按耗油量），其中巡航状态规定在给定巡航高度、巡航速度下，推力不低于规定值条件下耗油率的最大值。

典型的高度、马赫数条件，应覆盖高空、中空、低空范围，通常应包括：升限高度、高空巡航速度、高空空战速度、高空大马赫数、中空巡航速度、中空空战速度、中空爬升速度、中空大表速、低空突防速度、低空爬升速度、低空大表速等。

根据需要，还可规定出非标准大气条件下，有（和无）飞机引气和功率提取条件下，发动机的高度 – 速度特性。对飞机使用需求，要考虑飞机系统引气和功率提取对发动机性能的影响。

根据发动机验证机试车结果和发动机性能计算结果确定发动机性能指标时，一方面要留有一定裕量，另一方面还要考虑到发动机使用到全寿命或翻修寿命时的性能衰减量（通常可按 3%～5% 考虑）。

CFM56 – 5B1 发动机的空中巡航点规定为高度 10 668 m（30 000 ft）、马赫数 0.8，主要指标有：

最大爬升推力：2 859 daN；
最大巡航推力：2 600 daN；
巡航耗油率：0.611 kg/(daN·h)。

5.4.1.3 性能保持

发动机在实际使用中，由于磨损、腐蚀、损伤和故障等，其性能会不断衰退，如果衰退过快，会严重影响发动机在寿命后期的性能，包括起飞滑跑距离、载荷能力、作战半径（航程）等。为满足发动机全寿命期使用需要，需规定发动机在寿命期内的性能保持要求。性能保持能力主要包括地面性能保持能力和空中性能保持能力。

性能保持通常指发动机在全寿命期（或翻修期）内性能随使用时间衰减后仍能满足需求的能力，有时也将发动机起飞推力的温度保持能力纳入性能保持的范畴。

发动机性能保持能力既包括地面性能保持能力，也包括空中性能保持能力，可结合上述地面静止条件性能和高度速度特性一并提出，也可单独提出。

关于发动机起飞推力的温度保持能力需求，通常可规定发动机地面静止条件起飞推力/功率保持到进口大气 35 ℃（或 30 ℃）。

CFM56 – 5B1 发动机的性能保持能力是：起飞推力保持到大气温度 30 ℃，最大连续推力保持到大气温度 25 ℃。

当然，也有的型号发动机推力保持能力会较差，有的型号在高原高温时推力衰减较大，严重影响使用性能。

关于发动机寿命期内性能保持能力需求，鉴于上述地面静止条件性能和高度速度特性中已明确为发动机在全寿命期（或翻修寿命期）内最低的性能要求（推力最低值和耗油率最高值），允许不再额外提出性能保持要求。但为满足新发动机交付验收性能评价需要，可再规定性能保持要求。发动机寿命期内性能保持要求可按以下三种方式之一规定：

1）分别规定新发动机出厂时性能和发动机使用到规定寿命期末的性能（其中寿命期末的性能不低于规定指标）；

2）分别规定新发动机出厂时的温度裕度和发动机使用到规定寿命期末的温度裕度（其中寿命期末的温度裕度不低于 0 ℃）；

3）在达到一个热件寿命期（或翻修期）时，发动机在相同的初始最大/中间推力值（或最大/中间推力满足规定指标）条件下，耗油率不超过初始值的百分比。

5.4.1.4 工作包线

飞机和发动机在空中只能在有限飞行包线内工作，飞行（工作）包线以"高度 – 马赫数"坐标图和"进气压力 – 进气温度"坐标图的形式给出，如图 5 – 6 和图 5 – 7 所示。

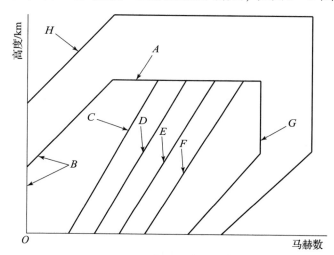

图 5 – 6 发动机起动和工作极限

A—最大起动高度；B—由起动机辅助起动的最小马赫数；
C—无飞机功率提取、无飞机系统引气、无起动机辅助起动的最小马赫数；
D—最大飞机功率提取、无飞机系统引气、无起动机辅助起动的最小马赫数；
E—无飞机功率提取、最大飞机系统引气、无起动机辅助起动的最小马赫数；
F—最大飞机功率提取、最大飞机系统引气、无起动机辅助起动的最小马赫数；
G—带引气起动的最大马赫数；H—工作包线

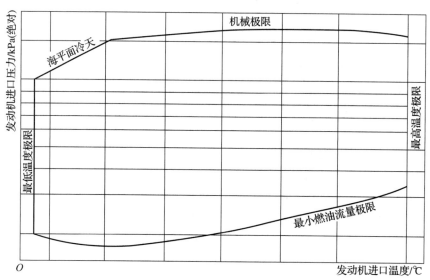

图 5 – 7 估计的发动机工作极限

因此，需要清晰地规定发动机所能可靠工作的包线范围（包含最小表速、最大表速、最大马赫数、最大高度等），不仅要规定标准大气条件下的工作范围极限，还应规定非标准大气（最低温度、最高温度）条件下的工作范围极限。此外，对于带加力的发动机，要明确加力接通工作范围、加力切断及稳定工作范围。对于带推力矢量或反推力的发动机，要明确推力矢量或反推力的使用范围。

发动机工作包线的确定是根据飞机的飞行包线需求，以及发动机气动、热力与机械限制来确定的，发动机工作包线要大于飞机的飞行包线，并且要留有一定的裕度。最大工作高度要考虑到飞机静升限和动升限飞行的需要。

根据发动机加力燃烧室特性确定加力工作范围，通常加力稳定与切断的范围应宽于加力接通范围，并应覆盖飞机整个飞行包线。在加力接通范围内，应允许从任意状态接通加力。

АЛ－31Ф 发动机的部分包线如下：

最大飞行马赫数：大于 2.35；

最大飞行表速：1 400 km/h；

实用升限：大于 18 km。

5.4.1.5 稳定性

发动机工作时其参数稳定是相对的，不稳定是绝对的，即使在所谓的稳定工作状态下也会有工作参数的小幅度波动。在工作状态变换过程中，工作参数会发生大幅度的波动，人们称之为非稳定工作状态或过渡状态。发动机工作稳定性要求包括稳态推力波动、过渡态稳定性、推力偏转过程稳定性（推力矢量型发动机）等。

1）对于稳态推力波动，通常需规定发动机在整个工作包线范围内，在稳定状态工作时推力波动的最大限制值（以百分比表示）。

2）对于过渡态稳定性，需要求发动机从一个工作状态到另一个工作状态（包括油门手柄快速移动期间）的过渡过程中应能满意地工作，无不稳定工作、失速、喘振、熄火或加力燃烧不稳定、加力熄火等现象。

3）对于推力矢量型发动机，在规定的使用范围内，发动机的推力换向工作状态及其过渡过程中应满意地工作。在提供飞机系统引气和功率分出时，不需要调整油门手柄即可使发动机保持稳定并正常工作。

发动机稳定性的定量要求，主要是结合飞机飞行控制的需求，参考 GJB 241《航空涡轮喷气和涡轮风扇发动机通用规范》进行确定。GJB 241 规定，在发动机整个工作包线范围内，慢车与最大连续状态之间，发动机在稳定状态工作时的推力波动值应不超过最大连续状态推力的 1%，或者不超过当前状态可用推力的 5%（两者取较小的）；在最大连续以上的工作状态，其推力波动值应不超过当前状态可用推力的 1%。

5.4.1.6 推力瞬变（加减速性）

为了使飞机能够迅速改变飞行状态，在飞行中首先要能快速改变发动机的工作状态，这就提出了推力瞬变要求。典型的例子是飞机着陆失败，需要迅速加速到最大推力复飞，否则就会产生机毁人亡的后果；战斗机发射导弹攻击敌方后，也要迅速用最大速度脱离（逃逸）。

因此，需规定在地面、空中发动机不同工作状态之间的转换时间，比如从慢车状态到中间状态、慢车状态到最大状态、中间状态到最大状态的加速时间，以及慢车状态到最大反推力状态、最大状态到最大反推力状态、最大反推力状态到中间状态的时间等。需要时还要规定从最大状态到中间状态、最大状态到慢车状态、中间状态到慢车状态的减速时间。

上述指标主要是依靠飞机使用需要通过计算得到，也可参考 GJB 241《航空涡轮喷气和涡轮风扇发动机通用规范》、CCAR33《航空发动机适航规定》确定发动机推力瞬变要求。例如某客机根据适航安全要求，计算确定从着陆失败到飞机达到最大推力加速最多不能超过 8 s 时间，扣除飞行员判断时间 1 s、油门手柄动作时间 1 s，规定发动机从着陆慢车到最大状态的加速性为不大于 6 s。

5.4.1.7 风车运转

发动机是复杂的旋转机械，飞行中遇有意外故障可能发生空中停车情况。发动机停车后，由于气流作用会持续保持低转速运转，此时由于发动机无法提供足够的润滑，可能诱发更大的故障。因此，需要对发动机风车运转条件下的性能提出要求，保证安全可靠。

定性要求：在整个工作包线范围内，发动机应能持续风车状态工作而不损坏发动机、不引起滑油过量消耗及不影响发动机空中再起动和起动后的正常工作能力。

定量要求：必要时，规定出发动机在滑油消耗完后，风车状态的最低持续运转时间。

对于配装单发飞机的发动机，可根据飞机从实用升限高度无动力下滑至地面的计算时间来确定滑油消耗完后风车运转的最低持续时间要求。对于配装多发飞机，且无转子锁定装置的发动机，可根据飞机一发停车后的最长允许飞行时间来确定滑油消耗完后风车运转的最低持续时间要求。对于军用发动机，其典型要求是滑油消耗完后风车运转最低持续时间为 1 h。

5.4.1.8 反推力/推力矢量

飞机着陆后、飞机机动飞行中和飞机刹车和倒退中，为使飞机速度慢下来，可能需要反推力装置。反推力系统主要用于装有大型涡扇或涡喷发动机的飞机着陆后制动，以及起飞滑跑过程中的紧急终止起飞。

推力矢量具有提升作战飞机性能，改善飞机操纵品质的特点，特别是在飞机速度较低、气动舵面操纵效率较低的情况下能够帮助飞机改变姿态。先进战斗机大多加装了推力矢量装置。

对于带反推力的发动机，需要规定出反推力工作范围，反推力装置打开和关闭时间。

对于带推力矢量的发动机，需要规定出推力矢量工作范围，矢量喷管的偏转速率、最大偏转角以及应急回中要求。

上述指标的确定主要是根据飞机使用需求，参照 GJB 241 等标准确定反推力或推力矢量的相关要求。GJB 241 规定，在发动机所有油门位置和整个反推力工作范围内，反推力装置从完全关闭位置到完全打开位置的时间不大于 2 s，从完全打开位置到完全关闭位置的时间不大于 5 s。

5.4.1.9 起动特性

发动机起动对飞机快速出动和空中飞行安全非常关键。

因此，需规定发动机地面起动高度范围、温度范围，空中起动的起动包线（包括惯性起动和风车起动包线）、起动方式、高度 – 速度范围及各项起动的起动时间等指标要求。

发动机空中起动包线的确定需根据飞机空停后的速度保持和下降率情况、飞机空中起动需求以及发动机起动过程分析，其中风车起动要以发动机达到稳定风车转速开始。最小起动表速边界要考虑飞机引气和功率提取的影响。根据 GJB 241《航空涡轮喷气和涡轮风扇发动机通用规范》的规定，空中起动应在 60 s 内完成。

根据飞机使用需求确定发动机的地面最大起动高度，最好应达到 4 500 m，以满足高原机场使用要求。其他国家的飞机一般没有如此高的高度要求，如俄罗斯的阿勒 – 31F 发动机最大起动高度为 2 500 m。规定地面起动的温度范围应能覆盖平原机场和高原机场的热天最高温和冷天最低温。对冷天最低温、热天最高温，在机场温度数据不足时，可参考 GJB 241A—2010 的规定：海平面的温度范围为 – 51 ~ + 49 ℃。但高原机场的场温不能按空中非标大气的温度。根据公开气象资料，我国 4 350 m 的邦达机场夏季最高温度可达 24 ℃。同时，根据发动机起动过程来分析和确定起动时间。

5.4.1.10 引气和功率分出能力

发动机除了为飞机提供推力外，还要提供座舱、设备舱空调用气，飞机防冰用热气，以及驱动发电机、液压泵等功率设备。这些都将影响发动机的工作性能，因此需要有相应的要求。

发动机引气与功率提取要求需包括地面引气与功率提取要求、空中引气与功率提取要求，以及飞机座舱引气的污染度要求等。引气污染要求是为了保证不会危及机组人员的健康或影响他们完成任务的能力。

关于飞机系统引气需求，需明确出地面和空中飞机系统的最大引气量，包括引气温度、压力要求，以及飞机引气污染度要求。

关于功率提取需求，需明确出地面及空中的最大允许功率提取量要求，必要时还要考虑空中飞行表速范围的差异。

飞机引气量和功率提取量要根据飞机使用需求确定，并根据 GJB 241《航空涡轮喷气和涡轮风扇发动机通用规范》确定引气污染度要求。

CFM56 – 5B1 发动机的最大引气量，在慢车以上所有转速，可以达到 2% 风扇流量、10% 核心机流量。资料显示 CFM56 – 5B1 发动机地面最大空气流量 428.1 kg/s，涵道比 5.5，这个数据经计算，在地面最多可以提取 13.83 kg/s 的空气，供应给飞机座舱空调、设备舱散热等。

5.4.1.11 抗进气畸变能力

飞机进气畸变是一个需要考虑的重要问题，若畸变过大，超过发动机承受能力，发动机会进入喘振熄火状态，影响飞行安全。进口畸变原因包括：飞机机动飞行；喷气发动机加力燃烧室加力接通，由武器发射引起的燃气吸入，来自弹射起飞系统的蒸汽吸入，水吸入，鸟吸入，来自反推力装置系统的发动机的排气吸入，垂直/矩距起落飞机工作过程中的发动机排气再吸入，以及S形进气道出口的过度旋流。所有这些对发动机而言也可归纳为：稳态进气压力、温度或二者的任何组合变化，或随时间变化的进气压力、温度或二者的任何组合变化，即所谓的进气压力畸变或进气温度畸变或压力温度综合畸变，其中进气压力畸变是最敏感的。

需要规定出发动机能够容许的最大压力畸变度，飞机进气道出口气流在该畸变度以下时发动机应能够在全包线范围内正常工作，不发生失速、喘振、熄火或机械损伤。通常以进气压力综合畸变指数来确定畸变度。

通常要根据飞机进气道出口气流畸变度情况来确定发动机能够容许的最大压力畸变度，要考虑两者之间预留一定裕度。对于战斗机发动机，一般将最大压力综合畸变指数确定为9%左右（俄罗斯АЛ–31Ф和РД–33发动机的指标）。

5.4.1.12 工作姿态要求

飞机以各种姿态（如起飞、爬升、倒飞、空战机动等）飞行，会影响发动机在这些姿态下的持续可靠工作。如：在零"g"或负"g"情况下延长飞行，会导致发动机滑油系统不正常工作，如缺油、滑油从轴承腔油池或齿轮箱溢出、滑油泡沫多及封严装置漏油等。为延长倒飞工作时间，滑油系统可能需要特殊装置。

需要规定发动机能够连续满意地工作以及能够正常起动的姿态极限，包括最大上仰角、下俯角、左倾角、右倾角，发动机在负过载、零过载下连续满意地工作的时间限制值。

根据不同飞机的使用要求，姿态角度及每一姿态下工作的持续时间可以不同，应根据飞机发动机使用条件具体规定，并参照GJB 241《航空涡轮喷气和涡轮风扇发动机通用规范》确定发动机的工作姿态要求。GJB 241规定，发动机应在负过载条件下至少满意地工作60 s，在零过载条件下至少满意地工作30 s。

CFM56–5B1发动机仅在负加速度情况下，允许在最小滑油压力下使用10 s。

5.4.1.13 外廓尺寸、重量、安装与接口

为适应发动机在飞机上的安装，需明确发动机的主要外廓尺寸、重量、重心，以及安装节布置等要求，应明确单个安装节失效不应导致发动机从飞机上脱开，以及发动机的干质量和交付重量（交付重量明确包含的具体附件）。可根据飞机与发动机双方协调情况，结合发动机验证机外廓尺寸与重量情况确定这些参数。

此外，还需明确发动机与飞机的机械、电气、通信等接口的相关要求。发动机使用飞机电源时，需明确发动机能够适应飞机电源供电特性，包括GJB 181的规定以及飞机的特殊规定。使用飞机气源应能够满足发动机空气涡轮起动机起动的需要。

CFM56–5B1发动机的包络尺寸是2 599.7 mm × 1 908 mm × 2 105 mm，质量为2 454.8 kg。

5.4.2 环境适应性

5.4.2.1 自然环境

飞机工作会遇上各种类型的环境条件，不同环境条件对发动机工作有较大影响：高温会造成推力衰减；低温造成起动困难；霉菌能引起如金属腐蚀、油脂硬化、绝缘有效性下降、导致电路短路及击穿之类的导体桥接问题；在腐蚀环境中使用和工作的发动机，如在航空母舰上、在沿海和近海基地，以及在其他含盐分较多的环境下，发动机零件的腐蚀是造成增加维修工作量和飞机停飞的主要因素。逆风条件对发动机工作有利，但顺风和侧风条件对发动机的地面起动和稳定工作不利，因此应规定发动机地面能够稳定工作的顺风风速和侧风风速、发动机能够于地面可靠起动的顺风风速和侧风风速。

为此，需要明确发动机能够正常可靠工作的大气温度条件、湿热条件、霉菌条件、腐蚀性大气条件、结冰环境条件，以及在腐蚀性大气条件和结冰环境条件下工作性能损失的限制值。

可以根据飞机使用需求，以及 GJB 241《航空涡轮喷气和涡轮风扇发动机通用规范》、GJB 150《军用装备实验室环境试验方法》的相关规定确定发动机工作的大气环境条件。

5.4.2.2 吞咽能力

飞机发动机在飞行中，需要大量吸入空气，其中不可避免地会吸入外来物，外来固体异物如鸟、冰雹等以高速吸入发动机，会带来严重机械损伤。国外有研究指出，民航飞机平均每一百万飞行小时发生 230 起吞鸟（各种重量的鸟）事件；吸入液态水、火药气体、蒸汽等会很快引起压力和温度变化，并随之引起气流流场畸变甚至喘振，影响发动机的工作稳定性；飞机在砂石和灰尘环境中工作可能导致发动机零件严重磨蚀损伤。砂石和灰尘颗粒有强烈的磨蚀性，它可使燃气涡轮发动机压气机工作和静子叶片薄的尾缘和金属尖部磨蚀，沙尘可能堵塞发动机内部的冷却孔对叶片等造成损伤。因此需要对发动机承受外物吸入的能力作出要求。

一般需要规定发动机工作时的吞鸟能力、吞冰吞雹能力、吞砂尘能力、吞液态水能力、吞火药气体能力、吞入燃油能力、吞入蒸汽能力（对采用蒸汽弹射起飞的舰载机发动机）。

可参考 GJB 241《航空涡轮喷气和涡轮风扇发动机通用规范》和 CCAR33《航空发动机适航规定》确定发动机吞鸟、吞冰、吞砂尘、吞液态水、吞火药气体等的能力。

CFM56 – 5B 发动机通过了 7 只 0.68 kg 的鸟吞入发动机的工作试验，不发生严重损坏，并能保持一定的推力。

5.4.2.3 电磁环境效应

发动机将承受来源于飞机内部和飞机外部的各种各样的电磁环境，由于内部产生的干扰或者对外部电磁场和电压的敏感性，电气设备或电子设备的性能可能会降低，甚至可能丧失功能。发动机也可能是飞机上的其他设备的一个干扰源。因此，电气、电子系统、飞机设备和外部电磁环境之间的电磁兼容性是发动机正常和安全工作的基本条件。

飞机在飞行中穿越雷雨区，可能使发动机遭到雷电打击，损伤电子电气设备。

由于电子信息产业的发展，目前在飞行区域附近可能存在大量的高强度辐射场（HIRF），例如雷达、广播、电视台、机载/舰载/地面射频发射器发出的 10 kHz～40 GHz 的电磁波，其场强比较高，会影响飞机和发动机电子设备的正常工作。例如1967 年美国"福莱斯特"航母舰载机上的火箭因受到舰上雷达照射引起其自动发射，致使甲板上的燃料弹药发生爆炸，导致 134 人丧生。

关于电磁干扰，发动机所有电子、电气系统和附件应满足 GJB 151《军用设备和分系统电磁发射和敏感度要求》的相关要求。

关于电磁兼容性，需要规定出安装在飞机上的发动机的系统内电磁兼容要求（即兼容整个飞机系统的电磁环境），以及系统间的电磁兼容性（即兼容飞机外部的电磁环境）。

关于雷电，需要规定安装在飞机上的发动机的抗雷电要求。

对于抗高强电磁辐射，需要规定安装在飞机上的发动机需要承受的高强度电磁辐射场的要求。

可根据 GJB 151、GJB 241 等相关军用标准，以及民航相关要求，并与飞机需求相协调，提出发动机及其电子、电气附件（系统）的电磁干扰、电磁兼容、雷电等方面的要求。

5.4.2.4　噪声与排气污染

民用客机发动机必须满足国际民航组织的环保要求，军用运输类飞机发动机也需满足此项要求。通常，需要规定发动机的噪声强度水平、排烟水平，以及排出不可见污染物水平等。这些要求的指标可参见国家相关规定。测量的相关要求按国际民航组织现行环保要求或者 GJB 241《航空涡轮喷气和涡轮风扇发动机通用规范》、CCAR34《涡轮发动机飞机燃油排泄和排气排出物规定》的相关规定执行。

5.4.3　结构完整性

5.4.3.1　强度

发动机在飞机上工作时会受外部作用力（过载）而可能破会其结构完整性，需要有承受这些外力的定量要求，主要包括陀螺力矩的定量要求、抗外物损伤的定量要求、叶片和轮盘变形的定性要求、包容性定性要求、转子超转超温能力的定量要求、机匣耐压能力的定量要求，同时还要提出相关的安全系数（储备裕量）要求。

确定发动机的强度要求需要根据飞机使用需求、GJB 241《航空涡轮喷气和涡轮风扇发动机通用规范》和 GJB/Z101《航空发动机结构完整性指南》的相关规定。其中，外部作用力和陀螺力矩要求可根据飞机使用需求确定，而抗外物损伤、叶片和轮盘变形、包容性、转子超转超温、机匣耐压等要求应根据 GJB 241、GJB/Z101 确定。相关安全系数要求可参照 GJB 241、GJB/Z101 及国内外有关发动机结构设计准则确定。

5.4.3.2　振动

发动机内部是一个高速旋转体，极易产生振动，振动是发动机失效的主要模式之一，需要规定出发动机外部机匣有关部位的最大允许振动极限值，发动机工作转速应避开转子临界转速并留有一定裕量等要求；要求发动机构件不存在有害共振，寿命期内不应发生高周疲劳失效；规定出机匣等有关部位的最大允许振动极限值等。

这些规定可以根据飞机要求、发动机验证机外部振动测量结果、GJB 241、GJB/Z101 以及有关设计准则确定。关于临界转速，GJB 241 规定，在慢车转速与瞬态最大允许转速之间不应存在有害的临界转速，稳态最大工作转速与临界转速之间应至少有 20% 的裕度。

5.4.3.3 寿命

发动机不同零部件有不同的使用寿命，限制使用寿命的主要是热部件、关键件和主轴承等，寿命参数包括发动机工作时间数、工作循环数。

发动机热部件包括全部接触燃气流的零件，如燃烧室、涡轮导叶、工作叶片、加力燃烧室和尾喷管，其他则为冷部件。

发动机的关键件包括发动机的承压机匣、全部盘和主轴。对于双发飞机而言，关键件是指那些在其失效将会危及飞行安全或者由于主要的或次要的失效零件而引起灾难性的发动机失效的零件。对于单发飞机而言，关键件是指那些由于主要的或次要的失效零件而引起的推力丧失，从而不能持续飞行的零件。一般来说，盘类零件的破坏不可能被机匣包容，破坏后可能危及飞机安全，均应被定义为关键件。某些燃烧室外机匣，其破坏模式不是出现裂纹后漏气，而是爆炸性破坏，危及飞机安全，这种燃烧室机匣应定义为关键件。有些风扇大叶片，断裂飞出后不可能被机匣包容，在没有其他安全措施的情况下，也应定义为关键件。

发动机主轴承一旦失效，发动机立刻丧失工作能力。由于疲劳剥落是航空发动机主轴轴承的主要失效模式，故轴承寿命一般是指疲劳寿命。

因此，通常需要规定出发动机的热件寿命、冷件寿命、关键件寿命、轴承寿命、附件寿命。对于采用定时翻修的发动机，还应规定出发动机的总寿命、首翻期、翻修间隔期、储存期和日历期。

发动机的寿命通常根据飞机使用需求、已有的发动机定寿技术基础，以及前期部附件寿命试验与计算情况，并结合 GJB 241 的相关要求确定。飞机使用需求应以典型飞行任务和任务混频为基础，还要考虑飞机的使用环境、机动载荷、引气和功率提取等情况。GJB 241、GJB/Z101 规定，结构件寿命按失效率不大于 0.1%，以飞行任务小时数给出；冷件寿命应达到热件寿命的 2 倍；关键件寿命应达到普通件寿命的 2 倍（关键热件寿命应达到普通热件寿命的 2 倍，关键冷件寿命应达到普通冷件寿命的 2 倍）；附件寿命应不低于冷件寿命；主轴轴承寿命应不低于一个修理间隔期。

CFM56 系列发动机采用了先进民用发动机的寿命理念，没有规定发动机整机的寿命，仅规定了关键旋转和静态部件的寿命限制。公开资料没有查到 CFM56-5 系列的寿命规定，CFM56-3B 有 19 个部件有寿命限制，最长的风扇盘寿命为 30 000 个循环，最短的高压涡轮前轴只有 8 700 个循环。

5.4.4 战斗生存力

对于军用飞机来说,战斗生存力的主要要求是低可探测性技术,即"隐身技术"。发动机对飞机隐身能力的影响主要包括雷达反射和红外辐射两方面。对隐身技术的进一步了解可以参见桑建华[13]的相关资料。

5.4.4.1 雷达反射

雷达是现代飞机用于侦测、跟踪目标的主要手段。雷达反射截面是(RCS)一个用以表示雷达发现目标有效电子尺寸的术语,也称"雷达横截面""雷达回波面积"或"雷达散射截面"。目标的探测距离是一个与给定雷达和发射信号大小等有关参数的函数。反射信号的大小是有效目标雷达截面大小的函数。雷达横截面具有可观测的特征,它可用来检测和跟踪飞机,雷达横截面可检测性高的飞机,被击落的概率也高。为了满足飞机的任务要求,需要规定发动机的可检测特征。随着作战装备向隐身化发展,发动机雷达反射要求不可缺少。

发动机进口和排气系统是发动机最主要的反射雷达波的位置,需要规定其在规定频率范围(2.0~1.8 GHz)内的最大雷达反射截面积,反射截面积应低于规定值。对其测量的频率范围、方位角和仰角按 GJB 241《航空涡轮喷气和涡轮风扇发动机通用规范》的规定确定。一般认为,发动机的 RCS 指标为整机的 0.5 倍左右。

根据雷达探测公式,雷达的截获距离与飞机的 RCS 值的四次方根成正比,因此如果 RCS 降低一个数量级,可使敌方的雷达探测距离降低 44% 左右。

飞机的整机 RCS 值是各个国家空军的不公开数据,据美国《空军》杂志 2019 年第 9 期发表的约翰·科雷尔的文章:Historyof Stealth:From Out of the Shadows,在 20 世纪 70 年代问世的美国空军的 F-15 "鹰"战斗机是世界上最具代表性的制空战斗机。但是,它的雷达横截面是 F-35 战斗机的 5 000 倍,雷达在 300 多 km 外就能探测到 F-15 战斗机,而 F-35 战斗机在接近 34 km 内才可被探测到,这时 F-35 早已完成了攻击,这就造成四代隐身战机在对阵三代非隐身战机开展空战演习时呈现一边倒的"屠杀"局面;在中东的军事冲突中,以色列空军采用 F-35 飞机如入无人之境,其他国家的防空系统基本无法与之抗衡。

5.4.4.2 红外辐射

发动机喷管和排气流会发出红外线辐射,它是飞机和地面的红外制导导弹最主要的跟踪攻击目标,需要设法降低发动机喷管和排气的红外辐射强度,但又不能将推力降到不可接受的程度。

发动机在不同工作状态和不同的方位或位置发出的红外辐射强度是有差异的,在要求发动机应进行红外辐射测量要求时,需要给出在一定方位角、仰角、红外线辐射带通、飞行高度以及发动机状态下的最大红外线辐射强度规定值,可按 GJB 241《航空涡轮喷气和涡轮风扇发动机通用规范》的相关规定进行。

发动机的红外辐射主要集中在 $3\sim5~\mu m$ 波段,且加力时的辐射强度超过了非加力状态 2 倍以上,因此一般控制红外辐射的重点是非加力状态。

5.4.5 "五性"

5.4.5.1 安全性

航空发动机作为飞机动力极大地决定着飞机的安全性，其故障或质量问题会产生严重的安全性后果。根据民用航空发动机适航规章，发动机危害性后果包括：高能碎片非包容，驾驶舱或乘员舱用发动机引气中有毒物质浓度足以引起驾驶员或乘员失去能力，与驾驶员指令方向相反的较大推力，失去控制的着火，发动机安装系统失效导致非故意的发动机脱开，发动机引起的螺旋桨脱开，完全失去发动机停车能力等。对发动机危害性后果的要求是：定量地规定造成危害性后果的故障发生概率的指标要求。

此外，根据 GJB 241A—2010《航空涡轮喷气和涡轮风扇发动机通用规范》，要求任何发动机故障或多重失效及任何可能的不正常操作，均不应引起发动机出现下列情况（定性要求）：着火；非包容；单发飞机不可恢复的空中停车；发动机失去停车能力；座舱引气使人员工作能力受到影响；安装系统失效，不能支撑发动机；大于规定的极限载荷等。此外，还应对发动机易燃液体系统的防/耐火、隔火装置设置、电气附件防爆、漏液、易燃液体排放、地面维护安全等方面明确要求。

具体可参见 GJB 900《系统安全性通用要求》、CCAR33《航空发动机适航规定》、欧洲航空安全局 CS-E《发动机合格证规范》、英国国防部标准 DEF STAN 00-970-11《飞机设计和适航性要求-11 部-航空发动机》提出的发动机安全性要求。DEF STAN 00-970-11 中规定，对于载人运输机发动机，危险性故障率应低于 $10^{-7} \sim 10^{-9}$ 次/飞行小时；对于其他类型发动机，危险性故障率应低于 $10^{-5} \sim 10^{-7}$ 次/飞行小时。

5.4.5.2 可靠性

根据飞机对发动机可靠性指标的分配、同类发动机实际使用情况以及发动机部附件可靠性情况，确定发动机的可靠性指标要求，包括定性与定量要求。

定性要求：在发动机研制中要贯彻 GJB 450《装备可靠性工作通用要求》等标准，并按要求开展相关的可靠性设计、试验与管理。对重大发动机故障进行 FTA 分析，并采取有效措施避免故障树底事件发生。

定量要求：提出平均故障间隔时间（MTBF）、空中停车率、提前返修率、外场可更换件更换率、平均维修间隔时间等指标要求。

确定发动机可靠性指标时还要考虑飞机的使用环境和使用方法。

5.4.5.3 维修性

根据飞机对发动机维修性指标的分配、同类发动机实际使用情况确定发动机的维修性指标要求，同时还要考虑飞机的使用、维修、保障特点。提出的发动机维修性要求应该是定性与定量的。

定性要求：在发动机研制中要贯彻 GJB 368《装备维修性工作通用要求》等标准，并按要求开展相关的维修性设计、试验与管理。另外，对发动机的维修可达性、方便性、防差错、无损检测等提出定性要求。

定量要求：重点提出发动机在外场级的维修性指标，主要包括每飞行小时平均维修人时、每次维修工作的平均维修人时、发动机更换时间、外场可更换件平均更换时间，以及特定检查/修理间隔等。

5.4.5.4 测试性

航空发动机属于非常复杂的机电设备，为保障其工作的安全性和可靠性，需要具有关键部件或参数的可测试性，要求发动机采用状态监视与故障诊断系统或健康管理系统对发动机进行及时、准确的故障检测和故障隔离。提出的测试性要求包括定性与定量的要求。

定量要求：对规定范围故障的故障检测率、虚警率及将故障隔离至外场可更换件的隔离率等。

定性要求：在发动机研制中要贯彻 GJB 2547《装备测试性工作通用要求》等标准，并按要求开展相关的测试性设计、试验与管理。

5.4.5.5 保障性/综合保障

保障性/综合保障是航空发动机可持续运行的关键。根据飞机使用保障需求，并参照相关军用标准提出发动机的综合保障要求，在发动机研制中要贯彻 GJB 3872《装备综合保障通用要求》等标准，开展保障性分析，确定发动机维修工作的任务、类型、时机、级别，以及使用与维修所需的资源。明确发动机战备完好率等保障性定量指标，并对发动机的保障设备、工具、备件、技术资料、人员培训、包装、存储、运输等提出相关要求。

在确定综合保障要求时，也要考虑到发动机自身特点和承受能力。例如在可运输性方面，涡轮发动机的轴承、封严装置、安装节和接合面硬涂层等在运输中易遭损坏，对发动机的性能和寿命有着不良的影响，这在确定运输条件要求时应予以考虑。

5.4.6 经济可承受性

从经济性讲，航空发动机像是一种非常昂贵的奢侈品。经济性是商用发动机追求的几大主要指标之一，对军用发动机也极为重要，它涉及是否买得起、用得起及战争能否打得起。对于航空发动机研制成本、使用成本及售价需要提出经济性的定性和定量要求，这需要根据发动机研制费用、试制成本、全寿命周期费用的初步测算，并参考同类发动机的实际研制、生产、使用、保障费用情况提出发动机的经济性要求。

定性要求主要包括：发动机设计中要贯彻经济可承受性原则，采取有效措施严格控制发动机的研制、生产、使用和保障成本等。

定量要求主要包括：控制发动机的单机采购成本，单机全寿命周期费用，每飞行小时单机费用等定量指标要求。

美国 F-22 飞机，据报道研制经费高达 330 亿美元，2008 年的单架造价超过 1.8 亿美元，美国共生产 187 架；F-119 发动机研制费约 25 亿美元（2007 年币值），单机价格 1 000 万美元（2011 年币值）。

5.4.7 子系统适应性与完整性

5.4.7.1 控制系统

发动机控制系统相当于人的大脑和神经调节系统。一款好的发动机不仅需要有好的机械主体，还需要有好的控制系统。对控制系统需要规定其功能要求；控制系统性能要求，包括稳态控制精度（推力、转速等）、过渡态控制品质（推力、转速等））；控制系统可靠性要求，包括冗余度、容错能力、备份控制等定性要求，以及系统 MTBF 和控制器 MTBF 等定量要求；控制系统软件要求，包括软件功能、性能、可靠性、完整性等。

5.4.7.2 监视系统/健康管理系统

现代航空发动机结构越来越复杂，机件越来越精密，需要有很强的监视与健康管理功能，为此设有监视系统/健康管理系统。

对该系统需要规定其功能、性能要求，故障检测率、隔离率、虚警率等要求，故障预测、寿命管理要求等，还需规定发动机状态监视与故障诊断、健康管理等软件的功能、性能、可靠性和完整性等要求。

5.4.7.3 其他相关系统

航空发动机还包含了诸多系统，它们对发动机功能和性能的正常发挥均有着不可或缺的作用和影响。在发动机的研发过程中，对其均需有技术指标要求，有定性或定量的或两者兼有的。除了有以上提及的控制系统和监视系统/健康管理系统外，主要部分如下：

1）燃油系统：需规定燃油系统进口压力、进口温度、抗污染度、工作介质等工作适应性要求，以及燃油系统附件的环境适应性、耐久性和安全性要求等。CFM56-5B1 发动机规定可用的燃油包括：Jet A，JP-4，JP-5，以及中国 3 号喷气燃料，其中主要使用的燃油是 Jet A，当从主要燃油换为使用另一种燃油时不需要调整燃油控制。

2）电气系统：需规定发动机的电源适应性要求，以及电气附件的功能、性能、环境适应性、电磁兼容性和可靠性等要求。

3）润滑系统：需规定滑油消耗量、可用滑油容积、适用滑油牌号、滑油中断时发动机工作能力等要求，以及润滑系统附件的功能性能、耐久性、环境适应性、安全性等要求。一般要求滑油消耗率在 1 L/h 以下，滑油箱容量在几十升左右（不同型号差别较大）。

4）起动系统（含点火、补氧系统）：需规定发动机的起动方式、再次起动时间间隔、自动再点火功能等，以及起动机的主要指标（输出功率、起动次数、使用环境等）。

5）矢量喷管系统：需规定矢量喷管的最大偏转速率、最大偏转角、偏转角精度、矢量喷管工作可靠性等。

6）反推力系统：需规定反推力装置打开时间、关闭时间和工作可靠性等。

7）软件：需规定发动机控制、状态监视与故障诊断、健康管理等软件的功能、性能、可靠性和完整性等要求。

注：本章内容的主要素材取自以下参考文献以及若干其他资料。

参考文献

[1] Mattingly J. D.. Aircraft engine design. American Institute of Aeronautics and Astronautics, Inc. 2000.

[2] D. P. Raymer. Aircraft Design：A Conceptual Approach. AIAA Inc. , 2018.

[3] Leland M. Nicolai, Grant E. Carichner. Fundamentals of Aircraft and Airship Design, Volume I—Aircraft Design. AIAA, 2010.

[4] 刘虎, 等. 飞机总体设计 [M]. 北京：北京航空航天大学出版社, 2019.

[5] [英] 劳埃德·R. 詹金森, [美] 吉姆·R. 飞机设计案例教程 [M]. 马奇曼, 李占科, 译. 北京：航空工业出版社, 2013.

[6] 段卓毅. 航空装备顶层设计 [M]. 北京：航空工业出版社, 2019.

[7] 王永庆. 航空武器装备研发理论与实践 [M]. 北京：航空工业出版社, 2018.

[8] [英] L. R. 詹金森、P. 辛普金、D. 罗兹, 民用喷气飞机设计 [M]. 李光里, 等译. 北京：航空工业出版社, 2014.

[9] [英] 尼古拉斯·昆普斯蒂、安德鲁·海斯. 喷气推进—喷气发动机气体动力学、热力学设计和性能简要指导 [M]. 陈迎春, 等译. 上海：上海交通大学出版社, 2018.

[10] US DoD. JSSG-2007B, Engines, Aircraft, Turbine [G]. US DoD, 2007.

[11] 中国人民解放军总装备部. GJB 241A—2010, 航空涡轮喷气与涡轮风扇发动机通用规范 [M]. 北京：总装备部军标出版发行部, 2010.

[12] 中央军委装备发展部. GJB 242A—2018, 航空涡轮螺桨和涡轮轴发动机通用规范 [M]. 北京：国家军用标准出版发行部, 2018.

[13] 桑建华. 飞行器隐身技术 [M]. 北京：航空工业出版社, 2013.

第 6 章
发动机初步总体设计

发动机初步总体设计，也称为发动机热力循环分析，以获得发动机单位性能参数随工作过程的变化规律，估算推进系统在设计限制、飞行条件和设计选择方面的性能参数。在第 5 章中介绍过，设计发动机时，对发动机的性能要求是由飞机设计师提出的，但是，飞机设计师是根据其设计的飞机技术要求，选定若干典型的飞行状态，提出对发动机的要求，而不是全部飞行状态的。比如，提出为了保证飞机的某些典型性能，要求发动机在某飞行高度和速度时，发动机的推力、推重比、耗油率应为多少，等等。但是，当发动机在其他的高度和速度飞行时，这些参数又是多少呢？

为此，发动机设计师需要确定发动机在整个使用包线内的性能。首先，需要选定发动机的一个主要技术状态，作为发动机的设计、计算状态，也就是发动机设计点，来进行热力计算；完成设计点的热力计算后，才能初步确定满足飞行任务要求的发动机设计参数选择的大致范围，只有进行了设计点的热力计算，确定了发动机的特征尺寸之后，才能进行发动机其他工作点（非设计点）的热力计算，以确定发动机非设计点的性能。发动机初步总体设计的具体流程可以分为：设计点性能分析、非设计点性能分析和安装性能分析三个过程。

1) 设计点性能分析。根据第 5 章中飞机任务分析和约束条件分析获得的对发动机的主要参数要求（也就是发动机单位推力和单位耗油率等），选取发动机部件的多变效率和总压损失等关键参数，进行发动机气动热力的计算分析，并结合若干典型飞行状态对发动机的要求值进行设计点性能寻优分析，得到设计点的工作参数范围和性能分析结果。

2) 非设计点分析。有了以上设计点的参数范围，可以设想已经有一台相对应的发动机，这台发动机就被暂时称作基准发动机，这时设计点参数范围内的工作点也叫参考点。采用相关的计算程序，输入这台发动机的非设计点宽广的工作参数，以及经过大量的迭代求解，得到发动机非设计点的性能分析结果。

3) 安装性能分析。通过计算分析，确定进气道截面尺寸和尾喷管截面尺寸，以及计算对发动机的推力损失，获得发动机安装性能和最终尺寸，因而得到发动机完整的非安装性能。此时获得的发动机参考点就是发动机部件设计中的发动机设计点。

以上的详细分析方法和内容可参见廉筱纯[1]、Mattingly J D[2]和陶增元[3]等的著作。以下将以此为基础，开展热力循环参数确定和优化的讨论。

6.1 设计点性能分析

6.1.1 目的

设计点性能分析的目的在于进行热力循环参数的确定和优化。具体过程是，对要求的性能参数（主要是单位推力和耗油率）、设计极限（例如最大的许用涡轮温度和可达到的部件效率）、飞行条件（外界压力、温度和马赫数）和设计选择（例如压气机压比、风扇压比、涵道比和节流比）之间的关系进行分析，获得发动机单位性能参数随工作过程的变化规律，以确定发动机设计点的寻优范围。

6.1.2 设计点循环分析

对发动机设计点的热力循环进行分析计算，通过假设每股气流为理想气体的一维流动，利用实际效率表示非理想的部件特性，使得气动热力学分析会比较简单。首先，需给定相关的已知条件：

1) 给定飞行条件和大气条件；
2) 给出典型状态下飞机对发动机的性能要求，如推力、单位推力和单位燃油消耗率等的具体值；
3) 选择一组工作过程参数：压气机增压比、风扇增压比、涵道比、涡轮前温度和加力燃烧室出口温度等；
4) 给出发动机各部件效率或损失系数的估计值。

发动机设计从循环参数分析开始，通常在这个研制阶段可以设想发动机是一种"橡皮"，它的尺寸是任意的，它的性能以比值或"单位"的性能形式表示。因此，每选一组工作过程参数都有对应的发动机单位性能参数，同时产生了具有自己的几何和工作特性的一台发动机"硬件"。

通常，发动机设计师是根据部件设计已达到的水平、技术攻关的最新成果以及可能采取的新技术，选定部件的设计参数（效率或总压恢复系数等），同时选取不同工作过程参数的组合，进行这一设计状态下的气动热力计算，并根据计算结果选取最合理的发动机工作过程参数作为发动机的设计参数。

进行设计点循环分析，至少有三个重要原因：
1) 发动机非设计状态性能分析是在发动机的设计点和尺寸得到确定之后才能开始；
2) 设计点分析比非设计点分析简捷而省时得多，因而常常提供可直接找到的数学最优解；
3) 确定在每一任务飞行条件下提供最佳性能的发动机设计选择的组合，揭示出搜寻最优解的方向。

为了提供最有效的设计点循环分析手段,下面将以一种发动机为研究对象建立其热力循环的关系式,即具有引气和功率分出的混合排气式、带冷却的双转子加力式涡扇发动机,这样做的原因是许多其他发动机的循环可通过将某些设计选择简化而得到其特性。

6.1.2.1 计算参数定义及截面编号

在进行设计点循环分析之前,先要定义主要计算参数和进行发动机的截面编号。

发动机非安装推力(F)和非安装推力耗油率(S)是发动机总体性能的主要度量。根据第2章的结论,单一方向排气的发动机的非安装推力可以写成

$$F = (\dot{m}_9 V_9 - \dot{m}_0 V_0) + A_9(P_9 - P_0) \tag{6-1}$$

式中,截面0是发动机的远前方,而截面9是发动机出口。非安装推力耗油率由下式给出

$$S = \frac{\dot{m}_f + \dot{m}_{fAB}}{F} \tag{6-2}$$

式中,$\dot{m}_f + \dot{m}_{fAB}$——供入发动机主燃烧室和加力燃烧室的总燃油流量。

设计点循环分析采用每单位质量流量的非安装推力($F/\dot{m}_0$)(称为单位推力)和非安装推力耗油率(S)作为主要性能度量。表6-1给出了几种常用但不同类型发动机的这些参数的典型值。

表6-1 典型的 $F/\dot{m}_0$ 和 S 值

机种	压气机压比 (π_c)	风扇压比 π_f	涵道比 (α)	T_{t7} /K	T_{t4} /K	$F/\dot{m}_0$ /[lbf·(lb·s)$^{-1}$]	$S/(1 \cdot h^{-1})$
不加力涡喷	10~20	—	—	—	1 110 1 670	54~58 93~96	1.0~1.1 1.3~1.4
加力涡喷	10~20	—	—	2 000	1 110 1 670	94~101 115~119	2.0~2.2 1.7~1.8
低涵道比 不加力涡扇	20~30	2~4	0.2~1	—	1 110 1 670	23~47 53~84	0.85~1.0 0.96~1.5
低涵道比 加力涡扇	8~30 10~30	2~4	0.2~1	2 000	1 110 1 670	75~98 102~116	2.1~2.7 1.7~2.0
高涵道比 不加力涡扇	30~40	1.4~1.6 1.4~4	5~7.5 5~10	—	1 110 1 670	5.5~12 13~27	0.76~0.97 0.67~1.03

发动机计算时,需要对发动机截面进行位置标识,具体标注如图6-1和图6-2所示。

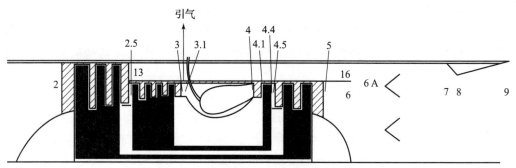

图 6-1 基准截面—混排式涡扇发动机

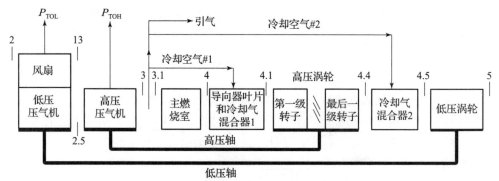

图 6-2 基准截面—引气和涡轮冷却气流

6.1.2.2 总参数比

引用总压(等熵滞止)比 π 和总焓(温)(绝热滞止)比 τ,其定义为

$$\pi_i \approx 部件 i 出口总压/部件 i 进口总压 \tag{6-3a}$$

$$\tau_i \approx 部件 i 出口总温/部件 i 进口总温 \tag{6-3b}$$

而且,每一部件的 π 和 τ 均由表 6-2 中的下标来识别。

表 6-2 总压比 π 和总焓比 τ 下标

下标	部件	截面
AB	加力燃烧室	6A→7
b	燃烧室	3.1→4
c	压气机	2→3
cH	高压压气机	2.5→3
cL	低压压气机	2→2.5
d	扩压器或进气道	0→2
f	风扇	2→13
—	风扇外涵	13→16
m1	冷却气混合器1	4→4.1

续表

下标	部件	截面
m2	冷却气混合器2	4.4→4.5
M	混合器	6→6A
n	尾喷管	7→9
t	涡轮	4→5
tH	高压涡轮	4→4.5
tL	低压涡轮	4.5→5

注意：由于空气与燃气的比热容不同，故燃烧室和加力燃烧室的 τ 为

$$\tau_b = \frac{c_{p4} T_{t4}}{c_{p3} T_{t3}} \tag{6-4a}$$

$$\tau_{AB} = \frac{c_{p7} T_{t7}}{c_{p6A} T_{t6A}} \tag{6-4b}$$

6.1.2.3 总质量流量

最有用的质量流量比包括下列各项：

涵道比（α）：

$$\alpha \approx \frac{\text{外涵流量}}{\text{核心机流量}} = \frac{\dot{m}_F}{\dot{m}_C} \tag{6-5a}$$

相对引气量（β）：

$$\beta \approx \frac{\text{引气流量}}{\text{核心机流量}} = \frac{\dot{m}_b}{\dot{m}_C} \tag{6-5b}$$

相对冷却气量（ε_1 和 ε_2）：

$$\varepsilon_1 \approx \frac{\dot{m}_{cool1}}{\dot{m}_C} \tag{6-5c}$$

$$\varepsilon_2 \approx \frac{\dot{m}_{cool2}}{\dot{m}_C} \tag{6-5d}$$

燃烧室油气比（f）：

$$f = \frac{\text{燃烧室燃油流量}}{\text{燃烧室进口空气流量}} = \frac{\dot{m}_f}{\dot{m}_{3.1}} \tag{6-5e}$$

混合器涵道比（α'）：

$$\alpha' \approx \frac{\text{进入混合器的风扇空气流量}}{\text{进入混合器的涡轮燃气流量}} = \frac{\dot{m}_{16}}{\dot{m}_6} \tag{6-5f}$$

加力燃烧室油气比（f_{AB}）：

$$f_{AB} \approx \frac{\text{加力燃烧室燃油流量}}{\text{加力燃烧室进口空气流量}} = \frac{\dot{m}_{fAB}}{\dot{m}_C + \dot{m}_F - \dot{m}_b} \tag{6-5g}$$

总的油气比（f_0）：

$$f_0 \approx \frac{总燃油流量}{发动机进口空气流量} = \frac{\dot{m}_f + \dot{m}_{fAB}}{\dot{m}_C + \dot{m}_F} \tag{6-5h}$$

涡轮冷却流量：

发动机分析中所用的涡轮冷却模型示如图 6-3 所示。冷却气在压气机出口（截面 3）引出，一部分冷却气（$\dot{m}_{cool1} = \dot{m}_C \varepsilon_1$）用于冷却高压涡轮导向器叶片，剩余的（$\dot{m}_{cool2} = \dot{m}_C \varepsilon_2$）用于冷却高压涡轮转子。在循环分析中，认为冷却气流 $\dot{m}_{cool1}$ 和 $\dot{m}_{cool2}$ 分别引入冷却气混合器 1 和 2 中并得到充分混合，在冷却气混合器 2 中假设无总压损失，但不包括低压涡轮冷却气。

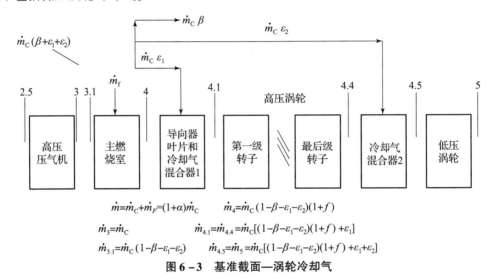

图 6-3 基准截面—涡轮冷却气

6.1.2.4 部件效率

（1）旋转部件

对于旋转部件来说，用效率建立 π 与 τ 之间的关系式通常是很方便的。效率依据经验考虑了损失或实际影响因素。e 称作多变效率，它的应用更加广泛，因为它代表了技术水平而不是某一给定装置的特性（如 η 所给出的）。表 6-3 给出了对于不同技术水平的多变效率的代表值。

表 6-3 部件多变效率和总压损失

部件	指标	类型	技术水平（年代）			
			1945—1965	1965—1985	1985—2005	2005—2025
扩压器	π_{dmax}	A①	0.90	0.95	0.98	0.995
		B②	0.88	0.93	0.96	0.97
		C③	0.85	0.90	0.94	0.96
压气机	e_c	—	0.80	0.84	0.88	0.90
风扇	e_f	—	0.78	0.82	0.86	0.89

续表

部件	指标	类型	技术水平（年代）			
			1945—1965	1965—1985	1985—2005	2005—2025
燃烧室	π_b	—	0.90	0.92	0.94	0.96
	η_b	—	0.88	0.94	0.99	0.995
涡轮	e_t	非冷却	0.80	0.85	0.89	0.91
		冷却	—	0.83	0.87	0.89
加力燃烧室	π_{AB}	—	0.90	0.92	0.94	0.95
	η_{AB}	—	0.85	0.91	0.96	0.97
尾喷管	π_n	D④	0.95	0.97	0.98	0.995
		E⑤	0.93	0.96	0.97	0.985
		F⑥	0.90	0.93	0.95	0.98
最大 T_{t4}		(K)	1 110	1 390	1 780	2 000
		(°R)	2 000	2 500	3 200	3 600
最大 T_{t7}		(K)	1 390	1 670	2 000	2 220
		(°R)	2 500	3 000	3 600	4 000

注：
①A 发动机在短舱内的亚声速飞机。
②B 发动机在机体内的亚声速飞机。
③C 发动机在机体内的超声速飞机。
④D 固定面积收敛喷管。
⑤E 可调面积收敛喷管。
⑥F 可调面积收（敛）—扩（散）喷管。

以风扇为例：

$$\tau_f = \frac{T_{t13}}{T_{t2}}, \pi_f = \left(\frac{T_{t13}}{T_{t2}}\right)^{\frac{\gamma_{ef}}{\gamma-1}}, \tau_{fi} = \frac{T_{t13i}}{T_{t2}} = (\pi_f)^{\frac{\gamma-1}{\gamma}}, \eta_f = \frac{\tau_{fi}-1}{\tau_f-1} \qquad (6-6)$$

(2) 燃烧部件

燃烧室：

$$\eta_b = \frac{\dot{m}_4 c_{p4} T_{t4} - \dot{m}_{3.1} c_{p3.1} T_{t3.1}}{\dot{m}_f h_{PR}} \leqslant 1 \qquad (6-7a)$$

加力燃烧室：

$$\eta_{AB} = \frac{\dot{m}_7 c_{p7} T_{t7} - \dot{m}_{6A} c_{p6A} T_{t6A}}{\dot{m}_{fAB} h_{PR}} \leqslant 1 \qquad (6-7b)$$

(3) 功率传递部件

对于那些仅仅利用轴、齿轮等传送机械功率的部件来说，用简单定义的机械效率考虑诸如轴承摩擦和密封件阻力等。在此情况下，有

$$\eta_m = \frac{机械功率输出}{机械功率输入} \qquad (6-8)$$

这样，η_{mH}、η_{mL}、η_{mPH} 和 η_{mPL} 分别对应于高压涡轮轴、低压涡轮轴及由高压轴和低压轴驱动的功率分出。

6.1.2.5 发动机性能分析

用上面所列的定义和主要的总体参数的求解公式分析图 6-1~图 6-3 所示发动机循环的总体和部件性能，(详见有关文献[2])，可以获得：

1) 非安装单位推力（$F/\dot{m}_0$）。
2) 速度比（V_9/a_0）。
3) 总的静温比（T_9/T_0）。
4) 非安装耗油率（S）。
5) 推进效率（η_P）、热效率（η_{TH}）和总效率（η_0）。

6.1.2.6 计算的输入和输出

设计过程首先要对许多设计参数进行合理地假设选择，才可以求解循环性能方程组和预测相应的发动机参数性能。由于设计参数的多样性和选择的范围，对一给定的任务搜寻合适的参数组合需要有独创性和耐心，一开始并不能保证找到成功的组合。

对于确定的设计点，可以完全采用手动计算，但是为了计算出足够的参数，以选出基准点，需要进行大量的计算分析，因此需要采用合适的计算机仿真软件。

按复杂性、精度和计算时间权衡，发动机性能计算程序可选用不同的燃气性质（比热）模型。

(1) 输入

1) 飞行参数：Ma_0，T_0，P_0（飞行马赫数、大气温度、压力）。
2) 飞机系统参数：β，C_{TOL}，C_{TOH}（相对引气量、低压涡轮引气量、高压涡轮引气量）。
3) 设计限制：

①燃料热值：h_{PR}。

②部件目标值：ε_1，ε_2（相对冷却气量）；

π_b，π_{dmax}，π_{Mmax}，π_{AB}，π_n（部件压比）；

e_f，e_{cL}，e_{cH}，e_{tH}，e_{tL}（部件多变效率）；

η_b，η_{AB}，η_{mL}，η_{mH}，η_{mPL}，η_{mPH}（后四个为机械效率，分别对应高压涡轮轴、低压涡轮轴及由高压轴和低压轴驱动的功率分出）。

4) 设计选择：π_f，π_{cL}，π_{cH}，α，T_{t4}，T_{t7}，Ma_6，P_0/P_9。

输入的安排要点是，对发动机搜寻最下一行 8 个设计参数选择的最佳组合，同时保证其他 25 个参数是现实的。此途径的重点之一就是进行敏感性研究（见后），以确定 25 个参数中哪一些必须准确求得。

（2）输出

总体性能：$F/\dot{m}_0$，S，f_0；

η_P，η_{TH}，V_9/V_0，P_{t9}/P_9，T_9/T_0。

部件特性：π_{tH}，π_{tL}；

τ_f，τ_{cL}，τ_{cH}，τ_{tH}，τ_{tL}，τ_λ，$\tau_{\lambda AB}$（τ_λ是内外涵道混合器的进出口温度比值）；

f，f_{AB}；

Ma_{16}，Ma_{6A}，Ma_9。

这样，可以依次计算0—0截面至9—9截面的气动热力参数。具体的计算方法和过程可详见有关文献[2]。

6.1.3 举例发动机的选择：设计点分析

设计点分析过程如下：使用前面提出的方法，选取第5章招标书（RFP）中描述的空战战斗机（AAF）发动机设计参数的最佳组合；选用一个合适的比热模型（除燃烧室和加力燃烧室外所有部件都是定比热，在燃烧室和加力燃烧中变比热能够比较精确地估计燃油消耗）；采用合适的发动机模型，能够既快捷又精确地估算发动机参数特性；计算、分析出几个关键飞行状态下发动机设计点的可能组合，以便缩小主要的发动机设计参数的范围；确定这些参数的合理范围后，即可着手非设计状态或性能分析，并选出能够产生所需安装推力的发动机尺寸。

6.1.3.1 选择合适的设计点参数范围

在第5章的约束分析中，将发动机的节流比（T_R，定义为空中的最大状态涡轮前温度与地面起飞涡轮前温度的比值）值选定为1.07。在图6-4中，画出量纲为1的自由流总温（θ_0，定义为自由流总温与标准大气海平面温度之比）与AAF约束和任务飞行条件的关系图线。注意，相应的飞行条件包括在θ_0值1.07的上下。图6-4中的θ_0也是控制系统控制的一个关键拐点，作为被控参数从最大压比转到最大温度的拐点。发动机在$\theta_0=1.07$的右边是T_{t4}受限制，左边是π_c受限制。

为使大量有希望的设计点选择缩小至可控制的范围，不必详细研究飞机飞行条件和发动机设计点所有可能的组合。相反，一些具有明显不同特性和/或燃油消耗较多的关键飞行条件可用于确定重要的趋势。对AAF来说，选取了下面这样典型的参数组合：

1) 2 000 ft，100 °F起飞，在发动机工作在T_{t4}受限制的飞行条件（$\theta_0>1.07$）时要求大的推力。

2) 0.9 Ma/42 000 ft亚声速巡航爬升（BCM/BCA），在3-4航段和10-11航段要求低油耗。

3) 1.5 Ma/30 000 ft超声速突防和脱离冲刺，在6-7航段G分航段和8-9航段要求大的推力，以保证不打开加力超声速巡航时具有低的油耗。

4) 1.2 Ma/30 000 ft下的超声加速，在6-7航段F分航段和7-8航段K分航段要求打开加力时的大推力并且要低油耗。

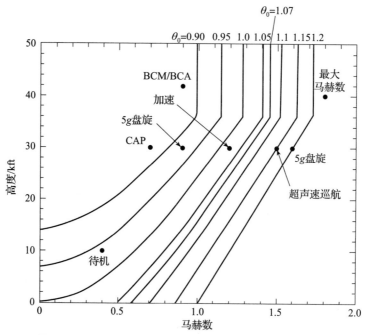

图6-4 标准天气下关键飞行条件（状态）与 θ_0 的关系

6.1.3.2 部件的设计性能参数

参照表6-3的数据，并认为AAF发动机将采用可用的最先进的发动机技术，则发动机将根据表6-4所示部件性能参数和信息进行设计。

表6-4 部件设计参数输入值

说　明	输入（设计）值
多变效率	—
风扇（e_f）	0.89
低压压气机（e_{cL}）	0.89
高压压气机（e_{cH}）	0.90
高压涡轮（e_{tH}）	0.89
低压涡轮（e_{tL}）	0.91
总压比	—
进气道（π_{dmax}）	0.97
燃烧室（π_b）	0.96
混合器（π_{Mmax}）	0.97
加力燃烧室（π_{AB}）	0.95
尾喷管（π_n）	0.98

续表

说　明	输入（设计）值
部件效率	—
燃烧室（η_b）	0.995
加力燃烧室（η_{AB}）	0.97
机械效率	—
低压轴（η_{mL}）	0.995
高压轴（η_{mH}）	0.995
功率分出—低压轴（η_{mPL}）	0.995
功率分出—高压轴（η_{mPH}）	0.995
燃油（JP-8）热值（h_{PR}）	18 400 Btu/lb[①]
主燃烧室出口（$T_{t4\,max}$）	≤1 889 K
加力燃烧室（总温）（T_{t7}）	2 000 K
涡轮冷却空气：$T_{t4\,max} > 1\,333\text{ K}, \varepsilon_1 = \varepsilon_2 \approx (T_{t4\,max} - 1\,333)/8\,889;$ $T_{t4\,max} \leq 1\,333\text{ K}, \varepsilon_1 = \varepsilon_2 = 0_\circ$	

6.1.3.3　结果分析

采用有关计算机仿真程序《飞机/航空发动机一体化设计系统》[4]，研究 6.1.3.1 节中选出的对燃油消耗较敏感的三个飞行条件下设计参数 π_c，π_f，α，T_{t4} 和 T_{t7} 的 60 个不同的设计点组合。图 6-5～图 6-9 的曲线是最有希望的设计组合的研究结果，这些结果用非安装耗油率随非安装单位推力的变化表示。所要求的非安装耗油率（S）也在图上画出，以便与非安装的油耗的估计值进行比较。

注意：$\alpha = 0$ 相应于零涵道比涡扇发动机，即通常所说的涡喷发动机。

所研究的三种飞行条件下的设计 T_{t4}（值）和目标 S 值列在表 6-5 中，其中 BCM 和 BCA 分别代表最佳巡航马赫数和最佳巡航高度。

（1）0.9 Ma/43 000 ft，BCM/BCA（亚声速巡航爬升）

对图 6.5 和图 6.6 的研究表明，非安装耗油率（S）与单位推力（$F/\dot{m}_0$）显著地受涵道比（α）和压气机压比（π_c）的影响。S 和 $F/\dot{m}_0$ 均随最大循环温度增高而增大。另一方面，如图 6.7 所示，风扇压比（$\pi_{f'}$）随 π_c 和 T_{t4} 的增加而增加，而随 α 的增加而减小。因此，这里主要目标集中于 α 和 π_c 的可使用范围的选择，而 π_f 和 T_{t4} 将留在后面的结果中考虑。

---

① Btu/lbm 为比热单位，1 Btu/lbm = 2 326 J/kg。

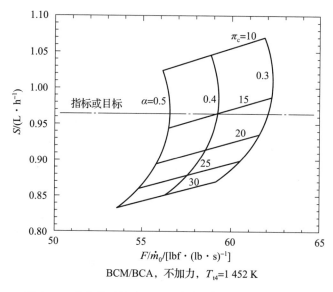

图 6-5 非安装耗油率（S）随单位推力（$F/\dot{m}_0$）变化

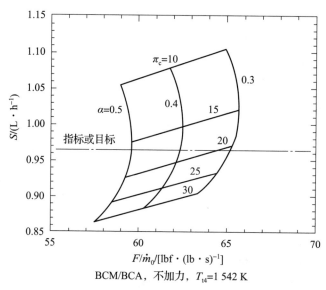

图 6-6 非安装耗油率（S）随单位推力（$F/\dot{m}_0$）变化

根据对亚声速涡扇发动机一般的估计，增大 α 将使 $F/\dot{m}_0$ 和 S 均减小，因为可用推进能量传播到更多的流入的空气中。因为等 π_c 直线斜率表明 $F/\dot{m}_0$ 的下降速度按百分比约为 S 的两倍，那么选择 α 大于 0.5 似乎是不合适的。因为涵道比太大的话，从图上看，虽然油耗降低了，但是单位推力降低太多了，这样会导致发动机直径太大，不适合装备战斗机；反过来，因为在中到高压比下 S 满足目标要求，所以 α 不应小于 0.3。因此，此飞行条件下，α 的最佳值为 0.3~0.5。

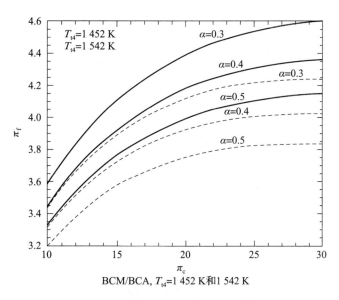

BCM/BCA, $T_{t4}=1\,452$ K 和 1 542 K

图 6-7 风扇压比随压气机压比的变化

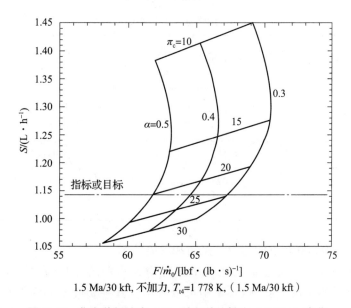

1.5 Ma/30 kft, 不加力, $T_{t4}=1\,778$ K, (1.5 Ma/30 kft)

图 6-8 非安装耗油率 (S) 随和单位推力 ($F/\dot{m}_0$) 变化

仅增大 π_c 将使 $F/\dot{m}_0$ 和 S 的特性更加复杂,因为在 $F/\dot{m}_0$ 达到最大值时 S 还在继续减小,此特点是涡轮发动机的典型特征。$F/\dot{m}_0$ 达到最大值是由于下述简单事实,即在允许的 T_{t4} 达到最大值之前,π_c(和 T_{t3})值的增加最终将限制加入的燃料量。逻辑上选择的 π_c 值应在曲线的弯曲部位以下,但不能太靠下,否则 S 稍有减小便会使 $F/\dot{m}_0$($F/\dot{m}_0$)迅速下降。而且,π_c 不应超过合理的范围(目前此范围为 35~40)。然而,计算表明,在 T_{t3} 超过目前能力($T_{t3max} > 944$ K)之前,π_c 不会达到高马赫数飞行条件的那个限制。总的来说,这些原因表明,对于此飞行条件,π_c 应该保持在 20~30 之间。

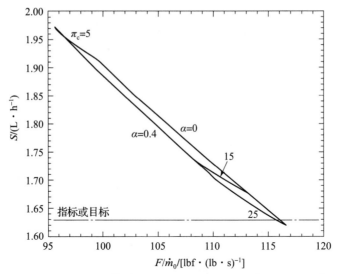

1.2 Ma/30 kft, 开加力, $T_{t7}=2\,000$ K, $T_{t4}=1\,700$ K, (1.2 Ma/30 kft)

图 6-9 非安装耗油率（S）随和单位推力（$F/\dot{m}_0$）变化

表 6-5 燃烧室温度和耗油率目标

飞行状态	Ma	高度/kft	θ_0	T_{t4max} /K(°R)	T_{t4} /K(°R)	TSFC	指标或目标 S^a
BCM/BCA	0.9	42	0.873 7	1 778（3 200） 1 889（3 400）	1 453/2 613 1 542/2 776	1.015	0.964
超声速巡航	1.5	30	1.151	1 778（3 200）	1 778（3 200）	1.203	1.143
加速	1.2	30	1.023	1 778/3 200	1 700（3 059）	1.714	1.629

a 基于6.1.3.1节的数据和5%的安装损失。

(2) 1.5 Ma/30 000 ft 下的超声速突防和脱离冲刺

在此飞行状条件下，通过 π_c，$\pi_{f'}$，α 与 T_{t4} 对 S 和 $F/\dot{m}_0$ 的影响可以作出与上面非常相似的定性和定量的结论。从图 6-8 中可以看出，其主要的不同在于在曲线弯曲部位下面的关键区域，$F/\dot{m}_0$ 随 π_c 下降较快而随 α 的下降较慢，且在最高允许 π_c 值下核心流没有堵塞的迹象。考虑到这些因素，包括在此飞行条件下对大推力的特殊需要，参数的适用范围为 $15 < \pi_c < 25$ 和 $0.3 < \alpha < 0.4$。

(3) 1.2 Ma/30 000 ft 下的超声速加速

图 6-9 所示的计算结果表明，增加 π_c 和减小 α 均可使 S 减小和 $F/\dot{m}_0$ 增加，而改变 T_{t4} 或 T_{t7} 均可使 S 和 $F/\dot{m}_0$ 有所增加。

结果，此飞行条件下产生的发动机性能信息表明，$20 < \pi_c < 30$，$0 < \alpha < 0.4$。至此所获得的结果表明，尽管增加 T_{t4} 和 T_{t7} 可以增大发动机的单位推力并因此使发动机尺寸减小，但还是必须限制 T_{t4} 和 T_{t7}，以便达到可接受的油耗。它们的极限将被任意地选定

为 $T_{t4} \leq 1\ 778\ \text{K}$ 和 $T_{t7} \leq 2\ 000\ \text{K}$，因为即使是这些值也需要提高材料和冷却能力（见表 6-5）。如果后面的计算获得好的结果，则这些假设和其他任何假设均可改变。

通过对计算结果的分析，可以得出：所期望的耗油率能够在某些飞行条件下满足，但并非是所有的飞行条件。因此，搜寻工作的重点必须继续放在整个任务中的低油耗上，否则 AAF 的起飞重量（W_{T0}）肯定将超过第 5 章中的初始估计值。

6.1.3.4 综合结果——设计选择的范围

在最终选择发动机参考点（最终确定后才称为设计点）的主要参数范围之前，要考虑这样两个情况：

第一，要说明它们仅与某一特定的飞行条件（即 P_0，T_0 和 Ma_0）有关，这最好是靠近最终参考点的飞行条件。因为 AAF 在整个 $0.9 < \text{Ma}_0 < 2.0$，30~45 kft 范围内必须很好地工作，所以可以合理地得出结论，把参考点放在 1.5 Ma/35 kft 附近。

第二，任何选择都应考虑到当发动机在非设计点工作时参数的正常特性。一个合理的目标就是在所有关键工作点使发动机主要参数均在其最好的范围内。这样，对每一关键工作点来说发动机似乎都是设计得合适的。

按照前面对三个关键工作点的分析，获得了发动机主要设计参数的最有希望范围的最终选择：

$$1.2 \leq \text{Ma}_0 \leq 1.6$$
$$30 \leq h \leq 45\ \text{kft}$$
$$15 \leq \pi_c \leq 25$$
$$0.3 \leq \alpha \leq 0.4$$
$$3 \leq \pi_f \leq 5$$
$$T_{t4} \leq 1\ 778\ \text{K}(3\ 200\ °\text{R})$$
$$T_{t7} \leq 2\ 000\ \text{K}(3\ 600\ °\text{R})$$
$$0.35 \leq \text{Ma}_6 \leq 0.45$$

6.1.3.5 敏感性分析

发动机循环性能参数计算的能力可通过敏感性分析得到更好的认识和评价。在此分析过程中，所有输出变量随每个独立输入变量的变化百分比，通过每次仅对一个输入参数做微量变化来确定。例如，要了解耗油率（S）仅对循环涵道比（α）一个参数的敏感性如何，则可以由两步相连续的（差别仅在于 $\delta\alpha \ll \alpha$）基准点计算求得关系式如下：

$$\frac{(S_2 - S_1)/S_1}{(\alpha_2 - \alpha_1)/\alpha_1} = \frac{\delta S}{\delta \alpha}$$

此比例的极限代表了数学上的斜率或导数。

现在来研究一种混排式涡扇发动机的单位推力与推力耗油率对飞行条件和发动机设计选择的敏感性，这种发动机的部件性能设计值见 6.1.3.2 节中的数据，发动机的基准点为

$$\text{Ma}_0 = 1.6,\ \alpha = 0.4$$
$$\text{Alt} = 35\ \text{kft},\ T_{t4} = 3\ 200\ °\text{R}$$
$$\pi_c = 16,\ T_{t7} = 3\ 600\ °\text{R}$$
$$\pi_f = 3.8,\ P_0/P_9 = 1$$

表 6-6 示出了 $F/\dot{m}_0$ 和 S 对于发动机基准点设计选择的敏感性。这些数据是由给定的每个设计选择以 +0.05% 的增量变化时求得的。因为当 P_0/P_9 为 1 时，S 和 $F/\dot{m}_0$ 分别达最小和最大值，所以敏感性包括 P_0/P_9 的（+）或（-）变化。例如，由表 6-6 可以看出耗油率对于涵道比变化的敏感性为

$$\frac{\delta S}{\delta \alpha} = -0.072\ 3 \quad \text{军用推力}$$

$$= +0.034\ 1 \quad \text{最大推力}$$

两个值均表明 S 对 α 的敏感性不显著，然而此不敏感性并非所有分析结果的典型情况。

表 6-6 敏感性分析

参数百分比变化	军用推力		最大推力	
	$F/\dot{m}_0/[\text{lbf} \cdot (\text{lb} \cdot \text{s}^{-1})]$	$S/(\text{L} \cdot \text{h}^{-1})$	$F/\dot{m}_0/[\text{lbf} \cdot (\text{lb} \cdot \text{s}^{-1})]$	$S/(\text{L} \cdot \text{h}^{-1})$
T_{t4}	+1.055 3	+0.575 2	+0.225 0	-0.098 7
T_{t7}	—	—	+0.852 0	+0.825 8
π_c	-0.092 0	-0.145 2	+0.029 8	-0.038 2
π_f	-0.008 9	+0.007 0	-0.006 4	+0.006 8
α	-0.209 8	-0.072 3	-0.036 9	+0.034 1
Ma_6	-0.002 6	+0.003 5	-0.002 1	+0.002 3
P_0/P_9	-0.004 0	+0.003 4	-0.003 4	+0.003 5
	+0.004 4	-0.005 2	+0.003 6	-0.004 4
Ma_0	-0.598 0	+0.070 5	-0.195 5	+0.061 5
Alt	+0.190 4	-0.036 1	+0.110 7	-0.071 4

参考表 6-6 并且必须尽一切努力减小 S，特别是在军用推力下的 S，由此可得到某些有用的启示，即：

1）通过减小 T_{t4} 和 T_{t7} 可改进总的任务油耗，但 $F/\dot{m}_0$ 会有较大的下降并且发动机尺寸也会增大。这一点证实了早先的结论，即有必要规定 T_{t4} 和 T_{t7} 的上限以便实现油耗的目标。从这一点上讲，使发动机"更热"并没有实际效益。

2）要求 π_c，π_f 和 α 有较大的变化以便对 $F/\dot{m}_0$ 和 S 产生一定程度的影响，尤其是在最大推力状态下更是如此。增大 π_f 是最有希望的，它将在加力与不加力时改善 $F/\dot{m}_0$ 和 S。其次要考虑在保证军用推力的 $F/\dot{m}_0$ 降低不多的条件下增加 π_f。由于改变 α 会产生相互矛盾的影响，因此对 α 的最终选择还不能提出明确的建议。

3）改变 Ma_6 对性能无影响。改变 P_0/P_9 并不能使性能改进，并且如预料的那样，如果 P_0 和 P_9 相差太大，则性能将受损失，尾喷管将不能正确地膨胀。

4）为更完整起见，分析中包括发动机性能对基准点马赫数和高度的敏感性。减小

马赫数和增大高度带来的较大收益是不实在的,因为飞行条件已由 RFP 规定并且当发动机回到现在的基准点(例如 1.5 Ma/35 kft)时此收益就会消失。

这些敏感性分析得出这样的结论,即 π_f 和 π_c 应该选其各自范围的高端值,而 T_{t4} 和/或 T_{t7} 应允许它们的极限值逐步往下选。α 和 Ma_{16} 对推进系统的主要性能参数没有重要影响。

6.2 非设计点性能分析

经验表明:在给定的飞行条件和大气条件下,发动机往往不可能依靠确定单一设计点而取胜。一台发动机的最终设计取决于其在整个飞机任务中的非设计状态性能,而且最终的发动机方案是根据它在整个飞行范围内权衡出的特性选出的,其设计很少能满足飞行任务的任何一个飞行条件。

6.2.1 目的

非设计点性能分析的目标是确定发动机在整个使用包线内的性能,可以通过比较几种不同发动机的性能来了解发动机性能随不同设计选择的变化趋势,这样才有可能将精力集中在最有希望的设计上,并最终找出在整个任务范围内具有最佳综合性能的发动机设计。一旦确定了发动机的循环和设计选择,即可通过 6.3 中给出的方法,利用性能循环分析的结果确定发动机尺寸。

通常在这一研发阶段的假定前提是,已经制造出一台确定结构的发动机,用于在能够模拟预期飞行条件的台架上进行试验。尽管在性能分析中发动机的绝对尺寸可能是任意的,而且也缺乏单个部件大部分的几何细节,但仍然可以将它们认作是已经制造出的硬件的一部分,以便研究该设计点发动机的特性。

对于非设计点性能分析来说,可以把单个部件性能作为工作状态的函数建立模型,或者可以从部件的硬件性能数据中获得实际部件的特性,这两种方法的精度不同。在发动机的初步设计中,由于没有实际的部件硬件,故一般采用部件性能的简化模型来求得发动机性能的初步估算值。

6.2.2 分析计算

6.2.2.1 性能问题

研究性能问题的目标是,得出如图 6-1 和 6-2 所示的已选定设计点的混排式涡扇发动机在任意飞行条件、油门位置和喷口位置下的性能。在此,认为已经采用第 6.1 中的方法,对基准发动机(由 6.1 中确定的参考点对应的发动机)进行了设计点循环分析,给出了参考条件(用下标 R 表示)的包括发动机(S_R,$[F/\dot{m}_0]_R$ 等)、每个发动机部件特性(π_{fR},τ_{fR} 等)及飞行条件($Ma_{0R'}$,P_{0R} 和 T_{0R})。

为了得到发动机性能,必须首先确定表 6-7 中列出的 24 个因变量的工作性能值,然后依次代入 24 个独立的方程中求解出每个部件的性能变量。与设计点分析的正问题相反，非设计点分析是一个反问题，所以求解这 24 个性能方程需要进行反复迭代计算。不过，尽管求解方程式存在难度，但只要知道了表 6-7 中的 24 个因变量，即可分别利用有关方程直接求解出 f、f_{AB}、$F/\dot{m}_0(F/m_0)$、S、η_P 和 η_{TH} 等发动机性能参数。

请注意表 6-7 中"常量或已知量"一栏，假设 π_b、π_{AB}、和 π_n 为常量，τ_d、π_{m2} 和 τ_n 等于 1，则 π_{m1} 包含在 π_{tH} 里面。还应该注意到，由于在分析中考虑了功率提取的问题，所以需要初步估算 $\dot{m}_0$ 的值以进行性能分析。在发动机的尺寸确定后即可最终得到 $\dot{m}_0$ 的准确值。

表 6-7 发动机性能变量

部件	独立变量	常量或已知量	因变量
发动机	Ma_0，T_0，P_0	β	$\dot{m}_0$，α
扩压器	—	$\pi_d = f(Ma_0)$	—
风扇	—	η_f	π_f，τ_f
低压压气机	—	η_{cL}	π_{cL}，τ_{cL}
高压压气机	—	η_{cH}	π_{cH}，τ_{cH}
燃烧室	T_{t4}	π_b	f
冷却混合器 1	—	ε_1	τ_{m1}
高压涡轮	—	η_{cH}，Ma_4	π_{tH}，τ_{tH}
冷却混合器 12	—	ε_2	τ_{m2}
低压涡轮	—	η_{cL}，$Ma_{4.5}$	π_{tL}，τ_{tL}
混合器	—	$\pi_{M,max}$，A_6 A_{16}，A_{6A}	π_M，τ_M，α' Ma_6，Ma_{16}，Ma_{6A}
加力燃烧室	T_{t7}	π_{ABdry}，π_{AB}	f_{AB}
排气喷管	P_0/P_9	π_n，A_{8dry}	Ma_8，Ma_9
总数	6	—	24

6.2.2.2 部件性能分析

对图 6-1 和 6-2 中混排涡扇发动机的性能进行分析，其目的是求得确定表 6-7 中所列性能因变量的 24 个独立方程式，这些方程将依次表示所关注的 24 个性能因变量之间的 24 种函数关系。

原则上每个方程都可按给定的 3 个性能变量 α'、Ma_6 和 $\dot{m}_0$ 的初始估计值，按照列出顺序求解。随着求解过程的进行，这些估计值将与计算出的新值进行比较，并反复进行迭代，直至获得满意的收敛精度。

6.2.2.3 迭代求解方案

由于有 24 个因变量和 24 个方程式，因而存在很多种不同的方法排出非设计循环分析方程组的求解顺序，合理的初始估计值将大大减少求解所需的迭代次数。与之相反，严重偏离的初始估计值甚至会使计算结果无法收敛。

6.2.2.4 性能计算

由于非设计点性能计算需要进行大量的迭代求解，故已经不可能采用手动计算的方法来求解。参考文献"Aircraft Engine Design"[2]给出了求解的方程组，并提供了相关软件 AEDsys 程序来完成相关计算。有的发动机研制方自己开发了相应的程序进行仿真计算或采用商用软件 Gasturb 来计算。本书继续采用西工大开发的软件计算。

(1) 性能选择

飞行参数：Ma_0，T_0，P_0；

油门杆位置：T_{t4}，T_{t7}；

尾喷管位置：P_0/P_9。

(2) 设计常数

π：π_{dmax}，π_b，π_{Mmax}，π_{ABR}，π_n；

$\eta(\tau)$：η_{mPL}，η_{mPH}；

η_f，η_{cL}，η_{cH}，η_{tH}，η_{tL}，η_b，η_{mL}，η_{mH}，η_{mPL}，η_{mPH}；

A：A_4，$A_{4.5}$，A_6，A_{16}，A_{6A}，$A_{8w0/AB}$；

其他：β，ε_1，ε_2，h_{PR}，P_{TOL}，P_{TOH}。

(3) 基准状态

飞行参数：Ma_{0R}，T_{0R}，P_{0R}。

(4) 部件性能

π_{fR}，π_{cLR}，π_{cHR}，π_{tHR}，π_{tLR}，τ_{fR}，τ_{cLR}，τ_{cHR}，τ_{tHR}，τ_{tLR}；

Ma_{6R}，Ma_{16R}，Ma_{6AR}，Ma_{8R}。

其他：

τ_{m1R}，τ_{m2R}，f_R，f_{ABR}，Ma_{9R}，Ma_{19R}，α_R，α'_R，F_R，$\dot{m}_{0R}$，S_R。

(5) 发动机控制限制

π_{cmax}，T_{t3max}，P_{t3max}，$\%N_L$，$\%N_H$。

(6) 输出

1) 总体性能：

F，$\dot{m}_0$，S，f_0，η_P，η_{TH}，η_0，V_9/α_0，α，P_{t9}/P_9，P_9/P_0，T_9/T_0。

2) 部件特性：

π_f，π_{cL}，π_{cH}，π_{tH}，π_{tL}，τ_f，τ_{cL}，τ_{cH}，τ_{tH}，τ_{tL}，τ_λ，τ_{m1}，τ_{m2}，f，f_{AB}；

Ma_6，Ma_{16}，Ma_{6A}，Ma_8，Ma_9。

通过计算分析，可以得到发动机非设计点的性能结果。但是，非设计点循环分析需要建立发动机每个部件在实际工作范围内的特性模型，建立的模型越精确完整，则计算结果的可信度越高。

6.2.3 非设计点循环分析示例

建立了非设计点的性能仿真方法后，就可以计算出各种飞行条件下的发动机性能，这时需要与飞机设计师联合工作，以确定真正需要的发动机非设计点性能。这个性能可满足飞机的作战使用要求，并且在发动机上可以实现。具体方法是依据 6.1 节确定的设计点参数范围，首先选择一个基准发动机初步设计方案，然后将基准发动机的主要循环参数在其取值范围内变化，以构成其他可能的设计方案，对形成的每一个设计方案均进行飞机发动机联合性能计算，以确认其是否满足飞机性能要求，最终从中优选出最佳设计方案。下面仍以第 5 章建立的 AAF 发动机为例来简述这个过程。

在第 5 章的示例中，为了确保空战战斗机（AAF）满足招标书（RFP）中所有的飞行约束，为其选择了 $W_{TO}/S = 64$ lbf/ft^2 的起飞翼载和 $T_{SL}/W_{TO} = 1.25$ 的安装推力载荷。由任务分析得出 AAF 的起飞重量 $W_{TO} = 24\,000$ lb，由此可确定 AAF 所需的机翼面积和海平面安装推力分别为 $S = 375$ ft^2 和 $T_{SL} = 30\,000$ lbf。

在第 6.1 节的设计点循环分析示例中，我们已经把 AAF 发动机设计选择范围缩小到合理而可行的范围。在确保发动机推力满足飞机使用要求的前提下，发动机消耗的燃油越少，对飞机的航程、作战半径越有利，因此必须把寻找 AAF 发动机设计点的重点放在降低耗油率上。此外，根据第 6.1 节敏感性分析的结论：在选择发动机的设计点时，风扇和压气机的压比应偏向它们各自范围的上边界，而燃烧室和加力燃烧室的温度应从它们的极限值下调。此外，AAF 在高空和高马赫数条件的使用要求，需要一种高单位推力的发动机，以获得小的迎风面积，从而降低飞行阻力。因此发动机的构型需要选择小涵道比混排式加力涡轮风扇发动机。

由于发动机设计点的选择是以单位推力耗油率和单位推力为基础的，故在确定发动机尺寸以前，没有必要知道 AAF 是单发的还是双发的战斗机。现在需要利用飞机性能和发动机性能的计算程序进行联合计算并反复迭代，以确定每个设计参数在偏离设计点的关键飞行任务条件下对发动机性能的影响，其目标是找到 AAF 发动机设计选择的最佳组合。

6.2.3.1 关键飞行条件

在寻找 AAF 发动机最佳设计参数过程中，所选择的第一个发动机设计方案将作为基准发动机。这台发动机在关键任务段内的性能构成了与其他备选发动机相比较的基础。因此，首先必须判断哪些任务段将被作为寻找最优设计参数的关键任务段。任何符合下列条件的任务段均应被认为是关键任务段：

1) 根据飞机约束分析确定的具有很高的油耗；
2) 处于约束图 5-2 中解空间的边界；
3) 认为关键的极端工作状态。

基于这些准则，对表 5-1 中的飞行任务阶段进行分析，可以得到表 6-8 中所列的飞行条件，作为开展非设计点性能研究的关键任务段。在表 6-8 中给出了所列出的每个任务航段飞行时所需的非安装推力（考虑了 5% 的安装推力损失），该推力可用于计算得出在飞机处于匀速飞行（剩余功率 $P_s = 0$）的任务航段中要求的发动机工作状态（比如 T_{t4} 和 T_{t7}），从而帮助确定有利的发动机设计参数。表 6-8 中也对被认为对燃油消耗敏感的航段列出了在第 5 章得到的重量比和预估的单位安装推力耗油率（TSFC）。表 6-8

中所列的最后4个任务航段代表飞机使用的几个要求比较苛刻的状态：起飞约束边界限制、战斗盘旋 J 的约束（0.9 Ma/30 kft、5g）以及最大马赫数飞行的极端工作状态。

表 6-8　AAF 的关键任务航段

任务航段和分航段		Ma_0	高度 /kft	表 5-5		
				需用推力 F_{req}/lbf	Π	TSFC /(L·h^{-1})
1—2	A - 暖机	0.00	2^a	军用推力	0.989 4	0.935 2
2—3	E - 爬升/加速	0.875	23	军用推力	0.980 2	1.067 0
3—4	亚声速巡航爬升	0.9	42	2 594	0.973 5	1.015 0
5—6	战斗空中巡逻	0.697	30	2 367	0.967 5	0.988 3
6—7	F - 加速	1.09	30	最大推力	0.983 8	1.636 0
6—7	G - 超声速突防	1.5	30	11 306	0.938 1	1.203 0
7—8	I - 1.6 Ma/5g 盘旋	1.6	30	19 185	0.978 6	1.305 0
7—8	J - 0.9 Ma/5g 盘旋	0.9	30	14 844	0.977 2	1.551 0
7—8	K - 加速	1.2	30	最大推力	0.983 3	1.662 0
8—9	（快速）脱离冲刺	1.5	30	11 203	0.979 6	1.203 0
10—11	亚声速巡航爬升	0.948	1	1 970	0.968 9	1.015 0
12—13	（徘徊）待机	0.394	10	1 786	0.967 6	0.982 7
1—2	B - 起飞加速	0.1	2^a	最大推力		
1—2	C - 起飞抬前轮	0.182	2^a	最大推力		
1—2	机动重量时做 0.9 Ma/5 g 盘旋	0.9	30	16 030		
1—2	最大马赫数	1.8	40	10 210		

注：^{a} 温度 100 ℉时。

6.2.3.2　任务油耗

在选择 AAF 发动机设计参数的过程中，寻求飞行任务全过程燃油油耗最小是主要的考虑因素。为什么飞机和发动机设计要把燃油量作为重要的飞行约束？因为发动机在满足空中各个状态的推力需求的前提下，燃油消耗越低越好，即燃油消耗越低对飞机的航程和作战半径收益越大。而与地面车辆相比，飞机的油耗极高，占飞机总重很大比例，且随着飞行动态变化，在计算飞机的飞行性能时必须考虑飞行器重量的变化。例如一台家用轿车自重 1.5 t，燃油量只有 50 kg 左右，因此在计算行驶性能时可以近似认为重量不变；而一架作战飞机，以美国 F-15E 多重任务战斗机为例，起飞总重 36.7 t，最大燃油重量 15.6 t（机内 + 外部油箱），占 40% 以上，最大外挂重量 11 t，占 30% 以上，而飞机使用空重只有 14.5 t（注意这几个参数不是简单的加法关系）。因此在飞机作战使用中，飞机的总重是一个变化很大的值，造成对飞机升力需求的变化，进而导致飞机飞行状态、飞行阻力的变化以及对发动机推力需求的不断变化。

6.2.3.3 迭代输入参数的选取

对 AAF 发动机的寻找首先从基准发动机的基准点，以及由表 6-8 给出的关键任务航段内的非设计点性能开始。但是，如何为第一台基准发动机选择设计参数（Ma_0、h_t、π_c、π_f、α、T_{t4}、T_{t7} 及 M_6）呢？各个发动机设计厂商都有很多工程经验可以用来指导该选择过程。6.1 节的设计点研究已经把设计选择缩小到以下容易控制的范围：

$$1.2 \leqslant Ma_0 \leqslant 1.6$$
$$30 \text{ kft} \leqslant h \leqslant 45 \text{ kft}$$
$$15 \leqslant \pi_c \leqslant 25$$
$$0.3 \leqslant \alpha \leqslant 0.4$$
$$3 \leqslant \pi_f \leqslant 5$$
$$T_{t4} \leqslant 1\,778 \text{ K}$$
$$T_{t7} \leqslant 2\,000 \text{ K}$$
$$0.35 \leqslant Ma_6 \leqslant 0.45$$

6.2.3.4 基准发动机

迭代从选择一个基准发动机的设计点、验证其工作包线、进行设计点敏感性分析以及确定非设计点性能开始。敏感性分析可为选择后续研究用的发动机参数提供指导，而基准发动机详细的非设计点性能随后将与寻找中的其他备选发动机的非设计点性能进行对比分析，以最终确定最佳的备选发动机设计方案。

基于上一节给出的设计参数选取范围，尽量将基准发动机的设计点选在范围的中值，飞行条件选在 $Ma_0 = 1.4$ 和高度 36 000 ft（$\theta_0 = 1.07$）。T_{t4} 和 T_{t7} 的设计值选定为 1 778 K 和 2 000 K。根据基本的气动计算，基准发动机的设计点参数如下：

$Ma_0 = 1.451$ $\pi_f = 3.9$ $T_{t4} = 1\,778$ K $C_{TOH} = 0.015\,2$

$h = 36$ kft $\alpha = 0.448\,7$ $T_{t7} = 2\,000$ K $\pi_c = 20$

$Ma_6 = 0.4$ $\dot{m}_0 = 200$ lb/s

该发动机在军用推力下的设计点性能将在下面概述。特别关注的性能结果是单位推力 $F/\dot{m}_0$ 和单位油耗 S，这两个参数代表了发动机主要的推力和油耗性能及发动机先进水平，其值如下：

$$F/\dot{m}_0 = 62.94 \text{ lbf}/(\text{lb/s}) \quad S = 1.086\,3(\text{lb/h})/\text{lbf}$$

通过数值仿真可以模拟基准发动机在整个 AAF 任务包线内飞行的性能。

在掌握基准发动机的性能之后，就可以对发动机的设计参数选择进行系统的调整变化，以获得其他发动机可能的设计方案的性能。将这些候选发动机设计方案的油耗与基准发动机的油耗进行对比，从而找出油耗最低的发动机。

6.2.3.5 迭代寻找

寻找的方法非常简明,每次改变基准发动机设计选择(π_c、π_f、h、Ma_0)中的一个,对每一种候选发动机设计方案应用仿真软件进行计算,按 AAF 任务模拟飞行一次并确定任务油耗。在第 5 章中 AAF 飞机要求的极限工作条件(最大飞行马赫数 1.8 Ma/40 kft)条件下,对每一发动机进行校验以确保其可以正常工作。

与飞机设计师一起,通过选择每种可能的发动机设计参数进行飞机和发动机性能计算,从中优选出对于完成任务油耗最低的发动机,开展下一步的安装特性研究。由于篇幅所限,本书不再详细阐述计算分析过程,直接给出结果。对于本部分的 AAF 发动机,通过仿真计算和对比分析,优选出的发动机的设计参数如下:

$Ma_0 = 1.451$ $\pi_f = 3.5$ $T_{t4} = 1\ 778\ K$ $C_{TOH} = 0.015\ 2$

$h = 36\ kft$ $\alpha = 0.756\ 3$ $T_{t7} = 2\ 000\ K$ $\pi_c = 28$

$Ma_6 = 0.4$ $\dot{m}_0 = 200\ lb/s$

6.2.3.6 AAF 发动机:工作包线和任务性能

在为 AAF 选择了一台符合要求的发动机后(以下称优选发动机),必须对其在飞机全部飞行状态下工作的能力进行确认,并确定发动机在整个任务航段的性能。如同基准发动机一样,通过计算优选发动机在 AAF 预期飞行包线范围内的飞行性能,确认其工作包线是否合理,由此得到的优选发动机工作包线如图 6-10 所示,与第 5 章要求的飞机飞行包线对比,AAF 的飞行状态被包括在了发动机的工作包线内,说明发动机能够保证飞机在全包线内的飞行作战使用。

表 6-9 概括描述了 AAF 优选发动机的任务性能。当用优选发动机参数计算得出的 AAF 耗油量与第 5 章的估计值进行比较时,可以发现优选发动机在 1-2A 暖机、2-3 水平加速、3-4 亚声速巡航爬升及 6-7 超声速巡航段的耗油量明显要低得多。在其他所有任务段,优选发动机的耗油量则大致相当或略多一些,最终的结果是在整个任务中优选发动机少用了 3.1% 的燃油,总耗油量比第 5 章估计的 6 644 lb 减少了 299 lbf。

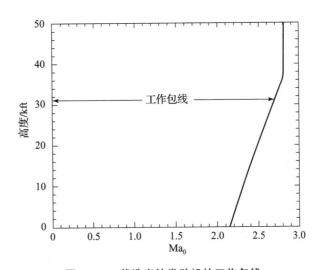

图 6-10 优选出的发动机的工作包线

表 6-9 AAF 任务—优选发动机

任务航段和分航段		表 5-5		优选发动机		变化率/%
		Π	W_F/lbf	Π	W_F/lbf	
1—2	A-暖机	0.989 4	255	0.991 6	203	-20.4
1—2	B-起飞加速	0.995 8	100	0.995 2	114	14.0
1—2	C-起飞抬前轮	0.998 3	39	0.998 4	38	-2.6
2—3	D-水平加速	0.993 8	145	0.994 5	132	-9.0
2—3	E-爬升/加速	0.980 2	465	0.980 0	474	1.9
3—4	亚声速巡航爬升	0.973 5	608	0.979 6	474	-22.0
5—6	战斗空中巡逻	0.967 5	728	0.971 9	638	-12.4
6—7	F-加速	0.983 8	350	0.981 0	420	20
6—7	G-超声速突防	0.938 2	1 310	0.946 1	1 167	-10.9
7—8	I-1.6 Ma/5g 盘旋	0.978 6	414	0.974 8	500	20.8
7—8	J-0.9 Ma/5g 盘旋	0.977 2	431	0.973 4	514	19.3
7—8	K-加速	0.983 3	309	0.980 4	369	19.4
8—9	(快速)脱离冲刺	0.979 6	358	0.982 0	320	-10.6
9—10	动力跃升	0.997 0	51	0.997 4	46	-9.8
10—11	亚声速巡航爬升	0.968 9	533	0.972 6	477	-10.5
12—13	(徘徊)待机	0.967 7	537	0.967 6	550	2.4
	总计		6 644		6 435	-3.1

6.2.3.7 第二次重算

现在选中的 AAF 发动机的性能已经通过燃油用量最少的方法得到确认,由此产生的飞机重量变化对飞机性能的影响应该由飞机设计师进行进一步估算,以确认其满足任务要求。

6.3 确定发动机尺寸:安装性能

6.3.1 概念

前面计算得到的非设计点的非安装推力仅仅表示发动机的理想性能,相当于将发动机安装后没有外部阻力。实际上,发动机安装在飞机上必然在其外表面上产生力,这些力使总的阻力增大，必须由发动机可用推力来克服。因此，飞机设计师最终需要的是发动机的安装推力，这又是一项需要飞机设计师和发动机设计师联合完成的工作。

发动机及其进气道、喷管合称为飞机推进系统，进气和排气射流实际上会影响整个飞机上的气流和压力分布，因此发动机的安装推力与整个推进系统的性能都有关系，其相互作用需要进行深入的研究。

在喷气推进飞机的早期，只有直径较小的涡轮喷气发动机（具有较大的单位推力 $F/\dot{m}_0$），发动机和飞机之间不利的相互影响并不显著，那时习惯上将发动机限制在"安装边到安装边"的范围之内，即从压气机进口处的螺栓安装边到喷管进口处螺栓安装边，其做法往往是发动机设计师提供全套的经计算或台架试验获得的发动机非安装性能，飞机设计师自行计算进气道、喷管部分的性能损失并合并得到发动机安装性能。

当涡扇发动机在20世纪60年代中期出现时，其直径较大（具有较小的单位推力 $F/\dot{m}_0$）并且压缩系统更加敏感和复杂，因此不能再忽略安装的影响。为了改善飞机和发动机的一体化性能，以及使发动机制造商更好地控制其产品的内部性能和适用性，发动机设计师开始研究一体化工作性能。例如，在1970年左右，为了大大降低耗油率而采用装在发动机短舱里的大涵道比涡扇发动机时，一方面根据发动机性能计算希望采用更大的涵道比，但其较大的直径和因此造成的安装损失又抵消了部分性能收益，为了取得最佳的一体化或安装性能，运输机发动机制造商已远远走出了它们的"安装边到安装边"的天地，转向提供整个短舱/发动机组件，以达到满意的安装性能。

对于像本书中的空战战斗机（AAF）这样的高性能飞机，发动机很可能是内埋于飞机机身中，因而飞机设计师和发动机设计师责任区域的划分变得困难。发动机设计师希望负责那些直接与发动机相互影响的外表面，但不可能负责围绕发动机的整个壳体。最后，发动机设计师可以允许负责被认为是产生大部分安装损失和受进气与排气气流影响的那些部分，一般包括进气道和喷管，确切的边界要根据具体情况通过与飞机设计师谈判确定。

因此，发动机设计师需要联合飞机设计师，在设计之初就提供初步的手段来估算安装损失。这种损失必须由增加非安装推力来补偿，其中仅仅考虑进气道和喷管外流损失，并且它们将以最方便的形式表达，即作为非安装推力的一部分。

6.3.2 分析计算

进气道和喷管需要满足的部分要求如下：
1) 进气道和喷管：
①减小它们自身以及在相邻飞机表面上引起的安装阻力（在宽广的迎角和油门位置范围内）。
②使内流总压恢复系数最大（π_d，π_n）。
③对所有的工作状态提供可控制的进气道、发动机和喷管流量匹配。

④重量和费用最小,同时满足寿命和可靠性指标。
⑤抑制声学和雷达信号。
2)进气道:
①控制进气道空间和时间畸变。
②提供良好的起动和稳定特性。
3)喷管:
①抑制红外信号。
②提供反推力和矢量推力。

按照项目招标书的要求,从选择的发动机设计点和质量流量开始,发动机以军用推力或者最大推力工作,在每种关键飞行条件下进行性能检验,发动机按飞行任务作非设计状态"飞行"检验;然后,调整发动机质量流量,直到算得的发动机各种飞行条件下的最大需用推力和可用推力相等,求得需要的尺寸。

有很多文献(包括本章列出的参考文献)介绍了亚声速进气道、超声速进气道和各种结构形式尾喷管阻力的计算方法,本书不再赘述,这里直接用计算结果进行讨论。

本阶段发动机设计师必须与飞机设计师共同工作,由飞机设计师根据发动机需求和飞机初步设计参数给出进气道损失(Φ_{inlet})、进气截面尺寸(A_1);发动机设计师通过6.2节的非设计点仿真中得到尾喷管出口喉道面积A_9,双方再联合根据飞机后机身(或短舱)的参数计算得到喷管其他几何参数和喷管损失。

6.3.3 发动机安装性能和最终尺寸确定的实例

这一阶段的发动机设计有两个目的:首先是使用上面得到的安装损失模型来确定发动机安装性能,并确定对发动机设计选择的影响;第二点是使用安装损失模型去确定能够满足AAF战斗机招标书要求性能和任务需求的发动机尺寸。

这一过程从选择有可能要求最大的T_{SL}/W_{T0}、A_9和A_1的分航段开始,这些航段显然会要求最大的发动机进气流量和几何尺寸。根据前面的研究结果,对于AAF发动机关键的约束和任务点是:起飞约束;超声速巡航约束;1.6Ma/30 000 ft,5g盘旋约束;加速约束;最大马赫数约束。

AAF发动机安装性能的搜寻方法与6.2.3.5的方法类似,仍是从对所有备选发动机的约束分析、任务分析和外形图计算开始,对每一个分航段需要按发动机质量流量计算确定出进气道面积A_1,尾喷口面积A_9、后体面积A_{10}和喷口长度L,然后将这些数据输入到发动机的安装损失模型中,重新计算各备选发动机设计参数满足飞机飞行需求的情况。具体计算结果此处不再赘述,对于本书选择的AAF发动机,通过计算发现,优选发动机仍然是AAF最好的选择。

按安装损失系数为常数5%,按本部分中的损失模型计算的飞机性能对优选发动机推力载荷的要求见表6-10。由于安装损失模型改进,故可以看出第6.2和第6.3节中对需用推力载荷$[(T_{SL}/W_{T0})_{req}]$的估计发生了很大变化。

表 6-10　优选发动机所需的推力载荷

性能要求	Ma_0	高度/kft	第 5 章 $(T_{SL}/W_{TO})_{req}$	第 6 章		
				$(T_{SL}/W_{TO})_{req}$	T_{req}/lbf	$\Phi_{inlet}+\Phi_{nozzle}$
起飞（100 °F）	0.1	2	1.223 0	1.180 0	23 945	0.013 4
超声速巡航	1.5	30	1.231 0	1.234 0	10 705	0.052 1
超声速 5g 盘旋	1.6	30	0.943 6	0.923 6	18 468	0.028 9
亚声速 5g 盘旋	0.9	30	1.359 0	1.308 0	15 217	0.015 0
水平加速	1.2	30	1.091 0	1.049 0	16 783	0.009 5
最大马赫数	1.8	40	0.636 7	0.617 9	9 742	0.021 0

下一步需要求解确定发动机的安装台数和主要尺寸。在对按需用推力载荷与可用推力载荷之比 $[(T_{SL}/W_{TO})_{req}/(T_{SL}/W_{TO})_{avail}]$ 来衡量的要求最高的飞行条件下，设计的发动机质量流量所提供的可用安装推力（T_{avail}）与需用安装推力（T_{req}）相等时，得到的发动机尺寸是需求的最小尺寸。从表 6-10 可以看出，对发动机可用安装推力需求最高的是亚声速 5g 盘旋，需用有效推力载荷为 1.308 0。因此考虑留有安全余度，选择有效推力载荷 $(T_{SL}/W_{TO})_{avail}$ 等于 1.32，然后根据这个需求参数即可估算发动机的主要几何尺寸约束。具体方法参见参考文献［2］。

对于 AAF 安装单发或双发的选择是对其自身和其他相关问题，如安全性、性能和成本等的设计研究。如果发动机的可靠性、安全性水平高，选择单发飞机是更好的选择，可以降低动力系统的重量和飞机的设计难度。飞机设计人员通常要与推进系统设计人员合作负责进行设计研究。由于考虑安全余度加大了可用推力，故需要适当增大设计质量流量。基于海平面静止状态的推力参数进行计算，单发发动机的设计质量流量为 200 × 1.032 3 = 206.5（lb/s），双发发动机的设计质量流量为每台 103.3 lb/s。表 6-11 列出了这些发动机各自的海平面静止状态性能。

表 6-11　4 型发动机的海平面静止状态性能

飞机类型	发动机设计流量[a] /(lb·s^{-1})	海平面静止性能	
		m_0/(lb·s^{-1})	F/lbf
单发	206.5	284.9	31 676
双发	103.3	142.3	15 687
F100 - PW - 229	—	248	29 000
F404 - GE - 400	—	142	16 000

注：[a]　1.451 Ma/36 kft。

安装单发的发动机在海平面静止状态下的质量流量要比 F100 - PW - 229 发动机（用于美国空军的 F15 和 F16 飞机）大 15%，并且具有相当高的最大推力，而安装双发时质量流量与 F404 - GE - 400 发动机（用于美国海军的 F18 飞机）相当，而最大推力略低一些。每个发动机的尺寸都在当今带加力的涡扇发动机的制造和试验能力范围之内，并且对于 AAF 来说单发和双发都是可行的。考虑双发飞机安全性更高，AAF 空对空战斗机确定为双发战斗机。

选择 AAF 的发动机台数为两台，按系统可用推力载荷 $(T_{SL}/W_{T0})_{avail} = 1.32$ 和前面计算得到的安装损失，开始计算优选发动机的最终尺寸，需要的发动机海平面静止状态推力为 15 687 lb，设计质量流量为 103.3 lb/s，最后计算得到的优选发动机尺寸为：进气道尺寸 A_1 确定为 3.519 ft²，排气喷口尺寸为 A_{10} 选为 5.153 ft²，发动机的后体直径 D_{10} 与喷口长度 L 分别为 2.561 ft 和 4.611 ft。

对于适当地缩放后的优选发动机，其基准点的数据总结如下：

$$Ma_0 = 1.451 \quad \pi_f = 3.5 \quad T_{t4} = 1788 \text{ K} \quad C_{TOH} = 0.014\ 7$$

$$h = 36 \text{ kft} \quad \alpha = 0.757\ 1 \quad T_{t7} = 2000 \text{ K} \quad P_0/P_9 = 1$$

$$\pi_c = 28 \quad Ma_6 = 0.4 \quad \dot{m} = 103.22 \text{ lb/s}$$

6.3.4 AAF 发动机性能

6.3.4.1 AAF 发动机安装性能

在第 6.2 节的任务分析中，安装损失的估计约为 5%。现在我们有了发动机的主要基准参数和尺寸，需要最终确定发动机安装性能，并判断其是否满足飞机任务分析的要求。

AAF 发动机在每一个任务分航段开始的安装损失汇总见表 6 - 12。损失比较大的航段有：3—4 的亚声速巡航爬升航段的安装损失约为 12%；6—7 的超声速突防、8—9 的逃逸和 1—2 的暖机航段的安装损失约为 6%；待机航段的安装损失约为 8%。由于其他任务航段或分航段（阶段）的安装损失少于 5%，总的看来燃油消耗量的变化很小，故满足飞机使用要求。

表 6 - 12 AAF 发动机性能

任务航段和分航段	P_s	Ma_0	Alt /kft	$\Phi_{inlet} + \Phi_{nozzle}$	$\prod_{if}$	W_F /lbf	变化率 /%
1—2：A 暖机	0	0.0	2	0.055 8	0.991 2	214	5.8
1—2：B 起飞加速	>0	0.0	2	0.013 3	0.995 6	105	-7.0
1—2：C 起飞抬前轮	0	0.182	2	0.002 4	0.998 3	40	5.1
2—3：D 水平加速	>0	0.441	2	0.002 5	0.994 6	129	-6.6
2—3：E 爬升/加速	>0	0.875	16	0.029 7	0.982 1	428	-7.1
3—4：亚声速巡航爬升	0	0.900	41.6	0.115 7	0.977 3	524	11.4
5—6：作战（斗机）巡逻	0	0.700	30	0.123 9	0.970 1	683	7.8
6—7：F—加速	>0	1.090	30	0.040 8	0.982 1	391	-7.0

续表

任务航段和分航段	P_s	Ma_0	Alt /kft	$\Phi_{\text{inlet}} + \Phi_{\text{nozzle}}$	$\prod_{if}$	W_F /lbf	变化率 /%
6—7：G—超声速突防	0	1.500	30	0.062 6	0.950 3	1 183	1.8
7—8：I—1.6 Ma/5g 盘旋	0	1.600	30	0.041 9	0.976 1	470	-5.5
7—8：J—0.9 Ma/5g 盘旋	0	0.900	30	0.016 8	0.973 7	498	-8.7
7-8：K—加速	>0	1.195	30	0.044 8	0.981 5	346	-6.1
8—9：脱离冲刺（快速逃逸）	0	1.500	30	0.063 7	0.981 4	322	1.0
9—10：动力跃升（急速爬升）	0	1.326	30	0.027 1	0.997 4	44	-4.2
10—11：亚声速巡航爬升	0	0.900	47.6	0.117 2	0.971 6	491	7.4
12—13：待机	0	0.397	10	0.084 3	0.966 2	569	4.0
总计	—	—	—	—	—	643	0.1

6.3.4.2 最后的重算

在前面几节中，当有了比设计过程开始时用的最初数据更好的数据时，需要进行重算。第 5 章的 AAF 约束分析是根据估计的发动机推力变化率和初步气动数据进行的。根据这些数据，进行了约束计算并绘出图线（见图 5 – 2），同时还选择了 AAF 的推力载荷（$T_{\text{SL}}/W_{\text{TO}}=1.25$）和机翼载荷（$W_{\text{TO}}/S=64\ \text{lbf/ft}^2$）。第 6.3 节确定发动机尺寸时得出双发 AAF 的海平面静止状态安装推力为 31 676 lbf（第 5 章中的估算为 30 000 lbf）。有了新的推力变化率数据，现在需要重新做飞机的约束分析，解答有关新的推力变化率和飞机重量比数据对机翼载荷影响的问题，计算新的约束边界并把结果绘在图 6 – 11 中。

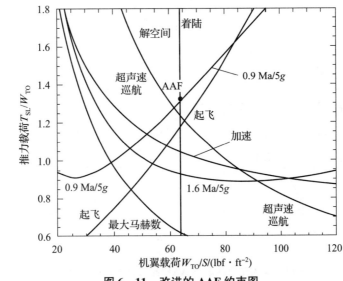

图 6 – 11 改进的 AAF 约束图

最后，图 6-11 表明起飞不再像图 5-2 中那样对于解产生约束，并且飞机在 $T_{SL}/W_{TO}=1.32$ 和 $W_{TO}/S=64\ \text{lbf/ft}^2$ 的设计点处于着陆和亚声速 $5g$ 盘旋约束线的交汇处。

由于需用机翼载荷不低于初始估算值 $64\ \text{lbf/ft}^2$，因此经修改的飞机设计点 $T_{SL}/W_{TO}=1.32$ 和 $W_{TO}/S=64\ \text{lbf/ft}^2$ 再次得到确认。

6.3.4.3 AAF 发动机非安装性能总结

传统的发动机性能的表示方法是绘制出非安装推力、推力耗油率、质量流量与飞行马赫数、高度的关系。图 6-12～图 6-15 给出了标准天 AAF 发动机在军用和最大推力状态下的非安装性能。表 6-13 列出了 AAF 发动机在军用和最大推力状态（设置）下的海平面静止状态非安装性能。

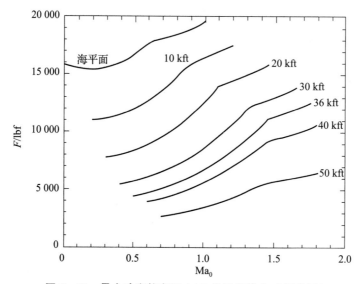

图 6-12 最大功率状态下 AAF 发动机推力（标准天）

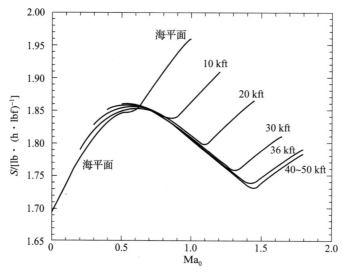

图 6-13 最大功率状态下 AAF 发动机耗油率（标准天）

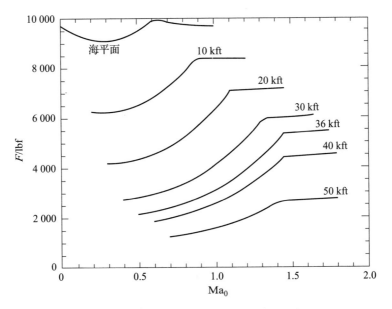

图 6-14　军用功率状态下 AAF 发动机推力（标准天）

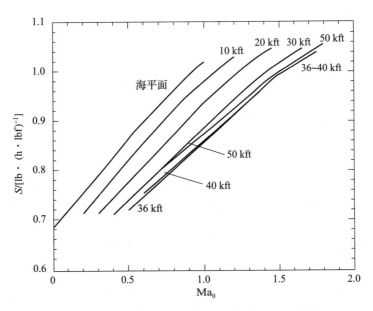

图 6-15　军用功率状态下 AAF 发动机耗油率（标准天）

下面列出在发动机海平面静止状态下，计算得到的 AAF 发动机完整的非安装性能。现在的 AAF 发动机的"参考点"将是发动机部件设计中的 AAF 发动机"设计点"。

表 6-13 在海平面静止状态下 AAF 发动机非安装性能

推力/lbf	15 687/9 631
耗油率/(L·h^{-1})	1.700 3/0.689 7
空气质量流量/(lb·s^{-1})	142.35
压气机增压比	28.0
风扇增压比	3.50
涵道比	0.749
空气引气量/(lbm·s^{-1})	0.85
（起飞）功率提取/kW	150

6.4 小结

1) 以上阐述的发动机设计过程，是在发动机设计师预估的发动机各部件技术水平有可能达到的情况下，全新发展发动机的飞机-发动机联合气动设计过程，也是发动机进入详细气动设计的基础。

2) 发动机改型设计可以参考这个过程。由于发动机的总体参数是已知的，故飞机可以直接采用详细的发动机特性来进行任务分析，然后据此提出发动机改进要求。

3) 在发动机研制过程中，这样的迭代还需要进行若干次。在部件的气动设计完成后得到一轮发动机部件特性，部件试验后又得到一轮更准确的部件特性，都应及时提供飞机设计师开展任务分析计算；飞机在设计输入（翼载、重量、剖面、包线等）发生变化时，也要及时与发动机设计师协调重新开展任务分析计算，直至双方的技术状态最终固化，完成最终的性能计算结果。

4) 发动机性能设计完成后，还需要开展一系列的总体结构设计、部件设计、分系统设计和结构强度设计等，以全面满足用户的作战使用要求。这些过程都有详细的教材或文献讲述，可供参考。本书在后续章节中将只提出相关要求，不再涉及具体设计介绍。

5) 飞机设计师与发动机设计师，除了在最终性能上要满足用户要求外，双方还有一系列的接口要求，包括安装方式、载荷传递、能源供应（燃油、电力、液压、氧气、空气等）、数据传输、通风冷却、隐身特性等需要协调贯彻。这些要求也是用户关心的重点内容，都有相应的技术规范保证，本书也不再详细论述。

本章素材主要取自以下参考文献以及部分未列出文献。

参考文献

[1] 廉筱纯，吴虎. 航空发动机原理 [M]. 西安：西北工业大学出版社，2005.

［2］ Mattingly J D. . Aircraft engine design［M］. American Institute of Aeronautics and Astronautics, Inc. , 2000.

［3］ 陶增元,王如根. 飞机推进系统总体设计［M］. 北京:国防工业出版社,2001.

［4］ 西北工业大学编. 飞机/航空发动机一体化设计系统用户手册,2020.

［5］ 朱俊强,等. 航空发动机进排气系统气动热力学［M］. 上海:上海交通大学出版社,2014.

第 7 章
部件和系统的设计及要求

在第 5 章中，我们重点讨论了用户和飞机设计对发动机方面的要求。在第 6 章中，讨论了发动机的初步总体设计。本章主要介绍部件和分系统设计，以及有关技术要求。所介绍的设计方法和流程是简要的，具体的设计方法和设计过程可见相关参考文献。

需要指出的是，此处向部件和分系统提出技术要求并进行设计，并不意味着从现在才开始进行具体的部件和分系统技术研发。从第 4 章中可以体会到，发动机研发是一个复杂的系统工程，在开始型号设计之前已经开始了长期投入，开展机理研究、技术攻关甚至原理样机研发，不断提升技术的成熟度。

根据发动机部件和系统的工作特点，部件和系统可以分为以下四种：
1) 压缩部件，即风扇和高压压气机；
2) 燃烧部件，即燃烧室和加力燃烧室；
3) 作功部件，即高压涡轮和低压涡轮；
4) 进排气部件，即进气道和喷管，其中进气道一般由飞机设计师负责。

此外，发动机还有若干系统，本章将重点介绍最重要的系统——控制系统，对其他系统则简要介绍其技术要求。

7.1 主要部件设计

7.1.1 压缩部件

压缩部件——风扇和压气机，由于其设计方法相同，故下面统一称压气机设计。对所设计压气机的技术要求主要有：

1) 在规定的空气流量和尽可能少的级数条件下实现规定的增压比，在设计与非设计工作状态下具有高的效率。
2) 气动稳定性好，稳定工作裕度符合规定要求。
3) 单位迎风面积流量大、长度短、重量轻。
4) 工作寿命长、可靠性高。
5) 性能衰减慢。

6)结构简单、维护方便、制造与维护成本低。

7)符合国家、军方和行业的各种规范、标准、大纲、准则及技术条件的要求。

压气机设计包括气动设计和结构设计等。气动设计是推动压气机技术发展的关键,主要包括设计点气动计算、叶片造型、非设计点气动计算等三大部分;结构设计包括总体结构设计、叶片结构设计、转子结构设计、静子结构设计和辅助装置结构(防冰机构、防喘机构)设计等。

7.1.1.1 压气机气动设计的发展

叶轮机械中的气体流动十分复杂,因此在进行气动设计时必须权衡各个因素,综合考虑其影响,才能获得满意的气动性能。在叶轮机械出现的 100 多年间,其气动设计技术从早期的简单粗糙,逐步发展到目前的日臻完善。根据主要设计工具的不同,可以将叶轮机械气动设计技术历史分为以下几个阶段:

(1)在 20 世纪初中期(1940—1950 年),叶轮机械开始大规模应用,当时的设计方法是基于一维的中径计算和简单径向平衡方程。设计所需的一些参数建立在平面叶栅试验所得到的经验关系式的基础上,叶型的厚度分布由标准叶型给定,叶片几何沿径向的变化通过简单径向平衡方程获得。

(2)在 1950—1960 年间,理论研究的进展使叶轮机械设计分析方法取得了很大的进步。1952 年,我国学者吴仲华教授提出了 S1、S2 两类流面理论[1],使叶轮机械计算方法取得了质的飞跃,计算方法的进步还使得人们能够对二次流、间隙流动等复杂流动现象做出初步模拟,许多经验、半经验的关系式被提出来。

(3)进入 20 世纪 70 年代后,三维 CFD 计算作为分析工具,开始用于压气机设计之中,出现了一个新学科——计算流体力学(CFD)。1974 年,英国剑桥大学的 Denton 教授第一次通过数值模拟获得了叶轮机械的三维无黏定常流场。此后,三维计算在叶轮机械设计和分析中的地位日益凸显,以三维计算为核心的设计和分析体系也逐步被构建起来,三维黏性模拟使得叶轮机械的设计和分析方法发生了革命性的变化。

(4)随着高性能计算机的发展与普及,利用 CFD 技术对叶轮机械进行非定常、全通道模拟成为可能,大涡模拟(LES)及其各种精细模型也开始在叶轮机械性能分析中得到应用,这使得人们对叶轮机械内流场的认识与理解获得空前提高。

综上,压气机设计水平的发展与设计工具直接相关。但需要注意的是,现代设计工具的利用并不能替代经过验证的传统工具,而只是在传统设计工具上的细化。

7.1.1.2 压气机气动设计流程

压气机气动设计的任务就是设计出满足航空发动机总体性能要求并满足包括强度约束在内的各种约束条件且具有效率高和质量轻的压气机气流流道。压气机气流流道是包括子午流道和叶片槽道的三维流道。压气机总体设计要求及约束条件包括流量、转速、压比、效率、喘振裕度以及进出口尺寸约束等。但是,在压气机气动设计的初步阶段,可利用中径计算来进行方案的初步设计和性能评估;然后进行通流计算,获得子午面内的流动信息。基于这些信息,就可以进行叶片的几何造型,并进行单排和多排的 CFD 计算分析。

图 7-1 所示为典型压气机气动设计流程，通常包括一维通道设计、S2 流面设计、叶片造型设计、三维流场求解及优化。

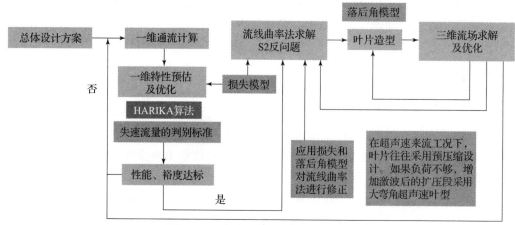

图 7-1　典型压气机气动设计流程

(1) 一维通道设计

一维流道设计是给定压气机级数、展弦比和稠度的分布规律，根据流量守恒求解中间截面速度三角形，确定流道尺寸。其目标是：在严格满足叶轮机做功能力和空气流量（流通能力）的条件下，以叶轮机高效率为设计目标；同时，以气流转折角、气流马赫数、通道的光滑连续性、几何半径、轴向长度等为约束，通过对压气机各级功分配、流量系数、气流轴向速度比、反力度、载荷系数等参数的寻优选择，进行压气机一维流道和气动性能的设计，如图 7-2 所示。一维流道设计的一个重要技术要点是：基于大量的实验研究和发动机型号设计的经验，找出压气机各种设计参数的选择范围，指导压气机的流道设计。

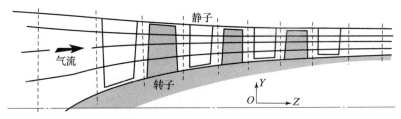

图 7-2　压气机一维通道设计

(2) S2 流面设计（通流设计）

采用流线曲率法将三维空间问题简化为 S2 流面上的准三维问题。根据吴仲华教授的理论，将叶片间的流动分解为轴向的 S1 流面和展向的 S2 流面，两个流面正交，S1 反映叶片间轴向的平均流动，S2 反映叶片间展向的平均流动，如图 7-3 所示。一维通道设计反映了 S1 流面的流动。

S2 流面设计的主要目的是确定不同径向高度的基元级叶片进、出口气流速度、角度及状态参数，获得每排叶片基元级的进、出口速度三角形。对于流道曲率变化较小、低速不可压流动的情况，可通过求解简化的径向平衡方程来确定叶排进、出口计算站的参

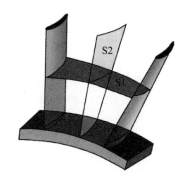 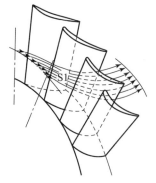 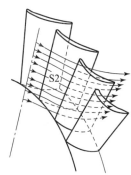

图 7 - 3　S1、S2 流面示意图

数,但是,对于高负荷、气体压缩性影响显著、子午流道曲率变化明显、轮毂比较小的风扇级和低压级,则需要求解完全径向平衡方程,并在叶片通道内布置计算站,从而更精确地求得叶排进、出口气流参数。

S2 流面设计的一个重要技术要点是认识叶轮机内部流动物理机制,建立关联叶片设计参数与流动损失的物理模型。其中,损失模型对通流设计至关重要。压气机设计思想的发展与人们对其内部复杂流动过程以及流动损失机理的认识密切相关。压气机内部流动极为复杂,影响因素非常多,伴随着航空燃气涡轮发动机和航空压气机设计技术的发展,对压气机内部复杂流动物理和流动损失机理的认识,以及损失模型的建立和发展等都经历了一个相当长的过程。

(3) 叶片造型设计

叶片造型设计的目的,就是设计出满足 S2 流面设计的速度三角形的叶片,根据 S2 计算结果选定攻角和落后角,给定叶型厚度分布以及积叠规律进行造型,如图 7 - 4 和图 7 - 5 所示。其中,叶型的落后角模型很重要。叶片造型设计需要同时考虑结构、强度和工艺等因素。

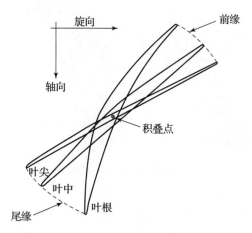 

图 7 - 4　压气机叶片积叠　　　　图 7 - 5　弯掠风扇叶片

叶片造型设计的技术要点还包括：

1）通过对各类叶片造型形式全面系统的叶栅试验，积累叶片造型设计的数据库，找出叶片造型设计的规律性结论，指导叶片设计。

2）叶栅 S1 流面流场数值模拟技术的发展，为指导叶片造型设计起到了关键作用。

3）基于一般回转面的叶栅造型和基于复合弯、扭、倾、掠空间任意积叠的三维叶片设计及造型技术。

（4）三维流场求解及优化

在已经确定的子午流道几何和叶片叶型几何后，通过数值分析方法对压气机内部的三维流场进行求解，其中包括对强度、振动、喘振边界的预估，以及对各种常用工况下转速、流量、效率的评估。根据流场求解获得的信息，对压气机的叶片叶型、积叠、S2 流面及子午通道进行分层次、逻辑性的迭代调整，即优化。

1）三维流场求解。

全三维气动设计体系的发展在很大程度上得益于三维流场求解方法的发展。为了评估叶片通道内流场，人们首先发展了基于三维无黏 Euler 方程和三维黏性 Navier – Stokes 方程的准三维求解方法（两类流面法），直到 1974 年 Denton 采用时间推进法第一次通过数值模拟得到了叶轮机械的三维定常流场。随后，三维流场求解突破了无旋、无黏的限制，发展了诸如流函数、压力修正法、时间推进法和涡求解方法等多种求解方法。结合湍流模型的发展和多排叶片计算问题的解决，求解雷诺平均 N – S 方程的 RANS 方法在叶轮机工程设计中真正得以应用，如图 7 – 6 和图 7 – 7 所示。近年来，非定常效应的关注和非定常三维流场求解技术的发展，使得非定常设计体系成为可能。但是，由于数值方法本身的简化和处理，其结果存在一定的局限性。

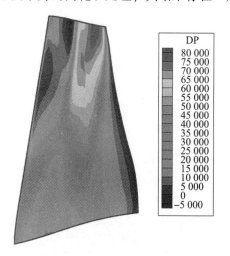

图 7 – 6　某风扇叶片的载荷分布

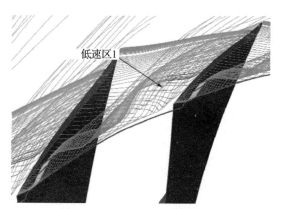

图 7 – 7　Rotor 67 叶尖泄漏流动

2）优化设计。

在早期的设计中，方案的迭代优化是通过人为的判断和手动的调整来完成的。由于三维 CFD 技术的发展和高速高性能压气机对设计要求的精细化，以三维流场求解为核心的优化设计方法得到快速发展，压气机的全三维设计和分析体系逐步构建起来。同时，优化设计也使得反设计、伴随方法、神经网络、遗传算法和深度学习等先进的算法在设计中得到应用。

需要指出的是，迄今为止，完全依赖依三维流场求解的优化方法在实践中仍存在一定的争议。全三维的流场计算在几何边界条件的简化、流动边界条件的不确定性、网格质量、湍流模型、计算格式等诸多因素的耦合影响下，使得数值计算结果可信度降低，学术界对这些影响因素已开展了广泛的讨论并有针对性地提出了改进方法。特别地，目前多级压气机三维计算结果与试验结果仍存在较大差异，通过压气机试验进行分析、调试依然是主要手段。

7.1.1.3 压气机设计技术水平

过去 20 年压气机的设计已经发展到多级全三维造型阶段。

以 GE90 发动机高压压气机的发展历程为例，在美国高效节能发动机（E3）计划的支持下，在 20 世纪 80 年代初，GE 公司依靠丰富的压气机设计经验，基于二维/准三维的传统设计体系，成功研制出了 10 级压比为 23 的高压压气机，为 GE 公司之后的 20 年保持世界领先水平奠定了坚实的基础。在过去 20 年，GE 公司利用三维设计技术对其不断进行改进和提高，改进的最主要手段就是采用全三维造型技术，提高压气机的通流能力和常用转速（流量）范围内的效率，特别是设计点效率，均有明显提高。

20 世纪 90 年代，三维气动造型技术提高压气机效率的主要措施是消除或改善各排叶片内部的分离，特别是角区的分离流动；随着对三维气动造型技术认识的不断深化，三维气动造型技术同样用于改善通道主流的流动情况，进一步降低了通道主流的流动损失；同时通过加大转子叶片前掠，在稳步提高压气机的级负荷的同时，有效地提高了压气机的失速裕度。

在先进材料和整体叶盘结构的支持下，高压压气机的叶尖切线速度能够进一步提高，再利用三维气动造型技术，各大发动机公司不断向更高级压比的高压压气机发起挑战。图 7-8 给出了发动机压气机级数及其能够获得的压比的关系，其中决定性的衡量

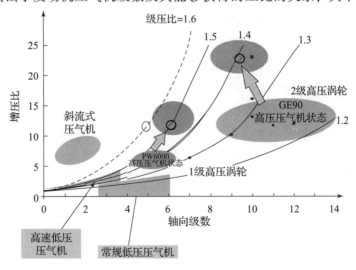

图 7-8 高压压气机压比与级数的关系[4]

指标就是平均级压比。到目前为止民用大发动机用的高压压气机的前沿水平分别是 MTU 研制成功的 6 级压比为 11 的高压压气机，其平均级压比接近 1.5；另一个就是前面提到的 GE90 高压压气机，10 级压比 23，其平均级压比接近 1.4。

目前大涵道比涡扇发动机的循环压比已经提高到 40 左右，涡轮前温度已提高到 1 400～1 600 ℃ 的水平，下一代高涵道比涡扇发动机的循环压比将提高到 50～60。压气机的设计依然是发动机研制中的技术瓶颈之一。

7.1.2 主燃烧室和加力燃烧室

7.1.2.1 主燃烧室研发概述

在航空发动机领域，人们习惯上说燃烧室时是指主燃烧室，指加力燃烧室时都会带上加力两字以示区别。主燃烧室的作用是将化学能（燃油加空气）转化为燃烧产物和剩余的未燃空气的热能，燃烧室接受压气机流出的高压空气，通过燃油燃烧产生热能，为涡轮提供均匀混合的热气。

对所设计的燃烧室的技术要求如下：
1) 完全燃烧；
2) 总压损失适中；
3) 燃烧过程稳定（不熄火）；
4) 具有飞行中再点火能力；
5) 出口的温度分布合适，没有"热点"；
6) 长度短，横截面积小；
7) 工作的质量流量、压力和温度范围广；
8) 满足规定的环境空气污染物极限要求。

现在，已由常规燃烧室发展到以低污染为代表的民用燃烧室及以高油气比为代表的军用燃烧室了。然而，每个所期望的性能都与其他一个或多个性能相矛盾。例如，完全燃烧要求尺寸大，而适中的总压损失要求尺寸小；使生成的空气污染物最少的设计选择会严重影响到燃烧稳定性，并使稳定工作的参数范围变窄。和许多复杂的工程系统一样，主燃烧室或加力燃烧室的设计必然是工程设计的折中。

尉曙明[2]介绍了先进燃烧室的研发工作。燃烧室设计研发全过程如图 7-9 所示，图中描述了燃烧室从概念预先研究到售后服务的全寿命周期内的研发过程，该过程适用于各种航空发动机和燃气轮机燃烧室的研发工作，亦可供其他部件和整机研制参考。

7.1.2.2 主燃烧室研发特点

(1) 主燃烧室的研发以试验为主

主燃烧室中的燃烧过程涉及湍流、液滴破碎和蒸发、油气混合、化学反应、化学平衡、化学动力学、传热学等诸多学科，这些学科中的科学问题非常复杂，有待深化解决，因此在现阶段燃烧室的设计研发仍以试验为主。

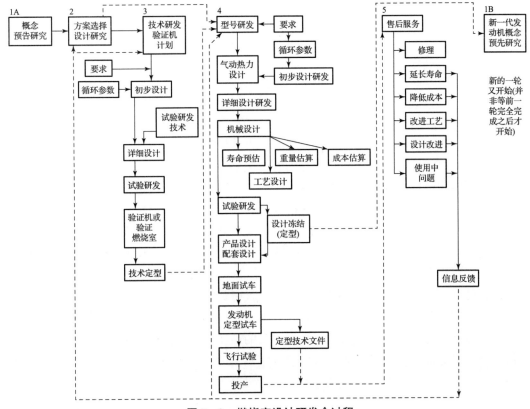

图 7-9 燃烧室设计研发全过程

(2) CFD 在主燃烧室研发中的作用

计算流体力学（CFD）在风扇和压气机的设计研发过程中起到了关键性作用，已有成熟的三维叶轮机系统设计方法。在主燃烧室的设计研发中，以前 CFD 是在试验结果出来以后进行，对理解判断结果有所帮助，并且在研发初期也可以辅助做一些初步方案筛选。近年来，CFD 在燃烧室研发方面的应用也取得了长足的进展，但由于现有的湍流、液滴破碎和蒸发、化学反应等数学模型与试验结果往往还有一定的出入，需要对其进行校核后才能应用于燃烧室的 CFD 计算中，因此 CFD 在燃烧室中的应用研究还需要进一步发展。

(3) 主燃烧室设计研发的综合性

主燃烧室的设计研发涉及各门学科，既有物理学科，如热力学、物理化学、传热学、流体力学和空气动力学，也有化学学科，如化学动力学。除此之外，还涉及机械设计、强度、应力分析、材料选择，有重量分析和成本考量，更有工艺、装配和试验，还离不开维修和寿命等问题。

7.1.2.3 主燃烧室设计内容和要求

(1) 空气分配设计

空气分配指将主燃烧室气流划分或分配成多股气流的设计过程，其结果是提供合适的空气量给主燃区（$\dot{m}_{PZ}$）、二股气流或中间区（$\dot{m}_{SZ}$）、稀释区（$\dot{m}_{DZ}$）、火焰筒冷却

($\dot{m}_C$）等，如图 7-10 所示。

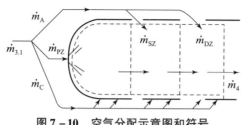

图 7-10　空气分配示意图和符号

　　空气分配是组织燃烧室燃烧的重要内容。主燃区和二股气流是参与燃烧的空气量，该空气量影响主燃区的当量比，因此主燃区和二股气流的气量可以控制燃烧产物必须达到的或限制的温度，以保证火焰筒和机匣材料的完整性。火焰筒冷却空气主要是为了火焰筒的热防护；稀释空气主要是为了调节出口温度分布，保护高压涡轮第 1 级静子。空气分配后来增加了新要求，即调节火焰筒燃气的温度，以满足空气污染物的排放限制。

　　但是，对火焰筒燃气温度的设计限制需要注意：如果火焰筒燃气温度太低，则火焰稳定性会受到不利影响，而且在燃烧室出口不能达到完全燃烧。这样不但会降低燃烧效率，而且不完全燃烧产物将含有过量的污染物一氧化碳（CO）和未燃碳氢化合物（UHC）；如果火焰筒燃气温度太高，则火焰筒的结构完整性会受到危害，而且排放的空气污染物一氧化氮（NO）和二氧化氮（NO_2）（合在一起称为"NO_x"）会超过规定的极限。

　　（2）主燃烧室部件设计

　　1）扩压器。主燃烧室扩压器最主要的作用是降低压气机输送至燃烧室的空气速度，使一部分动压恢复成静压，扩压器在满足降速、扩压的设计目标时应尽可能减小总压损失。

　　2）火焰筒和外机匣。需要设计确定火焰筒、外机匣各特征截面的内径和外径。火焰筒与机匣有很多不同的结构要求和温度要求。内机匣和外机匣的热负荷可以忽略不计，因为两者受到环形流道空气的对流冷却。但是内机匣壁和外机匣壁都是压力容器，必须能承受内部总压和环境静压之间的全部压差。与机匣显著不同的是，火焰筒的机械负荷可以忽略不计，因为它只承受较小的总压差，但要承受燃烧产生的强热负荷，因此要求合理设计用于流入冷却空气的冷却气孔，以保护火焰筒。

　　3）燃油喷嘴设计。计算确定燃油喷嘴的数量和形式；注意应根据需要确定是单路还是双路喷嘴及其是压力雾化还是空气雾化。

　　4）火焰筒头部设计。确定最佳头部、火焰筒高度等关键尺寸。

　　5）主燃区旋流器设计。旋流器是形成主燃区火焰形态和保持火焰稳定的关键，需要根据总体对燃烧室的要求合理设计进气量和旋流强度。

　　6）中间区空气孔设计。该区域的进气孔可以补充新鲜空气，进行补充燃烧，并可降低火焰筒内气体的温度。燃油完全燃烧程度，在燃烧室压力比较低的情况下，主燃区的仅有约 50%，但在补燃区的作用下可以提高至超过 80%。在燃烧室压力比较高的情况下，主燃区和补燃区的燃烧完全程度可以提高至超过 95%。

7) 稀释空气孔设计。燃油经过中间区的补燃后大部分已燃烧完毕，剩余部分要通过稀释空气孔进入的空气获得完全燃烧。稀释空气主要用于掺混降温，以获得需要的燃烧室出口温度分布。

(3) 燃烧室技术发展

新一代先进燃烧室以高温升军用燃烧室和低污染燃烧室为代表。在先进燃烧室出现之前，出现过两代燃烧室，现在的先进燃烧室可以称作第三代。

第一代燃烧室出现于 20 世纪 40 年代末到 70 年代之间，其上游压气机总压比大约为 10，采用的是空气动力学扩压器、双油路离心压力雾化喷嘴或双油路喷嘴，其燃烧区为富油燃烧区，冷却为波纹板冷却带。火焰筒上有主燃孔，主燃孔进来的空气与头部进来的空气共同形成一个大的回流区，有掺混孔，主要形式是环管燃烧室。典型代表有国内的 WP-6 发动机燃烧室和美国的 J-79 发动机燃烧室。

第二代燃烧室出现于 20 世纪 70 年代至 20 世纪末，其上游压气机总压比约为 20，采用短突扩压器和预成膜式空气雾化喷嘴；主燃区设计为接近化学恰当比，冷却设计为机械加工的冷却环带。这个年代的燃烧室为短环型燃烧室，燃烧主要是扩散燃烧，典型代表有 RB-211 发动机燃烧室和 CFM-56 发动机燃烧室。

当今先进燃烧室为第三代燃烧室，其发展始于 21 世纪，上游压气机总压比大于 30。第三代燃烧室又分为低污染燃烧室和高温升燃烧室。第三代燃烧室的头部进气占了整个燃烧空气很大的百分数，参与燃烧的空气全部从头部进入；没有主燃孔，可以有掺混孔，也可以没有掺混孔。由于燃烧空气全部由头部进气，所以燃烧区的空气动力学完全由头部进气决定。与前两代燃烧室只有一个燃烧区不同，第三代燃烧室有副油和主油两个燃烧区。第三代燃烧室可以有预混预蒸发、预混合、直接混合的燃烧设计，也可以是其中几个的组合设计。对 LPP 低污染燃烧室来说，要特别注意燃烧不稳定性问题。第三代燃烧室冷却采用发散小孔冷却，多层孔板式和瓦块式已被淘汰。

回顾几十年的发展历程，燃烧室从单管燃烧室、环管燃烧室已发展到环形燃烧室，再到今天的短环形燃烧室；燃烧室进口压力从 10 个大气压以下到 20 个大气压，再到 30 个大气压，现在到 60 个大气压，下一步可提高到 70 个大气压；燃烧室油气比从 0.02 以下到 0.03，再到 0.046，下一步可以超过 0.060。随着对主燃烧室要求的不断发展，其设计技术仍面临大的挑战。

7.1.2.4 加力燃烧室设计要求

加力燃烧室向进口燃气流补加热能，以此方法来增加推力。大多数加力燃烧室能产生约 50% 的推力增量，但是要多付出约 300% 的燃油流量作为代价。因为在加力燃烧室工作时，发动机的耗油率和实际耗油量比非加力状态高很多，所以加力状态多数用在较短时间内需要大推力时，如起飞、爬升、跨声速加速和战斗机动。

(1) 加力燃烧室性能要求

加力燃烧室主要设计要求如下：

1) 温升大，加力燃烧室不受涡轮的物理限制和温度限制，只受到燃烧时可用氧气量以及隔热屏和喷管冷却空气需要量的限制。

2）干损失小，在冷态工作期间由稳定器、喷油杆和加力燃烧室壁面的阻力引起的发动机推力损失很小。

3）温度调节范围广，可以"分区"或"分级"加力，使得可以更精确地调节推力。

4）燃烧效率高。

5）长度短且重量轻。

6）高空点火性能好。

7）不出现声学—燃烧不稳定性。

8）寿命长，成本低，易于修理。

9）隐身性——发动机（涡轮出口）热元件的隐蔽。

(2) 加力燃烧室部件设计要求

1）混合器。

低压涡轮出口截面热的核心燃气流应与外涵道出口截面比较冷的更富氧的外涵空气混合，目的是提供温度足够高的燃气混合气来蒸发下游喷油杆喷出的液雾，并提供具有足够高温度的氧气量，以便位于更下游的火焰稳定器尾迹区保持燃烧。

2）扩压器。

进入加力燃烧室的气流应该减速，直到总压损失和加力燃烧室横截面积间达到平衡。在加力式涡扇发动机中，扩压器可以和混合器组合在一起，以使混合后的气流进入燃烧段。

3）燃油喷射、雾化和蒸发。

燃油喷射系统的目的是在进入加力燃烧室的燃气流中形成一个合适的燃油蒸气分布。在大多数发动机中都采用燃油分级供给方式，以便使热量加入率从零到需用值平缓增加。

4）点火。

在加力燃烧室中燃油—空气混合气的点火通常使用火花塞或电弧电嘴或值班燃烧室实现，一旦点火成功，燃烧将在火焰稳定器尾迹内继续，而且这个过程要向其余火焰稳定器传播。值班燃烧室含有一个值班区，其中少部分进口空气（通常在10%以下）在一个包围住的保护区内燃烧到化学当量比的温度。值班燃烧室产生的热燃气是主区燃油喷射系统的点火源和稳定源。

5）火焰稳定。

用于加力燃烧室的通用火焰稳定器有三种，即非流线体V形槽、沙丘驻涡稳定器和值班火焰稳定器。V形槽火焰稳定器的优点是阻塞比小，总压损失低，结构简单，重量轻。沙丘驻涡稳定器具有良好的自然气流结构，总压损失低，稳定性好。值班火焰稳定器通常用它的小值班热源去点燃第一区燃油。

6）火焰传播和加力燃烧室的长度。

加力燃烧室为了获得最佳的火焰稳定和最佳的火焰传播确定了两条设计准则：

①流道高度应该尽可能小，以便使加力燃烧室长度最短。

② 来流速度应该尽可能小，以便使其在混合层内（稳定火焰）的停留时间加大。

因先进战斗机的隐身需求，故要求火焰稳定器的位置能遮挡涡轮出口的高温，以便减小红外信号，通常可以输送和掺入较冷的外涵空气来冷却这些火焰稳定器。

7) 加力燃烧室隔热防振屏。

加力燃烧室隔热防振屏可以用作隔热屏及改善燃烧稳定性。作为隔热屏，和主燃烧室的火焰筒一样，能够把外机匣和很高的温度隔开；冷却气膜沿着隔热屏长度分布，能降低隔热屏金属温度，并使加力燃烧室外机匣承受加力燃烧室压力和冷却气流温度。

隔热防振屏也可作为防止啸声或轰鸣的防振屏使用，以防止因燃烧不稳定或热能的不稳定释放引起极高频率和振幅的压力脉动。实现的方法是沿着隔热防振屏的起始长度段开很多小孔，选择合适的孔径和孔的分布以及孔后面共鸣腔的几何尺寸可以阻尼选定的声学频率。

7.1.3 高压涡轮和低压涡轮

涡轮与压气机同属于叶轮机械，其设计方法和流程有很多共同之处，区别主要在于以下两点：

1) 压气机内部流动是压缩过程，涡轮内部是膨胀过程。压气机由于存在较大的逆压梯度，故易发生分离，难以实现高效率，而涡轮效率较容易达到。

2) 涡轮工作在高温燃气流中，除了气动设计、结构设计外，必须开展传热设计，而压气机基本上无须传热设计。总的来说，压气机气动设计更难，涡轮的难度在于其设计是气动/结构/传热的综合设计。

7.1.3.1 涡轮气动设计技术发展历程

涡轮的气动设计技术先后历经了低维设计、准三维设计、全三维精细化设计、非定常设计等四个阶段，并逐渐向不确定性设计过渡，如图 7-11 所示。

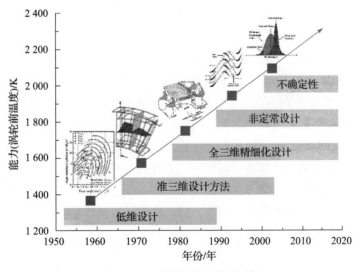

图 7-11 涡轮设计方法发展

第一阶段：低维设计阶段。在涡轮喷气发动机诞生初期，由于手段限制和认识有限，涡轮设计大部分局限于简单的低维设计，即通过有限数据进行经验关联总结模型，更多的经验关联是以数学表达式即损失模型形式给出的。随着数据库的建设和有效数据的增加，基于经验或半经验的一维设计方法趋于完善。作为涡轮气动设计的基础，这些低维设计方法对后来的涡轮设计影响深远。

第二阶段：准三维设计阶段。在低维设计方法完善的同时，研究人员也着眼于更高维度的设计方法，以谋求更高的性能。吴仲华[1]于1950年建立了基于S1和S2流面模型的叶轮机械三元流动通用理论，为高维设计提供了理论指导。20世纪60年代，研究人员开始对叶栅中的边界层损失、三维流动现象、跨声流动、二次流和湍流度对气动损失的影响等问题展开了研究，并发展了行之有效的设计方法；同时，冷却叶片设计技术和热障涂层技术的应用，使得涡轮前的温度大幅度提升到1 600 K左右。随着计算机技术的发展，计算流体力学（CFD）也开始应用于涡轮设计中，利用CFD方法对涡轮内部流动状态进行模拟成为涡轮设计人员的常规研究手段。

第三阶段：全三维精细化设计阶段。随着研究手段的发展，20世纪90年代涡轮设计进入了全三维精细化设计阶段，以满足第四代发动机涡轮等的性能指标要求。叶身端壁融合技术、非轴对称端壁方法、动叶尖部精细流动组织技术、波系精细化组织技术、综合考虑冷气与主流掺混的流动组织方法、过渡段支板一体化设计、前缘修型方法等精细化设计技术得到了广泛的重视并逐渐应用于航空发动机型号。同时，新的气动布局如对转涡轮设计技术开始得到成功应用。此外，多路复合式冷却空气系统、单晶镍基合金技术的成熟，配合更先进的涂层技术，进一步将涡轮前温度提高到了2 000 K左右。

第四阶段：非定常设计阶段。涡轮内部流动的本质就是非定常流动，其内部的非定常效应和非定常掺混等对涡轮性能影响显著。为了进一步提升涡轮性能，考虑这些非定常效应气动和冷却设计技术等得到快速发展，并逐步应用于发动机型号。其中，成功的案例是罗·罗公司通过在BR700、Trent等系列发动机上，利用寂静（Calming）效应将低压涡轮负荷提高了30%~40%，令叶片数减少，降低了重量。同时，基于多学科耦合的优化技术也在迅猛发展，为涡轮设计提供了新的技术手段。

第五阶段：不确定性设计阶段。在发动机的真实环境中，存在诸多不确定性因素，使得涡轮工作状态偏离理想设计状态，最终导致涡轮性能的不确定性。这些不确定性因素主要体现在几何的不确定性和气动热力条件的不确定性，其中几何不确定性包括加工和装配的不确定性、发动机运行工况中叶片的磨损或损伤、机匣的变形、多种力作用下叶片的变形等；气动热力边界条件的不确定性包括来流条件的不确定性、空气系统气动热力状态的不确定性等。通过不确定性设计方法，在设计与加工等过程中充分考虑不确定性带来的影响，从而有效降低其对涡轮所带来的影响，提高涡轮乃至航空发动机的运行可靠性。

7.1.3.2　涡轮气动设计流程

涡轮部件气动设计是一个从低维到高维逐步设计和优化的过程，低维空间的设计结果是高维空间工作的基础。图7-12给出了典型的涡轮设计流程，一般来讲，涡轮气动设计的步骤如下：

1) 根据总体设计要求开展一维气动分析，主要工作为合理选取涡轮各级的量纲为1的设计参数，以确定各级叶中截面的速度三角形等参数，进而生成涡轮子午流道形式，在此过程中可根据需要在低维设计空间上对基本气动和几何参数进行合理选择甚至充分优化。

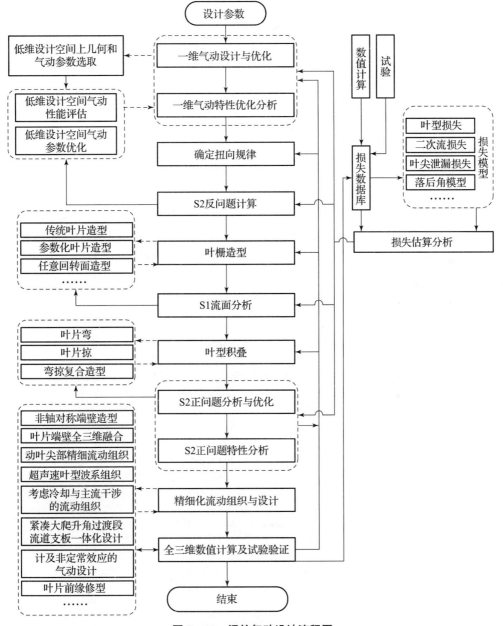

图 7-12 涡轮气动设计流程图

2) 从二维层面出发，选取合理的扭向规律。以得到涡轮级不同叶高截面的速度三角形，并通过计算以得到涡轮各排关键气动参数，进而按照叶片排进、出口气流角等参数进行不同叶高截面的叶栅造型，并利用 S1 数值模拟手段检验叶型设计的合理性。

3) 开展叶片三维的积叠，充分利用弯、掠和扭等积叠方式合理组织通道内流动，并利用 S2 或准三维数值模拟手段获得涡轮部件的总体性能和参数分布，进行初步的流动分析和诊断。

4）在设计结果满足设计要求的情况下，采用全三维数值模拟对涡轮内部流场进行更为细致的诊断，综合评估涡轮的总体性能；通过精细化设计手段对局部不理想的流动进行重新优化组织，充分挖掘涡轮性能的潜力。

当然，涡轮部件气动设计是一个反复优化迭代的过程，低维的参数选取直接影响高维的设计结果，而高维的设计结果也能反馈并指导低维的优化设计。需要指出的是，低维分析的准确性与其采用的涡轮气动损失模型的预测精度密切相关，长期研究积累建立起的完善的气动损失模型和数据库是成功进行涡轮设计的重要保障，而三维数值模拟手段的精度也受到众多因素的影响，不能盲目信任。

7.1.3.3 涡轮冷却设计

从燃气涡轮发动机基本工作原理上看，提高循环中的燃烧温度（最高温度）可以有效提高循环的实际效率。现代燃气涡轮发动机中燃烧温度已经远远超过了金属的熔点温度，第四代航空发动机的涡轮进口温度达到 1 977 K，未来第五代发动机涡轮进口温度预计可达 2 000～2 250 K。图 7-13 给出了近些年涡轮冷却方案的发展趋势，可以看到涡轮进口温度增加的速度远快于材料的极限温度。因此，为实现发动机高效、长时间可靠地工作，亟须对高温部件开展新型冷却技术的研究，以及发展先进高温耐热材料和各类防护涂层。

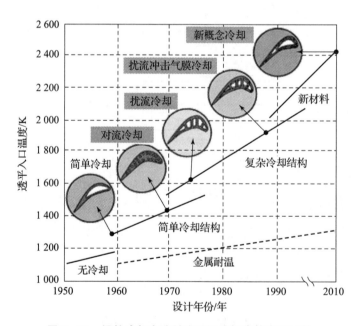

图 7-13　涡轮冷却方法随进口温度提高的发展趋势

高压涡轮导向器和涡轮叶片等高温部件的冷却技术包括 5 个部分：内部冷却（对流冷却、强化扰流冷却和冲击冷却等方式）；外部冷却［气膜冷却及隔热涂层（TBC）等方式］；材料的选择；热和力学分析；冷却空气来源选择或者预处理。

发展高温叶片的冷却技术，有两个基本出发点：

1）减小外部对流表面换热系数，即增加外部对流换热热阻，或者降低外部燃气温度。

2）增加内部对流表面换热系数，即减小内部对流换热热阻，或降低内部冷却介质温度。

需要注意的是叶片冷却技术不能简单地理解成只要降低叶片温度即可，还应使叶片内温度的不均匀度也尽可能地保持在一定范围内，从而降低热应力水平。

内部对流冷却是利用压差将冷却空气输送到需要冷却的部件中，提高对流换热系数并获得合理分布的均衡热边界。气膜冷却是将冷却空气入射到高温部件表面并形成一个冷气隔热层，隔热涂层增加了外换热热阻，也可用于提升气冷涡轮的耐温能力。

气冷涡轮的选材基本上是耐高温、高强度的镍基和钴基合金，并且表面带有氧化钇和氧化锆的隔热涂层。在进行涡轮热负荷和应力分析时，需要综合协调外部冷却和内部冷却方案，以满足对叶片温度和寿命的设计要求，达到合理的热应力、表面涂层应变、氧化极限、蠕变断裂特性以及机械响应。

最后一个部分主要是合理选择冷却流体，在冷却高温部件的同时，尽可能减小对热力循环效率的影响。通常是尽可能地选择压气机前几级引气，当然也可以采用外部的冷源，如外部的闭式空气或蒸汽循环、回热换热器或间冷换热器等。

图7-14给出了高温部件冷却设计的基本流程[3]。在设计中需要考虑很多限定要求，如效率、燃油消耗率、推力以及维修间隔期等。该设计流程将冷气消耗量、涡轮叶片寿命和维修间隔期作为冷却系统的总体设计目标。高温部件的初步冷却设计主要是基于各种设计目标条件、相关设计的约束条件，以及相互矛盾或权衡的各种要求。这些设

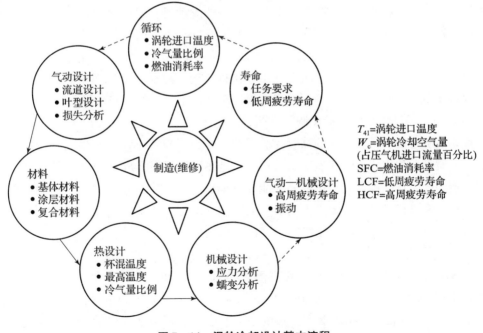

图7-14 涡轮冷却设计基本流程

计可以基于一维、二维或三维等不同复杂程度的分析,主要是用来比对各种可能的设计方案。但是分析时必须提供足够的信息,以对方案进行排序和筛选。通过多次循环迭代,高温部件冷却系统的初步设计将提供一个满足发动机设计目标、均衡考虑各种约束条件的基本方案。

7.1.4 喷管

喷管的用途是在燃气从喷管排出之前提高其速度,收集燃气流并使其变直。为了获得大的推力值,排气必须具有很高的动能,这意味着具有很高的排气速度。通常通过喷管前、后的落压比来控制膨胀过程,当出口压力等于外界压力时,对于给定的发动机来说,就获得了最大的推力。

7.1.4.1 喷管设计要求

喷管的设计要求如下:
1) 喷管推力系数高、气流损失小。
2) 以最小的总压损失把气流加速到尽可能高的速度。
3) 匹配出口压力和周围大气压力,使其尽可能接近。
4) 允许加力燃烧室工作不影响主发动机工作——需要采用可调喉道面积喷管。
5) 需要时抑制喷气噪声、雷达反射和红外辐射(IR)。
6) 采用二元和轴对称喷管,需要时可调节推力矢量。

7.1.4.2 喷管设计流程

(1) 选定喷管类型

喷气发动机使用的两种基本型喷管是收敛喷管和收敛扩张喷管。当喷管压比低(大约小于4)时,就采用收敛型喷管,亚声速飞机的发动机一般采用收敛型喷管;如果喷管压比很高(大于4左右),则采用收敛—扩张喷管,超声速飞机上的高性能发动机一般采用某种形式的收敛—扩张喷管。如果该发动机带加力燃烧室,通常要调节喷管喉道,保持加力燃烧室上游的发动机部分工作条件不变。此外,出口面积必须调整,以使在不同流动条件下管内和管外静压在出口处匹配并产生最大的非安装推力。

(2) 确定尾喷管面积控制(调节)规律

首先是确定发动机所要求的喷管控制规律。作为尾喷管设计的开始点,在每种飞行状态下,喷管面积比 A_9/A_8 和喷管安装损失都是在理想膨胀($P_9/P_0=1$)的基础上计算的。合理的开始点是根据发动机成熟性能计算得出 A_9/A_8 对 A_8 的关系曲线,确定喷口面积比。超声速飞行状态通常要求大的喷口面积比(A_9/A_8),亚声速巡航时喷口面积比约为1.28,而超声(音)速巡航时就要1.96。

(3) 喷管几何设计

排气喷管几何的初步设计从选择主喷管半角(θ)和副喷管半角(α)的最大值开始,θ 和 α 位置如图 2-40 所示。θ 的增加会减小主喷管的长度和重量,但可能增加喷管的总重。α 的增加使速度系数增大、角度系数减小、喷管长度和重量减小,并使总推力系数改变。所以当考虑喷管重量时,喷管半角(θ 和 α)的选择本身是一个复杂的设计问题。根据这两个角度，即可估算喷管长度。完成尾喷管的几何形状和面积比设计后，应该对喷管的性能和安装损失估算作出修正。

7.2 发动机总体结构设计

在完成发动机主要部件的流路设计后，应开展发动机总体结构设计。根据总体气动性能参数与所具有的设计经验和水平，综合考虑各部件之间的设计要求和难度，最终对整机进行结构设计上的平衡和优化。总体结构设计方案直接影响各个部件研制的可行性和技术难度，同时也是影响整机技术状态和研制进度的关键。对于总体结构方案的设计，一定要综合考虑各方面的技术状态、关键技术成熟度和解决途径的可行性，最终确定合理可行的设计方案。选定发动机总体结构布局方案，作为开展零部件详细设计和分系统设计的基础。

总体结构设计主要包括：转子结构设计、转子支承方案设计（支点选取和联轴器设计）、承力系统设计、支承结构设计，以及相关辅助系统的设计和各部件之间的协调。此外，还包括连接结构（螺栓连接、套齿连接、定心止口等）的设计，以及结构系统质量/刚度的分布要求和承力系统的传力路线设计等。

发动机开展总体结构方案设计应遵循的主要原则如下：

1）在力学特征方面，具有良好的整机及转子系统振动特性，静子与轴系变形协调，径向/轴向间隙协调，以及各转子轴向力分布合理；

2）在保证工作可靠的前提下，力求结构简单、零件数目少、强度储备合理、重量轻；

3）采用经过验证的、成熟的新技术，并考虑各方面的因素，从而达到一种平衡的设计，减少研制风险；

4）重视吸收以往设计、使用和维修的经验；

5）在整个设计过程中，对发动机的六性（可靠性、维修性、保障性、测试性、安全性、环境适应性）和经济可承受性给予足够重视。

7.2.1 结构布局内容

总体结构布局主要进行以下工作：

1）转子支点布局及支承形式安排；
2）承力系统及承力路线安排；
3）支承结构方案；
4）发动机转、静子同心度保证；
5）发动机装配性考虑；
6）发动机转、静子间的连接结构；
7）润滑系统、漏油系统安排；
8）全台发动机重量控制等。

7.2.2 发动机转子支承方案

转子支承方案是根据转子系统的结构设计方案和总体结构布局,确定各转子支点的分布和位置,对整机结构变形、动力特性和结构质量分布具有重大影响。转子支承方案设计的主要内容是确定支承结构(支点)数目、支点位置布局以及联轴器形式。

对新设计的发动机,转子支承方案没有一个固定的模式,各个公司均有自己的设计经验、传统和特色,不能照搬,只能根据发动机结构尺寸、压气机涡轮的级数等,参考有关原准机和设计经验确定。

选取转子支承方案时,应注意以下几个方面的问题:
1) 转子支承方案的选取应有利于发动机载荷的分布和传递;
2) 转子支承方案的选取应有利于转子变形及转、静件间的间隙控制;
3) 转子支承方案的选取应有利于结构件的振动隔离;
4) 中介轴承的使用应注意在设计技术和工艺方面利弊的平衡;
5) 采用最少的支承,保证转子系统的动力特性可以满足动力学设计要求;
6) 支承方案的确定应保证关键截面具有良好的抗变形能力;
7) 轴承类型和位置的确定应满足装配的要求。

7.2.2.1 单转子三支点支承方案

大多数单转子发动机采用三支点支承方案,如压气机前、后各有一个支点,涡轮盘前或后有一个支点,形成 1-2-0 或者 1-1-1 支承方案,如图 7-15 所示。由于三个支点难以同心,故可能在压气机和涡轮转子之间采用柔性联轴器。

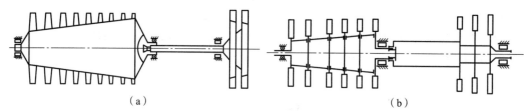

图 7-15 单转子三支点支承方案
(a) 1-2-0;(b) 1-1-1

7.2.2.2 双转子支承方案

双转子发动机广泛采用五支点支承方案,一般高压转子两个支点、低压转子三个支点。例如美国的 F100、F110、F404 系列发动机,英国的 RB119 发动机,法国的 M88 发动机,以及欧洲 EJ200 发动机等,如图 7-16 所示。其优点是结构简单、低压轴刚性好、发动机重量轻。但这种方案需要发动机的低压转子为较长的细长轴,加工难度较高。

俄罗斯 AL-31F 发动机采用了六支点方案,高压转子为 1-0-1 方案,低压转子为 1-2-1 四支点方案,低压涡轮转子和风扇转子采用柔性联轴器连接,如图 7-17 所示。

7.2.2.3 联轴器

联轴器的设计应满足传递负荷(如扭矩、轴向力、径向力)的要求,并能保证在不共轴条件下工作可靠及装拆方便。

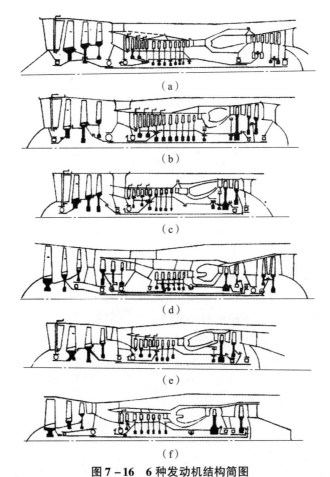

图 7-16 6 种发动机结构简图

(a) F100; (b) F110; (c) F404; (d) RB119; (e) M88; (f) EJ200

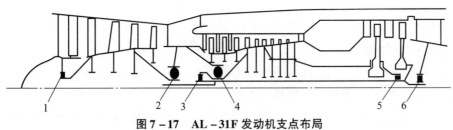

图 7-17 AL-31F 发动机支点布局

1~6—支点

(1) 柔性联轴器

两个转子间可以有相对的偏斜，主要形式包括带有球形接头、带有半球形接头、具有浮动型垫圈、带拉紧螺杆等。

(2) 刚性联轴器

压气机轴与涡轮轴刚性连接成一体，通过联轴器传递轴向力与扭矩，主要形式包括套齿式，圆柱面定心、短螺栓连接式，圆弧端齿式等。

7.2.3 发动机承力系统

发动机承力系统由承力框架、承力机匣和发动机的安装节组成，必须满足以下技术要求：

1) 支承结构与承力构件必须具有足够的强度和刚度；
2) 使发动机各大部件承受负荷的方式和传递负荷的路线合理；
3) 高温条件下具有良好的变形协调能力，保证转、静子间的工作间隙；
4) 具有良好的振动特性，以及长时间可靠工作的能力；
5) 能够正常、稳定、长寿命工作。

7.2.3.1 止推轴承

止推轴承承受发动机转子的轴向和径向负荷，每个转子只能有一个止推轴承（即滚珠轴承）。由于受负荷较大，为提高寿命，一般将止推轴承安排在温度较低处；为缩短承力路线，离主安装节要近，使传力路线最短。

低压转子止推轴承一般安排在风扇前、后。高压转子止推轴承有中介机匣时，一般安排在高压压气机前；没有中介机匣时，安排在压气机后。

有的发动机高压转子止推支点采用滚珠、滚棒并用的方式，这种结构使滚珠轴承只承受轴向力、滚棒轴承承受径向力，从而减轻了滚珠轴承的负荷，延长了轴承寿命，降低了故障率。

7.2.3.2 安装节位置

发动机安装节是发动机连接到飞机上的固定点，并传递发动机的各种负荷，如推力、重力和振动力等。

发动机安装节有主安装节和辅助安装节。主安装节主要承受发动机推力负荷、重量、机动飞行的陀螺力矩及惯性载荷等，一般设置在靠近发动机重心、机匣刚度强度较大，且温度较低的前安装面上；而辅助安装节仅承受发动机部分重量、弯矩和扭矩，一般设置在发动机后安装面上。此外，所有安装节应在同一个横截面上。

7.2.3.3 发动机传力系统

发动机工作时，承受和传递负荷的承力框架和承力机匣构成了发动机传力系统，其结构形式取决于发动机类型，压气机、燃烧室、涡轮的结构形式以及它们的相互位置，并取决于转子支承方案、重量和负荷等。对所设计的承力机匣的技术要求主要包括：

1) 在满足传递的载荷条件下，力求结构简单、重量轻、刚性大；
2) 应使发动机结构件易装配、分解和维护；
3) 机匣结构在受热不均匀或零件材料膨胀系数不同的情况下，具有良好的变形协调能力。

7.2.3.4 承力框架

承力系统主要由承力框架、承力机匣和发动机的安装节组成。

设计承力系统的目的是为在转子、静子上的机械和气动负荷提供合理的传递路径，确保内力平衡、外力传到安装节上。所设计的承力框架和承力机匣承受和传递各种负荷，从而组成发动机的承力系统。

将转子支点的负荷通过气流通道传至外机匣的构件称为承力框架，装有发动机主安装节的承力框架称为主承力框架。一般安排 3~4 个承力框架，结构形式有铸造式、焊接式和机械连接式等。

在高推重比发动机结构中，为减轻质量均采用减少支承和承力框架数量的技术途径，主要结构措施是采用中介轴承和多个轴承共同使用一个承力框架。因此，在支承框架的设计中，除了要保证支承刚度的要求外，还要满足支点间和对机匣的振动隔离性的要求，以减少振动耦合。

7.2.3.5 支承结构

发动机支承结构包括弹性支承与阻尼器、轴承与冷却润滑、滑油供油/回油结构和封严装置等。

1) 弹性支承的形式主要包括折返式、鼠笼式、弹性环式、鼠笼和弹性环组合式等。
2) 油膜阻尼器：在限幅环中充以滑油，形成挤压油膜阻尼器。
3) 轴承：滚珠轴承承受径向和轴向力，滚棒轴承仅承受径向力，根据轴承负荷、工作环境和配合尺寸等因素，选取合适的轴承型号，并设计合适的轴承内/外环结构。
4) 常见的滑油供油/回油结构：直喷供油、环下供油；重力回油、通气回油等。
5) 常见的封严装置包括：石墨封严、篦齿封严和刷式封严等。

7.2.4 临界转速估算

为了确定发动机合理的支点布局和支承结构设计，总体结构设计时必须进行转子的临界转速估算，以改变和控制转子的临界转速值，避免发生转子振动，使转子的临界转速尽量不在工作转速范围内。对于地面燃机来说，由于重量的限制较小，故一般采用刚性转子设计，发动机的临界转速可以很高，远高于工作转速；而对于航空发动机来说，由于尺寸、重量等约束，必须采用柔性转子，临界转速往往落在工作转速区间内，因此必须经过精心设计，使其避开常用状态的工作转速，使用中能够快速通过。

7.2.5 重量估算

此外，还应对发动机重量进行估算。估算法有两类：按发动机总参数推算或者按零部件计算。王凤[5]、潘代峰[6]、张韬[7]等给出了初步的估算方法。

7.2.5.1 发动机总参数推算

用于估算重量的经验公式也被称为重量模型，是一种"自上而下"的分析，基于已有的发动机设计数据，通过回归分析，从而确定某些设计参数与重量之间的函数关系。这种方法的优点是速度快、算法简单；其缺点是受数据多样性的限制，不能预估应用更先进的材料和结构后具有的重量优势，往往需要进行人为修正。当设计参数明显偏离数据样本时，其预估精度非常低，因而应用受到限制。

文献 [5] 给出了一种涡扇发动机重量的经验关系式估算：发动机重量 m_E 为

$$m_E = \frac{10 \text{OPR}^{0.25} m}{1 + \text{BPR}} + 0.12 \frac{F}{g} \left(1 - \frac{1}{\sqrt{1 + 0.75 \text{BPR}}}\right) \tag{7-1}$$

式中，OPR——总压比；
　　　BPR——涵道比；
　　　F——最大不加力推力；
　　　g——重力加速度；
　　　m——发动机空气流量。

7.2.5.2 零部件计算

基于初步构形设计计算发动机重量是一种"自下向上"的分析，它从工程细节上研究发动机的每个零部件，以确定该怎样设计、尺寸取多大、采用什么材料、包括哪些非结构重量等，然后将每个构件的重量累计到一起得出发动机的整机重量。这种算法的精度较高，适应性更广，但计算量大，算法复杂。

以下给出了一种通过零部件来估算发动机重量的方法[6]：对于发动机的压气机、涡轮构件，采用构形设计得到的几何形状来计算其重量；而对于燃烧系统、喷管、外部管路、承力构件和附件等，则采用统计模型估算重量。此方法对初步设计的发动机重量估算误差在±4%。

（1）压气机、涡轮模型

1）叶片模型：叶片质量 m 为

$$m = \frac{n\rho t (r_T - r_H)^3}{AR^2} \tag{7-2}$$

式中，r_T——叶尖半径；
　　　r_H——叶根半径；
　　　AR——展弦比；
　　　t——叶型最大厚度；
　　　n——叶片数，一般按中径处叶片间距等于轴向弦长计算（取偶数）；
　　　ρ——材料密度。

2）轮盘模型：如图7-17所示，通常由轮缘、辐板和轮毂三部分构成。轮盘重量模型的主要特征参数：W 为轮缘厚度，一般为叶片轴向弦长；R 为轮缘外半径，等于叶根半径 r_H；H_R 为轮缘高度，根据榫头类型按经验确定；W_{DR} 为腹板外缘厚度；W_{DS} 为腹板内缘厚度；h 为轮毂高度；r 为轮毂内半径。

3）机匣轴系模型：如图7-18所示，特征模型壁厚 t_a 为

$$t_a = D_0 - \sqrt[4]{D_0^4 - [16TD_0/\pi\tau]} \tag{7-3}$$

式中，D_0——特征段平均外径，$D_0 = t_a + (D_1 + D_2)/2$；
　　　T——特征段扭矩；
　　　τ——材料许用剪应力。

则机匣轴系模型质量 m 为

$$m = \pi L_a t_a \rho [(D_1 + D_2)/2] \tag{7-4}$$

式中，L_a——特征段长度；
　　　D_1——特征段进口内径；

D_2——特征段出口内径。

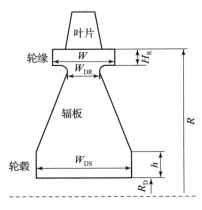

图 7-18 轮盘模型

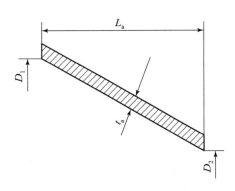

图 7-19 机匣及轴系计算模型

(2) 燃烧系统模型

火焰头部装置与燃油喷嘴重量 m 为

$$m = kL\rho(R_o^2 - R_i^2) \qquad (7-5)$$

式中，k——修正系数；

L——环形通道长度；

R_o——环形通道外半径；

R_i——环形通道内半径，计算加力燃烧室火焰头部装置及燃油喷嘴重量时，$R_i = 0$。

(3) 喷管模型

喷管分为收敛段和扩散段，分别根据其长度、进出口及喉道直径按机匣类零件估算，其厚度按喷管类型根据经验选取。通常固定面积喷管的壁厚取 1.5 mm，可变面积喷管的壁厚取 4.0 mm。

(4) 外部附件

发动机附件、管路、控制器、电缆、支架等部分的重量根据经验取值，一般可取为发动机主机重量的 8%~10%。

7.3 发动机控制系统

航空发动机控制系统的基本功能是在整个飞行包线内，在发动机各个气动、热力和机械设计限制之内，根据加速杆指令，通过控制器改变可控变量（如供油量、尾喷口面积等），以保证发动机被控制量（如转速、压比等）按预定的规律变化，实现发动机起动、加速、减速、稳态、加力和停车等各种过程和状态的控制，使发动机安全、可靠的运转。

发动机控制系统一般由控制计算单元、传感器和执行机构等三大部分组成。传感器检测加速指令及发动机温度、压力、转速、几何位置等信号送到控制计算单元，控制计算单元按给定的控制计划及控制规律对输入的信号进行数字计算和逻辑计算，计算的结果输出到主燃油流量、加力燃油流量、风扇及压气机导叶角度、喷口候道面积控制等各种执行机构作为输入指令，执行机构按输入指令控制发动机的燃油流量和几何位置，从而实现对发动机的控制和限制功能。

发动机控制系统自 20 世纪 40 年代开始,经历了简单的液压机械控制、复杂液压机械控制、部分权限的电子—液压机械控制系统,发展到全权限数字电子式控制系统(FADCE),特别是从 20 世纪 70 年代以来,FADEC 系统在航空发动机上得到充分的发展和应用已经发展到了第三代。

第三代全权限数字电子控制系统采用双—双余度系统架构(也有称为 Dual Channel Active Fadec's),双通道的每一个通道是完全独立的控制器,采用同时输出的工作模式,当一个通道故障时,故障通道自动退出控制。每台控制器有两个 CPU,一个用于控制计算,另一个配置机上自适应发动机模型,采用 Kalman 滤波器估算发动机近稳态参数,实现机载发动机流道参数的解析余度和实时自适应优化发动机性能。发动机控制系统已成为一种集现代先进光、机、电、信息与控制技术为一体的高科技产品。

现代航空发动机的控制参数已达 10~12 个,如图 7-20 所示;很快将达到 20 个,如图 7-21 所示。这就要求控制器要有更强的计算能力、逻辑功能和更高的控制精度。有关控制系统设计的流程和要求可以参见赵连春[8]、姚华[9][10]、吴琪华[11]等著作。

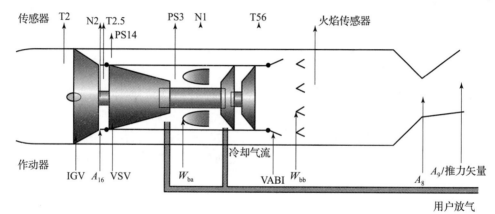

图 7-20 现有控制系统的水平

7.3.1 控制系统要求

7.3.1.1 基本技术要求

发动机控制系统应能自动控制发动机工作,并应具有冗余度和容错能力。发动机控制系统应能在整个工作范围内使加速杆位置与被控制的发动机变量之间保持正确的关系。具体的要求包括:

1)发动机控制系统应能在各种大气条件下,精确地控制发动机燃油流量和几何位置,实现发动机起动、加速、减速、稳态、加力、停车等各种过程和状态的控制,保证发动机的性能和适应性。

2)控制系统应具备较好的操纵性,减轻飞行员的工作负担,如:对推力和功率要求的变化范围不作限制,调节从停车到最大功率状态的推力,提高战斗机机动性和飞行任务的有效性;实现功率输入和功率输出之间的线性关系;考虑一体化控制模式,以改善飞机的可适用性,便于在航空母舰上进场降落、着陆、复飞、空中加油、空中巡逻、

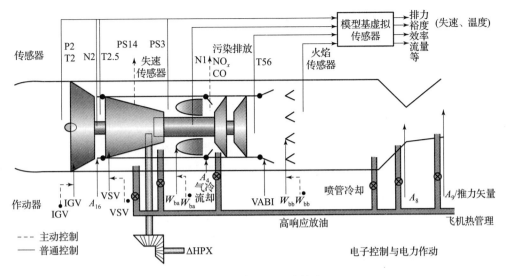

图 7-21 未来控制系统的水平

格斗和风车状态起动至要求功率等。

3）为了避免超过气动的、热力的和结构的限制，应限制发动机的关键参数，以确保发动机的维护、安全和耐久性。发动机的限制考虑应包括发动机失速裕度保护、压力限制、温度限制、扭矩限制、转速限制和在迅速减速过程中的熄火保护。此外，控制器应提供熄火检测和调整功能，失速、喘振检测和恢复，自动调整和补偿发动机性能恶化，检测和隔离故障，以及自动地排除起动悬挂和防止起动过热。

4）全权限数字电子控制系统应具有一定的冗余度。发动机主燃油流量、压气机导叶和喷口候道面积的控制一般采用双余度的全权限数字控制（FADEC）系统。双部件或双通道可以使两个通道同时工作，或者一个通道工作时，另一个通道处于备份状态。两个部件或通道都应有一定的故障容限，当其中一个失效时，应能平稳地转换到另一个通道继续工作，而不使发动机性能恶化。对任务可靠性要求更高的发动机，可使用三余度系统或增强故障适应能力的其他设计。在冗余的电子控制器中，不应存在任何单点安全关键性故障或任务关键性故障，以及软件和硬件单点故障。

5）当发生任何电气故障时，发动机产生的推力应保证飞行安全。在安全性要求更高的发动机应用中（如单发飞机），可以采用带液压机械备份的全权限数控系统。

7.3.1.2 主要性能参数要求

1）控制精度：指被控制参数在达到稳态以后控制目标值与实际物理值之间的差值（或差值与目标值之比），表示了控制系统的稳态控制能力。该值越小越好，但实际上受限于控制系统能力、成本、技术水平的差别等因素，一般要求转速控制精度高于 0.5%，温度控制精度高于 10 K，导叶角度控制精度高于 1°，压比控制精度高于 2%。

2）超调量：控制动态过程中达到的最大或最小值与目标值的差值（或差值与目标值之比），转速超调量一般小于 1%，压比超调量一般小于 3%。

3）加减速时间：发动机从一种状态到另一种状态之间的过渡时间，一般涡扇发动机慢车到中间状态的加减速时间为 5~6 s，慢车到最大状态的加速时间为 7~8 s。

4）控制品质衰退：需要规定在发动机寿命期（修理间隔期）内允许的控制品质恶化程度。

7.3.1.3 备份控制系统要求

配装单发飞机的发动机，以及有电磁干扰或电磁脉冲的威胁可能引起主电子控制系统发生故障之处，都应备有备份控制系统。用备份控制模式工作时，应确定该控制系统的能力和限制功能，以保证与飞行任务和安全性要求相适应，提供安全返回基地的能力。

备份控制系统应能独立于主控制系统控制发动机并达到下列要求：

1）在标准大气条件下，从海平面到10 km高度能使发动机的推力从慢车加5%到正常可达到的90%中间推力之间进行调节。

2）能在规定的起动包线内空中起动发动机，随后按1）项工作。

3）能防止发动机超出规定的工作极限，在发动机未发生损坏期间起预防作用。

4）在发动机整个环境条件和工作包线内，主控制系统与备份控制系统应能相互切换而无须操纵加速杆。

7.3.2 控制系统设计流程简介

7.3.2.1 系统需求捕获和定义

需求捕获的目的是获得产品研制相关的各类要求，包括飞机、发动机等主机提供的书面产品技术要求，类似型号经验，相关的标准、规范以及其他利益相关方的需求等。捕获用户的需求，转化为航空发动机FADEC系统需求，定义系统必须做什么（功能需求）和必须做多好（质量和性能需求）。

发动机要满足飞机需求，就要求控制系统应在发动机各种工作状态下按照规定的控制规律，准确地输出控制量，使发动机发挥出最佳性能，对发动机及控制系统的运行状态进行监视、判断，以保证发动机安全可靠工作，适应飞机发动机的工作环境等。

在需求捕获时应考虑的基本因素：

1）飞机型别和飞机使命；

2）发动机类别及工作状态；

3）发动机工作环境；

4）接口；

5）衍生需求：包括从较高级别需求中导出的需求，以及从较高级别分配的需求，如可靠性要求。

7.3.2.2 系统构型设计

系统构型设计是在满足系统需求的前提下，对实现系统的控制功能所进行的系统顶层设计，是子系统详细设计的纲领和依据。现代航空发动机基本都是双通道的全权限数字式电子控制系统（FADEC），其主要包括以下工作内容：

（1）系统硬件和软件的功能分配

系统设计之初，需要进行系统硬件与软件的功能划分和任务分配，并加以折中分析，明确系统需求哪些由硬件实现、哪些由软件实现。由于软件具有极大的灵活性，便于及时调整和修改，因此倾向于软件实现以下功能：

1）控制律计算和控制参数调整；
2）信息管理（包括余度管理、故障综合和申报）；
3）故障诊断与重构；
4）BIT（built-in test）测试（硬件和软件结合）；
5）发动机状态监视、健康预测计算等。

进行软、硬件功能分配时，应综合考虑合理性、可能性和可靠性等因素折中分配。

（2）建立子系统

子系统的划分与确立，应有利于系统设计，也便于全系统功能单元的分配、外场可更换单元的划分，以及性能指标的管理。子系统的划分可以有不同的方式，按控制功能可分解为主燃油控制、加力燃油控制、喷口控制、导叶控制等子系统，这种划分有利于系统、子系统指标的分配和传递及逐层集成验证。按专业可以划分为数字电子控制器、液压机械装置、传感器、电气、操纵与显示等子系统，这种划分有利于产品的管理。建立子系统时也要定义构成子系统的功能部件，并将功能和性能分配到各部件上，提出系统对部件的技术要求。

（3）系统余度设计

通过为系统增加多重资源（硬件与软件的重复配置），实现对多重资源的合理管理，从而提高系统可靠性和安全性的设计方法。

电子系统普遍采用余度设计是因为：

1）电子元器件的失效具有随机性，不可控；
2）单余度 FADEC 系统的可靠性无法与机械液压系统相比。

因此，飞机最重要的控制系统往往具有三余度、四余度。发动机故障的危害对于多发飞机来说是重大危害，三余度以上会导致系统复杂、体积重量过大，因此普遍采用双余度系统。

7.3.2.3 系统控制律设计

系统控制律指控制系统形成控制指令的算法，它采用经典/现代控制理论进行设计，以确定系统控制指令与系统输入变量之间的逻辑和函数关系。

系统控制律设计是保证系统功能和控制品质实现的直接、最重要的环节，是系统软件开发的基础。

一般包括控制律设计包括控制结构设计、线性系统仿真、稳定性分析、非线性系统仿真、硬件在回路仿真和系统半物理模拟验证、发动机试车和飞行验证等过程，通过这些过程设计验证，保证控制律在全飞行包线内的适应性和控制品质。

控制律一般采用根据飞行条件自适应修正的 PID 控制，鲁棒多变量控制、性能寻优控制等现代控制理论和方法也逐步在发动机控制中得到应用。

7.3.2.4 控制系统部件设计

控制系统部件一般包括数字电子控制器、燃油增压泵、主燃油泵、加力燃油泵、伺服燃油泵、主燃油计量装置、加力燃油计量、压气机导叶控制装置、风扇导叶控制装置、喷口控制装置、交流发动机、高低压转速、压力、温度和位置等各型传感器。

部件的设计输入是系统和子系统设计阶段提出的技术要求，根据设计输入，开展需求分析、部件架构设计、多方案论证和方案设计，识别关键功能性指标与关键元部件指标，关注点主要包括可行性、技术成熟度、技术先进性、可靠性、成本、技术风险、研制进度、重量和体积等，进行方案评估，确定最优方案。在方案基础上，确定部件主要组成、功能及性能指标；划分功能模块，明确模块设计技术要求；进行接口设计，包括电气接口、机械接口等；开展回路设计、热设计、抗污染设计、故障诊断设计和其他功能性指标设计，以及重量分配、功率分配等；然后开展零部件三维设计和二维图纸设计，编制装配图、外形图、接线图、零件、图样、关重件目录等相关文件；开展部件性能、结构强度、流场等设计、仿真分析；开展六性设计和评估工作。

数字式电子控制器是控制系统的核心硬件。控制器应能按系统要求将发动机及飞机的状态信号，控制系统的传感器信号、开关量信号，通过各自的处理电路转换成相应的数字量信号。处理器（CPU）应能根据上述信号，控制软件按照控制规律进行实时运算，输出可供发动机及飞机状态控制的模拟量信号和开关量信号，并将有关发动机和数控系统的状态参数存储并传输给发动机健康管理系统及飞机监视和记录系统。

数字式电子控制器应根据发动机控制系统的要求配置余度和相应的余度管理方式；数字电子控制器应采用模块式设计，防止单点故障及故障蔓延；数字电子控制器的输入输出通道、处理器计算能力和存储容量等硬件设计应具有一定的可扩充能力。

液压机械装置是控制系统的重要执行部件，应能按照控制系统的输出指令控制系统燃油流量和几何位置，并要求具有较高的稳态精度和动态响应特性。电液伺服阀等电液转换装置是液压机械装置的核心组件，要求高精度、高灵敏度、高可靠性，且抗燃油污染能力强。燃油泵一般使用离心泵、齿轮泵和柱塞泵，由于柱塞泵结构复杂、寿命短，故在航空发动机控制系统中将逐步被淘汰。

7.3.2.5 软件设计

现代控制系统的核心功能是由控制软件完成的，软件的专业性很强，发动机设计师不可能参与其具体的研发，要关注的仍然是软件的需求分析。国际标准 DO-178B 中《机载系统和设备审定中的软件考虑》是机载软件开发的重要指导文件，其中定义了软件的研发流程，发动机总体应主要关注其中的软件需求过程。

应高度重视软件工程化工作，发动机控制软件应符合软件工程化要求，按照相应的国军标规定的软件工程化标准规范进行软件的开发工作：

1）过程体系：应按照军或民用软件相关标准（如 GJB 2786A—2009《军用软件开发通用要求》、GJB 5000A—2008《军用软件研制能力成熟度模型》），建立符合军用软件研制能力要求的软件过程体系，开展系统分析与设计、软件项目策划、软件需求分析、软件设计、软件实现及集成、软件维护、软件验证、软件项目监控、软件质量保证、软件配置管理等相关工作。

2）配置管理：应按照相关标准要求（如 GJB 5235—2004《军用软件配置管理》和 GJB 5716—2006《军用软件开发库、受控库和产品库通用要求》）建立软件开发库、受控库和产品库,并对软件(含文档)实施配置管理。

3)测试:应按照 GJB/Z 141—2004《军用软件测试指南》、GJB 1268A—2004《军用软件验收要求》对发动机控制系统软件开展自测试。

4)质量管理:应按照 GJB 439A—2013《军用软件质量保证通用要求》制定配套软件质量保证计划,明确软件质量保证活动的时机、工作内容和实施方法等,并在软件生命周期过程中实施;应按照 GJB 438B—2009《军用软件开发文档通用要求》编制软件文档。

5)安全性:应按照 GJB/Z 102A—2012《军用软件安全性设计指南》、GJB/Z 142—2004《军用软件安全性分析指南》等标准的要求,开展软件安全性分析、设计和验证工作。软件应采用模块化结构,宜参照 HB/Z 295—1996《机载系统和设备合格审定中的软件考虑》进行软件安全性分级,并对各软件配置项进行安全性分级,不同安全性等级的软件配置项之间应高内聚、低耦合。

7.3.3 控制系统的发展

7.3.3.1 发展趋势

未来航空发动机控制系统将向主动控制、综合控制、智能控制、分布控制和减轻控制系统重量的方向发展,将发展实时的发动机模型,采用先进的控制逻辑和设计方法,并且发动机状态监视系统将与发动机控制系统实现更好的融合。

通过采用电动的燃油泵、作动器系统和先进的电子硬件,提高 FADEC 系统硬件的可靠性;通过采用先进的控制逻辑和设计方法,并与其他机载系统(进气道控制系统、飞控系统、火控系统等)相综合,获得更好的系统性能和提高控制品质;同时,控制系统的寿命将提高,以降低系统的研制和使用成本。图 7-22 给出了未来航空发动机控制技术的重点发展领域。

另外,最值得发动机总体关注的方向有两个:综合控制和分布式控制。

7.3.3.2 综合控制

随着现代飞机性能的提高,飞机的飞行控制、进气道控制和发动机控制独立设计的传统方法已不能满足飞机发展的要求。为使飞机整体系统性能最优和稳定性最好,就必须对各个部分进行综合控制。对于进气道、发动机及喷管的综合控制称为推进系统综合控制(Integrated Propulsion Control System),对于飞机与推进系统的综合控制称为飞行/推进系统综合控制(Integrated Flight/Propulsion Control)。

20 世纪 80 年代美国就已经开始利用 F15 飞机的 PW-100-129 发动机,对飞行/推进系统综合控制进行全面研究,目前已经发展到性能寻优控制模式 PSC(Performance Seeking Control)。这种控制的特点是系统中包括不断修正的机载发动机模型、进气道模型和喷管模型,它们用于确定进气道、发动机及喷管的最佳工作位置,图 7-23 表示了这种控制的原理。PSC 主要采用的控制算法包括三种:最大推力计算模式,用于加速、爬升和突击时,提供最大剩余推力;最小耗油计算模式,用于飞机巡航飞行时,使耗油率最低,以增加航程;最低风扇涡轮进口温度计算模式,目的是降低温度,延长发动机的使用寿命。

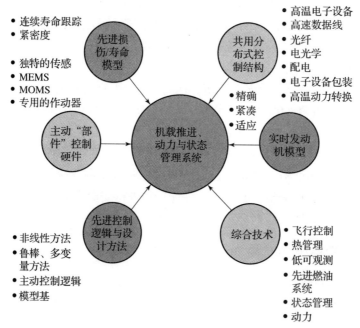

图 7-22 发动机控制系统关键技术领域

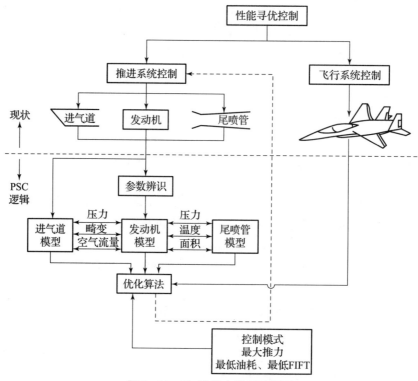

图 7-23 飞/推综合控制示意图

飞行试验表明,采用 PSC 控制使关键飞行状态的推力显著提高;对性能退化的发动机推力可增加 9%;对返修后的发动机推力可增加 15%;在飞行马赫数为 0.9、飞行高度为4572 m的平飞并保持恒定推力时，涡轮进口温度降低38 ℃以上，耗油率降低3%。根据估计，当发动机在高功率状态时，涡轮进口温度每降低21 ℃，涡轮的寿命将增加一倍。由此可见，采用PSC控制对提高发动机推力、延长发动机寿命是非常有效的。

7.3.3.3 分布式控制

目前发动机全数字电子式控制系统中主要采用集中式结构，远程连接传感器、伺服装置和执行机构基本采用双绞线或三绞线。随着控制系统复杂性的增加，导线、连接器和接头的重量迅速增加，导致控制系统的重量、外形尺寸等都大大增加，研制、维护及保障方面成本也更高。

为了解决上述突出矛盾，控制系统向高度分布式结构发展，如图7-24所示。分布式控制由数字电子控制器和多个智能装置组成，将原来由FADEC中完成的数据采集处理、信号调理、控制算法、故障诊断等任务分解到智能传感器或智能执行机构完成，智能传感器把传感器输出的如温度、压力等模拟量信号转换为数字形式，提供给FADEC；智能执行机构接受从FADEC来的位置指令并完成相应控制任务。智能传感器和智能执行机构及时向FADEC报告它们的状态，并可以自行实现如补偿、自检、故障检测与识别等功能。中央处理器和各智能传感器之间通过数据总线进行通信，代替集中式结构的点对点连接。

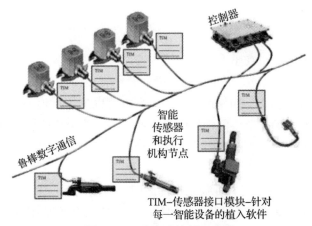

图7-24 分布式控制示意图

7.4 发动机子系统设计

除了前面提到的发动机主要部件和系统外，还需要一些发动机工作子系统，用于供给发动机燃油、提供润滑、起动发动机、防冰等，以使发动机能够正常工作。以下简要介绍发动机主要的子系统及其技术要求。

7.4.1 燃油系统

7.4.1.1 主要技术要求

燃油系统设计时，应重点考虑以下技术要求：

1) 最大燃油流量：应规定在整个工作包线内包括加速超调量在内的最大燃油流量。

2) 燃油进口压力：应规定最高和最低燃油进口压力，以便使飞机承研单位正确地确定飞机燃油系统的尺寸。所规定的最低和最高压力要求将确保飞机燃油系统提供一个合理的燃油压力，以达到汽液比为零的要求。根据相关经验，保持高于燃油真实蒸气压力 35 kPa 的最低压力条件，以确保燃油不发生沸腾或温度升高时形成汽塞。

3) 燃油进口温度：最高燃油温度应是允许飞机承研单位将燃油用作冷却介质时的最高温度。如温度过高，会给发动机选用燃油及控制系统设计带来很大的困难。由美国 F-15 飞机的研究经验表明，若将温度提高到 93 ℃（原来为 57 ℃），可省略飞机冲压空气冷却器，并节省 2 亿美元的费用，但当进入发动机的燃油温度超过 149～177 ℃ 时，会导致燃油沉淀和喷嘴性能恶化及滑油温度高，给滑油的润滑效果、需要滑油冷却的部件寿命带来影响。

燃油进口最低温度是指在海平面冷天大气条件下的最低燃油温度。经验表明我国目前使用的燃油温度在低于 -47 ℃ 以后，燃油黏度将大大增大甚至结晶，油滤发生堵塞现象，系统已不能正常工作。因此一般规定燃油黏度不大于 12 mm^2/s。

4) 最大放油流量：应该确定在规定条件下应急放油时，最大放油流量的要求。这个流量是为了保证飞机能够迅速安全地减轻自重，保证安全着陆需要。

7.4.1.2 燃油

（1）主燃油

主燃油应能保证发动机在整个工作包线内任何稳态和瞬态工作条件下满意地工作。

1) 主燃油是指发动机设计要求使用的燃油。主燃油的选定要根据具体的使用环境、飞机和发动机维护条件确定，如偏远地区的无人机可以选用当地的通用燃油产品；舰载飞机为了增大航程和保障狭窄空间使用的安全性，可以选用热值和闪点高的特种燃油。

2) 根据我国当前喷气燃料生产、供应的现状，目前国内主要使用 3 号喷气燃料，舰载机选用 5 号燃料。

3) 当采用多种主燃油，且在任何主燃油之间更换使用后，发动机及附件设计时要按最低牌号燃油特性进行设计，以保证所有的列入主燃油的燃油牌号都可以无限制使用。

有关发动机燃油的进一步知识，参见黎文济[12]、B. A. 皮斯库诺夫[13]、付伟[14]的著作。

（2）代用燃油

代用燃油是当暂时不能提供主燃油时，设计允许使用的替代燃油，此时必将对发动机使用特性有所影响，但不应影响发动机的正常工作。使用规定的代用燃油时，对发动机性能特性的影响、耗油率的改变、起动和停车时间的改变以及对飞行任务的影响都应做出相应规定。

（3）应急燃油

应急燃油是在特殊条件下不得已允许使用的燃油。使用应急燃油时，将对发动机及飞行任务产生不利影响，所以应对发动机工作高度、最大推力、燃油消耗量等工作极限及允许的外部调整、特殊检查和维护等做出规定，并应限定使用时间。美军标给出的高度范围是：0~15 000 m；发动机状态：慢车到90%最大状态，时间：0~6 h。

7.4.1.3 燃油污染

在维修、储存或更换系统时，污染物由大气经飞机通风系统进入，或由于飞机燃油系统所用材料的变质、工作过程中的磨损物，均可能导致燃油污染。

发动机研制及发动机燃油系统设计中，应考虑长期连续使用有污染的燃油或短期使用高度污染燃油的情况。发动机使用规定成分的污染燃油时应能正常起动和工作。

为了降低或消除在伺服系统、泵、喷嘴系统以及作动系统所使用燃油中污染水平，发动机燃油系统通常设有过滤系统，但过滤系统都安装一个旁路活门，在所使用的大部分燃油完全旁路油滤的飞行任务期间，燃油系统应能处理发动机使用的全部燃油，以确保飞机能安全返航。

7.4.1.4 应急放油装置

应急放油是减轻着陆前飞机结构重量、提高飞机性能、保证飞行安全的一种重要措施，需要时，燃油系统可设有应急放油装置，在控制系统的指令下能可靠地放掉飞机油箱中多余的燃油。应急放油装置应在规定的时间内，放出所要求流量的燃油。放油过程中和放油结束后，不应对飞机操纵带来不良影响，并能在放油过程中的任何时候终止放油。放出的燃油或油气不能溅落或进入飞机的任何部位。

7.4.2 润滑系统

7.4.2.1 润滑系统性能要求

（1）一般技术要求

在不变更润滑油的情况下，润滑系统应能保证发动机在整个工作包线内满意地工作。为防止污染润滑油，在设计上应防止燃油或其他液体渗入发动机润滑系统。当滑油箱内油量高于规定的"不可用"油量时，润滑系统应在发动机整个工作包线内，在规定的机动飞行载荷和发动机姿态下满意地工作。滑油温度、滑油压力和滑油消耗量应不超过规定。

（2）滑油流量与放热要求

应给出滑油系统的性能及有关的冷却装置与冷却要求，其中包括典型状态的润滑系统热平衡实例计算。应以发动机附件的最高极限温度、海平面热天最高大气温度及滑油冷却器冷却介质最高温度来表示整个润滑系统的热平衡。热平衡计算还应考虑附件传动机匣最大载荷、发动机内部冷却状态变化、引出空气的提取和系统承受最大冷却要求的状态等影响。

（3）滑油流量中断要求

在不向滑油泵进口供油的情况下，发动机能以中间推力工作30 s，在此滑油中断期间及以后的工作期间，对发动机无有害影响。这是由于损坏、机动飞行、格斗损伤或不正确的维护可能会出现滑油流量中断，所以应具有滑油中断持续工作时间的能力，以便于为飞行员提供自救机会。正常机动飞行出现滑油流量中断的时间极短，随后即恢复供油。大多数战斗机/攻击机发动机应能承受多次这样的短暂滑油中断，而没有不良影响。

评价是否已产生不良影响的随后发动机工作时间（此时已恢复供油）不得少于 30 min，30 min 时间通常对于允许从可能发生战斗损坏的恶劣敌占区跑出是足够的。在无润滑情况下，发动机耐久性的要求是允许飞机恢复飞行，否则飞机就会被毁坏，并能在无润滑油情况下于 30% 中间推力状态附加工作 5~30 min，而没有抱轴现象。这个要求是为了飞出格斗损伤可能再现的重防区，因为以 200 nmi[①]/h 真实空速飞行 100 nmi，30 min 通常是足够的。而对发动机来说，30% 海平面中间推力，由于温度和转子推力载荷较低，故为典型的舒适工作状态，且典型的战斗/攻击机能在中等高度以远低于 30% 海平面中间推力维持飞行。

7.4.2.2 润滑系统附件特性要求

（1）滑油箱

应说明以升为单位的滑油箱总容量、可用滑油容积、吞入滑油容积、不可用滑油容积及膨胀空间。滑油箱应有足够的容量。对于可以空中加油的飞机，可用滑油量还应考虑由于空中加油而延长的飞行任务。

滑油箱应承受两倍于发动机工作包线内的油箱最大工作压差而无可见的漏油或变形，即在发动机工作包线内油箱的最大工作压力下，承受 10 000 次周期性的压力变化而不发生漏油或永久变形。

（2）滑油过滤

为了减少润滑对零件的磨损，应提供合适的滑油过滤。越来越多的事实证明，滑油的过滤精度对轴承的工作可靠性和使用寿命有重大影响。润滑系统的增压油路与回油路应提供滑油过滤：

1）增压油路应装有带旁路活门的滑油滤，在积聚污物时打开向发动机供滑油。

2）为保护回油泵，回油路应设置粗滤网，且不应因局部堵塞而限流。

（3）金属屑末探测/信号器

各油池出口或铁磁微粒最易沉积的重要位置应设置磁性屑末探测器或磁性屑末检测信号器，用以检测检测悬浮在滑油中太大颗粒，适用于光谱分析不能检测的发动机故障。

（4）磨损率分析

用滑油光谱分析来确定发动机中与滑油接触零件的状况，发动机总师要指定特定型号发动机润滑油中化学元素分析的初步判断标准和趋势分析数据，并应列出各化学元素及它们在整个润滑系统内的分布位置；应积累大量的试验和使用统计数据，随发动机小批量使用经验的积累逐步修订完善。

7.4.2.3 润滑油

润滑油黏度太大会使起动困难，使用低黏度合成润滑油的发动机，在整个环境温度和工作包线内不应增加润滑油稀释和加温等额外的附加维护工作。使用中黏度合成润滑油时，由于其 $-40\ ℃$ 时的运动黏度为 $13\ 000 \times 10^{-2}\ cm^2/s$，故在当前起动机功率的技术

---

① 1 nmi = 1.852 km。

水平下应不要求在低于 13 000×10^{-2} cm^2/s 的温度下使用,如必须在低于 -40 ℃ 下使用,则应允许采用润滑油稀释或加温等方式来辅佐。由于新一代高温滑油研制的困难,以及大功率起动机的采用,近年来国外已经放松了 13 000×10^{-2} cm^2/s 的要求,但 -40 ℃ 的使用要求仍未放松。

一般应使用符合 GJB 135 或 GJB 1263 规定的润滑油。GJB 135 相当于低黏度合成润滑油标准 MIL-PRF-7808,GJB 1263 相当于中黏度合成润滑油标准 MIL-PRF-23699。有关润滑油的进一步知识可参见赵升红[15][16]的著作。

7.4.2.4　性能参数

衡量润滑系统性能可以用以下参数来表示:

1) 滑油消耗率:单位飞行时间内消耗的滑油量,这个参数决定了飞机飞行时间的长短。由于发动机工作中的磨损等因素,这个数值将在使用中逐渐增大并稳定。

2) 最高/最低供油压力:滑油供油压力的极值代表了滑油系统的工作能力,超出后将导致润滑不良而损伤机件。

3) 最大回油温度:反映了支点工作温度,超出后表明支点处工作异常。

4) 滑油光谱分析标准:各金属元素在滑油光谱中的正常值、告警值和异常值,包括浓度和增长梯度。

5) 滑油过滤细度:系统中最小的滑油滤细度。

6) 滑油清洁度:可以加入发动机的滑油清洁度等级。

7.4.3　健康管理系统

在传统发动机上,为监视与记录用于维护和性能趋势分析的有关参数,如转速、燃气流路压力和温度、振动加速度、全权限数字式发动机控制信号和飞机参数(速度、攻角、偏航角、导弹发射、压力高度)等,都设置有发动机测试系统,或称监控诊断系统。现在随着技术的进步、功能的完善,增加了故障预测诊断等功能,普遍称为健康管理系统。此系统也可能将功能集成在控制系统内。有关健康管理系统的知识可以参见 Ian K. Jennions[17]、尉询楷[18]的著作。

7.4.3.1　功能要求

发动机应按要求提供各种信号和装置,并具有以下机载发动机健康管理的基本功能:

1) 起飞推力检查,并在驾驶舱指示。

2) 发动机工作参数超限,应伴有事件前 5 s 和事件后 25 s 的时间历程记录,并在驾驶舱告警。

3) 发动机部件寿命的使用跟踪和记录(如低循环疲劳和热件使用循环、发动机小时数、在相应温度下的工作时间)。

4) 振动分析,超限时在驾驶舱告警。

5) 性能恶化趋势分析(主通道气路分析)。

6) 喘振与加力燃烧室熄火探测和记录。

7) 滑油系统监视。
8) 可更换组件的故障检测和故障隔离。
9) 发动机、发动机单元体和飞机系列号码识别。

整个系统应由安装在发动机或飞机机体上的传感器、信号收集和数据处理电子设备、具有数据显示能力的装置、具有可拆卸的数据存储装置、地面数据处理装置以及既适用于机载又适用于地面站的软件程序等部分组成。系统任何硬件或软件的异常不应影响发动机在其整个工作包线内的工作和整个环境条件下的性能。相关的可更换组件的故障检测和隔离的程度应由故障模式、影响及危害性分析来确定。

7.4.3.2 系统附件及特性

（1）发动机健康管理用传感器

为满足发动机健康管理要求，发动机传感器应提供以下基本参数值：高压转子转速、低压转子转速、低压压气机/风扇进口温度、低压压气机/风扇进口压力、高压压气机出口温度、高压压气机出口压力、低压涡轮出口燃气温度、低压涡轮出口压力、喷管临界截面、燃油流量、油门杆角度、可调导叶位置、滑油压力和振动等。凡为发动机健康管理所要求而装于发动机或装于飞机的传感器，都应该明确示出，并以表格形式列出每个测量参数的名称、测量范围、系统精度、时间响应、电气特性和光学特性及在发动机上的位置和采样率。

（2）推力指示

需要时，应提供计算推力的发动机参数，这些推力计算被机载发动机健康管理系统所采用，以提供发动机起飞推力的检查，并在驾驶舱作出健康指示，证实发动机性能恶化的趋势。民航常用发动机压比简单地代替推力。

（3）寿命检测

发动机应记录发动机低循环疲劳事件和其他可以指示发动机寿命使用情况的事件，应对每个低循环项目应用累计损伤法则，用起飞损伤百分率示出每一个转子系统中最关键部件的损伤评定。

（4）温度传感系统

发动机排气温度（T6）是表征发动机工作状态的重要参数，一方面要输送到座舱中用于仪表显示，另一方面还可能需要送到温度控制系统、防喘系统和状态监控系统，因此排气温度传感系统的测量精度、响应时间和工作可靠性是至关重要的。因发动机温度场有一定的不均匀度，所以一般采用多支电偶并联沿圆周均匀分布，以测量发动机的平均温度。

对于需要输入信号的每个附件或系统，都应提供在电气上独立的温度传感系统。

（5）振动测量

为了监视发动机转动部件的工作，发动机振动采用振动传感器测量。在发动机机匣和附件传动机匣的适当位置上应装有支架或安装座，以供在三个互相垂直的平面上测量振动。对于某些发动机设计，可规定必要的内部（如主轴承位置）或外部附加测振位置。

(6) 转速指示

发动机应有转子转速指示信号。对于多转子发动机,每个转子系统均应有一个电气上独立的转速指示信号。

(7) 专用维修测试装置

应配备在维修后用于检测发动机性能的专用维修测试装置及专用测试传感设备或接头。发动机应向专用维修测试装置提供发动机故障(包括控制异常)诊断及定位的数据和信号。

7.4.3.3 主要指标

1) 故障检测率:应能自动诊断出98%的故障,其中90%的硬件故障应能在系统内报警。

2) 故障定位率:90%的故障定位到部件和分系统范围内。

3) 虚警率:不大于1%。

7.4.4 电气系统

7.4.4.1 主电源

为了保证发动机工作,普遍的做法是为发动机专配一台发电机。发动机在整个工作包线范围内,点火系统和控制系统正常工作的主电源应当由发动机的发电机供给,发电机应提供发动机从最小点火转速到最高转速所需要的电能,并具有良好的电源品质。

发电机应满足超转安全要求,当发电机以最高设计转速工作时,壳体应能完全包容机械故障所损坏的全部零件。为了安全,一旦发电机/交流发电机损坏时,要求全部损坏件应包容在壳体内,以防止损坏相邻的附件或造成燃油、滑油管路破裂或主要控制功能丧失,使发动机出现灾难性的故障。

7.4.4.2 备用电源

为了提高故障再生存能力,电源应是冗余的。当发动机主电源发生故障时,发动机电气设备应能转换到备用电源,并能正常工作。一般采用飞机电源(可以是蓄电池,也可以是发电机)作为发动机的备用电源。主电源或备用电源之间的转换不应中断发动机的工作。发动机使用备用电源时,应满意地完成空中起动,并应在所有转速状态下安全工作。

7.4.4.3 导线接头和电缆

在冷天最低温度下进行日常维护时,电缆和导线应能弯曲而不损坏,并可采用常规的维护手段连接或拆卸电气接头。位置上相互靠近的接头应进行防错设计。民航曾经出现过因为插头差错,造成图-154飞机空难的情况,教训惨痛。

7.4.4.4 电气和电子设备

发动机电气和电子设备,根据其承受环境条件能力的不同,经和飞机承研单位协调,可以装在发动机上,也可以装在飞机上。需要日常或不定期检查的电气和电子设备应安装在发动机上易接近的部位,并有测试接口,无须从发动机上拆下。

7.4.5 点火系统

7.4.5.1 点火系统性能

发动机点火系统应由发动机主电源供给，而无须外部电源来保证地面和空中点火。

冗余要求：点火系统尤其是在单发飞机上，应是冗余的，需要有两套独立的点火系统（两个分开的点火电嘴和两个独立的激励输出线圈）。每个点火电嘴及其相关的激磁器输出线路应是互相独立的，以保证任一其他的励磁输出线路出现断路或短路时，仍能正常工作。为了满足所有地面和空中起动要求，每个单独的点火器和点火线圈应放出足够的能量。

连续点火要求：发动机点火系统（不包括加力点火系统）应当具有连续点火的能力，即在飞行包线内燃烧室最易发生熄火的区域，点火系统应能连续工作，以达到成功起动而无延迟。例如在飞机穿越雨区时，发电机的"值班"点火系统持续点火。在发动机整个工作包线内，点火系统应能满意地工作。

自动再点火要求：发动机点火系统应具有自动快速再点火功能，在熄火后应能使燃烧室立即恢复工作。对于单发飞机，以及对诸如起飞、发射武器、进口流场产生畸变的高空机动、吸入冰块及天气条件剧变等关键阶段的飞行，自动再点火能力能改善系统工作的可靠性，降低飞行员的工作负荷。

7.4.5.2 点火系统性能参数

应明确系统的响应时间、灵敏度和激励后点火持续时间。发动机点火系统的额定功率是以焦耳/火花与火花频率表示的每一点火线圈储存的能量值和释放能量值，特别是在起动包线内起动能量最小的工作点上的最小储存和释放能量值。

7.4.6 起动系统

为了把发动机从静止带转加速到工作，发动机需要设置起动系统。发动机在点火前，获得转速所需的扭矩完全由起动机提供；点火后，发动机开始做功，获得转速所需的扭矩由起动机和发动机自身两者提供；当达到起动机脱开转速后，则由发动机自身提供加速扭矩。

7.4.6.1 起动要求

应规定发动机地面停转和再次起动之间的最短允许时间。

发动机应能在规定的包线、高度、速度、姿态、温度、引气和功率分出极限内，满意地起动。

在等功率起动机和起动系统的条件下，与标准天温度相比，在较高和较低的进口空气温度下，起动时间会较长。低温起动时，其时间较长的原因是滑油黏度增加；高温起动时，其时间较长的原因是高温、低密度的空气。

高原起动要求：我国具有世界独有的最高高原。由于高原地区空气稀薄、起动机功率衰减等因素，发动机起动困难，需要特殊的设计。因此我国的发动机需要提出专门的高原起动要求。

7.4.6.2 起动程序

1) 为便于飞行员操作,发动机起动程序应简单,起动时不需要同时进行手动操作,对于正常起动,当加速杆置于慢车位置时,按下起动按钮后,发动机即能自动地顺利加速到慢车。

2) 只要加速杆置于慢车或慢车以上位置,就能起动,且能直接加速到加速杆所处的任意工作状态,直至全加力状态。

7.4.6.3 起动性能参数

起动时间:给出标准大气海平面条件下的最大起动时间要求。

最低地面起动高度:代表了发动机在高原地区的起动能力,目前最大到 4.5 km。

7.4.7 防冰系统

7.4.7.1 基本要求

发动机在规定的结冰条件下工作时,防冰系统应能防止在发动机任何零件上结冰。

1) 在云、降水、雾或海浪情况下,不仅在环境温度低于结冰温度时会出现典型的结冰条件,在环境温度远高于结冰温度时也会出现结冰条件。这是由于发动机抽吸效应或进口空气形成涡流使得进气区域静压力降低,从而引起相应的温度下降。当气流或附件表面温度下降到低于结冰温度时,由气流中液态水形成的冰开始在进气道侧面、进气道附件、进气道支板、进口导流叶片以及第一级转子叶片上积聚。进气流道结冰可能引起发动机失速、推力损失、涡轮温度的迅速升高,而且由于冰的吞入可能会使压气机叶片损伤,打坏发动机,因此,发动机应设置防冰/除冰系统。

2) 根据具体发动机型号,可以采用除冰系统。发动机在规定的结冰条件下工作时,防冰系统应能防止在发动机任何零件上结冰,而且发动机的性能损失(推力减少和油耗增加)及对操纵性的影响都在规定范围内;除冰系统应能除掉已形成的冰,确保发动机进口部件表面不能形成足够危及安全的积冰,且在除冰系统起动除掉那些冰块时不会损坏发动机。

7.4.7.2 防冰系统的接通

防冰系统的接通可以是自动的或手动的,但应优先选用自动接通的方法,而且为了防止自动接通时出现故障,应提供备用手动操作装置。

7.4.7.3 防冰安全

为了保证飞机能够返回机场,当防冰系统发生故障时,系统应停留在或恢复到防冰状态。

若是采用除冰,必须考虑慢车、额定状态、中间状态与最大状态情况下冰积聚和清除情况,以避免出现中、低功率状态下冰积聚,以及大功率状态下吞冰损坏发动机的现象发生。

7.4.8 尾喷管系统

现代飞机为了实现操纵特性,除了利用喷管差生推力外,还大量使用可以偏转推力方向的喷管，包括矢量喷管和反推力装置。对尾喷管系统，有以下特殊要求：

7.4.8.1 矢量喷管

1）故障安全：由于矢量喷管直接参与了飞行姿态的操纵，所以，应对其故障保护加以明确说明，使驾驶员在矢量喷管故障期间有可能采取替代的方式操纵飞机，并使任务、飞机和设备安全。为了机组人员和设备的安全，推力矢量喷管出现故障后应能回复到失效保护位置。若没有能力，则飞机可能会进入易损飞行姿态，最终导致飞机损坏。

矢量喷管推力换向作动机构的任一零件出故障后，除失去液压动力外的任何系统故障均不应妨碍喷管回复到故障安全保护位置。在接收故障安全保护或告警信号后，发动机推力矢量系统应回复到故障安全保护模式。

2）矢量偏转角：应允许飞机作机动飞行，而无失速、螺旋或丧失控制功能的危险，满足飞行任务的要求。对于轴对称喷管简单的机械偏转范围：最大俯仰角为 ±20°，偏航角为 ±20°。实现这些参数的要求是产生的总侧向力（即矢量力），或要求的最大俯仰或偏航加速度满足作战使用要求。这些参数将决定飞机机体的要求以及发动机机匣的载荷。

3）偏转速率：旋转速率取决于希望达到的飞行包线、飞机的静态不稳定性以及飞机性能方面等。静态稳定的飞机或具有大小相当的俯仰惯性力矩的飞机可以要求较高的最大喷管旋转速率。根据经验，由于受风扇或压气机不稳定性（即：失速裕度）的限制，故很少以最大旋转速率驱动喷管。随着每种新的矢量喷管的研制，矢量喷管的旋转速率已成为经常变化的参数，它在不断增加。据1993年的资料，这个速率已达到60°/s。

7.4.8.2 反推力系统

1）故障安全：若在飞行中无意打开反推力装置，则可能对飞机作用不可控制的力，影响飞机控制和安全，甚至导致摔机，因此只能按命令动作；应该仅在接收到合适的飞机信号后，反推力装置才打开和收拢；应有可靠的机械锁紧装置，以防止推力换向装置在系统出故障或者操纵系统意外动作时打开；反推力装置在故障模式下应处于收拢的位置，反推力装置系统应设计成在任何预期飞行中和地面条件下不发生导致反向推力的故障和失效；设计仅用于地面工作或飞行和地面均可工作的反推力系统，应使其在规定的飞行和地面条件下不会因反推力系统的单个故障或反推力系统的出错而产生有害的反推力；用于飞行中的反推力系统应设计成在整个工作包线范围内，不会因意外松开而出现危及安全的状态。

2）开闭时间：对反推力打开、闭合时间要有明确要求，国外的资料表明，反推力从完全收拢到打开不大于 2 s，从完全打开到完全收拢不大于 5 s。

注：本章内容的主要素材取自以下参考文献以及若干其他资料。

参考文献

[1] Wu C. H.. A general theory of three - dimensional flow in subsonic and supersonic

turbomachine in radial axial and mixed flow types [R]. NACA TN 2604, 1952.
[2] 尉曙明. 先进燃气轮机燃烧室设计研发 [M]. 上海：上海交通大学出版社, 2014.
[3] [英] 理查德·布洛克利, 等. 航空航天科技出版工程 2 推进与动力 [M]. 毛军逵, 等译. 北京：北京理工大学出版社, 2016.
[4] 肖国树, 等. 航空发动机设计手册第 5 册 - 涡喷及涡扇发动机总体 [M]. 北京：航空工业出版社, 2000.
[5] 王凤, 廉正彬, 李洪军. 大涵道比涡扇发动机重量估算方法研究, 中国航空学会：探索 创新 交流——第五届中国航空学会青年科技论坛文集（第 5 集）[C]. 2012. 5.
[6] 潘代锋、伏宇. 一种预估涡喷/涡扇发动机重量的方法 [J]. 燃气涡轮试验与研究, 2010, 23 (03), PP49 – 51.
[7] 张韬, 王占学, 刘增文, 张晓博. 变循环发动机重量预估方法研究 [J]. 机械设计与制造, 2014 (08), PP15 – 18.
[8] [美] 赵连春, 杰克马丁利. 飞机发动机控制—设计、系统分析和健康监视 [M]. 张新国, 译. 北京：航空工业出版社, 2011.
[9] 姚华, 张天宏. 航空发动机控制系统设计技术 [M]. 北京：科学出版社, 2017.
[10] 姚华. 航空发动机数字电子控制系统 [M]. 北京：航空工业出版社, 2014.
[11] 吴琪华, 等. 航空发动机调节 [M]. 北京：国防工业出版社, 1986.
[12] 黎文济, 张智勇. 未来美国军用航空油料发展概论 [M]. 北京：国防工业出版社, 1992.
[13] [苏] B. A. 皮斯库诺夫, B. H. 兹列诺夫. 燃料对喷气发动机和飞机可靠性的影响 [M]. 北京：中国人民解放军空军后勤部, 1981.
[14] 付伟, 等. 世界航空燃料规格及进展 [M]. 北京：中国石化出版社, 2011.
[15] 赵升红. 航空发动机与航空润滑油 [M]. 北京：中国石化出版社, 2012.
[16] 赵升红. 俄罗斯航空发动机润滑油的使用与评定 [M]. 北京：中国石化出版社, 2012.
[17] [英] Ian K. Jennions. 飞行器综合健康管理—技术细节 [M]. 尉询楷, 等译. 北京：国防工业出版社, 2019.
[18] 尉询楷, 等. 航空发动机预测与健康管理 [M]. 北京：国防工业出版社, 2014.

第 8 章
航空发动机通用质量特性

8.1 概述

装备通用质量特性,早期简称"五性",包括可靠性、维修性、测试性、保障性、安全性,后来将环境适应性也列为通用质量特性,成为"六性"。装备通用质量特性是装备安全发展和安全使用的基本保证。航空发动机,无论是在装备系统中的作用地位,还是其结构的精密复杂程度,都更加需要贯彻通用质量特性以及环境适应性的要求。杨为民[1]等最早将可靠性概念引入我国航空工程领域,为航空装备贯彻可靠性要求起到了重要的促进作用。

用户在其所需发动机的研制之初会提出发动机的"六性"要求,作为装备设计输入;发动机设计师需要将"六性"要求落实到设计过程中,最大限度地实现"六性"要求,以提高装备运行能力、降低装备全寿命费用。

航空发动机"六性"影响着飞机的任务可靠度、出动强度以及使用完好性,还决定了使用保障费用。如 1986 年美军突袭利比亚,出动 24 架 F-111 飞机,但由于 F-111 飞机可靠性水平低,故在执行任务过程中就有多达 11 架飞机因为故障不能执行任务,使得任务完成率大幅降低。而装备的"六性"设计要求过高,将花费大量的人力、物力投入到"六性"的设计和制造中,装备的采购和使用成本也会过高,使得装备经济可承受性差,全寿命周期费用高。

出于对航空器安全的重视,民用航空行业发展了独特的安全性工作机制——适航性。本书将在第 9 章专门讨论适航/安全性问题,本章主要介绍其他"五性"。

8.1.1 基本概念

8.1.1.1 可靠性

可靠性是指产品在规定的条件和规定的时间内,完成规定的功能的能力。

"规定的条件"是指产品使用时所处的环境、使用、维修、储存等条件和人员操作水平等。

"规定的时间"是指产品的使用时间。

"规定的功能"是指产品应具备的技术指标。

8.1.1.2 维修性

维修性是指产品在规定的条件下和规定的时间内,按规定的程序和方法进行维修时,保持或恢复到规定的状态的能力。

"规定的条件"是指不同的维修级别以及与之相对应的不同的维修人员素质和不同的维修设备等构成的维修环境和条件。

"规定的时间"表明了一种定量的要求,即对直接用于维修工作的时间所规定的限度。

"规定的程序和方法"是指要有统一的操作规程,这反映了一种优化操作的要求,也便于进行时间的衡量和比较。

"规定的状态"明确了维修好的标准,既可以是按完好如初的标准进行维护和修理,也可能是按某种战伤抢修标准进行维修。

"保持或恢复"中保持是指为防止出现故障而进行的预防性维修,恢复是指发生了故障后进行的修复性维修。

8.1.1.3 测试性

测试性是指产品能及时并准确地确定其状态(可工作、不可工作或性能下降),并隔离其内部故障的一种设计特性。装备的测试性主要表现为便于对装备的工作状态进行监控、检查和测试,它既包括对装备自身的要求,又包含测试装备(设备)的性能要求。

8.1.1.4 保障性

保障性是指装备的设计特性和计划的保障资源满足平时战备完好性和战时使用要求的能力。设计特性主要包括可靠性、维修性、测试性、运输性、人机工程和标准化等。

计划的保障资源是指为保障装备的使用和保障而规划的各种资源和条件,主要包括人员、备件、设备工具、技术资料、训练、计算机资源、规划的设施以及包装、储存、运输等。

8.1.1.5 环境适应性

环境适应性一般是指装备在其寿命期预计可能遇到的各种环境的作用下,能实现其所有预定功能和性能的能力。环境适应性是装备的重要质量特性之一,主要取决于两方面的因素:一是选用的材料、构件、元器件的耐环境能力;二是采取的耐环境设计措施是否有效。

8.1.1.6 目标值、门限值、规定值和最低可接受值

对于装备的"五性"要求,存在着目标值、门限值、规定值以及最低可接受值等多个指标,不同的指标值之间既有区别又有联系。它们之间的关系如图 8-1 所示。

目标值是期望装备达到的使用指标,它既能满足装备的使用需求,又可使装备达到最佳的效费比,是确定规定值的依据。

规定值是合同或研制总要求中规定的,装备需要达到的合同指标,是承制方进行"五性"设计的依据,是由目标值按规定的模型或一定的转换关系导出的。

门限值是装备必须达到的使用指标,它能满足装备的最低使用需求,是确定最低可接受值的依据。

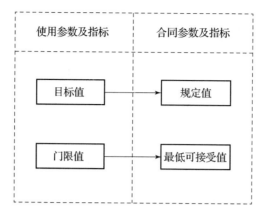

图 8–1 使用指标与合同指标关系

最低可接受值是合同和研制总要求中规定的、装备必须达到的合同指标，它是承制方研制装备必须达到的最低要求，是订购方进行考核或验证的依据，它是由门限值按规定的模型或一定的转换关系导出的。

关于通用质量特性的详细知识，可参见康锐[2]、谢干跃[3]的著作。

8.1.2 "五性"要求分类和主要提出方法

8.1.2.1 "五性"要求分类

定量要求是指参数及其具体的数值。例如，某装备系统的基本可靠性要求为平均故障间隔时间不小于 3 h，平均故障间隔时间是参数，3 h 是具体数值，它们的组合就是可靠性的定量要求。

定性要求是指为提高装备使用完好性和任务成功性，降低维修人力和保障费用而规定的非量化的要求，它是装备高可靠、易维修和好保障要求的具体化，是定量要求必要的补充。

工作项目要求是为了达到用户规定的"五性"要求，根据装备的特点及各种约束条件（如经费、进度等），按 GJB 1909.5—1994《装备可靠性维修性参数选择和指标确定要求（军用飞机）》[4]、GJB 450A—2004《装备可靠性工作通用要求》[5]、GJB 368B—2009《装备维修性工作通用要求》[6]、GJB 2547—1995《装备测试性大纲》[7]、GJB 3872—1999《装备综合保障通用要求》[8]、GJB 900A—2012《装备安全性工作通用要求》[9]等文件和标准规定，提出研制方需要开展的"五性"工作项目内容要求。王自力[10]的著作介绍了相关的论证方法。

8.1.2.2 "五性"要求的提出方法

一型装备"五性"的提出，一般需经过装备使用任务分析，确定装备的"五性"要求体系；分析提出装备系统顶层要求，进行顶层指标分解转换、指标权衡迭代优化，以及指标可行性分析等过程，其基本程序如下：

1）详细分析研究装备的使用使命、任务需求、使用能力、寿命剖面，以及预期的使用维修方案和使用环境等。

2）根据装备使用任务和保障对可靠性、维修性、测试性和保障性的能力需求，确定符合装备使用使命和维修特性的定性、定量指标体系，即确定表征需求的参数以及定性要求体系。

3）根据装备的使用使命和任务需求，以及现有和预期的研制、生产水平，考虑费用、进度、使用和保障方案等约束条件，合理确定装备系统顶层的"五性"要求，如使用可用度、出动架次率和任务成功概率等顶层指标要求。

4）使用可用度、出动架次率和任务成功概率等顶层指标要求通常是装备系统的综合性指标，是由装备平台"五性"和保障系统性能的综合反映，必须将其分解为装备系统平台的"五性"要求和保障资源系统的要求，指导研制部门开展平台和保障资源系统开展相关的设计。具体方法是依据装备系统的使用任务和使用保障需求，充分考虑装备的特点、复杂程度、使用环境、任务剖面和保障方案等影响因素，并参考相似产品的有关数据，采用仿真、解析计算等方法将顶层指标分解得到装备平台的"五性"使用参数和保障系统的使用要求。

5）在分解得出使用参数的基础上，研究使用参数与合同参数之间的关系，建立使用参数与合同参数的转换模型，确定各种影响及其工程系数，实现使用参数、指标与合同参数、指标的转换。

6）将装备平台的"五性"指标要求进一步进行分配，提出重要系统或设备（如发动机、航电、武器系统等）的"五性"指标要求。

7）分系统设计师进一步将五性指标逐级分配至最终产品，并确定其技术经济可行性，据此进一步开展"五性"指标要求与其他技术参数的权衡，以及"五性"要求内部之间的权衡优化，从而得到最佳的"五性"指标要求。

8）开展"五性"指标要求的技术可行性和经济可行性分析，判断"五性"指标要求技术是否可行、经济是否可行。

9）将最终确定的"五性"合同参数、指标写入研制合同或研制总要求中，作为"五性"设计、控制以及验收考核的依据。

对于航空发动机来说，由于航空发动机不是独立装备系统，只是飞机平台下的一个复杂产品，因此其五性要求需要从属于飞机顶层要求，不能单独完成。具体来说，是由用户和飞机设计师完成1）~5）的工作，发动机设计师从6）开始，与用户一起工作确定"五性"要求并负责落实到发动机具体设计。

8.1.3 装备"五性"指标体系简介

对于发动机设计师来说，有必要了解飞机系统和平台的指标体系。飞机系统是指飞机平台以及保障其工作的要素，飞机平台指飞机本身这个独立体。以下的指标和术语可参见 GJB 451A[11]。

8.1.3.1 飞机系统的"五性"指标体系

（1）使用可用度 A_o

它是装备与能工作时间和不能工作时间有关的一种可用性参数，可用一种度量方法来表示：产品（飞机）能工作时间与能工作时间加上不能工作时间之和的比值。

$$A_O = \frac{能工作时间}{能工作时间 + 不能工作时间} = \frac{OT + ST}{OT + ST + T_{CM} + T_{PM} + ALDT} \quad (8-1)$$

式中，OT——工作时间；

ST——待命时间（能工作但不工作时间）；

T_{CM}——修复性维修时间；

T_{PM}——预防性维修时间；

ALDT——管理和保障延误时间。

装备的使用可用度与装备的使用方案、可靠性、维修性、测试性、保障性、保障资源设计、使用维修保障方案等密切相关。

（2）出动架次率 SGR

在规定的使用及维修保障方案下，每架飞机每天能够出动的次数，也称单机出动率或战斗出动强度。

$$SGR = \frac{T_{FL} - T_{PF} + T_{TA} - T_{FC}}{T_{TA} + T_{DU} + \dfrac{T_{DU}}{MFHBF} \times (MTTR + T_{ST})} \quad (8-2)$$

式中，T_{FL}——飞机每天能飞行的小时数；

T_{DU}——飞机平均每次飞行的小时数；

T_{TA}——飞机再次出动的准备时间；

T_{FC}——飞机飞行后的检查时间；

T_{PF}——飞机第一次出动的准备时间；

T_{ST}——平均等待备件的时间。

（3）再次出动准备时间 T_{AT}

在规定的条件下，为保证飞机连续出动，在其着陆后准备再次出动所需的时间。再次出动准备工作主要包括：再次飞行前检查；补充燃油、滑油、特种液体及气体；安装和（或）拆卸再次出动需要增减的附加设备；装挂弹等。

（4）转场运输量

通常装备转移至其他场地使用（执行任务），需要携带的保障其运行的保障设备、工具、人员等保障资源的运输总量，通常用某型运输机的运输架次或体积重量或标准车皮数量来表示。

（5）综合测试诊断

综合测试诊断是指通过测试性、自动和人工测试、人员和培训、维修辅助手段和技术信息等要素，以经济有效的方式使系统诊断能力达到最佳的一种设计和管理过程。综合测试诊断要求既包括对装备平台自测试的设计要求，也包括对地面检测设备等的要求。

（6）机动性

机动性是指装备转场使用时，快速转场部署的能力。机动性要求一方面对装备平台的自保障能力以及是否好保障提出了要求，另一方面也要求尽量减少保障设备的种类和规模。

8.1.3.2 飞机平台的"五性"指标体系

装备平台的"五性"指标反映的是装备自身是否故障少、易测试、易维修和好保障。不同类型装备平台选用的"五性"指标大同小异,常用的指标如下。

(1) 可靠性

针对装备不同的特性,可使用不同的可靠性指标,常用的可靠性指标主要有致命性故障间隔时间、任务可靠度、空中停车率、平均故障间隔时间、平均故障间隔飞行小时、平均故障前时间、无维修待命时间等。

1) 致命性故障间的任务时间 MTBCF。

它是与任务有关的一种可靠性参数,其度量方法为:在规定的一系列任务剖面中,产品任务总时间与致命性故障总数之比。

$$\text{MTBCF} = \frac{任务总时间}{致命性故障总数} \quad (8-3)$$

2) 任务可靠度。

产品在规定的任务剖面内,成功地完成规定任务的概率。

$$R = e^{-\frac{T}{\text{MTBCF}}} \quad (8-4)$$

式中,R——任务可靠度;

T——任务时间;

MTBCF——致命性故障间的任务时间。

3) 空中停车率 IFSR。

航空发动机的一种可靠性参数,其度量方法为:发动机在每千飞行小时中所发生的空中停车总次数。

4) 平均故障间隔时间 MTBF。

可修复产品可靠性的一种基本参数,其度量方法为:在规定的条件下和规定的时间内,产品的寿命单位总数与故障总次数之比。

$$\text{MTBF} = \frac{总寿命单位}{总故障数} \quad (8-5)$$

5) 平均故障间隔飞行小时 MFHBF。

飞机装备及其分系统使用可靠性的一种基本参数,其度量方法为:在规定时间内,产品积累的总飞行小时与同一期间内的故障总数之比。

$$\text{MFHBF} = \frac{产品飞行小时数}{总故障数} \quad (8-6)$$

6) 平均故障前时间 MTTF。

不可修复产品可靠性的一种基本参数,其度量方法为:在规定的条件和规定的时间内,产品寿命单位总数与故障产品总数之比。

$$\text{MTTF} = \frac{总寿命单位}{总故障产品数} \quad (8-7)$$

7) 无维修待命时间 MFAT。

在规定的使用条件下(包括装备使用的自然环境,装备停放条件等),装备做好准备，能保持良好并处于待命状态而无须进行任何维修的持续时间。

8）可靠性定性要求。

可靠性定性要求是对装备的设计、工艺、软件及其他方面提出的非量化要求，通常与产品的特点密切相关。常用的可靠性定性要求有冗余、降额和采用成熟技术等。

冗余是指产品通过采用一种以上的手段保障在发生故障时仍能完成同一种规定功能的设计特性。完成该功能的每一种手段未必相同。

降额是产品在低于额定应力的条件下使用，以提高使用可靠性的一种方法。

采用成熟技术主要是要求装备设计应在满足功能要求的前提下，尽量采用经过工程实践考验具有高可靠性的设计及经过前期验证的技术。

（2）维修性

常用的维修性定量指标主要有平均修复时间、最大修复时间、恢复功能用的任务时间、维修工时率和更换发动机时间等。

1）平均修复时间 MTTR。

产品维修性的一种基本参数，其度量方法为：在规定的条件下和规定的时间内，产品在任一规定的维修级别上，修复性维修总时间与在该级别上被修复产品的修复次数之比。

$$\text{MTTR} = \frac{\sum_{i=1}^{n} t_i}{n} \tag{8-8}$$

式中，t_i——第 i 次修复性维修的维修时间；

n——修复次数。

2）最大修复时间。

最大修复时间是装备达到给定的维修度时所需的修复时间。

3）恢复功能用的任务时间。

恢复功能用的任务时间是指排除致命性故障所需时间的平均值，具体表示为在规定的任务剖面中，装备致命性故障的总维修时间与致命性故障总数之比。

4）维修工时率。

装备每工作小时所需的维修工时，即

$$M_i = \frac{M_{\text{MH}}}{T_{\text{OH}}} \tag{8-9}$$

式中，M_{MH}——产品在规定使用期间内的维修工时数；

T_{OH}——产品在规定使用期间内的工作小时数。

5）更换发动机时间。

在具有一定技术水平的特定数量的人员参加下，为接近、拆装和检查发动机，并使其达到可开车状态所需的时间。

6）维修性定性要求。

常用的维修性定性要求主要有可达性、互换性、防差错设计和简化设计等。

可达性是指维修产品时，接近维修部位的难易程度，包括视觉可达、实体可达，具有足够的操作空间等方面的要求。

互换性是指同种产品之间在实体上（几何形状、尺寸）、功能上能够彼此互相替换。

防差错设计主要要求外形相近而功能不同的零、部件，应从结构上加以区别或有明显的识别标记，防止安装时出现差错。

简化设计主要指装备的设计应在满足功能要求和使用要求的前提下，尽可能采用最简单的结构和外形，尽量简化使用和维修人员的工作，降低对使用和维修人员的技能要求。

(3) 测试性

常用的测试性定量指标参数有故障检测率、严重故障检测率、故障隔离率、虚警率和平均虚警间隔时间等。

1) 故障检测率 FDR。

在规定的条件下和时间内，由测试设备检测到的故障数与故障总数之比，用百分数表示。它主要用于描述机内测试（BIT）和外部测试设备正确发现产品内部故障的能力。该定义中所述的故障不包括瞬态故障、虚假故障（虚警数），而间歇故障仅作一个故障计算；所谓的规定方法是操作人员或维修人员用机内测试设备（BITE）、专用或通用的外部测试设备（ETE）、自动测试设备（ATE）进行测试或人工检查的方法。

$$\mathrm{FDR} = \frac{N_\mathrm{d}}{N} \times 100\% \tag{8-10}$$

式中，N——故障总数或在 t 时间内发生的实际故障；

N_d——正确检测到的故障数。

2) 严重故障检测率 CFDR。

在规定的条件下和规定的时间内，由测试设备检测到的严重故障数与故障总数之比，用百分数表示。

$$\mathrm{CFDR} = \frac{N_\mathrm{cd}}{N_\mathrm{ct}} \times 100\% \tag{8-11}$$

式中，N_ct——严重故障总数或在 t 时间内发生的实际严重故障数；

N_cd——正确检测到的严重故障数。

3) 故障隔离率 FIR。

在规定的条件下和规定的时间内，由测试设备正确隔离到小于或等于规定可更换单元数的故障数与同一时间内检测到的故障数之比，用百分数表示。它用于描述 BIT 和 ETE 迅速而准确隔离已被检测出的故障的能力。在理想情况下，应将故障隔离到某一个可更换单元，但由于费用和技术水平或环境条件的限制，可先将故障隔离到 L 个可更换单元（其中含有故障的单元），再采用其他的方法隔离到故障单元，L 是规定的可更换单元组，亦称为模糊度，L 越大，FIR 越高。

$$\mathrm{FIR} = \frac{N_\mathrm{c}}{N_\mathrm{d}} \times 100\% \tag{8-12}$$

式中，N_c——正确隔离到小于等于 L 个可更换单元的故障数；

N_d——正确检测到的故障数。

4) 虚警率 FAR。

虚警率 FAR 是在规定的条件下和规定的时间内，发生的虚警数与同一时间内故障指示总数之比，用百分数表示，它用于描述 BIT 和 ETE 正确检测和指示故障的能力。FAR 定义中的虚警次数包括 BIT 和 ETE 指示故障而实际上无故障发生（假报）和（或）A 发生故障而 B 指示故障（错报），但间歇故障和瞬态故障不属于虚警。虚警主要是由于 BIT 和 ETE 的功能故障、信号测量容查设计不合理和瞬变状态等引起的。

$$FAR = \frac{N_{FA}}{N_F + N_{FA}} \times 100\% \tag{8-13}$$

式中，N_{FA}——虚警次数；

N_F——真实故障指示次数。

5) 平均虚警间隔时间（MTBFA）。

在规定的时间内，被测单元运行总时间与虚警总次数之比：

$$MTBFA = \frac{\text{被测单元运行总时间 } T}{\text{虚警总次数 } N_{FA}} \tag{8-14}$$

6) 测试性定性要求。

装备测试性定性要求主要包括测试接口的设计要求、内外场测试性规划、测试信息的显示和下载等。

关于测试接口的要求：应设计测试接口，满足机内测试、外部测试设备和人工测试的需要；需要定期检查的系统、分系统和设备，应在机上留有检测接口，实现原位测试；一些日常维修需要测试的测试点，应不需要拆卸设备即可测试。

关于内外场测试规划的要求：把系统合理地划分为外场可更换单元（LRU）、内场可更换单元（SRU）和组件等易于检测和更换的单元，对全机测试性进行系统规划，以满足外场和内场测试保障需求；系统或设备的测试性设计应满足各级维修测试使用时对故障检测和隔离的要求。

关于测试性信息处理的要求：全机自检信息能集中处理、显示和下载；系统或设备的故障显示应清晰明确、便于理解；对安全、关键任务有影响的测试信息应能及时传递给飞行员等有关人员。

(4) 保障性

保障性定量参数通常分为三类：

1) 保障性综合参数，是装备系统的保障性参数，通常可用战备完好性目标值来衡量，如使用可用度、出动率、可执行任务率等。

2) 保障性设计参数是由一系列的可靠性、维修性、测试性参数组成的。

3) 保障资源参数。根据飞机的实际保障要求而定，通常包括人员技术等级要求、保障设备和工具参数、备件种类和数量、模拟训练器材设备要求等。

保障性定性要求在 GJB 3872 中有详细规定，主要包括前面所述的可靠性、维修性、测试性定性要求和对保障系统及保障资源的要求。

(5) 环境适应性

环境适应性是一些具体的定性定量要求，根据平台和分系统的工作特点分别制定，包括以下环境：

1) 自然环境适应性，如高温、低温、湿度、盐雾等；
2) 生态环境适应性，如飞鸟、沙尘等；
3) 机械环境适应性，如振动、冲击等；
4) 电磁环境效应，如电磁辐射、闪电等；
5) 使用环境适应性，如外物损伤、油液污染等。

8.1.3.3 重要系统或设备"五性"指标的分配

一般对于二级以上的系统以及对飞机任务完成或安全有重要影响的系统或设备，需要在研制总要求中单独给出"五性"指标要求。

对于重要系统或设备的要求，主要根据重要系统或设备的重要度、工作环境，并充分参考已有系统或设备的"五性"水平和技术发展情况，采用指标分配的方法将飞机整机的指标分配到重要系统或设备。在难以用指标分配法得到重要系统或设备的"五性"要求时，可通过对比法等手段得到初步的"五性"要求。

工程中常用的分配方法如表 8-1 所示。

表 8-1 工程中常用分配方法

类别	分配方法	简要说明
可靠性	重要度、复杂度分配法	根据产品中各单元的复杂度（如元器件、零部件数量）及重要度（该单元故障对产品的影响）进行分配
	比例分配法	根据产品中各单元预计的故障率占产品预计故障率的比例进行分配。该方法适用于基本可靠性的分配，不适用于任务可靠性的分配
	评分分配法	根据经验，按机种因素（如复杂度、环境、技术水平等）对各单元进行评分，按各单元的相对分值进行分配
维修性	等值分配法	将维修性定量指标均匀地分配到下一层次，适用于下一层次各组成部分的复杂程度、故障率及维修难易程度均相似的系统，也可在缺少可靠性和维修性数据时用作初步分配
	按故障率分配法	按故障率高的组成部分其维修时间应当短的原则进行分配，适用于已分配了可靠性指标或已有可靠性预计值的系统

续表

类别	分配方法	简要说明
维修性	按故障率和设计特性的综合加权分配法	除考虑了故障率因素外,还考虑了受装备结构特点制约的与产品的故障检测和隔离方式、可达性、可更换性等因素的影响(以加权因子描述),综合起来进行分配。适用于已有可靠性数据和设计方案资料时进行分配
	利用相似产品维修性数据分配法	以相似产品的维修性分配情况,作为进行分配的依据。适用于有相似产品维修性数据的情况
	保证可用度和考虑各单元复杂性差异的加权分配法	在保证系统可用度的前提下,按单元越复杂(以复杂性因子描述)可用度越低的原则分配可用度,再计算维修性指标。适用于已分配了可靠性指标或已有可靠性预计值,需要保证系统可用度并考虑各单元复杂性差异的串联系统
测试性	加权分配法	依据系统各组成部分的特性,根据工程分析结果和专家经验,确定各组成部分加权系数,按有关数学公式计算出各组成部分的指标分配值
	按故障率分配法	按故障率高的组成部分其测试性应当高的原则进行分配。适用于已分配了可靠性指标或已有可靠性预计值的系统

一般而言,在指标分配时,可靠性指标分配常用比例分配法,维修性和测试性分配则使用按故障率的分配方法。

各种分配方法的详细分配计算过程可参考相关国军标或有关书籍,如曾声奎[12]、吕川[13]、石君友[14]、马麟[15]、赵廷弟[16]等介绍了"五性"的设计分析与验证方法等。

8.2 可靠性

8.2.1 航空发动机可靠性的重要性

在现代装备的设计要求中,可靠性已与性能同等重要,它会对装备的使用能力、生存力、部署机动性、维修人力和使用保障费用产生重要的影响。可以说,可靠性是"五性"的首要特性。

提高装备各部件及设备的可靠性,将减少装备发生故障的次数,提高装备的完好率或增加出动率,能保证装备连续出动的能力,同时还将提高装备持续使用和完成任务的能力，从而提高装备的使用能力。可靠性的改善、提高将减少维修人力、备件供应以及保障设备和器材，降低维修人员的技术等级要求和培训要求，进而降低装备的使用保障费用。提高装备可靠性就是提高装备的使用能力。

发动机可靠性是指发动机在规定的飞行包线、环境和使用条件下，在规定的寿命期内无故障工作的能力，在航空发动机"五性"中，可靠性占据最突出的地位。可靠性不是发动机的一个孤立特性，它与发动机的安全性、维修性、寿命、经济性和可用性是联系在一起的，并互相影响。安全性是指不引起人员伤亡或飞机损失的情况。可靠性不好的发动机，由于经常发生故障，就可能导致出现安全问题。非计划维修或过于频繁的计划内维修都会影响到经济性，适时的维修是保持可靠性的需要。规定的寿命太长会影响到使用可靠性，也会导致维修成本增加；若给的寿命太短，则经济性不好，用户不喜欢，没有竞争力。为了以较少的飞机最有效的工作，完成更多的任务，可靠性是至关重要的。所以发动机的可靠性、安全性和维修性是必须综合考虑的。英国 R.R. 公司提出的发动机主要的可靠性、安全性和维修性问题有：空中停车率，提前维修率，提前换发率，任务失效率，发动机引起的飞机损失率，防止超转和盘及叶片的不包容，燃、滑油和钛引起的火灾等。

8.2.2 航空发动机可靠性要求和指标体系

与一般机械产品不同，航空发动机作为一种由许多零部件和附件组成的长期在高温下工作的高速旋转机械系统，投入使用后会表现出易发生故障和不断出现新故障模式的特点。我国 GJB 241A—2010《航空涡轮喷气和涡轮风扇发动机通用规范》对可靠性工作按"一般要求""定性要求""定量要求"分别予以规定，并要求在发动机不同研制阶段对可靠性予以评估和验证。

GJB 241A—2010 规定航空发动机可靠性工作主要包括以下四个层面：
1）制定发动机可靠性设计准则；
2）进行发动机故障模式、影响及危害度分析，并在此基础上确定可靠性关键件；
3）建立并有效运行故障报告、分析和纠正措施系统；
4）确定发动机的可靠性指标，并根据整机、附件试验结果，在不同研制阶段分别进行评定。

由于故障模式繁多，不同的故障模式通常又表现出不同的分布规律，因此通常用平均故障间隔时间或故障率（失效率）来反映发动机的可靠性水平。对于平均间隔时间较长的故障，为便于表述，通常用故障率（次/10^3 发动机飞行小时）来表达。此外，还规定典型模式（或类别）的故障平均间隔时间（或故障率）。

8.2.2.1 平均故障间隔时间

考虑发动机所有故障的平均间隔时间，可以反映发动机的可靠性综合水平，也会直接影响发动机的经济性和使用维护成本。

平均故障间隔时间通常被定义为：在规定的条件下和规定的时间内，可修复产品的寿命单位总数与故障总次数之比。

平均故障间隔时间 MTBF 的直接定义：对于可修复产品，其平均故障间隔时间为产品的总工作时间（故障或到寿）与总故障数之比。其基本表达式为

$$\text{MTBF} = \frac{1}{N_0}\sum_{i=1}^{N_0} t_i \tag{8-15}$$

式中，N_0——发动机故障的次数；

t_i——第 i 次故障的间隔时间。

对于装机飞行的发动机而言，有时还用飞行小时来反映 MTBF，这时可用 MTBF 的间接定义，即根据平均故障间隔飞行小时 T_{MFHBF} 来计算的：

$$\text{MTBF} = K_0 K_2 T_{\text{MFHBF}} \tag{8-16}$$

式中，K_0——环境因子；

K_2——$K_2 = T_{\text{OH}}/T_{\text{FH}}$ 为运行比，为产品工作时间（空 + 地）/飞行时间。

T_{MFHBF} 的计算表达式为

$$T_{\text{MFHBF}} = \frac{\sum_{i=1}^{N_0} t_i}{N_0} \tag{8-17}$$

8.2.2.2 按故障本身性质分类的指标

（1）空中停车率

空中停车是发动机的一种典型故障模式，会给飞行员造成一定的心理负担，影响飞行任务的遂行，甚至有时会影响飞行安全。

空中停车率定义为：发动机在每 1 000 飞行小时中所发生的空中停车的总次数，单位为次/1 000 飞行小时，它是表征发动机可靠性的重要参数之一。引起发动机的故障导致停车主要有两方面原因，一是由于发动机本身产生故障所致，即基本空中停车率；另一是由于飞机系统故障所致。通常所讲的空中停车率都指的是基本空中停车率。

（2）危险性故障率

发动机的危险性故障直接危及飞行安全，危险性故障率应作为一个可靠性指标之一，这也是反映发动机安全性水平的重要指标之一。

危险性发动机故障率定义为：发动机在每 1 000 飞行小时中所发生的危险性故障次数，单位为次/1 000 飞行小时。

欧洲航空安全局（EASA）的《发动机合格证规范》（CS – E）中明确以下情况属于危险性影响：

1）高能碎片不包容；
2）客舱用发动机引气中有毒物质浓度足以使机组人员或乘客失去能力；
3）与驾驶员想要的推力方向相反的相当大的推力；
4）失去控制的着火；
5）发动机安装系统失效，导致非故意的发动机脱开；
6）发动机引起的螺旋桨脱开；
7）不能使发动机完全停车。

8.2.2.3 按故障影响后果分类的指标

(1) 由于发动机故障引起的飞机严重损失率

定义：在每 1 000 飞行小时中由于发动机故障导致的飞机严重损失次数。

(2) 影响任务的故障率

定义：发动机在每 1 000 飞行小时中由于发动机故障而引起任务取消、中断或失败的故障次数。

(3) 提前换发率

定义：发动机在每 1 000 飞行小时中由于发动机故障提前更换发动机的次数（不是计划之内的换发次数），单位为次/1 000 飞行小时。提前换发率也称为非计划换发率，它是发动机可靠性的重要参数之一。引起飞机更换发动机的原因，有因发动机本身故障所致和因飞机系统故障所致，前者为基本换发率。通常所讲的提前换发率都指的是基本换发率。

(4) 总的发动机更换率

定义：发动机在每 1 000 飞行小时中由于发动机故障造成的更换发动机的次数与计划内的换发次数之和，单位为次/1 000 飞行小时。

(5) 外场可更换件更换率

定义：发动机在每 1 000 飞行小时中由于发动机故障造成的外场被更换件的数目，单位为件/1 000 飞行小时。

(6) 固有的平均维修间隔时间

定义：在规定的条件下和规定的时间内，产品寿命单位总数与该产品计划维修总数之比。

(7) 计划外平均维修间隔时间

定义：在规定的条件下和规定的时间内，产品寿命单位总数与该产品非计划维修事件总数之比。

(8) 发动机平均维修间隔时间

定义：在规定的条件下和规定的时间内，航空发动机寿命单位总数与该产品计划维修和非计划维修事件总数之比。平均维修间隔时间 MTBM 和 MTBF 存在着一定的量化关系，二者具有相关性，选择参数时只能选一个，美空军习惯用 MTBM，美海军习惯用 MTBF。MTBM 是以 MTBF 为基础，并考虑到环境和复杂程度的影响所确定的一个耐久性指标，两者关系由美国空军和波音公司基于大量的统计而获得的，为

$$MTBM = k(MTBF)^{\alpha} \tag{8-18}$$

式中，k——环境参数；

α——复杂参数。

在只考虑发动机故障时，一般选 $k = 2.39$，$\alpha = 0.66$。

(9) 提前返修率

定义：在每 1 000 飞行小时中由于发动机故障而造成提前返厂修理的次数（不是计划之内的修理次数），单位为次/1 000 飞行小时。

8.2.2.4 军用航空发动机可靠性指标确定原则

航空发动机可靠性指标的选择要遵循一定的原则，不同的系统不一定必须选用所有参数，而是在对具体的系统进行详细的分析后，在满足所需求的情况下，选用最少的可靠性参数。其可靠性指标体系应以效能—费用为目的，综合分析，体现出参数体系和指标的先进性、科学性、阶段性及可操作性、可鉴定性等。

确立发动机可靠性指标体系时要考虑以下因素：

(1) 提出固有可靠性指标

产品的可靠性是设计、制造出来的，并在使用中得以体现。一般来说，合同中的可靠性指标都采用固有可靠性而不用使用可靠性。所谓固有可靠性即指产品从设计到制造的整个过程中所确定的内在可靠性，它只与产品设计质量的好坏及制造过程中的质量控制有关，是研制方在设计与制造过程中能够控制的。而使用可靠性考虑了使用、维护对产品可靠性的影响，包括使用维护方法和程序、操作人员的技术熟练程度等不可控因素，这些都会对产品寿命和功能的发挥产生重大影响。合同作为使用方向研制方提出要求的一种协议，其中的可靠性指标应是由研制方完全可控的，故一般用固有可靠性作为合同指标。若由于某种原因需要将使用可靠性指标纳入合同，则应同时在合同或其附件中明确使用维护条件等影响产品固有可靠性的因素。

(2) 要明确任务剖面、寿命剖面

通常，可靠性指标在发动机型号立项（招标书）文件中，应提出目标值和门限值，在制定合同和研制任务书时应提出规定值和最低可接受值，也可以只提出门限值或最低可接受值，同时还应明确寿命剖面和任务剖面。寿命剖面是描述产品从制造完成到报废这段时间内所经历的时间和环境。

(3) 应给出一定置信度下的可靠性要求

产品的性能参数会随着制造误差、环境条件等随机因素的变化而产生偏差，为了保证其使用要求，必须对性能参数的偏差加以限制。因此，对一项定量指标 S 的要求应有标准值 S_0、偏离 S_0 的正负偏差范围 $+\Delta S_1$ 和 $-\Delta S_2$，以及真值落在 $(S_0 - \Delta S_2, S_0 + \Delta S_1)$ 范围内的置信概率 P_S（又称置信度），记为 $S = S_0 {}^{+\Delta S_1}_{-\Delta S_2} \big|_{P_S}$。当然对于那些单侧型的指标，表达式应为 $S \leq V_i \big|_{P_S}$ 或 $S \geq V_i \big|_{P_S}$。

在验证产品指标时，大多数性能参数可以用仪表直接测量，其误差是否满足要求一目了然。因此，可以认为这些指标的置信度为 100%。有一些性能参数用仪表测量时虽不消耗产品，但测量工作耗时费钱，所以验证产品的性能参数时常常也要抽样检验。这就提出了置信度问题，即由子样试验获取的数据在多大程度上能表征本批次产品的质量。人们习惯于用性能可靠度来代替性能指标的置信度要求。性能可靠度是指产品在规定工作条件下和规定工作时间内，其性能参数 S 满足规定的要求的概率。

产品的可靠性表征了其性能的稳定性，这种稳定性使产品在其寿命期内具有在规定的条件下和规定的时间内完成规定任务的能力。产品的可靠性要通过收集试验和使用数据，运用一定的概率统计方法获取。在定义可靠性指标上下限的同时，还需给出产品可靠性真值落在规定范围内的置信度 P_S，如 $R_t \geq 0.80 \big|_{P_S = 0.80}$，$\mathrm{MTBF} \geq 70\ \mathrm{h} \big|_{P_S = 0.85}$ 等。

(4) 可靠性指标应具有完备性

产品自出厂交付后，一般要经过包装、运输、储存、使用、维修等过程事件，直至报废，应在分析产品寿命剖面的基础上提出不同的指标要求。合同中的可靠性指标应覆盖产品的全寿命期，而不仅仅要求任务可靠性，这就是指标的完备性。当然对同一产品也不宜规定过多的可靠性指标，否则容易导致不协调且验证困难。

(5) 可靠性指标应具有协调性

所谓协调性是指同一产品的可靠性指标间应相互协调，比如不能将某一指标提得很高，却放松对另一指标的要求，否则不但会给产品实现带来一定的困难，且不利于保证使用完好性和降低寿命周期费用。

(6) 可靠性指标应具有阶段性

与性能指标不同的是，产品的固有可靠性在其整个寿命期内会不断增长。通过分析研制阶段各种试验中暴露出来的故障和产品使用中出现的问题，改进产品设计或工艺上存在的缺陷，产品的固有可靠性会不断提高。针对这一特点，在合同中应分阶段提出产品的可靠性指标值，以充分利用有限的资金并在规定的时间内达到最终的可靠性指标——成熟期目标值。如美国空军的某型装备将成功率指标分成以下不同阶段提出：

1) 形成初步使用能力时的门限值 $P_1 = 0.60$；
2) 形成初步使用能力一年后的门限值 $P_2 = 0.75$；
3) 形成初步使用能力 4 年后的门限值 $P_3 = 0.86$；
4) 产品成熟期的目标值 $P_4 = 0.90$。

阶段划分的目标越多，越便于控制，但阶段值过多时需投入相当多的物力、财力和时间进行可靠性监控。

根据我国武器装备的研发体制，一般对装备的每项可靠性指标只提两个值：设计定型时的最低可接受值和成熟期目标值。最低可接受值是装备必须达到的合同指标，该指标保证了装备具有初步使用能力；成熟期目标值是装备预期达到的可靠性指标，该指标既能满足使用要求，又可达到装备全寿命期内的最佳效费比。一般规定，定型若干年后产品可靠性要达到成熟期目标值。通常把成熟期目标值作为产品设计的依据，而把最低可接受值作为产品定型阶段必须达到的要考核验证的指标，这是产品能否进行定型的重要依据之一。

(7) 可靠性指标应具有可验证性

合同指标既是研制方开展产品设计的依据，也是使用方验证产品是否满足要求的依据。因此合同中的可靠性指标应具有可验证性，即能通过可实现的方法检验产品的可靠性是否达到指标要求，必要时，可在合同或其附件上明确可靠性的验证方法。当然验证手段可有多种，如在研制方或其他单位进行的内场试验验证、利用外场使用信息进行可靠性评估、综合低层次产品可靠性试验数据的评估验证、可靠性预计分析等。

(8) 合理分配提出分系统和附件的指标要求

航空发动机是复杂机电产品，本身是由诸多零部件和分系统组成的。根据外场使用经验，分系统故障占了故障总数的 1/3 左右，对发动机工作具有重要影响。主机（发动机总体）单位需要对单独研制的重要的分系统和附件提出可靠性指标要求，二类以上的写入研制总要求,三类以下的列入技术协议,如控制系统、健康管理系统、控制器、油泵、传感器等。提出指标的依据是根据主机的可靠性分配以及当前技术水平综合分析确定。

8.2.2.5 国外航空发动机可靠性指标选择实例

国外典型的发动机可靠性指标见表8-2。

表8-2 发动机的可靠性指标

序号	发动机型号	参数名称	指标
1	M88	1. 空中停车率	0.5 次/1 000 EFH
		2. 外场可换件更换率	<3.3 次/1 000 EFH
		3. 总的换发率	<5 次/1 000 EFH
2	EJ200	1. 平均故障间隔时间	>100 h
		2. 空中停车率	<0.1 次/1 000 EFH
		3. 任务失误率	<0.1 次/1 000 EFH
		4. 计划维护间隔时间	至少400 h
3	АЛ-31Ф	1. 平均故障间隔时间	80 h
		2. 提前换发率	0.66 次/1 000 EFH
		3. 空中停车率	0.5 次/1 000 EFH
4	F110-GE-100	1. 提前返修率	2.12 次/1 000 EFH
		2. 计划返修率	2.98 次/1 000 EFH
		3. 外场可换件更换率 R_{LRU}	6.84 次/1 000 EFH
		4. 飞行故障任务终止	0.33 次/1 000 EFH
		5. 地面故障任务终止	1.63 次/1 000 EFH
		6. 飞行功率损失	0.33 次/1 000 EFH
		7. 空中停车率 R_{IFS}	0.05 次/1 000 EFH
		8. 平均维修间隔时间 MTBM	50 h
5	F404	1. 平均故障间隔时间	海军要求至少为100 h
		2. 返修率	<2 次/1 000 EFH
		3. 外场可换件更换率	<2 次/1 000 EFH
		4. 平均非计划维修间隔时间	175 h
		5. 任务失败率	<0.5 次/1 000 EFH
		6. 空中停车率	<0.1 次/1 000 EFH

续表

序号	发动机型号	参数名称	指标
6	F-15用 F100-PW-100	1. 外场可换件更换率	3.7 次/1 000 EFH
		2. 返修率	4.9/1 000 EFH
		3. 平均维修间隔时间	63 h
7	F-16用 F100-PW-200	1. 外场可换件更换率	2.3 次/1 000 EFH
		2. 返修率	7.5/1 000 EFH
		3. 平均维修间隔时间	60 h
		4. 空中停车率	0.008 次/1 000 EFH
8	F-15用 F100-PW-220	1. 外场可换件更换率	1.4 次/1 000 EFH
		2. 返修率	2.2/1 000EFH
		3. 平均维修间隔时间	132 h
9	F-16用 F100-PW-220	1. 外场可换件更换率	1.4 次/1 000 EFH
		2. 返修率	2.7/1 000 EFH
		3. 平均维修间隔时间	147 h
10	T700-GE-701	1. 平均维修间隔时间	303 h
		2. 返修率	0.5 次/1 000 EFH
		3. 外场可换件更换率	1.6 次/1 000 EFH
		4. 任务失败率	0.2 次/1 000 EFH
		5. 空中停车率	0.1 次/1 000 EFH
11	Spey MK202	1. 平均故障间隔时间	120 h
		2. 提前换发率	2.48 次/1 000 EFH
		3. 空中停车率	0.4 次/1 000 EFH

注：EFH 为发动机飞行小时

由以上数据可以得出：不同时期、不同国家、不同公司或不同机型所选择的可靠性参数和指标是不同的，而在同一时期、同一国家中，所选择的参数则大体相同。

8.2.3 航空发动机可靠性设计

现代航空发动机研制，与其他航空产品最大的差异是其自身有极为详细的研制规范要求。最早的通用规范产生于 20 世纪 50—60 年代，其是英、美等先进航空发动机国家积累几十年的发动机研制经验而逐步形成完善的，从某种意义上讲，除对性能方面这一部分要求外，通用规范即是广义的可靠性工作大纲，其详细规范了为保证发动机安全、可靠和经济地使用而应完成的所有设计要求和试验验证项目。世界范围内的多家航空发动机公司，按从通用规范裁减出的发动机型号规范研制出的军用发动机，或按适航标准（对应通用规范要求而制订）研制出的民用发动机，即自然满足了发动机研制过程的可靠性指标要求。

可靠性设计准则包括一般要求和发动机部附件/系统具体设计要求两个部分。一般要求是发动机可靠性设计应遵守的普遍规律，是发动机以往设计经验和教训的智慧总结，通常包括总体设计方案确定准则（发动机性能、可靠性、维修性和安全性等并重设计）、新技术采用准则（技术的成熟性和比例限制）、简化设计准则、性能稳定性裕度设计准则、结构和成附件降额设计准则、安全性设计准则和机械环境设计准则等。部附件/系统设计要求则是一般要求的具体工程化，是一线工程技术人员在个体设计中所必须遵循的，所规定的条款应很明确、具体，具有很强的操作性，该部分要求也是可靠性工作符合性检查的重点。

在长期的工程实践中，航空发动机工业界总结出了一套成熟的航空发动机可靠性设计准则，这方面以美国为代表，编制发布了军用标准 MIL-STD-1783《发动机结构完整性大纲》，我国也在其基础上发布了 GJB/Z 101《航空发动机结构完整性指南》。此外，陈光[17][18]、孔瑞莲[19]的著作介绍了航空发动机可靠性设计的一些成功经验。

8.2.4 发动机故障模式、影响及危害度分析

发动机 FMECA 工作的重点是对重大、危险性故障及相应预防措施的把控，对危险性和重大影响故障等所给定的概率指标，应理解为是结合工程背景从宏观层面提出的带有牵引性质的定量要求。

英国民航的发动机标准 BCAR-C 篇和军用标准 Def Stan 00-971 都规定，从方案设计开始直到发动机定型，要对整台发动机不断进行失效模式和影响分析，并最终给出发动机的失效模式和影响分析（FMEA），评估可能发生的所有失效模式的后果，找出所有可能导致重大影响和危险性影响的失效模式，并估计它们发生的概率，列出关键件清单。对有轻微影响的失效发生的概率，将根据台架试车和飞行使用的经验来评定是否符合要求。失效分析通常应包括对指示设备、手动和自动控制装置、压气机引气系统、制冷剂喷射系统、燃气温度控制系统、发动机和燃油系统的转速调节装置、发动机超转限制器、螺旋桨控制系统、发动机或螺旋桨的反推力系统的分析。

所有的零、部件设计都必须通过故障模式、影响及危害性分析，故障树分析，可靠性建模和预估等进行严格的可靠性评定，以确保当发动机投入使用时能满足可靠性要求。

8.2.5 发动机故障报告、分析和纠正措施系统（FRACARS）

发动机故障报告、分析和纠正措施系统是型号发动机可靠性工作中最实质的工作内容，也是发动机设计完善的必由之路。发动机设计研制中发生的故障，并不限于整机试

车过程，所有零部件、成附件试验过程中暴露的问题均应纳入本系统实施管理。

在型号研制中为保证该系统的有效运行，必须加强管理和技术两个层面的工作。管理层面主要是明确故障报告、处理和分析流程，杜绝故障的隐瞒和故障信息的流失。技术层面的工作主要是对故障归零的把关。发动机研制中暴露的很多结构件故障，特别是转动、传动部件的失效，往往机理复杂，难以给出准确的故障定位，同时排故措施也不能通过整机试车途径予以直接验证，这就要求对机械部件的故障归零必须采取慎之又慎的态度。发动机的研制经验表明，结构件的故障大多很难做到彻底根除，因此在强调故障归零的同时，在故障分析中应广泛听取各方面的意见，在故障报告中详细记录故障的认知和处理过程，为后续发动机的改进、改型提供尽可能详细的技术资料。

发动机故障报告、分析和纠正措施系统应实时与发动机 FMECA 分析和可靠性设计准则相互动，并将研制过程中出现的问题和相应措施纳入两个系统中。

8.2.6　发动机可靠性的检查与评估

英军标在 FMECA 附录中明确指出，在处理低数量级概率问题时（如Ⅰ类故障失效率、空中停车率等），绝对的证明是不可能的，指标的保证是依靠工程判断和以前的经验，并配以稳妥的设计和试验准则确定的；而对那些轻微影响的失效模式，在 FMECA 分析中不要求估计发生的概率，直接由台架试车和飞行试验进行评估，相应也没有指标的验证问题，民航发动机适航性要求中对 MTBF 也没有明确的指标要求。

型号规范要求在发动机的不同研制阶段分别对可靠性指标进行评估。推荐的可靠性指标分别从不同侧面，对发动机包括安全性、维修性范畴内的广义可靠性水平进行总体评定。上述指标应分别根据设计定型试飞和生产定型前累积试飞时间予以评定，发动机在研制过程中的整机试车和设计定型前的调整、科研试飞数据应不计入。

研制阶段可靠性指标的验证工作主要是通过结合发动机设计方案、可靠性设计准则的贯彻落实情况和研制过程中出现故障问题的分析等，以报告形式对满足可靠性指标要求的趋势作出分析。在每一个阶段，研制单位应落实通用规范中"应采用故障报告、分析和纠正措施系统的数据来评估满足可靠性要求的趋势"的要求；在设计定型和生产定型前，应在提供可靠性评估报告的基础上，对新研制发动机满足工作可靠性要求的趋势作出分析。

8.2.6.1　发动机结构件的可靠性评估

航空发动机结构件的结构设计和工作载荷十分复杂，试制、试验成本很高，很难安排专门的可靠性鉴定试验，或利用型号研制期间有限的试验时间来对其工作可靠性进行评估。比较有效的方法是通过对结构件的设计、试验进行检查，看是否充分贯彻了航空发动机通用规范、结构完整性大纲等规定的结构完整性要求，以此来评估发动机结构件的可靠性。航空发动机通用规范（GJB 241/GJB 242）、结构完整性大纲（GJB/Z 101）等军用标准，吸取了美国等发达国家发动机研制的实践经验，在发动机型号研制过程中，严格贯彻对结构完整性的规定要求，是能够保证发动机结构件的工作可靠性的。其中比较重要的工作有以下几种：

1）检查零部件设计材料性能的选取是否保证具有较低的材料失效概率。发动机零部件设计选材时，材料性能应采用相当于-3σ（正态分布）或 B0.1（对数正态分布）的最低值，即通过大量材料性能试验数据获得失效概率低于 1/1 000 的性能数据。

2）检查零部件结构耐久性设计时是否保证有较大的储备裕量。主要表现在以下两个方面：一是零部件寿命设计时一般保证有 100% 的寿命储备。根据 GJB 241 规定，发动机零部件的寿命应按预定使用寿命（可以发动机全寿命期内低循环疲劳次数、大状态工作时间计）的两倍进行设计，以保证有足够的寿命储备；二是零部件强度设计时一般保证有 50%~100% 的强度储备。根据 GJB 241 规定，承受内压载荷的零部件应能够承受 1.5 倍的最大工作压力而不产生有害变形，承受 2 倍的最大工作压力而不被破坏；承受热负荷的零部件，应能够承受 1.5 倍的最大热负荷而不被破坏等。

3）检查零部件试验时是否保证有较大的载荷储备。主要表现在以下三个方面：一是部件的低循环疲劳试验按 2 倍的低循环疲劳寿命进行，从而保证有 100% 的寿命载荷储备；二是承受气体压力的构件应在 2 倍的最大工作压力下试验而不发生破坏；三是转子应满意地完成超转试验（115% 最大转速、最高温度）、超温试验（最高温度 +45 ℃、最大转速）、轮盘破裂试验（122% 最大转速、最高温度）等非正常载荷作用下的试验。

4）检查发动机定型持久试车是否有较大的载荷储备裕量，并且是否充分反映外场实际使用载荷情况。关于定型持久试车，GJB 241 规定，一方面要反映飞行任务情况（可采取加速模拟任务），另一方面要留有较大的温度储备裕量，规定在持久试车每个阶段前，通过调整使发动机中间状态和中间以上状态的第一级涡轮转子进口燃气温度，至少比发动机在全包线范围正常工作的最大允许稳态燃气温度高 30 ℃。

8.2.6.2 危险影响故障、重要影响故障树分析及底事件的检查落实

对于故障率较低的可靠性指标，在累积工作时间较少、不足以做出科学评估时，可以通过故障树分析，检查底事件（故障）消除措施的落实情况，来对该可靠性指标进行适当评估。对危险性故障和重要故障在新研发动机设计时必须对引发故障的底事件进行认真分析并严格落实检查。

故障树分析法一般是由果到因、自上而下的推理分析，首先把系统最不希望出现（发生）的故障状态作为分析的目标，进而找出导致这一故障状态的原因，其目的在于知道故障原因，找出相应的排故和防止故障发生的有效措施。

以在研的某型发动机对其不引起"失去控制的着火"的安全性定性分析为例，分析的思路是以失去控制的着火为顶事件，逐级分析可能引起发动机着火的诸影响因素，然后再研究防止顶事件发生应采取的措施，以确保发动机的安全性。

失去控制的着火，引发该故障模式的主要部件及系统为（故障树见图 8-2）：燃烧室机匣破裂；压气机/涡轮机匣不包容；处于高温区内的燃滑油导管断裂；钛合金制造的转静子碰磨；盘、轴、鼓筒断裂。

运用下行法，确定了该故障树的最小割集后在设计上可采取以下防火措施：

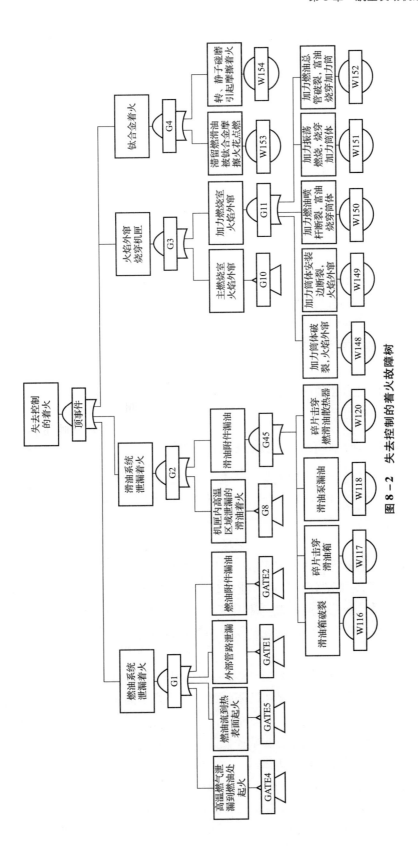

图 8-2 失去控制的着火故障树

1）高压压气机防钛火设计：1~3级转子叶片为钛合金叶片，与其对应的钛合金静子机匣处为不锈钢的转子外环块，且表面喷有易磨涂层，机匣表面喷有防火涂层；1~3级静子叶片采用高温合金，0~2级静子内环材料为铝合金，3级静子内环材料为不锈钢；0级静子叶片虽材料为钛合金，但与后面的转子叶片轴向间距较大。以上措施可以有效地防止钛合金零件相碰产生钛火。

2）高温段（核心机段）的燃滑油导管全部采用耐温性能良好的高温合金材料，燃油喷嘴和燃油分管连接处采用了防漏设计，同时接头采用航标结构，并且对导管的安装提出更高的要求，并在试验中进行动应力测量，控制振动应力，保证导管连接、密封可靠。

3）所有燃滑油输送零件或部件均为耐高温材料。

4）在设计规范中除规定漏油口外，严格限制泄漏量（渗漏总量不允许超过 $5.0\ \mathrm{cm^3/min}$），且规范中有相关规定，同时有相关的验证考核。

5）设置可燃液体排放口，防止可燃液体堆积后着火，且在结构设计中考虑了专门的漏油排放装置。

8.2.6.3　电子电气附件可靠性评估

对于发动机控制系统等电子电气类系统级的可靠性指标，可以基于元器件的可靠性数据，利用分系统的可靠性预计模型对分系统的可靠性指标进行评估，应用降额、冗余等措施提高系统任务的可靠性。

8.2.7　发动机研制阶段的可靠性验证试验

按照军用航空涡轮发动机通用规范的要求，可靠性验证试验全部结合发动机定型试验进行，此外不再要求专门的可靠性试验。这些试验包括：原型机飞行许可试车，150 h 持久试车，加速任务持久试车和专项试验。专项试验有：

1）环境和吞咽试验，包括结冰，腐蚀敏感性、吞鸟、雹、冰、水和沙，噪声，排气发烟，红外辐射，电磁兼容性，核武器影响，雷击和外物损伤等试验。

2）发动机特性和燃油试验，包括性能保证，地面起动，座舱供气污染，超速调节器，最高温度限制器，最低燃油压力，常用燃油和代用燃油，应急燃油，污染燃油，补燃加力系统失效模拟，自由动力涡轮旋转及限制转速机构，工作姿态，机动飞行——零 g 和负 g 等试验。

3）结构试验，包括非旋转件静力试验——验证结构分析模型和变形，机动飞行载荷下发动机承力系统与安装节的屈服和极限强度，发动机地面吊点的屈服强度，受压力零件的屈服和极限强度，转子超转，涡轮轴的静力和疲劳，叶片包容，叶片破坏后发动机的运转，主要旋转件和非旋转件的低循环疲劳，陀螺载荷，发动机超转、超温和超扭（自由动力涡轮），附件传动和振动等试验。

如果成功地通过以上试验，则造成以上轻微影响的失效发生的概率已经达到可以接受的程度。同时，发动机全面的工作可靠性也已得到初步评定，即军用发动机被批准定型，交给用户使用；相应地民用发动机通过类似的验证试验就可以取得适航证投入航线使用。

8.2.8 发动机使用阶段的可靠性评定

在外场使用中，发动机的故障间隔时间呈现出威布尔分布形式。基于外场使用的故障信息，利用威布尔分布模型，可以评估出发动机的可靠性指标（均值和一定置信度的上、下限）。

8.2.8.1 威布尔分布

威布尔分布是由瑞典的物理学家 W. Weibull 于 1939 年为了表示材料强度的分布而提出的，它的导出是基于最弱环原理。其要素的最薄弱环节不能满足功能要求时，寿命分布就是威布尔分布，如发动机的涡轮寿命取决于它的叶片中最薄弱叶片的寿命，所以关心的是寿命最短的叶片。一个串联系统，如果每一个元件的寿命分布相同，而每一个的失效都是独立的，那么系统的寿命决定于寿命最小的元件，这样的系统寿命分布就是威布尔分布。显然，飞机系统故障模式满足这一条件。

威布尔分布由于其通用性强而得到广泛应用。此外有几种概率分布，如指数分布、正态分布及瑞利分布等，可以看作是威布尔分布的特例。威布尔分布的概率密度函数为

$$f(x) = \frac{\beta}{\eta}\left(\frac{x-\gamma}{\eta}\right)^{\beta-1} e^{-\left(\frac{x-\gamma}{\eta}\right)^{\beta}} \tag{8-19}$$

式中，β——形状参数，影响威布尔分布曲线的形状，在"威布尔概率纸"上叫威布尔斜率；

η——尺度参数，影响分布的离散程度；

γ——位置参数，影响分布曲线起点的位置。

这三个参数通常由试验确定。

8.2.8.2 评估实例

英国军、民用航空发动机通用规范都规定，对有轻微影响的失效，通过台架试车和飞行使用经验加以评定。投入使用后，发动机的可靠性评定工作也随之开始。首先就是收集飞行使用的可靠性数据，其对发动机设计和制造的评价最具权威性，且反映的使用条件和环境最真实。评定结果反映发动机趋向成熟或达到成熟期的可靠性水平，是发动机可靠性工作的最终检验，也是以后发动机设计最有用的参考。可靠性数据的收集与分析是一项基础性工作，在可靠性工作中始终发挥着重要作用。以斯贝发动机为例：

装 BAC111 飞机的 MK506 – 14 斯贝民用发动机，使用 10～15 年以后的可靠性情况见表 8 – 3。

表 8 – 3 MK506 – 14 发动机 1975—1979 年的可靠性情况

年份	飞行小时数	基本提前换发率		空中停车率	
		非计划的	总的	基本的	总的
1975	175.891	0.32	0.46	0.01	0.03
1976	168.766	0.25	0.50	0.04	0.09

续表

年份	飞行小时数	基本提前换发率		空中停车率	
		非计划的	总的	基本的	总的
1977	170.880	0.15	0.36	0.04	0.05
1978	171.508	0.19	0.39	0.02	0.05
1979	170.418	0.18	0.39	0.04	0.05

由表 8-3 可知，空中停车率已达到稳定的 0.05，代表了那一代发动机的水平；提前换发率已下降到 0.39，这可以认为是该发动机成熟期的可靠性水平。

某项目对涡扇-X 发动机共统计了 3 年半的使用情况，共计 143 台发动机，对这 143 台发动机的外场使用情况进行数据收集，共得到 541 个故障，经分析后删除掉一些规定的维护需求和非关联故障，保留了其中的 317 起故障，采用威布尔分布混模计算法进行分析，求得中值 MTBF = 98.961 6 h，置信度为 90% 的置信区间为 [87.782 1, 114.540 8]，真值 MTBF 有 90% 的把握落在这个区间内。

8.2.8.3 分析改进

根据可靠性评定结果，特别是筛选出造成空中停车和提前换发的重大故障，开展技术改进；筛选出故障率较高的分系统和零部件，进行可靠性增长，可以有效提高发动机可靠性，达到改进提升的目的。

8.3 维修性

8.3.1 维修性的意义

没有维修，任何一种装备的正常运行都不能坚持太久。为了改善装备完好性，降低维修工作、人力需要和全寿命期费用，并提供管理用基本数据，应进行维修性设计。

发动机的维修包括发动机在飞机上的安装、拆卸，故障的诊断，故障件的更换、调整、检查，以及可达性、可视性、日常维护的简易性等。维修性对使用保障费用有着重要的影响。同时，由于在飞机出动架次之间，维修性也影响地勤人员的维修能力，故也影响任务能力，其困难程度和实施维修要求的时间长短将影响使用有效性。

例如某型发动机曾因飞/发协调不够充分，导致主燃烧室孔探仪检查孔装机状态下原位不可达，定期检查时只能通过拆卸主点火电嘴，才能利用孔探仪检查主燃烧室和高压涡轮，耗费大量工时，维护很不方便。

20 世纪 70 年代，Nowlan F. S[20] 等提出了"以可靠性为中心的维修（Reliability-centered Maintenance）"理念，将维修性的研究推向了高峰。陈志英[21]、张凤鸣[22] 等对军用飞机维修性，徐超群[23]、Harry A. Kinnison[24] 等对民用飞机维修性做了进一步介绍。

8.3.2 要求和指标

8.3.2.1 一般要求

发动机应便于保养和维修，维修性设计应符合 GJB 312.3—1987[25]的规定。发动机定期和不定期的所有维修工作，应在维修级别可行的范围内完成，并限制于可能的最低操作数。当按规定的程序和方法进行维修时，发动机应有在规定时间内保持或恢复规定功能的设计特性，应在初始飞行前、设计定型、生产定型阶段分别予以评估。

8.3.2.2 定性要求

用户应提出发动机的维修性定性要求，必要时，应在使用环境中或者在已安装的发动机上演示和评定维修性定性要求，也可用发动机的运转试验来评定。

维修性的定性要求就是"便于保养和维修"，在发动机结构设计时，应符合 GJB 312.3 中关于发动机总体维修品质，各部件、系统维修品质，在飞机上的安装、拆卸与维修，发动机诊断与监控，以及发动机的油封包装和装运等五个方面的规定。此外，应对规定的维修性内容予以审查，以便完善维修性要求。维修性内容根据发动机类型和功用应有诸多条目，以下举 3 个例子加以说明：

1) 承研单位所设计的发动机应要求最低限度的技能、工具和保障设备。
2) 要求例行维护、检查、调整或频繁更换的发动机零件，应做到在不拆卸其他零件和附件及不分解发动机的情况下，能快速可达。
3) 设计应使得紧固件和接头周围有足够的开口、空间和工具间隙，以便在各级装配时为零件拆卸和安装提供足够的间隙，并提供适当的工具放置位置和施加均匀的力矩。

8.3.2.3 定量要求

应规定维修性指标（见表 8-4），是以预计装备系统利用率和飞行任务混频为基础，从系统的维修性分配中得到，并且可以得到验证。维修性指标确定时要考虑下述因素。

表 8-4 维修性的定量要求

序号	参数	阶段评估/验证数值		要求		飞行目标/h	
		设计定型	生产定型	设计定型	生产定型	10 万	50 万
1	计划的发动机每飞行小时的总维修人时（MMH/EFH 计划内）						
2	计划外的发动机每飞行小时的总维修人时（MMH/EFH 计划外）						
3	每次维修工作的总维修人时（MMH/MA）						

续表

序号	参数	阶段评估/验证数值		要求		飞行目标/h	
		设计定型	生产定型	设计定型	生产定型	10万	50万
4	每次维修工作发动机总飞行小时（MTBMA）						
5	平均修复时间（MTTR）						
6	发动机更换时间 （1）总人-时（h-min） （2）花费的维修时间（EMT）（h-min）						
7	发动机装机状态下发动机可更换部件/外场更换组件更换时间（min） （1）加权平均 （2）不应超过						
诊断							
8	在××min内借助诊断检测可以将故障隔离至可更换部件/外场更换组件，其成功率的百分数						
9	借助诊断检测可以将故障隔离至可更换部件/外场可更换单元的可更换子组件，其成功率的百分数						
10	借助重新检测纠正诊断故障的成功率百分数						

通常通过下列维护、修理和检查任务来确定维修性指标：

1）飞行前、再次出动和飞行后的检查；
2）包括热端部件在内的周期性工作；
3）包括排除故障、调整、修理或者拆卸与更换在内的非计划外场级维修和中继级维修；
4）发动机的部件更换、修理与整机翻修次数、换发时间。

表 8-4 中的序号 1~5 的每一个参数都应包括外场级、中继级和基地级维修的指标要求。如采用两级维修体制，则只需包括外场级和基地级。外场级维修是指装备现场能进行的维修；基地级维修是指后方工厂维修（大修）；中继级维修是指介于两者之间的

维修，即通常在装备驻地附近有一定设备能力的场所进行的维修。此外，定量指标中还应包括：单元体拆卸和更换时间，以及关键零部件的维修检测和维修间隔时间；用自动检测设备将故障隔离至可更换部件/外场更换单元中有故障的可更换子部件的百分数，对于测试隔离的故障子部件重新检测为完好的百分数，等等。

美国 JSSG－2007 中指导给出，发动机应在 15 min 内，至少对所装发动机的外场可更换件/武器可更换件（LRU/WRA）故障的 70%~75% 实施隔离；正确隔离有故障的子部件的成功率应为 90%~95%；用重新试验正确诊断故障的成功率应为 95%~100%。

8.3.3 维修技术要求

8.3.3.1 维修检查技术

从人们的主观意愿出发，希望在维修检查中对所有的故障都能够检查或预测到。由于发动机的性能和结构特点所限，要实现对所有故障部位的检查到位非常困难。目前，国际上通常采用的目视检查手段是孔探仪这种无损检测方法，孔探仪检查孔径通常不小于 1 cm。发动机上既能设计孔探仪的探孔，又能够观测常发故障的部位一般有以下几部分：

1) 压气机/风扇进气导叶前缘；
2) 压气机/风扇进气导叶尾缘和压气机第一级转子叶片前缘；
3) 压气机/风扇末级转子叶片尾缘和燃烧室进口；
4) 燃烧室火焰筒和燃油喷嘴表面；
5) 燃烧室出口和高压涡轮第一级导向叶片前缘；
6) 高压涡转第一级导向叶片尾缘和第一级转子叶片前缘；
7) 高压涡轮末级转子叶片尾缘和低压涡轮第一级导向叶片前缘；
8) 低压涡轮第一级导向叶片尾缘和第一级转子叶片前缘。

此外，发动机设计应能最大限度地使用无损探伤技术，采用的测试与探伤设备应尽可能小型、通用和集成化。在装配好的全台发动机上，应能进行射线照像检查。

8.3.3.2 维修和可达性

研制过程中应至少开展维修级别分析、以可靠性为中心的维修分析，确定各维修级别下的计划维修和非计划维修工作。提出的发动机维修程序和方法应具有在规定时间内保持或恢复规定功能的设计特性。所要求的日常维护、检查、调整或频繁更换的零件，应具有良好的可达性。

良好的可达性包括：检查或维修任一部分时，不拆卸、不移动其他部分；发动机各系统的检查点、测试点、调整点，燃油、滑油和液压油的加油口、放油口都便于接近和观察；需要维修和拆装的机件，其周围要有足够的空间，以便使用测试接头或工具；维修时一般应能看见内部的操作，其通道除了能容纳维修人员的手或臂外，还应留有适当的间隙可供观察。

8.3.3.3 修理程序和磨损极限

磨损极限实际是与损伤容限的一个组成部分。在发动机研制中，持久试车开始前应提交包含运转后零件磨损极限、标准及零件修理程序的初步报告，并在持久试车开始前进行修订。

但是，对新研制发动机零件的磨损极限较难准确给出，可参考相应机种与已进行的整机和零部件试验，在试车前制定初步磨损极限，在研制过程中积累经验。在发动机设计定型试验前订出暂定标准，以便设计定型试验后用此标准衡量磨损零件是否满意地完成设计定型试验。在使用过程中应进一步积累经验，对磨损零件的磨损程度和修理程序修订成严格的规定。对于有大修要求的发动机，在发动机设计定型前应完成大修手册的编制，相关内容应经发动机持久试车验证。

8.3.4 维修性评估验证

维修性设计应在初始飞行前、设计定型、生产定型阶段分别进行分析、验证和评估，及时发现设计上存在的问题，修改和完善设计。

8.3.4.1 初始飞行前

在发动机初始飞行前，据发动机使用维修/维护需要，按照相关详细规范规定的程序和方法，进行维修性/维护验证，评估发动机满足规定的程度，并提出修订要求或在发动机上采取改进措施。

维修性验证/评估应包括但不限于以下内容：进行发动机维护检查方法和设备的评估，如孔探、X射线或其他专门检查方法，验证检查位置和通道的可达性与难易程度；拆装和更换可单独拆装的发动机单元体、组件与附件所用的时间和方法的验证；发动机分解与装配所使用的通用工具和专用工具适用性验证；发动机调整程序（控制系统、尾喷管、导向叶片等）验证；所有在使用中要求进行日常维护或相对频繁拆卸和更换的附件（如燃滑油滤、滑油箱口盖等）的可达性与难易程度验证/评估。

8.3.4.2 状态鉴定（设计定型）前

在一台与鉴定状态结构基本相同的发动机上进行维修性验证，发动机累计工作时间至少为300 h（这是因为新发动机的使用与维护有一个熟练的过程）。

验证过程中需记录：发动机彻底分解、装配所用的时间和方法（包括所使用的设备、检查程序和公差范围是否合适等）；拆装和更换可单独拆装的发动机单元体、组件及附件所用的时间和方法；评估发动机分解和装配所使用的通用工具和专用工具的适用性。

进行发动机维护检查方法和设备的评估，包括孔探、X射线或其他专门检查方法；验证检查位置和通道的可达性与难易程度。

发动机重新装配后，应验证发动机调整程序（控制系统、尾喷管、导向叶片等），以评定使用的设备、检验程序和容差范围。除此之外，所有在使用中要求进行日常维护或相对频繁拆卸和更换的附件（如燃滑油滤、滑油箱口盖等）至少应进行100次的拆卸和安装。

完成上述工作后，已装配好的发动机应安装在试车台上，进行足够长时间的试验运转，检查发动机的稳态和瞬态性能。

验证期间，允许根据验证过程中的结果提出修订要求或在发动机上采取改进措施，并提交评估报告。

8.3.4.3 列装定型（生产定型）前

在发动机生产定型前，根据模拟飞行任务持久试车和使用部门领先试用中积累的数据，按照相关详细规范规定的程序和方法，进行维修性/维护验证，评估发动机满足维修性的程度，提出修订要求或在发动机上采取改进措施，并完成评估报告。此评估报告作为生产定型文件的组成部分，并提交使用部门。

8.4 测试性

测试性曾经是维修性的一部分内容，后来逐渐独立出来。发动机落实测试性的主要手段就是安装发动机健康管理系统（或称监视系统），或在控制系统内整合健康管理功能。

8.4.1 要求与指标

8.4.1.1 一般要求

在发动机研制过程中应开展测试性设计（GJB 2547 要求），制订、实施测试性工作计划，并通过测试系统（健康管理系统、状态监控系统等）设计实现。

测试性工作应包括：制订测试性工作计划、确定诊断方案和测试性要求、进行测试性设计、评审测试性工作、验证测试性要求。

8.4.1.2 定性要求

发动机应具有良好的测试性，应采用状态指示和监视（包括机载和地面设备）等手段及时、准确地确定发动机工作状态及进行故障检测和故障隔离。

1) 监视和记录运行参数，既可用于监视完整的任务记录，以供任务分析更新和寿命限制更新使用，也可为减少后勤保障费用，以及改善运行准备状况等方面使用。

2) 为了有助于排除致使发动机停车的飞行中发动机出现异常的故障，要求发动机任何子系统出现故障后（包括发动机控制和电子系统在内），发动机监视系统都能完全起作用。发动机监视系统应具有任务记录的能力，以便确认设计任务与实际运行任务的一致性。发动机监视系统应是发动机维护系统的组成部分，应与飞机数据采集系统和地面保障系统相兼容。

3) 测试系统的数据采集、存储和处理等应有稳定的功能。它可以追溯到任务的完成、保障和维护管理。数据的采集应该减小到最低限度，但应支持故障检测和隔离、寿命用法统计或计划性维护。

4) 如果采用机载发动机诊断系统，则该诊断系统应能为有故障的外场可更换部件提供故障检测和隔离措施。机载诊断系统的误报警应被认为是故障。机载发动机诊断系统不应引起任何其他飞行任务或安全关键系统的故障。较高百分比的故障检测和隔离工作应通过自动处理来完成（包括空中和地面），以节省维护工时。发动机监视系统应能与现有的发动机维护系统相兼容。

8.4.1.3 定量要求

测试性指标应根据使用需求分析、寿命剖面和任务剖面要求综合权衡来确定，并应考虑验证要求。对于发动机测试参数，GJB 1909 有相关规定，在型号规范中也应明确测试性指标。

测试参数一般按使用需求或使用特点选用，按产品类别、层次或功能关键性选用，按维修方案或储存要求选用，以及按参数相互关系选用，主要包括规定范围故障的故障检测率、虚警率、将故障隔离至外场可更换件的隔离率等参数，以及数据存储能力、处理时间和下载时间等。

8.4.2 测试性评估验证

在发动机初始飞行前，发动机承研单位应根据各项试验，并结合故障报告和纠正措施系统的数据对测试性要求进行验证和评估，确认各系统功能满足设计要求。

在发动机设计定型前，发动机承研单位应结合各项试验，采用故障报告和纠正措施系统的数据，按照相关详细规范规定的程序和方法对发动机的测试性进行验证，评估发动机满足测试性要求的程度，并提交评估报告。

8.4.3 持续改进

由于测试性的实现依赖于大量的使用维护数据，特别是为了实现先进的健康管理功能，因此在发动机批量使用以后，仍然要对测试性进行持续改进，特别是注意积累使用、维护修理、故障诊断等方面的数据信息，及时完善、补充相关算法和软件，不断提高测试性水平。

8.5 保障性

发动机保障性指的是其设计特性和计划的保障资源能满足平时完好性及飞行使用要求的能力。它一方面取决于发动机本身的保障性设计（主要是指可靠性、维修性、运输性等的设计）的水平，另一方面取决于保障系统的能力（如保障设备、工具、人员等）。

8.5.1 要求与指标

8.5.1.1 基本要求

发动机综合保障要求（GJB 3872 有相关规定）：制订综合保障工作计划，包括发动机保障性试验与评价计划，配合使用方确定发动机使用和维修方案，并进行保障性分析（GJB 1371 有规定）。保障性分析应明确发动机的使用与维修要求，并通过分析改进发动机及其保障系统的设计，最终确定发动机使用与维修工作任务、类型、时机、级别，以及平时与战时使用与维修所需的保障资源。综合保障工作应及时、经济，并应与使用部门现有保障条件有机结合。发动机地面保障设备、工具、备件和技术资料应在发动机设计定型前完成鉴定。

8.5.1.2 保障设备

国军标对发动机地面保障设备有要求（GJB 1132），检测设备也应符合 GJB 1622 的有关要求。承研单位在发动机研制阶段应制定并优化发动机保障设备方案，保障设备应满足综合化、通用化、小型化要求，并减少保障设备的品种和规模。保障设备的鉴定应在发动机设计定型前完成。保障设备的杂、多、乱会造成保障的沉重负担，例如某型飞机早期对保障设备规划不够，造成一架飞机转场时竟然需要几架运输机伴随保障。

8.5.1.3 工具

发动机设计应最大限度地使用部门指明的标准通用工具进行维修、调整、装配和分解，所要求的工具应保持最少，或者在其他动力装置上使用专用工具。新设计的专用工具应保持在最低限度，并应根据其使用情况进行鉴定。若发动机中有钛材料，则应在型号规范中指明禁止使用镀镉工具，因为钛材料容易被镉污染，易产生脆断，导致结构损伤。

8.5.1.4 供应保障

通过一系列的保障性分析，合理规划发动机使用与维修所需的备件和消耗品的供应。备件的规划（GJB 4355 有要求）需确定初始备件和后续备件的品种、数量和供应渠道。消耗品的规划包括发动机油料和发动机有寿件、必换件的品种、数量和供应渠道。备件与消耗品的种类和数量，初期至少应通过故障模式影响及危害性分析（FMECA）、维修级别分析（LORA）、使用与维修工作任务分析（O&MTA）来规划，随实际使用和维修经验的积累可进行补充和修订。

8.5.1.5 技术资料

技术资料编制应以保障性分析数据为依据（GJB 3968 关要求），在发动机设计定型前应完成发动机技术说明书、发动机维护规程及发动机随机备件、工具、设备清单等技术资料的编制。技术资料应实现以数据库为基础的交互式电子技术手册（IETM），并操作使用方便。

1）以保障性分析数据为依据的目的是使编制的技术资料能反映出达到的可靠性和维修性水平。

2）GJB 3968 是军用飞机用户技术资料的通用要求，贯彻其有关要求指的是：技术资料的编制程序、评审、更改、交付和各项技术资料的主要内容及用途应符合其规定。但从发动机本身保障性要求出发，在此可列出和补充为满足 GJB 3968 要求所需的技术资料项目，它们的内容往往比军用飞机用户技术资料的相应项目更丰富，飞机承研单位根据这些再编制符合 GJB 3968 要求的军用飞机用户技术资料，因此发动机技术资料的编号可自行决定。

3）交互式电子技术手册（IETM）可使操作使用方便，是今后发展的方向，应遵照相应的国军标规定制作。

8.5.1.6 人员

应根据保障性分析结果和相似装备的使用经验，确定外场级、中继级、基地级人员的专业划分、人员编制、技能水平的要求及工作任务,并说明确定工作任务和技能水平的方法。

保障人员的能力和对各级人员的良好管理是确保武器系统战备完好性的重要条件,因此,应与使用方共同开展确定人员专业划分、编制、技能水平的要求及工作任务的工作。

8.5.1.7 培训

在发动机设计定型前应制定发动机使用培训大纲和培训计划,编写空勤、地勤培训教材,研制培训器材,并对使用部门相关人员进行培训,在发动机投入使用前完成空勤和地勤人员的培训。

培训应以理论学习为基础,结合现场操作示范、多媒体演示等方式灵活开展。

8.5.1.8 设施

应提出发动机使用与维修所需设施的详细技术要求。如发动机外场使用需增添新设施,或对现有维修设施有影响,应提供相关改进意见报告。

1) 设施是指使用和维修发动机所需的永久性和半永久性的建筑物及其配套设备。
2) 增添新设施的数量、对现有设施的影响程度是评定保障性的重要组成。

8.5.2 保障性验证要求

在初始飞行前、状态鉴定前、列装定型前,按照保障性评估规定的程序和方法予以验证。评估内容主要包括以下几方面:
1) 发动机与使用和维修有关的设计特性是否满足要求;
2) 保障资源与发动机之间的匹配性;
3) 保障资源之间的协调性;
4) 保障资源规划的合理程度;
5) 发动机使用的可用度。

在发动机初始飞行前,根据发动机试车、试验、装配、分解、维护等工作,分析发动机可靠性维修性设计特性、保障资源与发动机的匹配性和保障资源之间的协调性,评估发动机满足保障性要求的程度,提出修改完善发动机使用保障方案的建议。

状态鉴定前,结合发动机设计定型阶段整机地面试验和飞行试验,通过对发动机本身以及外场使用维修所需的保障资源的适用性进行分析,评估发动机满足保障性要求的程度,并提出修改完善发动机使用保障方案的建议。

在发动机设计定型阶段,根据发动机试验、试车、试飞、装配、分解、维护等工作,分析发动机可靠性、维修性、设计特性、保障资源与发动机的匹配性和保障资源之间的协调性及其品种和数量满足使用和维修要求的程度,初步评估发动机满足保障性要求的程度,提出修改、完善发动机使用保障方案的建议。

在发动机生产定型前,根据模拟飞行任务持久试车和领先试用,以及生产定型阶段的其他试验分析工作,按照相关详细规范规定的程序和方法进行保障性验证,评估发动机满足保障性要求的程度,提出修改、完善发动机使用保障方案的建议,并完成评估报告，此评估报告可作为生产定型文件的组成部分，并提交给使用部门。

在发动机生产定型时，根据发动机模拟飞行任务持久试车及其他试验，部队领先使用和维修等工作，分析发动机可靠性维修性设计特性、保障资源与发动机的匹配性、保障资源之间的协调性及其品种和数量满足使用和维修要求的程度和发动机完好性，评估发动机满足保障性要求的程度。

8.6 环境适应性

环境适应性一般是指装备在其寿命期预计可能遇到的各种环境的作用下，能实现其所有预定功能和性能的能力。环境适应性是装备的重要质量特性之一，主要取决于两方面的因素：一是选用的材料、构件、元器件的耐环境能力；二是采取的耐环境设计措施是否有效。

8.6.1 发动机整机要求

对于航空发动机而言，通常遇到的影响环境包括温度、温度－高度、湿度、振动、冲击、盐雾、霉菌、气密、水密等，在这些环境条件下，发动机应该具备适当的工作能力。为此，需要从设计上采取必要的增强技术或防护措施，并需要进行必要的试验验证来表明这种能力。

8.6.1.1 大气温度条件

高温的影响：发动机可能因排气温度过高超出限制而起动失败；起动机因高温使功率衰减，特别是高原和高温共同作用条件。

低温的影响：燃油可能结冰而影响正常流动；滑油黏度过大会造成转动力矩大；部分电气元件工作不正常。

为此，规范要求发动机在上述条件下（高温和低温极值由 HB 5652.1－1981 确定），使用规定的燃油和润滑油应能满意地起动，并符合相关性能要求；起动后，发动机应能在包线规定的全部马赫数和高度条件下满意地工作，并通过海平面高低温起动和高原起动试验、飞行试验、领先试用予以验证。

8.6.1.2 结冰条件

发动机进口构件暴露在大气环境而易于结冰。如果冰已经形成，则这些冰的脱落可能会引起发动机故障、损伤、喘振、失速或停车。冰堆积还可能引起性能恶化和/或由于空气量不足或发动机传感器失灵，造成控制计划改变而引起涡轮超温。

为此，规定了发动机应能在大气具备结冰可能的气象条件下满意地工作，并且总推力损失不应超过可达到推力的5%，耗油率增加不应超过5%。在结冰条件终止后，发动机应当保持性能不恶化。

发动机可以通过设计防冰系统来解决该问题。大多数带有进气支板（或进气导流叶片）和圆形帽罩的发动机设有防冰系统，将压气机引出的热空气引到易于结冰的表面。当遇到结冰环境时，接通防冰系统，以防止冰堆积在易于结冰的发动机进口构件上。

8.6.1.3 抗霉菌性

霉菌能引起如金属腐蚀、油脂硬化、绝缘有效性下降，导致电路短路及击穿之类的导体桥接问题，故发动机应具有抗霉菌的能力，在霉菌条件下，发动机应能满意地工作。

微生物吸收有机材料作为一种通常的新陈代谢，从而剥蚀了材料衬基，降低了材料表面张力，增加了湿气的穿透能力；新陈代谢过程中产生的酶和有机酸渗出细胞，扩散到材料上，会引起金属腐蚀、玻璃浸蚀、油脂硬化，以及材料的其他物理和化学变化，如绝缘破坏和击穿；实际存在的微生物形成跨越元件的有生命的桥梁，将会导致电气故障。这些问题在热带和海洋环境下特别严重。目前新发动机设计在热端部件或加力燃烧室零件中包含多孔陶瓷材料，利用压气机或风扇引气处的气体或排出的气体来冷却这些材料，冷却气体流过这些材料的"毛细孔"，携带的任何比毛细孔尺寸大的颗粒均将沉积在这些材料上（包括霉菌），将会降低构件的耐久性和可适用性。

抗霉菌可以通过选择非营养材料和在营养材料上使用专门的抗霉菌涂层，或采用其他方法来实现。

8.6.1.4 抗潮湿性

潮湿空气可以使发动机材料的理化品质降低：材料吸湿膨胀；物理强度降低；机械性能发生变化；绝缘材料的导电和导热性能下降；湿气的凝聚造成电气短路；腐蚀或润滑剂残渣使转动件卡滞；电气元件性能恶化。所以，对抗潮湿性的要求是：发动机长时间处于95%或更高的相对湿度条件下不应使性能恶化和失效。

8.6.1.5 抗腐蚀性

发动机零件的腐蚀是造成飞机停飞和增加维修工作量的主要因素之一，因此应有抗腐蚀要求：发动机在盐雾空气条件下工作，或在盐雾空气中暴露后，应能满意地工作，且不损害其耐久性及使用寿命。其所选用的材料和涂料都应经过腐蚀试验。

这种要求适用于在腐蚀环境中使用和工作的发动机，如在航空母舰上，在沿海和近海基地，以及在其他含盐分较多的环境下。若飞机不在这样的环境中工作，则并不适用。

易腐蚀的环境和零部件有：发动机空气和燃气流路部分可能对腐蚀的侵袭特别敏感；卡箍和紧固件类的发动机外部硬件在使用中腐蚀；燃烧矿物燃油也会引起空气污染和酸性环境；热腐蚀是由来自涡轮工作叶片和导向叶片上凝聚的海水的硫酸钠形成的高温氧化物所致，但热腐蚀或硫化作用仅在适当的温度（760~980 ℃）和热燃气压力的条件下发生；离开腐蚀环境后，材料可能继续腐蚀。

8.6.1.6 吞咽能力

8.6.1.6.1 吞鸟

飞机在近地飞行时，发动机很容易吸入飞鸟，轻则造成机件损坏，重则造成安全事故。1984年9月，Gary Frings 在 DOT/FAA/CT-84/13 的报告中指出，平均每一百万飞行小时发生230起吞鸟事件。鸟的平均重量为0.74 kg，在跑道区域的鸟可能重0.35 kg，仅有很小的百分数（小于3%）的吞鸟事件涉及1.73 kg的，10%的事件涉及多只鸟进入单台发动机，1.5%的事件涉及多台发动机同时吞鸟，所有吞鸟事件中有5%导致发动机故障。

为此，发动机在一定的转速和鸟速下，应具有能吞下一定数量和大小不同的鸟的能力。在吞入中鸟、小鸟等条件下，虽然可能造成发动机某些零件损坏，但不能引起发动机停车，发动机应不熄火，并能在规定的时间内恢复到吞鸟前的工作状态。对吞入大鸟来说，发动机不应发生导致飞机损坏的故障。

欧洲联合适航管理局规定：吞中鸟时功率或推力损失应不大于25%、发动机不在5 min中内停车、不造成潜在的危害；吞大鸟时发动机不着火、不爆炸、不产生超出规定的载荷、不丧失停车的能力。

发动机可利用进气道，使鸟在被吸入发动机前撞在进气道壁面上，而不直接撞在发动机正面，进而提高吞鸟能力；可以通过增大发动机前部转子叶片和静子叶片之间的轴向间隙来提高抗鸟撞击的容限。

可以通过具体的任务环境，研究鸟撞击出现的概率、鸟的大小、鸟群的密度和任务程序等，以确定发动机吞鸟能力要求方面的设计准则，并在型号规范中明确。

8.6.1.6.2 外物损伤

发动机的进口气流速度可能使松动的外物被吸入，从而引起燃气流道零件的损伤。典型的外物包括螺帽、螺栓、铆钉、石块、飞机零件、弹壳和工具。

发动机吸入外物后，外物对风扇、压气机转子叶片和静子叶片造成相当于应力集中系数 $K_t \geqslant 3.0$ 的损坏；应力集中系数为3.0 的损坏，是指对风扇、压气机工作叶片和静子叶片只造成较小的损伤缺口，它属于不是很严重的损坏。

当吸入外物，检测出有损伤时，要求发动机至少应能工作到两个规定的检查周期或小时数，目的是避免立即拆卸发动机。第一个检查周期是保证检查发现到损伤之前的可靠工作；第二个检查周期是保证在检查发现到损伤，但在规定允许范围内的损伤，仍能可靠工作到下一个检查期，避免立即拆卸发动机而导致取消飞行任务（可见 JSSG – 2007 和 MIL – HDBK – 1783B 规定）。

8.6.1.6.3 吞冰

冰粒或冰块可能位于诸如整流罩唇部、附面层引气楔和进气道附件盖板处。冰粒或冰块在可调进气整流锥等进气道零件上沉积会引起发动机性能恶化，脱落可能引起压气机乃至发动机损坏。发动机应具有吞咽周围环境产生的冰（冰雹）、可在进气道附件（如整流罩唇部、进气调节斜板或进气门、进气道附件盖板）上和飞机表面上沉积或脱落冰块或冰片而不出现重大损伤的能力。

发动机应能吞入冰雹和最大尺寸为 76 mm × 229 mm × 6 mm 的冰片，而不发生熄火，推力恢复时间不超过型号规范的规定值，持续推力损失不超过此工作状态推力的10%，并且不造成引起飞行安全的主要结构损坏。

全天候飞机发动机应设计成能承受可能出现的冰雹条件，如有结冰条件时，飞机、发动机应有防冰系统。

8.6.1.6.4 吞砂尘

飞机在跑道滑行和近地飞行，以及发动机地面开车时，容易吸入砂尘。粗砂（大颗粒）易导致压气机叶片薄的尾缘和金属尖部磨蚀，效率下降；SiO_2 颗粒可能熔化于燃烧室排出的燃气中，并沉积在第一级涡轮导向器叶片上，导致涡轮冷却空气孔堵塞，引起叶片烧蚀。这些因素会导致发动机功率损失和耗油率增加，见表 8-5。为此，发动机应具有在砂尘条件下的工作能力，并同时验证不同的砂石成分对燃烧室和高压涡轮的影响，也需要确定吞咽砂石和灰尘对表面涂层的影响。

表 8-5 影响发动机功率和耗油率的因素

项目	固定机翼飞机	直升机	垂直/短距起落飞机
浓度/[mg(砂)·m^{-3}(空气)]	53	53	350
粗砂时间/h	1	50	5
细砂时间/h	1	54	5
推力/功率损失/%	5	10	5
耗油率增加/%	5	15	5

发动机（包括所有附件在内）在空气含砂尘浓度 53 mg/m^3 的地面环境条件下，应能在整个工作范围内满意地工作。美国 JSGS—2007A 规范的指导意见是，每单位尺寸的发动机吞砂量取决于空气中砂石的浓度和试验的持续时间，浓度 53 mg/m^3 试验 50 h 可相当于浓度 530 mg/m^3 试验 5 h，见表 8-5。

发动机及其附件应能在规定的砂尘浓度及最大连续推力状态下工作，总工作时间至少 10 h，其推力损失不大于 5.0%，耗油率增加不大于 5.0%，并且不影响推力瞬变的能力。对于所有类型的发动机，砂石条件下试验后的推力损失应该在恒定的涡轮温度下验证，如果在恒定的控制推力设定状态验证，由于当部件恶化时控制系统有使推力增加的趋势，故会使发动机推力损失小些；耗油率的损失则应在恒定的推力输出条件下进行验证。

8.6.1.6.5 吞入大气中液态水

由于使用中可能遭遇暴雨，或在起飞和着陆过程中吸入跑道上的积水，将影响发动机性能，导致失速、转速下降、主燃烧室或加力燃烧室熄火。因此，发动机需要具备吞水能力。

吞水试验情况显示，在高速飞行和发动机低功率状态下降雨或冰雹的集中程度对发动机核心机影响较大。降雨和冰雹进入核心机可能降低压气机的稳定性和燃烧室熄火裕度。发动机核心机吸入极限量的降雨或冰雹可能最终导致一系列发动机异常，包括喘振、转速下降、推力损失和发动机熄火。

因此，规定了发动机在整个工作包线内，在下列条件下应能满意地工作：高度在 13 km 以下，从慢车到最大推力状态，空气中含水（液态水和水蒸气）的质量流量达总空气流量的 5.0%，并且进入进气道液态水的 50% 应通过发动机进口捕获面积的 1/3 的扇形面积。

在世界范围内，虽然空气中含水（液态水和水蒸气）的质量流量达总空气流量 5.0% 的概率极小，但还是存在的，如曾有海平面 1 min 内暴雨的最高纪录空气中含水达 6.4%，在 6 005 m 高空达 17.2% 的纪录。

MIL-HDBK-310 标准在考虑到 0.5% 或 0.1% 的极端条件时，显著地降低了水对空气的比值。例如，在世界上降雨最多的地区，在降雨最多的月份，在 6 005 m 高空，水/空气混合物超过 2.6% 的时间平均仅占 1%。规定的将一半液态水集中在入口面积的三分之一范围内的吞水要求，也是试图模拟由于安装影响而经常出现的情况，采取吞水量和吞水不均匀度是考核恶劣条件下发动机工作可靠有裕度的经验总结。

8.6.1.7 吞入火药气体

发动机很容易吸入发射的武器排气，可以引起很快的压力和温度变化率，并随之引起气流流场畸变，出现压气机失速、喘振、熄火、风扇/压气机叶过高应力或其他的机械损伤。发动机应具有这种吞咽容限。

通常规定，当飞机提供了吸入武器排气信号时，发动机应在 5~10 s 内损失不大于 7% 的推力/功率，具体时间取决于吸入武器排气的类型和吸入持续时间。发动机应在解除吸入武器排气信号后 5 s 内恢复到全面性能。

研究吞入火药气体而引起发动机故障的工作条件和特征应包括：发动机的推力状态、压力高度、马赫数、火药吸入时间、火药气体质量流量、推进剂类型和导弹位置等。

8.6.1.8 噪声级

发动机噪声的声音特征意味着对工作人员健康的危害、对民用居住区的干扰，以及可用于发现战斗机以及寻找和营救飞机的可检测信号。国外曾发生过由于飞机结构对发动机声音能量的响应，导致飞机排气装置部件及其邻近区域过早损坏，而迫使任务流产和提前着陆。

因此，在全部工作状态下发动机噪声等场强线图的不连续频率与带宽的噪声成分应减到最小。通常，不要求战斗机满足任何这类标准，因为这样的限制值将会影响必要的性能，但应检测，并尽可能地减小。要求运输机满足适航性条例关于飞行噪声的要求，不过如为了符合这些要求而将影响任务完成，则也不必遵循此要求。

军用发动机噪声限制值有一个根据发动机技术进步而逐步规定的过程。

8.6.1.9 排气污染

排烟：对军用发动机，排出可见度高的烟是极其有害的，统计表明发动机排烟可见度高的飞机，战斗机损失大幅增加，因此应规定最大允许发烟数（SN）。

涡轮风扇发动机 SN 值比相同量级的涡轮喷气发动机要低得多，混合排气式的涡轮风扇发动机比平行排气式的涡轮风扇发动机要低得多。混合排气式的涡轮风扇发动机的排烟数通常比其他发动机低得多。

研究表明，燃油控制器和燃烧室部件以及系统的相互作用，是烟和烟雾团的主要来源，最大允许发烟数（SN）与发动机喷口排气有关。

排出不可见污染物质：发动机燃油燃烧后的有害排放物（包括碳氢化合物、一氧化碳和氮的氧化物）是对人体和环境有害的物质。

为此，规定发动机在最大、中间、最大连续、75%最大连续、25%最大连续和慢车状态下，燃烧1 kg的燃油所允许排出的碳氢化合物、一氧化碳和氮的氧化物的克数。JSGS-87231A的规定，一氧化碳和碳氢化合物应低于这样的水平：发动机慢车压比高于3∶1时，慢车燃烧效率为99.55%；发动机慢车压比低于3∶1时，慢车燃烧效率为99%；不注水发动机的氮氧化合物应低于标准中不受控制水平的50%，注水发动机的氮氧化合物则低于25%。

测量发动机各种排气成分含量的方法在HB 6117中有规定，碳氢化合物以甲烷为基础规定，氮的氧化物以二氧化氮为基础规定。

8.6.1.10 电磁兼容性

电磁兼容性一般是指设备、系统、分系统在共同的电磁环境中能一起执行各自功能的能力。

通常的规定包括两个方面：一是设备、系统、分系统在预定的电磁环境中运行时，可按规定的安全裕度实现设计的工作性能，且不因电磁干扰而受损或产生不可接受的降级；二是设备、系统、分系统在预定的电磁环境中正常地工作，且不给环境（或其他设备）带来不可接受的电磁干扰。

电磁干扰：发动机将承受来源于飞机内部和飞机外部的各种各样的电磁环境，由于内部产生的干扰或者对外部电磁场和电压的敏感，电气设备或电子设备的性能可能会降低，或者丧失功能。发动机也可能是飞机上其他设备的一个干扰源。因此，电气、电子系统、飞机设备和外部电磁环境之间的电磁兼容性是发动机正常和安全工作的基本条件。

为此，GJB 151[26]提出发动机对传导和辐射敏感度的要求：发动机所有电气和电子设备及其子系统应满足在工作包线内所有控制系统工作模式和环境条件下的性能要求。在不超出可击穿环境大气海平面微波区域电场三分之一的大功率微波辐射外场环境中，发动机电气、电子系统和附件应能正常工作。

系统内电磁兼容性：发动机应设计得足以防止受电磁波的影响，以允许发动机能安装在预计使用的飞机上，并与飞机电磁兼容。但是经验表明，单纯符合电磁干扰（EMI）标准并不总能足以确保电磁兼容，具体要求可见GJB 151规定的飞机特定电磁兼容性要求。

系统间电磁兼容性：发动机暴露于外部特定电磁环境中。根据美国H-60系列飞机发动机研制经验，当发动机在没有预定用于的飞机工作环境中工作时，经常出现大量的问题，其中许多会影响飞行安全，这些问题的解决经常耗时多、费用高。

为此，GJB 151规定：发动机应设计得足以防止受电磁波的影响，以允许发动机能安装在预计使用的飞机上及在飞机外部的电磁辐射环境中工作。任何应由飞机设计人员实现的专门提高防止受电磁波影响的措施均应由发动机承研单位确认，并在相应的界面控制文件中规定。

8.6.1.11 雷电

对于任何发动机，防雷电要求是需要的，但实际的雷电环境则取决于安装，如安装于飞行器较深部位的发动机的要求就完全不同于在短舱中安装的要求。对于安装在飞机上的发动机，其雷电要求在 GJB 2639《军用飞机雷电防护》中有相关的规定。

8.6.2 发动机附件要求

所有附件，包括所有电子装置、传感器、导线系统、液压元件和任何其他相关元件或装置，应该表明在制造商规定的环境中工作正常。一般根据 GJB 150[27]选择适用的环境要求，也可以参照国际通用的 DO-160 系列标准[28]选用。对评定装置的适航性，欧洲适航当局推荐了各种适用的试验或方法，具体的方法和标准可见有关规范。

(1) 通用环境条件

下列环境条件应该认为是对所有装置的：高温、低温、室温、污染的液体、振动、使用冲击和摔机安全、沙和尘、液体敏感性、盐雾、燃油系统结冰、进气结冰、霉菌、温度和高度。

(2) 电气/电子装置的通用环境条件

对所有电气/电子装置，或带有电气/电子子器件的装置，环境条件包括：热循环、防爆、湿度、防水、输入电源。

(3) 机械装置

根据 CS-E 规范，机械装置应满足以下要求：

1) 限制压力：在承受以下压力中的大者作用，持续稳定 1 min 期间，将不会出现超过可使用限制的永久变形，或者发生可能导致危险性发动机影响的泄漏：1.1 倍的最大工作压力，或者 1.33 倍的正常工作压力，或者大于正常工作压力 35 kPa。

2) 爆破压力：必须通过试验、已证明合理的分析，或这两者的结合确定承受较大燃气或液体压力载荷的所有静子零件，当承受以下压力中的大者作用，持续稳定 1 min 期间将不会发生破裂或爆破：1.15 倍的最大可能压力，或者 1.5 倍的最大工作压力，或者大于最大可能压力 35 kPa。

3) 压力循环：对受压力载荷的静子零件，批准寿命可以基于裂纹萌生寿命加上一部分剩余的裂纹扩展寿命。剩余寿命部分应考虑到破裂的裕度。裂纹扩展分析技术应经试验验证其有效性。在确定零件寿命时，除压力载荷外，应该考虑零件的温度、温度梯度、大的振动或其他载荷（如机动飞行载荷）。

4) 着火。

发动机的设计、结构及使用的材料，必须使发动机在正常工作期间和故障情况下，发生着火和火势蔓延的可能性减至最小，并且使着火的影响减至最小。此外，发动机的设计和结构必须使可能导致结构失效或危险性发动机影响的内部着火的可能性减至最小。

(4) 特殊的装置试验

发动机电子控制系统过热：验证发动机控制系统的电气/电子部分，当经受导致失效的过热条件时，将不会引起危险性发动机影响。

(5) 具有高能转子的装置

空气或燃气涡轮起动机转速高，应有包容性要求（CS-E80 (d)），主要部件包括叶片、轮毂和传动部分。

注：本章内容的主要素材取自以下参考文献以及若干其他资料。

参考文献

[1] 杨为民，等. 可靠性维修性保障性总论［M］. 北京：国防工业出版社，1995.
[2] 康锐. 可靠性维修性保障性工程基础［M］. 北京：国防工业出版社，2012.
[3] 谢干跃. 可靠性维修性保障性测试性安全性概论［M］. 北京：国防工业出版社，2012.
[4] 国防科工委. GJB 1909.5—1994，装备可靠性维修性参数选择和指标确定要求（军用飞机）［M］. 北京：国防科工委军标出版部，1994.
[5] 中国人民解放军总装备部. GJB 450A，装备可靠性工作通用要求［M］. 北京：总装备部军标出版发行部，2004.
[6] 中国人民解放军总装备部. GJB 368B，装备维修性通用要求［M］. 北京：总装备部军标出版发行部，2009.
[7] 中国人民解放军总装备部. GJB 2547A，装备测试性工作通用要求［M］. 北京：总装备部军标出版发行部，2012.
[8] 中国人民解放军总装备部. GJB 3872，装备综合保障通用要求［M］. 北京：总装备部军标出版发行部，1999.
[9] 中国人民解放军总装备部. GJB 900A，装备安全性工作通用要求［M］. 北京：总装备部军标出版发行部，2012.
[10] 王自力. 可靠性维修性保障性要求论证［M］. 北京：国防工业出版社，2011.
[11] 中国人民解放军总装备部. GJB 451A，可靠性维修性保障性术语，2005.
[12] 曾声奎. 可靠性设计与分析［M］. 北京：国防工业出版社，2011.
[13] 吕川. 维修性设计分析与验证［M］. 北京：国防工业出版社，2012.
[14] 石君友. 测试性设计分析与验证［M］. 北京：国防工业出版社，2012.
[15] 马麟. 保障性设计分析与验证［M］. 北京：国防工业出版社，2012.
[16] 赵廷弟. 安全性设计分析与验证［M］. 北京：国防工业出版社，2011.
[17] 陈光. 航空发动机设计手册（第三册）［M］. 北京：航空工业出版社，2000.
[18] 陈光. 航空发动机结构设计分析［M］. 北京：北京航空航天大学出版社，2006.
[19] 孔瑞莲. 航空发动机可靠性工程［M］. 北京：国防工业出版社，1997.
[20] Nowlan F. S and Heap H. P. Reliability – centered Maintenance［R］，AD/A066579，1978.
[21] 陈志英，陈光. 航空发动机维修性工程［M］. 北京：北京航空航天大学出版社，2013.
[22] 张凤鸣. 航空装备科学维修导论［M］. 北京：国防工业出版社，2006.
[23] 徐超群. 航空维修管理［M］. 北京：中国民航出版社，2012.

［24］［美］Harry A. Kinnison. 航空维修管理［M］. 李建珝、李真，译. 北京：航空工业出版社，2007.

［25］国防科工委. GJB 312.3 – 1987，飞机维修品质规范/航空发动机维修品质的一般要求，国防科工委军标出版部，1987.

［26］中国人民解放军总装备部. GJB 151B，军用设备和分系统电磁发射和敏感度要求与测量［M］. 北京：总装备部军标出版发行部，2013.

［27］中国人民解放军总装备部. GJB 150A 系列标准，军用装备实验室环境试验方法［M］. 北京：总装备部军标出版发行部，2009.

［28］RTCA. DO – 160A/B/C/D/E Environmental Conditions and Test Procedures for Airborne Equipment.

第 9 章
航空发动机适航性

9.1 概述

现代民用飞机在航空运营活动中表现出了极高的安全水平,灾难性事故的发生概率在北美洲约为百万分之0.2左右（2×10^{-7}次/飞行小时），欧洲和我国为百万分之0.3左右（3×10^{-7}次/飞行小时），非洲为百万分之一左右（10^{-6}次/飞行小时）。保障民机安全的重要经验之一是依据适航法规开展严格的适航管理。徐柏龄[1]、民航局适航司[2]等介绍了中国民航适航管理的历程。

发动机对飞行安全十分重要,根据国际民航组织的统计,在1934—2007年发生的民用航空事故中,由于飞机本身原因造成的事故共计785起,占事故总数的10.14%；在飞机本身因素导致的事故中,由于发动机造成的事故361起,占比45.99%。

与民用飞机和发动机的安全水平相比,军用飞机发动机的安全性水平要低1~2个数量级,我国军用航空发动机在安全性水平方面也还有很大的提升空间。典型的如某型发动机Ⅱ级涡轮叶片断裂不包容故障、某型发动机涡轮轴断裂故障、某型发动机燃烧室机匣爆破故障等,均导致了灾难性后果。因此,在军用发动机研制中积极借鉴民航适航理念,贯彻适航相关法规,切实开展安全性设计、试验、管理,是提高发动机安全性水平的有效途径。雷迅[3]、刘选民[4][5]等介绍了典型的军用飞机飞行事故。

9.1.1 基本概念

飞机适航性是以"飞行安全水平"来衡量的。英国牛津字典对适航性（Airworthiness）的解释是"fit to fly",意思是"适于飞行"。国际民用飞机贯彻适航性要求已有多年,形成了一套成熟的法规和制度。军用飞机实行适航性要求只是近些年才陆续开始,在坚持适航性基本理念和要求的同时,也赋予了适航性诸多新的内涵。赵越让[6]、Filippo De Florio[7]等介绍了适航的理念与原则。

9.1.1.1 民用航空器适航性

不同国家在不同时期曾对民用航空器的适航性给出了不同的定义和解释,下面给出其中的几个定义。

1980年,美国科学院在《改进航空安全性》的报告中给出的定义:适航性是"在预期的使用环境中和在经申明并被核准的使用限制之内运行时，航空器（包括其部件和子系统、性能和操纵特点）的安全性和物理完整性。"

1992 年，德国联邦航空局（LBA）对适航性的定义："航空器的设计、制造符合于可接受的安全标准和达到适当的要求（在预期的使用环境中和在经申明并被核准的使用限制下），并具有与可接受的大纲一致的维修。"

我国对适航性的定义：适航性是指民用航空器的固有安全运行特性，是航空器包括其部件及子系统整体性能和操纵特性在预期运行环境和使用限制下的安全性和物理完整性的一种品质。适航性要求飞行器应始终处于保持符合其型号设计和安全运行状态。

尽管以上的几个定义不尽相同，但概括来讲，适航性可以理解为航空器经过证实符合一定的标准要求，适合于作航空飞行。当一架飞机设计状态冻结后，其固有的适航性随之确定。

9.1.1.2 军用飞机适航性

适航性不仅是民用航空器的固有属性，同样也是国家航空器（军用、警察、海监、应急救援）的固有属性。欧美主要航空发达国家在军用飞机适航性方面都有相应的技术与管理要求。

军用飞机适航性是能够保证军用飞机在实现其军事用途下安全运行的能力属性，并且这个属性是通过军用飞机性能验证得到确认的，以适航审查形式纳入军用飞机性能验证之中。适航性验证工作在时间顺序上是先于其他性能验证工作的。

9.1.1.3 适航标准要求的安全水平

20 世纪 60 年代各国开始制定适航规章时，确定了民用航空活动的安全水平应等同于人的自然意外死亡率——百万飞行小时发生低于一次的机毁人亡事故（概率为 10^{-6} 次/飞行小时），这是一个公众、乘客、飞机设计制造人、运营商都能接受的安全水平，特别是公众可以接受的水平。

对于航空器设计，假设一架飞机有 100 个主要系统或 100 种主要造成机毁人亡的故障状态，每个系统或每个状态造成机毁人亡的概率为 10^{-9} 次/飞行小时，则由于设计制造原因引起的机毁人亡概率为 10^{-7} 次/飞行小时，再给运营维修一个犯错误的安全余度，从而保证百万飞行小时的安全水平。

因此，适航管理的安全性标准为由于航空器本身原因引起的机毁人亡概率为 10^{-7} 次/飞行小时。

9.1.2 适航法规简介

民用航空适航法规是用一次次鲜血与生命换来的经验积累和条款凝练，其核心是保护公众利益、确保民用航空器最低安全性要求。

适航法规：适航管理是依据适航法规实施的，适航法规主要包括管理规定和适航标准。适航标准是一类特殊的技术性标准，是为保证实现民用航空器的适航性而制定的最低安全要求标准，是国家法规的一部分，必须严格执行。

适航法规的特点：

1）强制性：中国适航法规体系的上位法是《民航法》，所有适航规章、标准都是法规的一部分，带有强制性，任何从事民用航空活动的人必须严格遵守。美国的适航法规是联邦法典的组成部分，均属于强制性法规。

2）国际性：民用航空器是国际运输的重要工具，又是国际市场上的重要商品，其发展带有强烈的国际性，如果适航法规体系差异过于严重，就会导致安全性方面出现不同标准，难以保证世界民用航空安全水平，因此国际航空领域普遍认可得到普遍承认的适航标准。世界主要的适航体系美国联邦航空局 FAA 和欧洲航空安全局 EASA 进行了 10 多年的协调，目前各国适航要求基本等同。

3）完整性：适航法规体系贯穿于材料、设计、制造、运营整个过程，也贯穿于与航空活动相关的各个专业领域。

4）公开性：适航法规体现了整个人类对航空安全的祈求，反映了 100 多年人类航空实践在安全方面的成果，所有适航要求和法规没有知识产权限制，也没有秘密限制，全面对公众开放。

5）动态性：适航要求在不断持续地修订和完善，仅 FAR25 部，截至 2020 年 6 月就修订了 146 次，第 146 号修正案于 2018 年 7 月 20 日颁布。每次修订都由设计技术进步或航空事故结论推动，每一次修订都要花费大量的人力、财力和物力。

6）案例性：适航标准属于海洋法系，以案例为基础，特别是以空难事故调查结果为背景，其每一条修订都可以由其更改追溯到源头的触发事件（飞行事故或新型技术等）以及对安全的影响。这方面的经典例子是 20 世纪 50 年代英国"彗星"客机因为机身疲劳引起三次失事，最终形成了 25.571 条款对于航空器结构的抗疲劳要求。

7）基本性：适航体现的是最低安全要求，最低的意思是该标准是基本的、起码的，也是经济负担可以接受的，适航标准体现了经济与安全的平衡性。目前，国际上的设计制造商在设计制造中的相关要求都基本高于适航要求，航空活动的安全纪录证明了这一点。

8）稳健性：由于适航标准关系到人的生命，因此制定时应采取审慎、稳健的态度，从某种意义上来说，适航标准只反映已被证实的、成熟的航空科学技术，而不反映最新科技进展。

9.1.3　民用航空器适航性工作

9.1.3.1　民用航空器适航管理概念及类型

飞机的适航性是设计制造出来的，但适航管理是民用航空器适航性相关工作的最主要方面和组成。

世界各国的民航局对航空器的设计、生产、使用、维修和进出口等环节制定有关适航规章、标准、程序，颁发适航指令或通报，以及相应证件并进行统一的审定、检查鉴定和监督执行，这些工作统称为民用航空器适航管理。民用飞机适航管理是以保障民用航空器的安全性为目标的技术管理，是全方位、全过程的控制管理，最终目的是为公众和社会提供安全、经济、舒适的航空运输工具，其本质是适航性控制。

民用航空器适航管理分为初始适航管理和持续适航管理两个阶段。初始适航管理是在航空器交付使用之前，适航部门依据各类适航标准和规范，对民用航空产品进行设计、制造的适航审定、批准和监督，以颁发型号合格证、生产许可证和适航证为主要管理内容。

持续适航管理是在民用航空器投入运营之后，依据各种维修规则和标准，使其适航性得以保持和改进，以维修机构、维修人员和航空器为主要管理要素。

无论是新研制还是改装的民用航空器，首先都要经过适航部门按适航条例、适航标准、适航程序和技术规定的要求，进行设计、制造和试飞等各阶段审查，分别获得型号合格证和补充型号合格证后，才能交由获得适航审查合格的生产厂家进行制造。对于新研制的民用航空器直到取得型号合格证、生产许可证和单机适航证后，方可投入安全有效使用。也就是说，飞机上使用的任何硬件和软件，大到一架整机、一个系统，小到一个螺栓、一块材料，包括投入使用后的维修都必须经适航部门的审查和批准，以确保航空产品始终处于安全状态。

民用航空器适航管理按照工作性质的不同可分为以下三种类型：

1) 立法、定标：政府责成适航部门根据国家《航空法》，统一制定并颁布各种与安全有关的技术和管理的适航标准、规章、规则、指令和通告等。

2) 颁发适航证件：在民用航空器的研制、使用和维修过程中，通过依法的审定和颁发各种适航证件的手段来检验执行程度或标准要求的符合性。

3) 监督检查：适航部门通过颁证前的合格审定以及颁证后的监督检查等手段，促使从事民用航空产品设计、制造、使用和维修的单位或个人始终自觉地满足适航标准、规定的要求。

9.1.3.2 民用航空器适航管理的主要内容

民用航空器适航管理工作的主要内容如下：

(1) 制定各类适航标准和审定监督规则

实施适航管理首先要建立并不断完善一套技术和管理法规体系，即针对各类民用航空器制定相应的适航性技术标准，把国家的航空安全政策具体细化和法律化，使适航管理有严格的技术性法律依据。同时，还要制定相应的管理性审定监督规则，明确而详细地规定适航管理的实施步骤和方法。这些规则是保证贯彻适航标准、有效地开展适航管理工作的行动指南。建立健全严格的法规体系是适航管理科学化的重要标志。

(2) 民用航空器设计的型号合格审定

对民用航空器的设计进行型号合格审定，是适航管理最重要的环节。因为民用航空器的固有安全水平是在设计阶段确定的，故适航部门要根据反映最低安全水平的适航标准，按严格、详细的审定程序对民用航空器设计过程和有关的试验或试飞进行逐项审查和监督。只有符合适航标准、通过了型号合格审定、取得了型号合格证的民用航空器，才具备投入生产和使用的资格。

(3) 民用航空器制造的生产许可审定

为保证民用航空器的制造符合其型号合格证书的规定和满足设计要求，适航部门必须对制造厂的质量保证系统和技术管理系统进行全面、详细的审定，实施制造符合性检查。制造厂必须具备足够的生产能力,通过了生产许可审定并取得生产许可证之后,才具备生产民用航空器的资格。生产许可证书上详细规定了允许生产的产品。对于制造厂经批准的质量保证和技术管理系统不得随意更改,并须接受适航部门的监督和检查。

(4) 民用航空器的适航检查

为保证每一架在册民用航空器的使用安全,在航空器投入运行之前,适航部门要对其进行适航检查。航空器及其各种装置、设备均须处于适航状态,各类技术文件合格、齐全,并取得适航部门颁发的航空器适航证书,方可投入使用。

对在外国注册的民用航空器,若由本国使用者在本国境内使用,必须得到本国适航部门的批准,这也是维护国家民用航空安全与公众利益的正当和必要的措施。

(5) 民用航空器的持续适航管理

民用航空器的持续适航管理是民用航空器投入使用之后,为保证其始终处于适航状态和安全运行状态所实施的管理,这一管理主要是控制民用航空器在使用中的安全状况和维修两个方面。为保证正确、安全地使用民用航空器,适航部门要对民用航空器的使用者提出明确的要求和使用限制,并对其进行监督检查。适航部门要建立各种渠道,以便经常收集、分析和控制民用航空器在使用过程中暴露的不安全因素,并可随时颁发适航指令,要求制造者和使用者对航空器进行检查、改装或修理。

适航部门还须对民用航空器的维修单位进行审查,要求其建立并保持严格、合理的质量保证和技术管理系统并取得维修许可证。对已取得维修许可证的维修单位,适航部门还须不断地对其进行监督和检查。此外,对负责维修和检验民用航空器的人员,必须接受适航部门的考核并取得相应的执照,以保证人员的素质和技术水平符合规定的要求。

以上这些管理措施都是确保民用航空器维修质量、使其始终处于安全运行状态的必要措施。

需要指出的是,适航管理是国家主权的象征,因此大部分国家都有适航当局代表国家行使适航管理职能。但由于航空器的高度复杂性,实际上大部分国家不具备制定适航标准、全面开展审查的能力,而是在技术上采取了跟随政策。目前世界上最有实力的适航审查管理当局是美国联邦航空局(FAA)和欧洲航空安全局(EASA),其制定的标准被世界广泛采用,颁发的适航证被许多国家接受。

9.1.4 国外军用飞机适航性工作

9.1.4.1 国外军用飞机适航性工作的发展概况

20世纪80年代后期,美国军方提出了军用飞机适航性的概念,在军用飞机型号研制当中开始借鉴引入民用航空器适航管理经验,以提高其军用飞机的安全水平,例如:在C-17型军用运输机型号研制中大量地利用了DC-10型民用航空器研制适航性技术成果。20世纪90年代中后期,军用航空器适航性的概念基本成熟。

进入21世纪,世界各主要军事大国也正逐步认识到军用航空器适航性问题,在不断追求更高性能的同时,更加注重安全性要求,强调军用航空器"性能设计要求"与

"适航性要求"融合,并将军用航空器适航审查纳入军用航空器性能验证之中。

目前,美国、英国、法国、德国、意大利、西班牙、荷兰、波兰、加拿大、澳大利亚等国军方均已开展了军用航空器适航性工作,涉及有人驾驶/无人驾驶、固定翼/旋翼等各类型军用航空器。

美国军方要求对于 F–15 和 F–16 等型飞机在改型时需统一进行军用航空器适航审查工作,对于第四代战机 F–22、F–35 型飞机已开展了军用航空器适航性工作;欧洲联合研制的 A400M 新型军用战术运输机、"台风"战斗机也开展了军用航空器适航性工作;乌克兰安东诺夫设计局 An–70 新型军用战术运输飞机也开展了军用航空器适航性工作,并于 1997 年 4 月第二架飞机进行首飞和验证工作,以证明其总体性能和基础适航性是可接受的。

荷兰 CH–47D 改型军用直升机按照 1998 年荷兰皇家空军颁布的"军用航空器适航审查规则"以及 1995 年英国防部颁布的 DEF STAN 00–970"军用航空器设计与适航性要求(第二卷 旋翼类航空器)",通过了荷兰军用航空器适航审查。

美国"全球鹰"无人飞机已于 2006 年 1 月 25 日首次通过美国空军军用航空器适航审查,进行了 500 多条适航审查准则的评估与验证,确认其具有安全与可靠的使用性能。

此外,印度国防部设立"军用适航性与审查中心(CEMILAC)",负责对其军用航空器(有人驾驶和无人机)进行军用航空器适航管理。

9.1.4.2 美国军用航空器适航管理

(1) 美国军用航空器适航管理体制

美国各军兵种对其采办的或使用的各型军用航空器适航审查负责,并颁布了相应的政策指令进行各型军用航空器的适航管理。

1) 美国空军航空器适航管理。美空军对其使用的航空器负有适航审查责任,并在美空军政策指令 AFPD 62–6 "美空军适航审查"[8]中进行了规定,包括:成立"军用飞机适航审查准则委员会",规定"航空系统中心"和"军用飞机适航审查官员"职责等。

2) 美国陆军航空器适航管理。美陆军对陆用航空器负有适航审查责任,并在美国陆军条例 AR 70–62 "飞机系统适航审查"进行了规定,"美陆军航空与导弹司令部"是最高级别的适航管理部门,负责对陆军用航空器或子系统、部件及其改型进行适航审查与批准。

3) 美国"民转军"型航空器适航管理。对于空军的"商用派生载客型运输机""商用派生混装型运输机",美空军制定了相应适航管理政策指令,具体审查工作由美国联邦航空局"军用合格审定办公室"承担。

(2) 美国军用航空器适航性技术体系

美国国防部颁布的 MIL–HDBK–516(目前已经更新到 C 版)《军用航空器适航审查准则》手册[9],是各型军用航空器适航审查基础的顶层文件。该手册所规定的适航审查标准适用于有人驾驶与无人驾驶的固定翼航空器和旋翼航空器,其使用范围包括空军、海军和陆军。

9.1.4.3 英国军用航空器适航管理

英国的军用飞机适航管理体制和模式与美国大体一致,在英国国防部 2003 年颁布的 JSP553《军用飞机适航性条例》中规定了军方是其军用航空器适航审查的责任主体,英国防部"联合适航性委员会"是其军用航空器适航管理的最高级别机构。英国防部 2007 年颁布的 DEF STAN 00-970《军用航空器设计与适航性要求》涵盖了所有军用航空器设计与适航性要求和指南。

9.1.4.4 加拿大军用航空器适航管理

加拿大国防部在 2003 年颁布的 C-05-005-001/AG-001(TAM)《军用航空器技术适航性手册》中明确军方是军用航空器适航管理职责、程序以及相关要求;2006 年颁布的 C-05-005-001/AG-002(ADSM)《军用航空器适航性设计标准手册》规定了各类型军用航空器适航性要求。

9.1.4.5 澳大利亚军用航空器适航管理

澳大利亚国防部在 2005 年 6 月颁布的空军出版物 AAP 7001.053(AM1)《技术适航管理手册》中明确了军用航空器适航管理职责、程序及相关要求。2007 年 6 月颁布的空军出版物 AAP 7001.054(AM1)《适航设计要求手册》中规定了各类型军用航空器适航性要求。

9.1.5 军用飞机与民用飞机适航性比较

军用飞机适航性是民用飞机适航性理念同军用飞机研制工作相结合的产物,军、民用飞机适航性存在共同点,但也有着明显的差别。通过比较军用及民用飞机适航性,可以进一步明确军用飞机适航性的主要特征,从而避免了完全照搬照抄民用飞机做法带来的"水土不服",为军用飞机适航性工作的顺利开展奠定了基础。

9.1.5.1 军用飞机与民用飞机适航性的共同点

不论是军用飞机还是民用飞机,其适航性都是与飞行安全相关的一种属性,适航性工作也都是以飞机的安全性为核心目标,因此,军用飞机和民用飞机对于适航性的本质需求是一致的。另外,在具体的工作和管理程序上军、民用飞机的适航性也具有一些共同的特征,例如:军用飞机和民用飞机开展适航工作的前提都是需要有一套适航标准体系来支撑,都需要事先确定具体型号所适用的一套审查基础或适航性要求,都需要通过适航性设计将适航性要求融入型号设计中,都需要通过适航符合性验证来表明型号研制对所确定的适航性要求的符合性,都需要开展适航审定/审查来检查、评价和确认适航性要求的落实情况等。

9.1.5.2 军用飞机与民用飞机适航性的差别

(1) 目标有一定差异

民用航空器的适航性是要达到公众所能接受的最低安全性标准。任何民用航空器要投入航线运营,必须满足最低安全要求,这是民用航空器进入市场的最低门槛。

军用航空器为实现其军事目的,型号研制满足战技指标要求是第一位的。适航性要求是为实现安全飞行而提出的要求,是军用航空器遂行军事任务的基本前提。

(2) 责任主体不同

民用航空器适航审定的唯一责任主体是适航当局,代表公众利益,依据型号适航审定基础对民用航空器进行适航审定。在型号研制中,适航当局成立型号合格审定委员会,组织开展适航审定工作。

军用航空器适航审查的责任主体是军方,代表使用方利益,依据型号适航审查基础对其拥有和使用的军用航空器进行适航审查。

(3) 安全性水平要求不同

民用航空器适航性要求是依据公众所能接受的最低安全水平所确定的,与航空器的具体型号无关,型号的适航审查都必须满足事先确定的最低安全水平,即整机设计的安全水平(导致最严重的灾难性事故概率)为 1×10^{-7}/飞行小时。

对于军用航空器而言,需要在型号适航审查之初确定一个军方和工业方都能够接受的安全水平。对于不同用途/类型的航空器,其适航审查基础可以具有不同的安全水平。总体原则是在非战争等条件下的正常使用环境中,运输机与民用飞机应大体持平,而其他飞机应根据作战训练需要保持合理水平。例如,加拿大军用航空器适航性对整机设计导致最严重的灾难性事故概率要求为:民用派生型运输机为 1×10^{-7}/飞行小时,军用航空器为 1×10^{-6}/飞行小时,配备有弹射座椅的军用航空器为 1×10^{-5}/飞行小时,无人机系统为 1×10^{-5}/飞行小时。

(4) 适航性技术要求不同

民用航空器适航性标准的依据是航空法制定的法律、法规性文件,需要强制执行、不可剪裁。其指导型号审查的指南性文件由适航当局以咨询通报的形式不定期出版。在型号中,适航审定基础由审查方和申请人共同制定,并编制审定计划,由适航当局型号审查委员会最终批准。

军用飞机的适航要求则是依据军用标准编制,可以剪裁。以美军为例,美军的军用航空器适航性标准不仅给出了适航性要求,而且对每一个条款要求都给出了参考性的技术文件。该参考性的技术文件可以分为军用文件和民用文件两部分。军用文件主要包括美国国防部的军用设计验证标准规范等,而民用文件主要包括民用适航性标准条款等。在型号中,结合军用航空器型号研制要求,由订货方、承包商共同剪裁形成型号适航审查基础,并编制验证计划,由军方适航管理部门最终批准。

(5) 管理模式不同

在民用航空器适航管理中,民航适航当局为适航审查的责任主体,民航适航当局制定和颁布的适航管理文件为适航条例21部《产品和零部件合格审定程序》。在型号合格审定中,民航适航当局成立型号合格审定委员会,按照民用航空器设计、制造和使用阶段,对民用航空器实施全寿命适航管理,并执行相应的民用航空器适航条例等文件。

军用航空器的适航管理由军方自己负责,军方既是使用方,又是适航管理的责任主体。以美军为例,美空军的适航管理文件为 AFPD 62-6《美国空军航空器适航性准则》,陆军为 AR 70-62《航空器系统适航审查》。在型号审查中,是由军方成立型号适航审查机构，并执行相应的军用航空型号适航性政策指令等文件。

9.2 军用飞机适航性

民用飞机适航工作国际上已经有一套成熟的做法，而军用飞机的适航工作还处于探索和发展之中，国内在开展军用飞机适航工作方面已经进行了有益的探索并取得了一定的成效。

9.2.1 研制阶段适航性主要工作项目

军用飞机研制阶段适航性工作的主线，是通过系统化、规范化的工作程序来管理、控制技术标准和要求的落实。军用飞机适航性工作强调过程控制，各项工作贯穿于型号研制全过程，主要包括管理程序和技术要求的论证、符合性验证及审查工作的规划与实施。具体工作项目如下。

9.2.1.1 制定适航性工作要求

制定适航性工作要求的目的是提高适航性工作的可操作性。工作要求主要以工作程序等形式出现。工作程序提出了开展适航性工作的基本流程，同时也明确了适航性工作的主要工作内容，即制定审查基础、开展适航性设计、编制符合性验证方法、编制与验证实施符合性验证计划、编制持续适航文件、分析和评估系统安全性、开展适航审查等。适航性工作程序的确定主要是依据军用飞机研制程序和民用飞机适航工作程序，同时要结合军用飞机研制工作的实际。适航性工作程序是实际指导军用飞机适航工作开展的重要前提。

9.2.1.2 制定审查基础

因为目前军用飞机适航还没有相应的国军标可以依据，故在开展军用飞机的适航工作时，参照民用飞机适航标准和国外军用飞机适航标准是必然选择。

对于运输类飞机，根据其应与民用飞机安全水平相当的特点以及型号研制的实际，为保证适航要求作为最低安全要求的相对完整性，可以 CCAR-25 部《运输类飞机适航标准》[10]为完整性框架，纳入相关国军标的适用条款，并参考 MIL-HDBK-516C《军用飞机适航审查准则》中相关适用条款制定运输类军用飞机的适航审查基础。

对于歼强类飞机，没有整部民用飞机适航标准可供借鉴，可以参考 CCAR-23-R3《正常类、实用类、特技类及通勤类飞机适航规定》[11]和 MIL-HDBK-516C《军用飞机适航审查准则》，以其为完整性框架，纳入相关国军标的适用条款，制定歼强类飞机的适航审查基础。

为保证将适航性要求贯彻到配套系统和产品，研制总体单位应依据审查基础，提出各配套系统和产品的适航性要求。各承研单位应依据研制总体单位提出的要求，形成产品的适航性支持计划。对限于技术、基础条件无法实现的审查基础条款，应进行充分论证，分析对飞机使用安全的影响，提出解决措施，经批准后可形成豁免项目。

9.2.1.3 适航性设计

适航性设计是适航性工作的关键一环，需要明确各承研单位要将适航审查基础转化为设计规范,并按规范开展设计工作,从而将适航性技术要求有效贯彻到飞机设计工作中。

9.2.1.4 编制符合性验证方法

编制符合性验证方法即是对照审查基础各项条款,确定相应的适航性符合性验证方法。对于在军用飞机研制程序下开展适航工作的,这些验证方法还需要经过军方主管部门的审查批准。验证方法的确定借鉴民用飞机适航理论和方法,主要的符合性验证方法包括符合性声明、说明性文件、分析/计算、安全评估、试验室试验、地面试验、试飞、航空器检查、模拟器试验和设备鉴定等。

9.2.1.5 符合性验证计划的编制与实施

编制符合性验证计划,要明确指出验证计划的关键要素,即验证计划应包括验证的时机及验证的内容、方法和判据等。对于适航工作是在军用飞机研制管理程序下开展的,其符合性验证计划应该首先得到军方主管部门的审查批准。

9.2.1.6 编制持续适航文件

为了使研制的军机在未来具有与民用飞机持续适航管理相衔接的能力,在研制阶段应完成持续适航文件的编制,以避免在研制结束后,当需要相关持续适航技术文件时可能出现的困难局面。

9.2.1.7 适航审查

在型号研制之初制定的顶层指导文件中,要对适航审查的原则、方式和方法等进行规定,即结合验证计划,采用系统审查、产品审查和专项审查等方式制订审查工作计划,开展适航审查。

考虑军用飞机研制程序的有关要求和型号研制工作实际情况,要明确由总设计师系统进行全机安全性分析,在此基础上再依据安全性影响等级,对机载设备提出单独审查产品清单,由军方开展审查工作是对机载设备进行适航管理的要求。

9.2.2 军用飞机适航性要求

根据适航性工作目的和内容要求,军用飞机适航性要求论证主要应包括适航性工作要求、整机安全性定量指标要求和适航性技术要求等三方面内容。其中,适航性工作要求和整机安全性定量指标要求应纳入装备型号研制总要求,适航性技术要求可由适航审查基础条款和技术标准的形式予以体现。

9.2.2.1 军用飞机适航性工作要求

适航性工作要求是统领军用飞机适航性工作的顶层要求,只有首先明确适航性工作要求,才能正确引领型号适航性工作的方向,才能指导型号研制过程中适航性工作的有序开展。适航性工作要求包括适航性工作目标和工作原则两大内容。

(1) 适航性工作目标

制定适航性要求首先应确定适航性工作的目标。引入适航理念,借鉴民用飞机适航管理方法和技术标准,建立军用飞机适航管理机制,即以提高军用飞机的安全性水平为宗旨。因此,军用飞机适航性工作的最终目标是提高飞机的质量安全水平。

研制阶段适航性工作的目标涵盖了适航性设计、符合性验证和生产制造等环节,具体可概括为：将适用的适航要求融入设计中；表明并证实设计对适航要求的符合性；按确认的设计进行制造，最终是为了保证飞机具有在完成预期任务与实现技术指标的前提下安全飞行和使用的能力。

因此，军用飞机适航性工作目标的描述分为三个要素：在设计阶段，使飞机在设计上满足军方提出的适航性要求，并得到审查和验证；在生产制造阶段，生产上符合经过适航审查的工程设计，保持制造与设计的符合性；在使用阶段，通过研制阶段的工作，保证飞机在预期使用环境下具有安全地实现、保持和终止飞行的能力。

不同的机种，根据其使命任务要求、运行条件和环境等的不同，适航性工作的目标也应有所区别。

（2）适航性工作原则

适航性工作原则主要是用于指导适航技术体系和管理体系的建立，指导如何处理适航工作与现有军用飞机研制程序的关系等。

技术体系建立原则：在现行军用飞机研制体系下开展军用飞机适航工作，应以研制总要求和现行国军标作为技术体系的基础，参考国内外军民用飞机适航性标准和要求，建立适航技术体系。

管理体系建立原则：考虑到运行体制、管理成本等诸多因素，应在现行的装备研制管理体系框架下，建立型号适航管理体系，开展适航性工作。

与原有体系的协调原则：适航工作还应该把有利于促进和保证型号研制任务的顺利完成作为基本原则，因此应在军用飞机研制程序和相关规定的要求下，与研制工作相协调，综合考虑性能、费用和风险等因素，积极稳妥地开展适航性工作。

对于运输机类飞机，以及以运输机为平台的预警机、空中加油机等，在确立适航性工作原则时要充分借鉴民用飞机适航技术体系和管理体系，技术要求尽量要参考民用飞机的要求，管理上以不与现行军用飞机研制体制相冲突为基本原则。

对于战斗机适航工作原则的确定，与运输机相比，战斗机与民用飞机的差别显然更大，更应该重视战斗机自身特点，不能照搬民用飞机和运输机的做法，要贯彻有所为、有所不为的指导思想，有重点地开展战斗机适航工作。

9.2.2.2 军用飞机整机安全性定量要求

飞机整机安全性定量要求关乎飞机未来固有安全性水平的高低，是确定飞机设计方案的重要依据，因此提出合理可行的飞机整机安全性定量要求十分必要。目前，飞机整机安全性定量指标要求可以每飞行小时发生最严重的灾难性事故的概率来表示。

对于运输机类飞机，以及以运输机为平台的预警机、空中加油机等，在担负运输、空中预警指挥以及空中加油等任务时，这类军用飞机的使用条件、任务特点等与民航飞机有着许多相通的地方，其安全性要求应与民用飞机基本一致。因此，军用运输机，以及以运输机为平台的预警机、空中加油机等机种的整机安全性定量要求可以参照同样量级的民用运输类飞机进行确定。

对于战斗机，应根据部队以往飞行事故统计、国内技术水平以及与国外同类飞机的对比分析，合理确定型号的整机安全性定量指标要求。一般情况下，战斗机的整机安全性定量指标要求要比运输类军用飞机放宽一个数量级以上。

9.2.2.3 军用飞机适航性技术要求

适航性技术要求是支撑整个适航性工作的基础，而型号适航性工作也都是以围绕适航性技术要求的落实来展开的。适航性技术要求是以具体的适航标准为基础提出的。此外，不同的机型对适航性技术的要求也不尽相同。

(1) 军用飞机适航性技术要求的确定原则和基本依据

适航性技术要求最初是来自于民航，相关适航标准中各项适航条款的内容都是根据民用飞机以往发生过的事故及其特点制定的。对于军用飞机，由于其本身的设计特征、任务要求、使用条件和使用环境等与民用飞机是有区别的，因此，总体上，军用飞机适航性技术要求的确定应根据不同的机种，借鉴有关民用飞机适航标准和国外军用飞机适航标准，参照相关国军标中与安全有关的内容，结合型号的特点和国内现有的研制水平，并综合考虑费用、进度等的约束，系统、完整地提出型号的适航性技术要求。

对于运输类飞机，以及以运输机为平台的预警机、空中加油机等，由于其使用条件和任务剖面等与民用飞机有着许多相通的地方，因此，在确定这类飞机的适航性技术要求时，应充分借鉴民用飞机的适航性要求，使其安全性水平达到与同级别民用飞机大致相同的量级。另外，根据此类飞机执行军事任务的特点，针对空投空降、空中加油等任务要求提出相应的适航性要求。

对于歼强类飞机，由于其所执行的任务以及使用环境等与运输类飞机有着很大的差别，因此，在适航性技术要求论证中不能再大量参照民用飞机适航标准提出歼强类飞机的适航性技术要求，必须根据歼强类飞机的任务要求、使用特点、设计特性以及以往的事故经验总结，提出符合歼强类飞机特点的适航性技术要求。歼强类飞机要遂行空中格斗、对地攻击等作战任务，其使用剖面复杂多样，在恶劣的运行环境和使用条件下，歼强类飞机与运输类飞机相比安全水平大为降低。从作战的角度来看，首先要保证作战功能和性能的实现，而功能与性能要求实现的前提是必须具有一定的安全水平，否则作战任务的完成也无从谈起。因此，歼强类飞机适航性技术要求的确定既体现在能安全地实施起飞、航行和着陆，也包括了与遂行作战任务有关的诸如机动、空中受油、武器运用等的适航性要求。

(2) 军用飞机适航性技术要求的基本内容

适航性是飞机及其各个系统在运行过程中所表现出来的特性，体现了飞机从设计、生产到使用、维修的各个方面，小到一个零件的安装，大到飞机整机的飞行性能，都无法与适航性完全剥离。因此，运输类飞机、以其为平台的预警机、空中加油机以及歼强类飞机等，所有这些军用飞机适航性技术要求的内容都应涵盖整机及各个系统，包括结构、飞行性能、各分系统的设计、系统安全性等。此外，运输类飞机的空投空降、加油机的空中加油及歼强类飞机的作战机动、空中受油以及武器系统的安全性等，都应作为军用飞机适航性技术要求的内容予以体现。

在现行军用飞机研制体系下，适航性技术要求包括研制总要求的相关内容、型号专用适航性技术要求、适航相关国军标以及军方认可和批准的其他技术标准。

9.2.3 军用飞机适航性验证

适航性验证与审查是对装备型号设计符合适航性要求情况的检验、证实与监督过程,系统规范地开展适航符合性验证与审查是适航性工作形成闭环的重要环节。开展军用飞机适航性验证与审查,首先需要明确合理有效的符合性验证方法,制订完整可行的符合性验证计划,同时还要根据军用飞机研制程序的特点确定相应的适航性审查程序和方法。

9.2.3.1 适航符合性验证方法

(1) 方法分类

在表明军用飞机研制对适航要求的符合性过程中,通常采用不同的验证方法,而这些方法统称为符合性验证方法,简称符合性方法。

常用的符合性方法可根据实施的符合性工作形式分为四大类:工程评审、试验、检查和设备鉴定。

这四大类方法具体可再细化成 10 种常用的符合性方法,根据适航条款的具体要求选取其中的一种或多种组合的方式来表明满足条款的要求。为了便于编制验证计划和文件,每种符合性方法应赋予相应的代码。符合性方法的代码、名称和使用说明如表 9-1 所示。

表 9-1 符合性方法表

符合性工作	方法编码	符合性验证方法	相应的文件
工程评审	MC0	符合性声明	技术文件
	MC1	说明性文件	说明、图纸、技术文件
	MC2	分析/计算	综合性说明和验证报告
	MC3	安全评估	安全性分析报告
试验	MC4	实验室试验	试验任务书
	MC5	地面试验	试验大纲
	MC6	飞行试验	试验报告
	MC8	模拟器试验	试验结果分析报告
检查	MC7	飞机检查	观察/检查报告; 制造符合性检查记录
设备鉴定	MC9	设备鉴定	设备鉴定过程可能包括前面所有的符合性验证方法

(2) 符合性方法的选用原则

适航符合性方法选用的一般原则是能直接、充分地证明设计对适航条款的符合性。

表 9-1 所示的 10 种符合性方法可以单独使用,亦可以组合起来使用,这主要取决

于要验证的适航条款内容。一般而言，涉及面广的比较重要的条款往往需要使用多种符合性方法来验证。例如，A340 飞机对第 25.1309 条款的符合性验证就用到了 MC1~MC9 九种符合性方法。

通常 MC2 用于需要进行分析/计算来表明符合性的条款，MC3 用于要求进行故障分析的条款，MC7 适用于有具体测量方法规定的条款，MC9 一般用于装机设备（或材料）的符合性验证。其余方法在名称中已经给出了各自的适用特点，可根据需要加以选择。

9.2.3.2 适航符合性验证计划

（1）适航符合性验证计划的作用

适航符合性验证涉及适航性要求的每一项条款，是在整个研制过程中逐步展开的。适航性要求是否落实到设计中，关键就是通过符合性验证来表明。适航性要求涉及研制工作中的各个专业，符合性验证的实施并不能完全与设计过程脱节，必须融入设计工作的各个环节当中，并且尽量同性能、功能等的验证工作结合起来开展。为此，在确定了针对各项适航性要求的符合性方法之后，需要制订一套系统、完整、可操作的适航符合性验证计划，系统、完整地规划和指导型号的适航符合性验证工作。

（2）适航符合性验证计划的编写原则

适航符合性验证计划的制订是适航符合性验证工作开展的必要前提。验证计划的编写是在军方确立了适航符合性验证的顶层要求之后，工业部门根据相关要求和型号研制节点进行的。验证计划的编写应遵循以下几点原则：

1）全面覆盖。符合性验证计划应全面涵盖军方提出的所有适航性要求，通过验证计划的编写，分门别类地梳理出所应采取的各种符合性方法。

2）方法适当。符合性验证计划应该对适航性要求的各项条款所应采取的验证方法都予以确认，以便在将来的验证和审查工作中逐一落实这些验证要求。

3）重点突出。验证计划中对一些重要的试验或试飞验证方法应给予特别的关注，并对这些验证工作进行详细的规划。

4）节点合理。符合性验证计划的一项重要内容就是统筹协调安排好适航符合性验证的时机，并尽量以高效费比的方式同其他性能和功能验证相结合，合理安排好相关试验、试飞的时间节点。

（3）适航符合性验证计划的批准

适航符合性验证计划在工业部门编写完成后，应该接受军方的评审，并按照评审意见进行修改完善，最后由军方适航主管部门进行批准，方能按照此计划开展相应的符合性验证工作。

（4）适航符合性验证计划的实施方法

适航符合性验证计划的实施意味着符合性验证工作的全面展开。工业部门根据批准的适航符合性验证计划，按照时间节点安排，结合飞机的性能、功能验证，逐步开展适航符合性验证。在实施验证的过程中，根据审查要求，与适航审查工作协同进行。针对不同的适航性要求，根据事先确立的符合性方法，采取编制说明性文件，开展分析计算，实施安全性评估，进行相关的试验等来落实验证工作。

9.2.4 军用飞机适航审查

9.2.4.1 军用飞机适航审查的基本原则

民机的适航审查工作称为审定,其目的除了保证安全性以外,最重要的是取证。军用飞机适航性工作未引入取证制度,在进行适航审查工作时可以借鉴民航适航性审定的基本思路和主要工作内容,改变传统上军方只抓产品的立项和使用这两头而忽视中间的做法,除了抓好两头工作外,重点强调军方在过程控制上的重要性。

影响飞机安全性的因素是多方面的,不仅与飞机各系统和设备的安全性水平相关,而且与这些系统和设备的设计、使用、维修等工作密切相关。因此军用飞机适航审查工作必须坚持全过程、全系统原则,确保专业分工明确且详细,能涵盖型号研制中的所有专业,同时又能按照方案阶段、工程研制及定型等研制全过程规划相应的适航审查内容。

9.2.4.2 军用飞机适航审查的基本方法

(1) 审查程序和方法

借鉴民用飞机的做法,适航审查采取审查组的形式开展适航审查工作。根据型号特点和专业设置划分审查组,确定各专业审查组组长,明确审查组组长和成员的职责分工。审查程序和具体所采取的方法如下:

1) 初步评审。在方案论证阶段,审查组依据型号研制总要求和初步技术方案对总设计师系统建议的适航标准和国军标等标准规范以及适航审查专用技术条件进行初步审查,形成审查纪要。

2) 审查适航技术要求。对总设计师系统提出的《适航审查基础》进行审查,提出审查意见,形成审查纪要。

3) 审查符合性验证方法和符合性验证计划。对总设计师系统与机载设备承研承制单位制定的符合性验证方法和符合性验证计划进行审查,形成审查纪要。

4) 转阶段设计评审。在型号转阶段评审时,按照型号适航性转阶段审查要点,审查组对型号及其分系统、机载设备设计落实适航性要求的情况进行审查。

5) 型号设计资料审查。审查组根据《适航审查基础》和符合性验证方法,对研制单位提交的型号设计资料进行审查。重点审查型号或产品设计是否存在不安全因素,设计的产品特性是否能得到充分的检查和试验。根据审查确认的意见,填写《型号资料审查表》。审查过程中发现的问题应经被审查方签字认可,并与被审查单位项目技术责任人交换审查结论意见,商定解决问题时限,编制《适航审查问题纠正行动计划表》。对于有争议的重要问题应填写《适航审查问题纪要》。

6) 试验产品的制造符合性检查。制造专业审查组根据经批准的设计图纸和工艺规范,采用现场检验操作、目视检查等方式,判明试验产品及其零部件是否符合设计加工要求,协助其他专业审查员审查需经实物检查或试验验证才能作出最终评价的设计。根据检查发现,如实记录全部所做的符合性检查和目击的试验,包括全部偏差、不符合项及研制单位的处理意见或纠正措施,填写《制造符合性检查记录表》。

7）地面验证试验审查。地面验证试验包括试验室试验、模拟器试验和机上地面试验。

对于已批准的符合性验证计划中确定的地面验证试验项目，研制单位（或承试单位）应在地面验证试验前向审查组提交试验大纲，经审批后开展地面验证试验。试验大纲的内容应包括试验目的、试验依据、项目名称、试验步骤、记录项目、判据、试验设备清单及校验批准说明、测试设备及其精度、试验的符合性说明等，其中所引用的文件、数据资料应有明确的说明，必要时应随大纲提供审查。

对于地面验证试验的产品，承制单位应向审查组提交《制造符合性声明》，并经制造符合性审查合格。试验产品在完成制造符合性检查后至提交地面验证试验这一段时间内不得进行更改，如有任何更改，则需报审查组批准并补充进行制造符合性检查。

地面验证试验审查前，由审查组制定试验前检查和现场观察试验的具体要求，审查员按照审查组组长批准的检查要求进行检查。

审查员在观察地面验证试验过程中，如实填写《试验观察问题记录单》，对发现的问题以记录单的形式立即通知研制单位和审查组组长，如有必要终止试验，审查组组长及时报上级主管部门，并通知研制单位。

当终止原因排除后，研制单位向审查组提出恢复试验的申请，经批准后恢复试验。

地面验证试验结束后，审查员编制试验观察报告，简述试验结果和发现的问题以及研制单位的处理措施等。

根据试验复杂程度，现场试验检查及观察可由审查组委托驻厂军事代表完成，并编制试验观察报告，简述试验结果和发现的问题以及承制方的处理措施等，通报审查组。

8）首飞前审查。首飞前，研制单位应向审查组提交制造符合性声明、首飞试飞大纲及其他相关技术资料。审查员对提交的资料进行审查，结合型号设计资料审查、试验产品的制造符合性检查和地面验证试验审查等审查结果，给出首飞审查意见，并上报上级主管部门。

9）验证试飞审查。总设计师系统按审查基础和符合性验证计划提出适航性验证试飞要求，试飞总师单位依据适航性验证试飞要求编制适航性验证试飞大纲，审查组负责审查并对适航性验证试飞的全过程进行监督。

进入适航性验证试飞后，审查组提出具体审查要求，由组长指派相关审查员按要求进行地面检查和现场观察，审查过程参照地面验证试验审查的有关要求进行。

10）最终工程评审。在设计定型前，审查组依据《适航审查基础》和符合性验证计划，完成最终工程评审。

审查组对最终全套型号设计资料和计算分析、工程报告、试验报告等进行审查，核实已贯彻了全部设计更改，并对飞行手册、维修大纲、维护规程等用户技术资料进行审查；审查组确认已对单独审查项目的设计资料和用户技术资料完成了全部审查；用《符合性检查清单》检查《适航审查基础》的条款是否满足；给出所有审查问题纪要的最终版次处理结论或意见；审查组汇总各专业审查组的意见，完成审查报告，并上报上级主管部门。审查报告应包括以下内容：审查依据、审查对象、审查基本情况、不符合项、审查结论意见、审查资料清单。

11) 最终审查。机关主管部门室对审查报告初审后，上报上级部门，上级部门审议审查报告，给出最终型号设计适航审查结论。

(2) 审查实施

一般情况下，适航审查工作由军方适航主管部门根据型号研制工作进展统一协调组织，由审查组具体负责实施。各专业审查组由组长负责分别制订各组的审查计划，开展各自专业的审查工作。

(3) 审查结论

给出适航审查结论是适航审查的目标，适航审查结论分为通过和不通过两类：

1) 符合下列条件之一的，给出通过结论：各适航审查项目满足适航性要求；存在不符合项，但承研承制单位有技术解决措施，后期能够解决，可在交付产品上实施改进，并经适航管理委员会批准；存在不符合项，承研承制单位短期内解决难度较大，但经使用安全分析表明，增加使用限制条件可以满足安全性要求，并经适航管理委员会批准。

2) 存在下列情况之一的，给出不通过结论：发生过不安全事故或事故征候，技术改进措施没有落实，对使用安全有较大影响；存在不符合项，严重影响使用安全，并且无有效改进技术措施可以纠正或增加使用限制条件仍不能满足安全要求；最高适航管理部门认为不能通过的其他情况。

9.3 航空发动机适航性

9.3.1 发动机适航法规

发动机的适航性与发动机的设计、制造、试验、使用、维护和管理有关。发动机适航法规（标准、条例、规范）就是指对发动机设计、制造、试验、使用、维护和管理方面的要求，也就是达到合格的标准。

9.3.1.1 世界民航发动机适航标准

世界上最重要的航空发动机民航适航标准有：

1) 美国 FAA（Federal Aviation Administration）的 FAR33 部适航性标准：CFR Title 14 Part 33，Airwerthiness Standards：Aircraft Engine[12]。美国是世界航空大国，该标准在世界上有广泛影响，中国的 CCAR-33 就是由 FAR33 部翻译转化而来的。

2) 英国 CAA（Civil Aviation Authority）的英国民航适航性要求 BCAR-C 篇（British Civil Airworthiness Requirements-C），从 1944 年沿用至今，是 JAR-E 和 CS-E 的原型。

3) 欧洲共同体的联合适航性要求 JAR-E（Joint Airworthiness Requirements-E），其内容直接采用 BCAR-C。

4) 欧洲航空安全局 EASA（European Aviation Safety Agency）的发动机合格证规范

CS – E（Certification Specifications for Engine）[13]，它是以 JAR – E 为基础编制的，内容最全。

适航法规是不断发展完善的，有些是生命代价的总结，所以常有修订，应注意使用最新版本。BCAR – C 和 FAR33 部都是从 20 世纪中开始制定并不断修订沿用至今的。截至 2020 年 6 月底，FAR33 修订了 34 次。第 34 号修正案于 2014 年 11 月 4 日颁布。

9.3.1.2　中国民航有关发动机的适航法规

除了通用的适航管理法规，中国民航有关航空发动机的适航技术标准有：

1）CCAR – 33R2《航空发动机适航规定》（2012 年 1 月）[14]；
2）CCAR – 34《涡轮发动机飞机燃油排泄和排气排出物规定》（2002 年 3 月）[15]；
3）CCAR – 35《螺旋桨适航标准》（相当于 FAR35 部第 11 号修正案）[16]；
4）CCAR – 36《航空器型号和适航合格审定噪声规定》[17]。

CCAR – 33 是航空发动机研制需要贯彻的主要适航技术法规。自 1988 年 2 月 9 日发布施行以来，已用于国产多型航空飞行器所装涡轴与涡桨发动机的型号合格审定和引进的国外民用航空发动机的型号认可审查。

CCAR – 33 适航性条例给出了在正常情况下一台新发动机必须满足的强制性要求，包括影响发动机安全性和耐久性的诸多因素，为保证民航飞行安全提供了合法的管理方面的基础。

9.3.1.3　非强制的推荐标准

为了正确贯彻适航法规的要求，国外还制定了大量的非强制推荐标准和通报。例如美国 FAA 发布了大量的咨询通报（AC），对如何开展适航审查进行了详尽的说明；对于机载系统的适航审查，主要由四个工业标准作为技术支撑：ARP4754《关于高度综合或复杂系统的合格审定考虑》[18]，ARP4761《民用机载系统和设备安全性评估过程的指南和方法》[19]，DO – 178B《机载系统和设备的软件审定考虑》[20]，DO – 254《机载电子硬件的设计保证指南》[21]。

9.3.1.4　外军军用发动机适航法规

目前有多个国家已开展对军用飞机、发动机的适航管理，以提高安全性水平。例如美国国防部于 2005 年 12 月发布了 MIL – HDBK – 516B《军用飞机适航性审查准则》（现已发布 C 版），确定以军方为审查主体，对军用飞机及任务系统、设备等开展适航审查。该文件没有制定新的规定和要求，全部引用美国相关标准作为军用飞机适航要求，其每个条目首先列出军用飞机适航要求的项目，然后列出该项目引用的美军标、联邦适航条例相应条款的编号，其具体要求由使用者自行查找相关条文。美国军用航空发动机适航要求贯彻的主要标准有 JSSG – 2007A《航空涡喷涡扇涡轴涡桨发动机联合使用规范指南》、MIL – HDBK – 1783B《航空发动机结构完整性大纲》、联邦适航条例 33 部 FAR33《航空发动机适航标准》及相应的咨询通报。

英国军方也很重视军用飞机、发动机的适航性。英国国防部于 2006 年 1 月 27 日颁布了航空发动机通用规范的最新版本 Def Stan 00 – 970 11 部《飞机用设计和适航性要求，11 部 – 发动机》。与 1987 年颁布的 Def Stan 00 – 971《飞机燃气涡轮发动机通用规范》

相比，其最显著的差别是将对军用航空涡轮发动机的要求分为一般要求和军用要求两大部分，在一般要求中全面采用了欧洲航空安全局的《发动机合格证规范》CS – E，Def Stan 00 – 970 11 部只列出了标题和对军用发动机的补充要求。根据 Def Stan 00 – 970 11 部的规定，战斗机发动机的安全性指标是出现危险故障的概率为（$10^{-5} \sim 10^{-7}$）/飞行小时；运输机发动机的安全性要求等同于民航要求，为（$10^{-7} \sim 10^{-9}$）/飞行小时，比战斗机严格 100 倍。

9.3.1.5 适航法规与通用规范的对比

根据目前的航空武器装备研制程序，军用发动机研制的依据为"研制总要求"和"型号规范"，研制总要求主要规定军方的作战使用要求，以及试验考核要求、工作安排、周期经费等内容；型号规范是以 GJB 241 发动机通用规范为蓝本，对研制总要求的进一步细化，是发动机定型的主要技术依据。长期以来，航空发动机研制往往注重满足各种战技指标，例如推力多大、升限多高、耗油率多少，等等，发动机的安全性要求尽管在研制总要求和型号规范中有规定，但是仅仅停留在较低的层面，不系统也不全面，在与战技指标相比较和权衡时，处于易被忽视的地位。

与国军标 GJB 241 的要求相比，民航适航法规对安全性有着更加严格的要求。例如：

1）吞鸟。国军标 GJB 241 的 3.8.6.1 条要求，发动机需能够吞咽最大为 2 kg 的鸟；FAR33 的 33.76 要求，发动机能够吸入的最大鸟为 3.65 kg，此外还有吞入中鸟的数量和质量要求；CS – E 的 800 条还多了吞咽多羽毛大鸟后，对发动机稳定工作和推力损失的要求。对于大型飞机，特别是运输机来讲，显然适航要求虽然严格，但更符合飞行中可能遇到的实际情况。

2）安全性分析。国军标 GJB 241 的 3.13 条要求用分析的办法确定发动机不产生灾难性故障，但如何分析没有说明；FAR33 的 33.75 条也是同样要求，分析的方法在相应的咨询通报中加以说明；CS – E 的 510 条要求灾难性故障为极少可能的，即概率为（$10^{-7} \sim 10^{-9}$）/飞行小时，在其第二部分达到要求的方法（AMC）中还给出了推荐的为达到该失效概率的安全分析技术。

3）发动机性能。CS – E 和 FAR33 都要求了 2.5 min OEI（一台发动机不工作）功率/推力和连续 OEI 功率/推力等功率状态，以适应出现发动机失效后飞机保持姿态和航线的需要，而国军标没有相应要求。

4）压力载荷。国军标要求机匣承受 2 倍的最大工作压力；CS – E 的 640 条要求承受 1.15 倍的最大可能压力，而这个最大可能压力是在使用中可能经历的所有工作条件（如速度、高度、环境温度、发动机转速、使用 OEI 功率状态等）的最不利的组合条件下，还伴随有一定概率的（大于极少可能的）发动机或控制系统相关零件失效或失效组合时可能发生的最大压差，此外还要考虑控制阀门的压力脉动，这个压力可能会超过国军标规定的最大工作压力。

9.3.1.6 研制中贯彻适航法规的思路

目前国内军用航空发动机在贯彻国军标 GJB 241 的基础上，同时贯彻 CCAR – 33 等适航法规的要求，开展适航审查，以提高航空发动机安全性。这是一条既能够保证发动机安全性，又能适合目前国情的技术途径。

军用发动机研制需贯彻的主要适航法规和规范如下：

1) 对发动机主机，主要法规是 CCAR-33《航空发动机适航规定》，并参考 CS-E、AC-33 等，制定具体的审查基础、审查计划和实施方法。

2) 对于控制系统等分系统，主要根据 CCAR-33 有关条文的规定，参照 ARP4754《关于高度综合或复杂系统的合格审定考虑》、ARP4761《民用机载系统和设备安全性评估过程的指南和方法》、DO-178B《机载系统和设备的软件审定考虑》、DO-254《机载电子硬件的设计保证指南》等工业标准贯彻实施。Duane Kritzinger[22]、李麦亮[23]等介绍了评估流程与方法。

9.3.2 某型航空发动机适航审查基础

开展发动机适航审查的基础性技术文件是适航审查基础，适航审查基础的编制要保证其完整性、适用性、合理性及可操作性。国内率先开展的某型航空发动机适航审查的适航审查基础，主要是依据飞机的安全需求及研制要求，结合型号特点，参照 CCAR-33R2《航空发动机适航规定》完整性框架，选取和修订发动机适用的 CCAR-33R2 条款，参考国军标、航标及其他适用标准，补充 CCAR-33R2 不能覆盖的其他方面的安全要求（如吞砂、电磁防护等安全）后编制而成的。

9.3.2.1 编制原则

1) 适航要求的确定，需要与发动机性能、研制费用、研制周期以及技术基础等因素综合权衡，实现型号的综合效能。

2) CCAR-33R2 中"一次安全"适航要求（不满足则直接危及飞行安全）要全面采纳。

3) 对于不完全适用的 CCAR-33R2 要求，需结合某型发动机研制要求进行相应的修订。

4) 若 CCAR-33R2 条款要求与研制总要求不一致，则以研制总要求为准对 CCAR-33R2 条款要求进行相应的修改。

9.3.2.2 审查基础的构成

确定该型发动机适航审查基础由两部分构成，第一部分为适用的 CCAR-33R2 条款要求，包括 A 分部到 E 分部的内容；第二部分为专用条件，主要是 CCAR-33R2 不能覆盖的其他安全要求（电磁环境要求等）。两部分适航要求互为补充。

(1) CCAR-33R2 适用条款

经初步分析，适用的 CCAR-33R2 条款见表 9-2。

表 9-2 CCAR-33R2 适用条款

序号	条款号	内容
1	33.3	概述
2	33.4	持续适航文件

续表

序号	条款号	内容
3	33.5	发动机安装和使用说明手册
4	33.7	发动机额定值和使用限制
5	33.8	发动机功率额定值的选定
6	33.15	材料
7	33.17	防火
8	33.19	耐久性
9	33.21	发动机冷却
10	33.23	发动机的安装构件和结构
11	33.25	附件连接装置
12	33.27	涡轮、压气机、风扇和涡轮增压器转子
13	33.28	发动机电气和电子控制系统
14	33.29	仪表连接
15	33.62	应力分析
16	33.63	振动
17	33.65	喘振和失速特性
18	33.66	引气系统
19	33.67	燃油系统
20	33.68	进气系统的结冰
21	33.69	点火系统
22	33.70	发动机限寿件
23	33.71	润滑系统
24	33.72	液压作动系统
25	33.73	功率或推力响应
26	33.74	持续转动
27	33.75	安全性分析
28	33.76	吸鸟
29	33.77	外物吸入—冰
30	33.78	吸雨和吸雹

续表

序号	条款号	内容
31	33.82	概述
32	33.83	振动试验
33	33.85	校准试验
34	33.87	持久试验
35	33.88	发动机超温试验
36	33.89	工作试验
37	33.90	初次维修检查
38	33.91	发动机部件试验
39	33.93	分解检查
40	33.94	叶片包容性和转子不平衡试验
41	33.97	反推力装置
42	33.99	台架试验的一般实施

(2) 专用条件

该型发动机将采用 FADEC 系统，在使用中会存在电磁兼容、闪电防护和高强度电磁辐射方面（简称 E^3 问题）的影响，但 CCAR – 33R2 没有相应的审定要求。根据国外同类型号发动机经验，需编制专用条件"E^3 问题审查要求"。

该型发动机使用环境包括简易机场，在飞机起降时发动机会受到吸入砂石的影响，这是与民航发动机的显著区别，因此开展某型发动机适航审查应编制专用条件"吞砂审查要求"，可采用 GJB 241A 的 3.8.6.4 条。

(3) 对不适用条款的说明

经初步分析，CCAR – 33R2 共有 17 个条款不适用于某型发动机，不适用的原因分析见表 9 – 3。

表 9 – 3 CCAR – 33R2 不适用条款清单

序号	条款号	内容	不适用原因分析
1	33.33	振动	该条款仅适用于活塞式航空发动机
2	33.35	燃油和进气系统	
3	33.37	点火系统	
4	33.39	润滑系统	
5	33.42	概述	

续表

序号	条款号	内容	不适用原因分析
6	33.43	振动试验	该条款仅适用于活塞式航空发动机
7	33.45	校准试验	
8	33.47	爆燃试验	
9	33.49	持久试验	
10	33.51	工作试验	
11	33.53	发动机部件试验	
12	33.55	分解检查	
13	33.57	台架试验的一般实施	
14	33.79	燃烧燃料加力装置	发动机未采用加力装置
15	33.92	转子锁定试验	发动机未采用转子锁定装置
16	33.95	发动机—螺旋桨系统试验	飞机未采用螺旋桨驱动
17	33.96	以辅助动力装置方式工作的发动机试验	发动机不作为 APU 使用

9.3.3 适航安全性水平

通用规范要求的 FMECA 工作未给出具体的工作指导，只是原则提出应按 GJB 450A 的要求开展。在对故障模式的危害度分析中，建议直接参照英国 DEF STAN 00-970 11 部《飞机用设计和适航性要求–发动机》规定的方法进行，该方法与发动机适航要求是一致的。在 DEF STAN 00-970 中，将发动机 FMECA 中认定的所有失效模式，按影响的严重性分为 3 类：

1）危险性影响：导致安全裕度大幅度减小，机械故障或工作负荷使空勤组无法准确或无法安全地执行他们的任务，或者使机组人员或乘客严重受伤或死亡。

2）重大影响：导致安全裕度的显著减小，由于工作负荷的增加或者由于损害空勤组的效能使空勤组处理不利工作条件的能力下降，或者人员受伤。

3）轻微影响：其严重性小于重大影响，对适航性没有显著影响，空勤组完全有能力采取任何措施。

对所确定的危险性和重大影响的每一种失效模式的故障频率，同样分为 3 个层次：

1）一般可能的：在该型飞机的每架飞机的总使用寿命期内，可能发生一次或几次。

2）很少可能的：对每架飞机，在它的总使用寿命期内不太可能发生，但在装这种发动机的该型飞机的许多架飞机的总使用寿命期内，可能发生几次。

3）极少可能的：尽管把装这种发动机的该型飞机的许多架飞机的总使用寿命作为一个整体考虑也不太可能发生，但仍应认为是有可能发生的。

DEF STAN 00-970 同时明确了不同用途的飞机对应三种故障频次的数值概率水平，见表 9-4。

表 9-4 不同用途的飞机对应三种故障频次的数值概率水平

项目	载客运输机	所有其他飞机
一般可能的	$10^{-3} \sim 10^{-5}$ 次/小时	$10^{-3} \sim 10^{-4}$ 次/小时
很少可能的	$10^{-5} \sim 10^{-7}$ 次/小时	$10^{-4} \sim 10^{-5}$ 次/小时
极少可能的	$10^{-7} \sim 10^{-9}$ 次/小时	$10^{-5} \sim 10^{-7}$ 次/小时

值得注意的是，在 DEF STAN 00-970 中明确指出，在没有更精确的资料的情况下，除非另有专门的规定，否则对批准发动机合格证而言，可以按以下原则决定失效的后果：对于装多台发动机的飞机，一台发动机的故障，对飞机的唯一后果是这台发动机部分或全部丧失推力或功率，这种故障应该认为是轻微影响；对仅装一台发动机的飞机，如果发动机故障对飞机的唯一后果是丧失维持水平飞行的推力或功率，则该故障应该认为是重大影响；如果没有推力或功率，飞机不能降落，则这种故障应判断为危险性影响。

DEF STAN 00-970 列出了危险性影响的三种失效模式：
1) 高能碎片的明显不包容。
2) 向机组人员供气中的有毒物质浓度达到不可接受的程度。
3) 出现与驾驶员想要的推力方向相反的相当大的推力或完全不能使发动机关闭。

同时明确指出，危险性影响发生的概率不应超过"极少可能的"定义的概率，重大影响发生的概率不超过"很少可能的"定义的概率，轻微影响发生的概率应不超过"一般可能的"定义的概率。对验证方法，DEF STAN 00-970 强调，对那些不可能作切合实际定量估计的整机/构件失效率，在设计上应全面满足所规定的设计准则要求，可通过分析明确指标来实现；对轻微影响故障，在 FMECA 分析中不要求估计发生的概率，直接由台架试车和飞行经验加以评定，且不要求任何附加的试验。

目前的美国 FAR33、中国 CCAR-33 和欧洲 EASA 的《发动机合格证规范》（CS-E）中，均明确以下情况属危险性影响：
1) 高能碎片不包容。
2) 客舱用发动机引气中有毒物质的浓度足以使机组人员或乘客失去能力。
3) 与驾驶员想要的推力方向相反的相当大的推力。
4) 失去控制的着火。
5) 发动机安装系统失效导致非故意的发动机脱开。
6) 发动机引起的螺旋桨脱开。
7) 不能使发动机完全停车。

9.3.4 航空发动机适航性设计

航空发动机适航法规中，对发动机提出了基本的安全性设计要求。以 FAR33 为例，

A 章为总则，B 章提出了通用的设计与构造要求，C 章对活塞式航空发动机提出了专用的设计与构造要求，D 章对活塞式航空发动机提出了专用的台架试验要求，E 章对航空涡轮发动机提出了专用的设计与构造要求，F 章对航空涡轮发动机提出了专用的台架试验要求。

除了这些法规要求之外，FAA 还发布了大量的咨询通告（AC），在其中也提出了一些安全性设计准则和验证方法的建议。

在航空发动机研制工作中，设计师需要消化吸收这些准则要求，将其转化为具体的设计要求，落实到航空发动机设计中。

白杰[24]、何歆[25]、高艳蕾[26]、吴晶峰[27]等对航空发动机适航要求进行了解读，丁水汀[28]介绍了开展航空发动机安全性设计的方法。

9.3.5 某型发动机适航审查符合性方法

航空器和发动机对于适航规章的符合性，需要采用专门的验证方法来证明。根据我国民航局发布的《型号合格审定程序（AP-21-03R3）》，民航适航当局推荐了 10 种验证符合性的方法，具体见表 9-5。

表 9-5 符合性方法

代码	意义	代码	意义
MC0	符合性说明	MC5	地面试验
MC1	说明性文件	MC6	试飞
MC2	分析/计算	MC7	航空器检查
MC3	安全评估	MC8	模拟器试验
MC4	试验室试验	MC9	设备合格性

这 10 种方法主要是针对航空器的适航审定提出的。根据 10 种方法的定义和民航适航审定的实践，结合对军用航空发动机开展适航审查的特点，提出以下 11 种审查符合性验证方法，对军用航空发动机进行审查，具体见表 9-6。这些方法在工程实践中得到了应用，其结果表明是合理可行的。

表 9-6 某型发动机适航审查符合性方法

代码	英文名称	名称	使用说明	备注
I	Inspection	检查	如分解检查、判定零部件的结构完整性	类似 MC7
SpT	Specimen Test	取样验证	如静力和疲劳试验、环境试验，试验可能在零部件、分组件和完整组件上进行	类似 MC4
SiT	Simulation Test	模拟试验	如电子控制系统等分系统试验	类似 MC8

续表

代码	英文名称	名称	使用说明	备注
CT	Component Test	部件试验	如压气机、涡轮特性等试验	类似 MC4
ET	Engine Test	整机试验	如发动机性能、寿命以及在发动机整机上可验证的诸如点火性能等试验	类似 MC5
D	Document	说明性文件	如技术说明、安装图纸、计算方法、证明方案、手册等	类似 MC1
S	Similarity	类比	与已取证发动机零部件比较,以证明其符合性	类似 MC2
EC	Equipment Certification	设备合格性	对随发动机取证附件的鉴定	类似 MC9
A	Analysis	分析	如载荷、静强度和疲劳强度、性能、统计数据分析	类似 MC2
FT	Flight Test	飞行试验（含高空试验）	规章明确要求或其他方法无法安全演示符合性时采用	类似 MC6
E	Experience	使用经验	以已发生事件为基础的符合性工程分析方法	类似 MC2
SE	Safety Evaluation	安全评估	如初步风险分析、故障树分析、FMECA、软件质量计划等,用于规定安全目标和演示已经达到这些目标的文件	类似 MC3

注：本章内容的主要素材取自以下参考文献以及若干其他资料。

参考文献

[1] 徐柏龄. 前车之鉴—新中国民航飞行安全回顾与思考 [M]. 北京：中国民航出版社, 2002.
[2] 中国民用航空总局航空器适航司. 中国民用航空器适航管理 [M]. 北京：中国民航出版社, 1994.
[3] 雷迅. 大型涡扇运输机严重飞行事故案例分析 [M]. 北京：国防工业出版社, 2014.
[4] 刘选民, 李凡. 大中型运输机飞行事故 [M]. 北京：航空工业出版社, 2012.
[5] 刘选民, 李凡. 国外现代战斗机飞行事故 [M]. 北京：航空工业出版社, 2012.
[6] 赵越让. 适航理念与原则 [M]. 上海：上海交通大学出版社, 2013.
[7] [意大利] Filippo De Florio. 适航性：航空器合格审定引论 [M]. 张曙光, 等译.

北京：北京航空航天大学出版社，2011.
[8] US AF. AFPD 62-6 USAF Airworthiness. 2000.
[9] US DoD. MIL-HDBK-516C, Airworthness Certification Criteria (C Version). 2014.
[10] 中国民航局. CCAR-25-R4 运输类飞机适航规定，2011.
[11] 中国民航局. CCAR-23-R3 正常类、实用类、特技类及通勤类飞机适航规定.
[12] US FAA. CFR Title 14 Part 33, Airworthiness Standards：Aircraft Engines.
[13] EASA. Certification Specifications for Engine.
[14] 中国民航局. CCAR-33 航空发动机适航规定.
[15] 中国民航局. CCAR-34 涡轮发动机飞机燃油排泄和排气排出物规定.
[16] 中国民航局. CCAR-35 螺旋桨适航标准.
[17] 中国民航局. CCAR-36 航空器型号和适航合格审定噪声规定.
[18] SAE. ARP4754 Guidelines for Development of Civil Aircraft and Systems.
[19] SAE. ARP4761 Guidelines and Methods for Conducting the Safety Assessment Process on Civil Airborne Systems and Equipment.
[20] RTCA. DO-178A/B/C Software Considerations in Airborne Systems and Equipment Certification.
[21] RTCA. DO-254 Design Assurance Guidance for Airborne Electronic Hardware.
[22] ［英］Duane Kritzinger. 飞机系统安全性：军用及民用航空应用［M］. 唐长红，等译. 北京：航空工业出版社，2013.
[23] 李麦亮，等. 装备安全分析与设计［M］. 北京：国防科技大学出版社，2014.
[24] 白杰. 运输类飞机适航要求解读：第4卷 动力装置［M］. 北京：航空工业出版社，2013.
[25] 何歆，张弓. 民用航空发动机适航要求解读—结构审定［M］. 北京：航空工业出版社，2019.
[26] 高艳蕾，等. 民用航空发动机适航要求解读—系统审定［M］. 北京：航空工业出版社，2019.
[27] 吴晶峰，等. 民用航空发动机适航要求解读—集成审定［M］. 北京：航空工业出版社，2019.
[28] 丁水汀，等. 航空发动机安全性设计导论［M］. 北京：科学出版社，2019.

第 10 章
航空发动机试验鉴定

10.1 试验鉴定的概念和内涵

航空发动机技术十分复杂,其内部的气流三维流动过程、燃烧过程、传热过程,以及在复杂的气动热力和机械载荷作用下零部件的损伤失效过程,即便在计算流体力学和计算结构力学取得长足进展的今天,无论是在国内还是国外,都未能达到完全由数值计算准确预估的水平,必须进行大量的试验。

一种新型号发动机的性能设计、结构设计、部件研制和调试、各系统设计都离不开试验;发动机的设计优化改进及可靠性、耐久性的提高离不开试验;发动机各项战术技术指标和使用能力的验证同样离不开试验。发动机的研制过程就是一个"设计—制造—试验—改进设计—再制造—再试验……"不断迭代优化的过程。发动机业内通常用"航空发动机是试验出来的"这句话来表达试验对发动机研发的重要性。从一定程度上来说,国外经验表明,在新型航空发动机研制过程中普遍开展了大量的各类试验,试验所耗费的时间约占总研制时间的 70% 以上。可见,试验是航空发动机研制不可缺少的关键环节,是对航空发动机进行鉴定的主要手段,是决定航空发动机研制成功与否的关键要素。

航空发动机试验鉴定,就是运用试验的方法对发动机的技术性能、使用效能、保障效能、使用适用性、任务满足度以及质量稳定性进行全面考核并独立做出评价结论的综合性活动,对确定航空发动机技术状态、发现问题缺陷、改进提升性能、确保实战适用性和有效性,均具有重要意义。

航空发动机是复杂的系统装备,由大量的零部件、成附件、子系统、软件构成。

零部件通常指发动机主机部分的结构件,如压气机盘、涡轮盘、转子轴、压气机机匣、燃烧室机匣、涡轮机匣、压气机叶片、涡轮叶片、尾喷管等。

成附件通常指发动机的轴承及外部附件,如轴承、燃油泵、滑油泵、控制器、滑油箱、作动筒、起动机、油滤、电缆及各类传感器等。

零部件、成附件可统称为"部附件",有时也统称为"部件"(如在民用航空发动机适航规章里)。

子系统通常是由多个附件按一定方式组合实现发动机特定功能的集合体,如控制系统、起动系统、润滑系统、附件传动系统、健康管理系统等。

发动机软件通常包括控制系统软件、健康管理系统软件等，软件亦可作为相应子系统的一部分。

因此，航空发动机试验鉴定的对象既包含发动机整机，也包含发动机的零部件、成附件、子系统（含软件）。

根据试验考核的内容、目的、时机等，航空发动机鉴定试验可分为性能试验、使用试验和在役考核三大类。

性能试验在航空发动机状态鉴定前实施，重点考核发动机的技术性能达标度，具体包括各类科研过程试验（可简称科研试验）和以鉴定定型为目的的试验（可简称鉴定试验）等。

使用试验在航空发动机状态鉴定后、列装定型前实施，通常随航空装备一起开展，是在近似实际使用条件下，对航空发动机的保障效能、用户适用性、质量稳定性以及为航空装备实现使用效能和任务满足度提供的支持能力等进行考核与评估的试验活动。保障效能是在预期或规定的使用环境条件下，由具有代表性的人员对发动机实施使用保障、后勤保障和技术保障时，得到有效保障的程度。用户适用性是发动机在实际使用环境条件下满足用户使用要求的程度。质量稳定性是指发动机质量特性保持一致的程度。使用功能效能是航空装备在规定条件下完成飞行任务时所能发挥的有效作用程度。使用任务满足度是航空装备满足计划或预期的飞行任务使用要求的程度。

在役考核在航空发动机列装服役期间实施，是为检验发动机满足用户使用与保障要求的程度所进行的持续性试验活动。在役考核主要结合正常使用及培训教学等任务组织实施，重点跟踪掌握用户使用、保障、维修情况，验证发动机保障效能以及为航空装备实际运行提供的支持能力，发现问题缺陷，考核发动机的适编性和服役期经济性，以及部分在性能试验和使用试验阶段难以考核的指标等，持续检验发动机的装机飞行适用性。

10.2 试验鉴定的内容和范围

从试验鉴定的内容、范围看，航空发动机试验鉴定分为性能试验、使用试验、在役考核三大类别。从试验鉴定的环节来看，航空发动机试验鉴定也可分为性能试验、使用试验、在役考核三大阶段。其中，性能试验是基础，是保证发动机研制质量以及实现状态鉴定的基础，也是发动机后续参加使用试验和在役考核的基础。以试验对象来说，发动机性能试验既包括发动机整机试验，还包括零部件试验、成附件试验、子系统试验；而使用试验、在役考核则通常把发动机作为整体来考核评价，一般不再对发动机的零部件、成附件、子系统进行单独考核评价。

从试验目的来看，发动机性能试验包括科研试验和鉴定试验（本书主要涉及鉴定试验）。航空发动机性能试验以摸清发动机性能底数、全面考核技术性能为目标。按试验方式分，发动机性能试验包括地面试验、高空试验、飞行试验、仿真试验等。

1) 地面试验是在地面台架条件或地面实验室条件下对发动机及其部附件、子系统进行性能和能力验证的试验,如发动机地面台架持久试验、发动机吞咽试验、部件静力试验、转子低循环疲劳试验、附件实验室环境试验、附件可靠性试验等。张宝诚[1]介绍了航空发动机的主要试验与测试方法。

2) 高空试验是在真实高空条件或模拟高空条件下对发动机及其部附件、子系统进行性能和能力验证的试验,如发动机高空模拟试验、飞行台试验等。杜鹤岭[2]、侯敏杰[3]介绍了高空试验的方法。

3) 飞行试验是在实际装机条件下对发动机及其部附件、子系统进行性能和能力验证的试验,如发动机他机试飞、发动机鉴定试飞等。GJB 243[4]规定了飞行试验要求。

4) 仿真试验是在仿真条件下对发动机及其部附件、子系统进行性能和能力验证的试验。航空发动机的仿真试验目前通常限于对发动机控制系统、健康管理系统等子系统的功能、性能及适用性、匹配性等进行验证,如控制系统半物理仿真试验、控制器硬件在回路的仿真试验、健康管理系统仿真试验等。Ian Moir[5]等介绍了飞机系统需要开展的试验验证的内容,特别是环境条件,适用于FADEC系统。

航空发动机的使用试验通常随飞机、直升机等航空装备一并开展。航空发动机是航空装备的重要组成部分,是航空装备实现技术性能及使用效能的基础,其本身并不构成独立的使用装备,脱离航空装备也无法实现使用效能。航空发动机随航空装备开展使用时,重点关注航空发动机的保障效能、用户适用性、质量稳定性以及为航空装备实现使用效能和任务满足度提供的支持能力,通常需对发动机使用适用性、可靠性、维修性、保障性和测试性等指标进行考核评估,并对发动机用户适用性、质量稳定性、使用环境适应性以及为航空装备实现使用效能提供的支持能力等进行评价。

在役考核是在航空发动机列装服役期间结合正常飞行训练任务实施。航空发动机的在役考核可单独开展,也可随航空装备一起开展。在役考核时,重点跟踪掌握用户使用、保障、维修发动机的情况,对发动机可靠性、维修性、保障性、测试性等指标进行检验评估,对发动机服役期的经济性进行测算评估,对发动机使用环境适应性、质量稳定性、用户适编性、保障效能以及为航空装备实现使用效能提供的支持能力进行评价,并结合发现的问题提出改进意见,促进发动机运行能力的提升。

10.3 试验鉴定特点、流程和要求

10.3.1 试验鉴定特点

航空发动机试验鉴定具有全系统、全要素、全寿命周期以及体系化的特点。全系统是指,试验鉴定的主体既包括航空发动机本体,还包括发动机零部件、成附件、子系统(含软件)等。全要素是指,既包括对发动机技术性能的考核,还包括对发动机使用效能、保障效能、用户适用性、使用任务满足度、质量稳定性,以及用户适编性、服役期经济性等的考核,以实现对发动机技术状态和运行能力的鉴定。全寿命周期是指,试验

鉴定涵盖发动机研制、使用和改进升级的全寿命周期，构建"性能试验—状态鉴定""使用试验—列装定型""在役考核—改进升级"三个环路，实现发动机的持续发展和能力的不断提升。体系化是指，尽管试验主体多样（发动机、零部件、成附件、子系统、软件等）、试验方式多样（实验室试验、地面台架试验、高空试验、飞行试验、仿真试验、使用试验、在役考核等）、试验项目繁杂，但应将试验鉴定构成一个系统完整的体系，以实现对发动机状态、能力的完整鉴定。

10.3.2 试验鉴定的流程

过去，航空发动机的研制从立项到定型服役分为方案设计、工程研制、设计定型、生产定型四个阶段。发动机进入定型阶段后，首先组织基地试验、用户试验，完成设计定型；然后组织用户试用，完成生产定型。这种定型考核模式存在不少问题，不能适应装备发展建设的新形势，问题主要有：一是考核覆盖环节偏少，不利于及早发现问题、及早改进；二是考核内容偏窄，主要考核技术性能，对使用、保障效能等问题关注过少，有的甚至未予以关注；三是设计定型前试验考核不够充分，多数发动机又没有组织生产定型，致使有的发动机未经严格考核就批量生产、列装服役。

为适应装备发展建设的新要求，进一步改进、加强装备试验鉴定工作，已明确将以前的基地试验、用户试验和用户试用统一调整规范为性能试验、使用试验、在役考核；将以前的设计定型和生产定型调整为"状态鉴定"和"列装定型"，在装备全寿命周期构建"性能试验—状态鉴定""使用试验—列装定型""在役考核—改进升级"三个试验鉴定环路；通过制定鉴定定型试验总案和性能试验大纲、使用试验大纲、在役考核大纲，全面规范装备试验鉴定任务实施。

现行航空发动机试验鉴定的基本流程如下：

10.3.2.1 性能试验

航空发动机研制立项后，完成方案阶段的设计、验证等研制工作，转入工程研制阶段后，需要通过性能试验考核。性能试验分为两类：一类是科研过程试验，可简称科研试验；另一类是以鉴定定型为目的的试验，可简称鉴定试验。

性能试验通常应按三个阶段实施，第一个阶段是初始飞行前试验考核，第二个阶段是科研试飞及鉴定技术状态验证，第三个阶段是鉴定试验考核。

1) 初始飞行前试验考核提供初始飞行试验用发动机的有限性能和耐久性验证，飞行前试验考核项目通常包括以下几项：

①整机类试验，主要包括：验证发动机高空性能的高空试验，可通过高空模拟试验或飞行台试验实施；验证发动机耐久性的持久试车；验证发动机装机适应性的姿态试验、放热试验、振动测量试验、进气畸变试验、飞机系统引气试验、滑油流量中断试验和电源失效试验等；验证发动机结构完整性的超温试验和超转试验等。

②零部件类试验，主要是验证结构完整性的试验，如承力机匣的压力试验、承力静子件的静力试验、转子结构的超转试验、轮盘的破裂转速试验，以及转子结构的初始耐久性试验等。

③附件类试验，主要包括：验证附件装机适应性和环境适应性的附件环境试验（高低温、高度、振动、加速度等）、电磁环境效应试验、验证附件安全性的防爆试验、防火/耐火试验、验证附件结构完整性的压力试验、初始耐久性试验等。

④子系统类试验，主要验证子系统在空中使用包线范围的功能性能及电磁环境效应，如控制系统半物理仿真试验、控制系统电磁环境效应试验等。

发动机完成初始飞行前的试验考核，通过用户主管部门组织审查和专家评审后，发动机可装机开展科研试飞。

2）科研试飞及鉴定技术状态验证的主要任务：

①在实际装机飞行条件下初步验证发动机的空中性能及能力。

②通过科研试验，初步摸清发动机的性能底数及边界条件。

③通过科研试验暴露出设计、制造方面的缺陷，不断改进和完善发动机技术状态，确定鉴定技术状态。

④通过开展鉴定试验摸底，对发动机鉴定技术状态进行初步验证，并降低后续鉴定试验风险。

发动机完成科研试飞以及鉴定技术状态初步验证后，经用户主管部门组织审查和专家评审，具备进入鉴定试验条件后，发动机可开展鉴定试验考核。发动机进入鉴定试验考核通常应具备以下条件：

①已确定发动机鉴定技术状态。鉴定技术状态包括：发动机主要战术技术性能指标、综合保障要求、产品组成、配套成品、零部件材料、工艺、采用标准等。定义技术状态的发动机零部件目录、成附件目录、设计图纸、软件版本、技术要求、材料工艺等必须明确和固化。在转入鉴定试验考核前，研制单位和用户驻厂代表（军事代表室）联合向鉴定定型主管部门上报发动机鉴定技术状态。

②发动机鉴定技术状态经过试验验证。通过科研试验和科研试飞，对发动机鉴定技术状态进行较全面的验证，基本摸清发动机的性能底数及边界条件，初步表明鉴定技术状态的发动机能够全面满足技术性能指标。

③鉴定试验前暴露的故障问题已完成归零，改进措施在鉴定状态的发动机上得到贯彻。

④针对试验风险较大的鉴定试验项目，已完成试验摸底，确保鉴定试验风险可控。

3）鉴定试验考核的目的是全面考核发动机的技术指标。根据发动机技术指标体系以及各项技术指标验证需求，建立发动机鉴定试验考核体系。发动机鉴定试验，从类别看主要包括地面试验、高空试验、飞行试验和仿真试验等；从试验主体上看主要包括整机试验、零部件试验、成附件试验、子系统试验、软件测评等。鉴定试验开始前，承试单位编制鉴定试验大纲，经评审后上报装备鉴定定型主管部门批准。

航空发动机完成全部鉴定试验，各项战术技术指标得到全面验证后，研制单位和用户驻厂代表联合向产品定型委员会上报发动机状态鉴定申请，产品定型委员会组织对发动机的技术状态、鉴定试验完成情况、状态鉴定技术资料等进行审查，通过审查后批准发动机通过状态鉴定。

10.3.2.2　使用试验

航空发动机通过状态鉴定后,由生产单位组织小批试生产,小批试生产发动机作为试用装备,主要用于随飞机、直升机等航空装备开展使用试验。试验鉴定系统组织通过使用试验准备审查后,指定试用单位并组织实施使用试验,其间,同步组织对发动机生产工艺和配套供货等进行审查;通过使用试验考核后,由各级定委按程序报批列装定型,提出批产意见,并随附装备基本情况、性能底数、操作使用和使用运用参考等。通过列装定型后,航空发动机方可正式列装交付用户,在此之前,所有参试发动机均属科研样机或试用装备。

10.3.2.3　在役考核

航空发动机通过列装定型、完成批量生产,并由装备调配部门成建制分配给相应用户后,由试验鉴定系统组织实施在役考核,独立给出考核评价结论以及后续改进或改型的意见建议;同时,可视情况给出效费比评价意见,为后续采购提供决策咨询。对效费比不高或存在其他重大问题缺陷的,试验鉴定系统可以提出发动机召回或中止列装的建议。

10.3.3　试验鉴定的总体要求与主要规范

10.3.3.1　试验鉴定的总体要求

(1) 做好试验鉴定的总体设计

航空发动机试验鉴定具有全系统、全要素、全寿命周期以及体系化的特点,为做好发动机的试验鉴定,必须进行试验鉴定的总体设计。试验鉴定的核心是对发动机使用能力的鉴定。首先,要以能力鉴定需求为牵引,科学规划发动机的试验鉴定体系。其次,要科学合理地规划发动机性能试验、使用试验、在役考核三个阶段的试验。性能试验重点考核发动机的技术性能达标度,充分检验发动机性能指标及其边界条件。使用试验重点考核发动机的使用效能、保障效能、用户适用性、使用任务满足度,以及质量稳定性等,全面摸清实际使用效能、体系融合度和贡献率等综合效能底数。在役考核重点跟踪掌握用户使用、保障和维修情况,验证发动机使用与保障效能,发现问题缺陷,考核用户适编性和服役期经济性,以及部分在性能试验和使用试验阶段难以考核的指标等,要通过全面系统的在役考核,解决"好用"问题,不断提高发动机的适配性。最后,要严格执行试验鉴定流程。完成发动机性能摸底试验后,开始性能鉴定试验;完成性能鉴定试验(含鉴定试飞)后,进行发动机状态鉴定;完成状态鉴定后开展使用试验,之后进行列装定型;完成列装定型后,结合用户的飞行任务开展在役考核。

(2) 打牢发动机性能试验的基础

在性能试验、使用试验、在役考核三个阶段的试验中,性能试验是基础,是对发动机技术指标体系的较全面的试验考核。因此,要做好发动机的试验鉴定,必须打牢性能试验的基础。性能试验分两个阶段进行:第一个阶段是性能摸底试验,重点是通过科研性试验,摸清发动机的性能底数及边界条件,为性能鉴定试验奠定基础;第二个阶段是性能鉴定试验,要基于发动机技术指标体系及其验证需求,建立系统、完整的鉴定试验体系，实现对各项技术指标的试验考核。对于需要通过使用试验和在役考核进行补充考核的指标，应明确持续考核的要求。

(3) 把好性能鉴定、状态鉴定和列装定型的关口

为保证航空发动机研制质量和试验鉴定质量，需要严把性能鉴定、状态鉴定和列装定型等关口。

对于性能鉴定，需要严格进入条件，严把试验质量。在进行发动机性能鉴定试验之前，应全面开展科研试验和性能摸底试验。性能鉴定试验进入条件：一是通过科研性试验，初步摸清发动机的性能底数及边界条件；二是完成各项鉴定试验的初步摸底，鉴定试验风险可控；三是技术状态已经确定或基本固化，符合开展鉴定试验的要求。对于各项性能鉴定试验，需要把好试验大纲审查、试验过程监督、试验结果评定关。

状态鉴定的条件：一是完成规定的性能鉴定试验，发动机达到各项战术技术指标要求；二是发动机技术状态冻结，并符合状态鉴定要求；三是发动机性能底数清晰；四是具备小批试生产条件；五是发动机操作使用说明和验收规范明确等。

列装定型条件：一是完成规定的使用试验，发动机使用效能、保障效能、用户适用性等满足要求；二是发动机质量稳定；三是生产工艺和配套供货等通过审查，具备批量生产条件；四是全面摸清发动机性能底数和综合效能底数；五是有明确的操作使用和使用运用参考等。

(4) 鉴定试验考核状态应与鉴定技术状态一致

航空发动机鉴定试验考核涉及性能特性、结构完整性、环境适应性等多个方面，考核试验包括持久试车、高空试验、飞行试验、使用试验等，以及零部件试验、成附件试验、子系统试验等，因此需要一定台数的试验样机和样件才能完成全部试验，而且鉴定试验考核状态必须保证与鉴定的技术状态一致。具体要求如下：

1) 零部件试验样件的状态必须与鉴定状态一致。在型号研制中，零部件试验往往在状态鉴定阶段之前进行，针对这种情况，必须认真清理被试零部件样件的设计、材料和工艺是否与鉴定状态一致，否则应重新进行试验。

2) 成附件进行产品考核试验，其试验样机状态必须与鉴定状态一致，且与持久试车、高空试验、试飞的发动机配套状态一致。"双流水"研制的成附件如不能参加发动机全部鉴定试验，则必须经过发动机持久试车和空中试飞考核。

3) 持久试车、高空试验、鉴定试飞的发动机状态必须与鉴定技术状态一致。具体表现在：地面台架性能应经检验试车合格，符合规定的技术指标和出厂技术要求；发动机结构和成附件与规定的鉴定技术状态一致；鉴定试飞发动机状态与持久试车发动机状态一致；"双流水"制造工艺、"双流水"承制单位生产的构件，需对其必须完成的考核试验项目进行评估，经评审确认后安排相应的考核试验。

4) 用于单一功能考核试验的发动机，可不强求发动机状态与鉴定状态完全一致，但与考核有关的结构必须与鉴定状态一致，如发动机超温试验中，应保证涡轮部件和冷却系统与鉴定状态发动机一致。

(5) 发动机技术状态调整受控

航空发动机研制进入状态鉴定阶段,在试验试飞中暴露出新问题甚至故障的情况时有发生,就必然导致修改设计(结构、工艺、软件等),使技术状态发生变化。通常有些故障发生时,部分考核试验已经完成,那么已完成的试验如何处理,涉及状态调整对试验结果的影响评估,需要通过分析、评估做出重新试验、补充试验还是无须试验等方面的选择。因此,发动机设计状态调整后必须对考核试验的有效性进行严格控制。

1) 发动机状态有重大改变,造成该组件/部件的功能性能发生变化,乃至于发动机总体性能发生变化。这种情况,所有考核试验应按新的状态重新进行。所说的重大改变包括:风扇、压气机修改气动设计,叶盘连接、盘鼓等修改结构设计,更换材料;涡轮修改气动设计、冷却设计,叶片、盘等修改结构设计,更换材料;燃烧室、加力燃烧室修改结构设计影响燃烧室特性的,燃烧室机匣修改结构设计,更换材料;控制系统、滑油系统、空气系统修改设计造成系统特性参数发生很大变化的;其他部件结构的重大更改。

2) 发动机状态局部修改设计,未造成该组件/部件的功能性能发生变化。针对这类技术状态变化,应对其影响进行评估,确定需要重新进行考核的指标和试验内容。比如,某型发动机试飞中发生空中起动不成功的问题,对控制系统相应软件进行了更改,调整了起动供油规律,经研究评估,之前已完成的空中起动试飞需要重新进行试飞验证,对其他试飞考核无影响,试飞结果有效。

3) 因发动机质量问题造成发动机故障,导致试验终止,尽管发动机状态未发生变化,但更换发动机试验样机后,该项考核试验应重新进行;在鉴定试飞中,更换试验样机后,应对之前完成的考核试飞科目进行检查试飞和对比验证。

4) 因试验试飞设备原因,造成考核试验和试飞中止,则所进行的试验内容(阶段试车、试飞科目等)重新试验,之前的试验结果有效。

10.3.3.2 指导试验鉴定的顶层规范

试验验证与考核是航空发动机研制发展的重要环节,试验的规范化建设非常重要。航空发动机的试验规范主要反映在两个层次:第一个层次是军用航空发动机通用规范和民用航空发动机适航规章,通用规范和适航规章通常都以大约一半的篇幅规定航空发动机试验验证与考核的总体要求,用以规范航空发动机的试验验证和考核。其中军用航空发动机通用规范是非强制性的,用于指导军用航空发动机型号规范的编制,而强制性要求在型号规范中规定;民用航空发动机适航规章是强制性的,是民用发动机适航取证必须遵守和执行的标准。第二个层次是一些航空发动机试验项目的具体方法,通常以试验方法类标准和民航咨询通告形式体现,用以指导具体试验项目的开展。

(1) 国外军用航空发动机通用规范

美、英及苏联等航空强国十分重视航空发动机研制的规范化管理。美国对航空发动机研制的规范化管理开始较早,在20世纪30年代就编写了用于活塞发动机的通用规范,20世纪40年代燃气涡轮发动机成为飞机推进动力后,开始制定涡喷和涡桨发动机有关规范,其中涡喷发动机方面陆续发布了规定一般要求、工作极限和性能要求的MIL-E-

5007，规定型号规范编写格式的 MIL-E-5008，规定发动机鉴定试验要求的 MIL-E-5009，规定验收试验要求的 MIL-E-5010 和规定试飞前试验要求的 MIL-E-5156 等五个单项规范。随着经验的积累和技术的进步，这五个规范隔一段时间就修订一次，如：1951 年发布 MIL-E-5007A，替代 MIL-E-5007；1959 年修订为 MIL-E-5007B 后，替代 MIL-E-5007A；1965 年又修订为 MIL-E-5007C，替代 MIL-E-5007B。其他四个规范基本上都在同期进行了修订。涡扇发动机问世后，根据发动机研制的需要，美国对发动机研制规范进行了较大规模的修订，于 1973 年把五个单项规范合成一个 MIL-E-5007D，名称也由《军用涡喷发动机通用规范》改成了《军用涡喷涡扇发动机通用规范》。此外，在涡桨、涡轴发动机问世后，美国还制定并不断修订了涡桨涡轴发动机通用规范 MIL-E-8593。

1983 年美国海军根据自身需要，由海军航空推进中心发布了由海军航空系统司令部组织制定的涡喷涡扇发动机规范 MIL-E-5007E（AS）。1988 年美海军航空推进中心又发布了 MIL-E-005007F（AS）。1985 年美国空军发布了 MIL-E-87231（USAF）《涡喷涡扇发动机军用规范》，明确批准在美空军各部门使用。20 世纪 90 年代起，美国国防部开始对各军种军用标准进行统一管理。1995 年美国国防部发布了 JSGS-87231A《军用航空涡轮发动机联合使用规范指南》，代替 MIL-E-87231，将范围扩充成适用于航空涡轮（涡喷、涡扇、涡桨和涡轴）发动机，且进一步丰富了使用指南。1998 年美国国防部将 JSGS-87231A 修订调整为 JSSG-2007[6]，并纳入国防部装备采办标准体系 JSSG 系列。美国国防部于 2004 年发布了 JSSG-2007A，用以替代 JSSG-2007；2007 年发布了 JSSG-2007B，用以替代 JSSG-2007A。

美国军用航空发动机通用规范，从 MIL-E-5007 系列、MIL-E-8593 发展到 JSSG-2007 系列，在发动机试验考核的阶段、内容等方面得到了改进和完善，尤其是试验考核阶段，从"初始飞行前规定试验（PFRT）""定型试验（QT）"两个阶段，发展为"初始飞行许可（IFR）""全面飞行许可（FFR）""初始使用许可（ISR）""工作能力许可（OCR）"四个阶段，试验考核扩展到服役期，直到使用能力（工作能力）的全面实现，使得航空发动机试验考核更加系统、完整、科学、合理。

英国、苏联也都有自己的军用航空发动机通用规范。英国国防部于 1987 年发布了 Def Stan 00-971《飞机燃气涡轮发动机通用规范》，2006 年又发布了 Def Stan 00-970 11 部《飞机设计和适航性要求 11 部航空发动机》，用于替代 Def Stan 00-971。苏联也制定了自己的军用航空发动机研制通用规范，用以指导、规范军用航空发动机的研制工作。

（2）我国军用航空发动机通用规范

20 世纪 80 年代以前，国内航空发动机研制主要以引进专利生产、测仿和改进改型为主，没有自主设计航空发动机，也没有自己的发动机通用规范。1987 年，以美军标 MIL-E-5007D《航空涡喷涡扇发动机军用规范》、MIL-E-8593《航空涡桨涡轴发动机军用规范》为蓝本，编制发布了我国的 GJB 241—1987《航空涡轮喷气和涡轮风扇发动机通用规范》、GJB 242—1987《航空涡轮螺桨和涡轮轴发动机通用规范》。GJB 241—1987、GJB 242—1987 发布后，对指导和规范我国军用航空涡轮发动机的研制及试验考核发挥了重要作用。2010年,在总结国内贯彻应用GJB 241—1987的经验,并借鉴美国MIL-E-5007E(AS)、JSSG—2007A等标准的基础上,修订形成了GJB 241A—2010[7]。2018年,在总结国内贯彻应用GJB 242—1987的经验,并借鉴美国JSSG—2007系列等标准的基础上,修订形成了GJB 242A—2018[8]。GJB 241—1987、GJB 242—1987中对发动机试验考核按初始飞行前试验和设计定型试验两个阶段安排;GJB 241A—2010、GJB 242A—2018中对发动机试验考核按初始飞行前试验、设计定型试验和生产定型试验三个阶段安排。GJB 241系列、GJB 242系列标准对军用航空发动机试验考核的规定主要限于性能试验,未涉及使用试验与在役考核的要求和内容。

(3)民用航空发动机适航规章

民用航空发动机适航规章对民用航空发动机适航试验有严格的规定,已在第9章中介绍了相关内容。以CCAR-33R2《航空发动机适航规定》[9]为例,其正文包括A、B、C、D、E、F、G共7章,其中A章为总则,B章、C章、D章为设计与构造(包括活塞式航空发动机和航空涡轮发动机),E章、F章为台架试验(包括活塞式航空发动机和航空涡轮发动机),G章为航空涡轮发动机的专用要求。

FAR33部等适航规章给出了在正常情况下一台新的民用发动机必须满足的强制性要求,包括影响发动机安全性和耐久性的诸多因素,为保证民航飞行的安全提供了合法的、管理方面的基础。此外,为了正确贯彻适航法规的要求,国外还制定了大量的非强制推荐标准、通报,例如美国FAA发布了大量的咨询通报(AC),对如何开展适航审查验证进行了详尽的说明。

10.4 国外航空发动机试验鉴定情况

据统计,国外典型军用涡扇发动机的研制都要经过10万h以上的部件试验、10万h以上的成附件和子系统试验、1万h以上的发动机整机地面试验、5 000 h左右的高空模拟试验和3 000 h以上的飞行试验,使新技术得到充分验证,才能确保发动机的研制成功。表10-1列举了国外几种典型军用涡扇发动机的试验情况。

表10-1 国外典型军用涡扇发动机试验时数统计

国家和地区	发动机	装备飞机	试验机台数	地面试验/h	飞行试验/h
美	F100	F15/F16	114	12 000	5 750
美	F404	F/A-18	48	31 000	9 000
美	F414	F/A-18	35	20 500	9 000
英	RB199	狂风	51	14 500	6 500
俄	AL-31F	苏-27	57	16 625	6 275
欧洲	EJ200	EF2000	60	12 500	3 000

另据国外分析，航空发动机投入使用的初期是故障的高发期，一般飞行 10 万~20 万 h 才能进入其成熟期，所以试验贯穿于发动机整个寿命周期的始终。

下面重点介绍美国典型的第三代、第四代军用涡扇发动机试验情况。

(1) 三代机发动机试验验证情况

美国第三代军用涡扇发动机的研制工作始于 20 世纪 70 年代，至今大量装备使用的三代发动机主要有 F100 系列、F110 系列、F404 系列等。在这些发动机研制过程中，进行了大量零部件、成附件、发动机试验验证和考核，1973 年美国海军发布并强制实施了 MIL – E – 5007D《航空涡喷涡扇发动机通用规范》，后来又修订发布了 MIL – E – 5007E、MIL – E – 5007F，以此来规范和指导军用涡扇发动机研制工作。F100 系列、F110 系列、F404 系列发动机的基本型研制，均贯彻了 MIL – E – 5007D。在 MIL – E – 5007D《航空涡喷涡扇发动机通用规范》中，将军用涡喷涡扇发动机研制试验验证考核分为两个节点：飞行前规定试验（PFRT）和合格鉴定试验（QT）。

F100 – PW – 100 发动机是美国研制的第一型第三代战斗机发动机，其试验验证体系是根据 MIL – E – 5007D《航空涡喷涡扇发动机通用规范》（1973 年颁布）建立的，发动机达到设计定型，需要完成飞行前规定试验（PreFlight Rated Test，PFRT）和定型考核试验（Qualified Test，QT）等两个阶段的试验和试飞验证工作。发动机设计定型后又实施了加速成熟计划，以提高发动机的可靠性，具体研制试验示意图如图 10 – 1 所示。从图中可以看出，F100 – PW – 100 发动机于 1970 年 3 月开始全尺寸工程研制，完成了 MIL – E – 5007D 规定的零部件、整机地面和 PFRT 阶段的高空模拟试验项目，整机试车累计约 7 000 h，1972 年 2 月完成了具有标志性的 60 h PFRT 持久试车，验证了发动机具有在试验性战斗机上进行飞行试验的能力，并实现了首飞。1972 年 7 月开始了飞行试验验证，随后又开始了 QT 试验阶段的试验验证，二者并行开展，完成了 MIL – E – 5007D 规定的零部件、整机地面和 QT 阶段的高空模拟试验项目。1973 年 10 月和 1974 年 3 月，在不同发动机样机上，分别完成了具有标志性的 150 h QT 持久试车，鉴定了发动机参数与型号规范的相符性，检查了发动机的可靠性，确定批量生产发动机的标准。通过地面试验和试飞考核验证，1974 年 10 月，F100 – PW – 100 发动机完成设计定型，投入部队使用。

F100 – PW – 100 发动机飞行试验分为 3 类，第 1 类飞行试验属于承包商研制试验范畴，承包商提供全部后勤保障，从 1972 年 7 月到 1975 年年末累计约 6 000 h；第 2 类飞行试验属于空军飞行试验与鉴定范畴，空军进行飞行和中级维修，承包商做其余的后勤工作，从 1973 年年初到 1975 年中期累计飞行时间 2 500 h；第 3 类飞行试验属于初期使用试验与鉴定范畴，空军承担全部使用和后勤保障工作，而承包商只起技术支持和服务作用，到 1975 年中期，共有 12 台发动机累积飞行 3 000 h。

F100 – PW – 100 发动机研制首次贯彻了 MIL – E – 5007D 标准，与以往的发动机研制相比，研制工作要求更加规范，考核试验更加全面。但是，由于 F100 – PW – 100 发动机在设计上存在重性能而轻可靠性的问题，加之试验考核不够充分，故 F100 – PW – 100 发动机装备部队后，出现了比较严重的技术质量问题。为了提高可靠性，开展了发动机加速成熟计划，主要工作是结合 1973 年 8 月启动的部件改进计划，开展了加速任务试

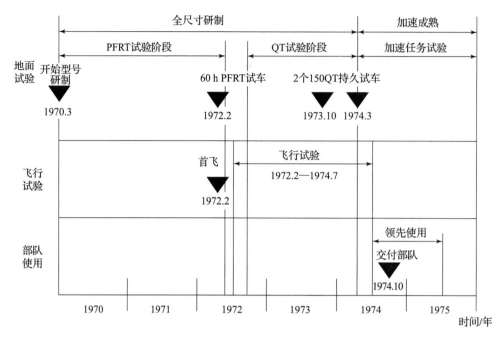

图 10-1 F100-PW-100 发动机研制试验验证

车，从 1976 年到 1977 年，利用 3 台发动机完成了加速任务耐久性试验，单台发动机最大试验时间相当于 2 000 h 的外场使用时间，考核了部件的蠕变和低循环疲劳问题，延长了单元体的最长工作时间（由 500 到 1 000 h）。

（2）四代机发动机试验验证情况

F119-PW-100 发动机是美国研制的第一型第四代战斗机发动机，其试验验证体系是根据 1985 年颁布的 MIL-E-87231（1998 年颁布了其修改版 JSSG-2007）建立的，发动机研制定型需根据合格鉴定矩阵表规定的内容，分别完成初始飞行许可（Initial Flight Release，IFR）试验、全面飞行许可（Full Flight Release，FFR）试验、初始使用许可（Initial Service Release，ISR）试验、使用能力许可（Operational Capability Release，OCR）试验等四个阶段的验证考核。为了加速发动机的成熟，也开展了加速成熟计划。与第三代发动机研制相比，第四代发动机研制延长并细化了阶段划分。F119 发动机的 IFR 阶段相当于 F100 发动机的 PFRT 阶段，ISR 阶段相当于 QT 阶段，但将 QT 试验前的阶段细分为两个阶段（IFR 和 FFR），填补了 PFRT 和 QT 试验阶段之间的一段定义模糊区（见图 10-2），在 QT 试验阶段后增加了 OCR 阶段，包含了第三代发动机加速成熟阶段的试验考核等内容，具体研制试验和考核阶段示意图如图 10-2 所示。

F119-PW-100 发动机的研制过程：1991 年开始"工程制造和发展阶段（EMD）"工作，1992 年 12 月首台发动机地面运转；1997 年初，完成 MIL-E-87231 中规定的 IFR 试验阶段所包含的零部件、整机试验，获得 IFR 许可；1997 年 9 月装 F22 首飞，1999 年下半年获得 FFR 许可；2000 年 12 月交付第一台生产型发动机，2002 年 7 月完成了一系列的零部件、地面整机试验，验证了热端部件的全寿命工作和其他部件的翻修间

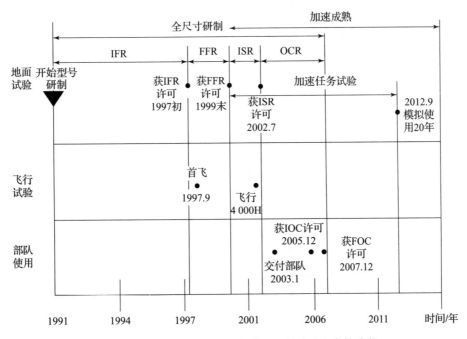

图 10-2 F119-PW-100 发动机研制试验和考核阶段

隔寿命，其中包括相当于 6 年外场使用损伤的加速任务试车，发动机飞行时间超过 4 000 h，获得 ISR 许可。此外，发动机加速成熟计划已进行了接近一半，模拟了 6~8 年的外场使用。2003 年 1 月，发动机首次交付空军使用，2005 年 12 月配装 F119-PW-100 发动机的 F-22 获得初始使用能力许可（Initial Operational Capability），2007 年 12 月累计飞行 50 000 h 后，获得完全使用能力许可（Full Operational Capability）。此后，加速成熟计划继续进行，2011 年 3 月，完成了发动机的热端部件全寿命工作能力验证，单台发动机运行了 4 325 个战术任务循环（TAC 循环）。截至 2012 年 9 月完成了模拟外场使用 20 年的试车。

从 MIL-E-87231 到 JSGS-87231A，再到 JSSG-2007，形成了美国军用航空燃气涡轮发动机研制的顶层规范，通过分析这些标准的试验验证和考核要求，就能够看出美国军用涡扇发动机研制的试验验证体系。下面介绍 JSSG-2007B 的试验验证体系。

在 JSSG-2007B 第四章"验证"列出了试验验证和考核项目，规定了 100 多项主要验证试验要求，并与第三章"要求"条款一一对应，给出了对"要求"的全部验证。

美国军用涡轮发动机规范的试验验证和考核具有以下特点：

1）试验条款与指标要求条款一一对应，强调了每一项要求都要经过试验验证和考核，形式上比较直观明了。在此基础上，还规定了发动机系统试验，即综合性试验，进行综合验证考核，如加速任务试验、任务化耐久性试验、高空试验，等等。

2）试验验证要求更全面、更有针对性，而对实施验证考核的试验项目没有做出具体规定，具有灵活性。事实上试验可分为 8 类，具体为：材料试验、零部件试验、成附件试验、分系统试验、整机专项试验、整机持久试验、高空试验、飞行试验。在实际研制工作中，某一项试验可完成多项验证要求，如发动机持久试车，则可以完成发动机地面起动、加减速、稳态性能、引气、功率提取、性能保持、寿命、维修间隔等试验验证要求。此外，某一项验证要求需要通过多个试验才能完成验证，如安装节试验，至少要进行强度试验和低循环疲劳试验。因此，JSSG-2007 第四章规定的试验验证要求，不能简单理解为试验项目，这一点与我国 GJB 241/GJB 242 不同（GJB 241/GJB 242 第四章列出的是试验项目）。

3）发动机试验考核按四个阶段控制，各阶段试验验证要求由研制方和使用方按照风险控制进行确定。JSSG-2007 将发动机研制按初始飞行许可（Initial Flight Release，IFR）、完全飞行许可（Full Flight Release，FFR）、初始使用许可（Initial Service Release，ISR）、使用能力许可（Operational Capability Release，OCR）四个节点控制，其中初始飞行许可与我国飞行前规定试验阶段基本对应，初始使用许可与我国设计定型阶段基本对应，使用能力许可与我国生产定型阶段基本对应。

4）试验鉴定由军方负责。无论是 ISR 还是 OCR 阶段的鉴定试验，均由军方组织实施和评价，ISR 阶段的试验由空军装备司令部下属的各试验中心实施，OCR 阶段的试验由空军部队实施，由空军使用试验评价中心负责评价。

10.5 技术指标验证需求

航空发动机性能试验是整个试验鉴定的基础，其目标主要是全面验证航空发动机的技术指标。为保证航空发动机性能鉴定试验的完整规划，需要全面分析本书第 5 章提出的指标体系中各项技术指标的试验考核需求，从而建立起系统、完整的发动机性能鉴定试验体系。

10.5.1 性能与适用性

10.5.1.1 地面静止条件性能

通过地面台架试车验证，包括性能验证试车和耐久性试车，以及必要时的修正系数验证试车（以给出不同条件的修正系数）。

发动机耐久性试车（全寿命试车或翻修寿命试车）时，全过程发动机的性能（经换算）应不低于规定的发动机台架性能（包括推力/功率、油耗）。

10.5.1.2 高度-速度特性

通过高空台试验实测推力/功率、耗油量数据、飞行台和飞行试验的相关数据，并经适当修正、换算进行验证。

部分高度—速度特性可结合发动机性能计算进行验证，性能计算程序需经试验验证。

为保证规定的发动机全寿命期或翻修寿命期最低性能指标的验证，不能仅用新发动机进行高空台试验鉴定，还需结合发动机寿命持久试车的性能衰退情况进行评定，必要时还应采用经寿命持久试车后的发动机进行高空台试验验证。

10.5.1.3 性能保持

发动机起飞推力/功率的温度保持要求，通过发动机台架试车、高空模拟试验，或进气加温试验进行验证。

发动机在寿命期（或翻修期内）性能保持的要求，通过发动机寿命持久试车予以验证，还可结合发动机的在役考核评估验证。

10.5.1.4 工作包线

发动机工作包线反映了发动机的极限工作范围，通常大于飞机的飞行包线，因此工作包线主要通过高空试验进行验证考核，配装飞机后还要按照飞机飞行包线进行飞行验证考核。对于工作包线范围较小的发动机（如运输机发动机），可用飞行台试验进行验证考核。

10.5.1.5 稳定性

通过地面台架试验、高空模拟试验（高空台或飞行台试验）和飞行试验进行验证。

10.5.1.6 推力/功率瞬变（加减速性）

通过地面台架试验、高空模拟试验（或飞行台试验）和飞行试验进行验证。方法：试验时加速杆在 0.5~1.0 s 内移动到位，加速（包括接通加力、反推力）时以推力变化 95%，或低压转子转速达到目标值 98% 的时间计算；减速通常以转子转速达到目标值的时间计算，切断加力或关断反推力均以信号灯为准。

10.5.1.7 风车运转

通过高空台试验（或飞行台试验）和飞行试验进行验证。

10.5.1.8 反推力/推力矢量

通过反推力装置（推力矢量装置）的气动性能试验、机械功能试验、发动机台架试验、高空模拟试验（或飞行台试验）和飞行试验进行验证。

10.5.1.9 起动特性

通过地面台架试验、高空模拟试验（或飞行台试验）与飞行试验及高原起动试验和高低温起动试验进行验证。

10.5.1.10 引气、功率提取要求

根据地面台架的引气与功率提取试验和高空的引气与功率提取试验予以验证。

10.5.1.11 抗进气畸变能力

通过进气压力畸变试验进行验证。试验方法有两种：一种是采用插板方式在地面进行发动机进气压力畸变试验，试验验证发动机临界畸变指数和畸变敏感度，从而对飞行条件下发动机抗进气畸变能力进行评定；另一种是根据飞机在飞行包线范围内进气道出口最大畸变指数，制作畸变模拟板（网），采用模拟板在高空台上进行发动机进气畸变试验。

10.5.1.12 工作姿态

通过发动机姿态试验、滑油中断试验和飞行试验进行验证。按照国军标和外军标要求，姿态试验是将发动机置于专用试车台上，将发动机调至各种姿态进行发动机试车，目前我国在部分发动机研制中，建造了滑油系统姿态试验器，验证发动机在各种姿态要求下滑油系统的工作情况。

10.5.1.13 外廓尺寸、重量、安装与接口

通过装机适应性检查、电源特性试验、电源失效试验、起动试验、持久试车、飞行试验、外廓尺寸测量、重量重心测量，以及附件试验等进行验证。

10.5.2 环境适应性

10.5.2.1 自然环境

大气温度条件主要指地面大气环境，与发动机起动和加速性有关，通过高低温起动试验和推力瞬变试验进行考核，通常在模拟环境试验设备（如高空台）上进行，也可以在实际高低温地区进行试车验证。

湿热条件与发动机电子、电气附件使用有关，主要通过附件产品湿热试验进行验证。

霉菌条件与发动机电子、电气附件使用有关，主要通过附件产品或材料试片试验进行验证。

腐蚀性大气条件通常指盐雾大气环境，与发动机零组件材料、涂层有关，主要通过零组件结构材料样片腐蚀试验和附件产品盐雾试验进行验证，整机试验条件具备时还应通过抗腐蚀性试车予以验证。

结冰环境条件通过环境结冰试验进行验证。

侧风、顺风环境条件主要通过发动机侧风试验进行验证，也可结合飞机的侧风试飞进行发动机侧风能力验证。

10.5.2.2 吞咽能力

需在专用试验台上，模拟试验条件进行发动机试车验证。
1）吞鸟能力通过吞鸟试验进行验证；
2）吞冰能力通过吞冰试验进行验证；
3）吞砂尘能力通过吞砂试验进行验证；
4）吞液态水能力通过吞水试验进行验证；
5）吞火药气体能力通过吞入火药气体试验进行验证，或温度畸变试验进行评定；
6）吞入燃油能力通过吞燃油试验进行验证；
7）吞入蒸汽能力通过吞入蒸汽试验进行验证（对采用蒸汽弹射起飞的舰载机发动机）。

10.5.2.3 电磁环境效应

对航空发动机的电子、电气附件进行产品级的电磁发射和敏感度试验、电磁兼容性试验、抗高强电磁辐射试验和雷电试验，对发动机的控制系统等子系统进行系统级的电磁发射和敏感度试验、电磁兼容性试验、抗高强电磁辐射试验和雷电试验。

10.5.2.4 噪声与排气污染

进行发动机的噪声测量试验、排烟测量试验及排出不可见污染物质测量试验。

10.5.3 结构完整性

10.5.3.1 强度

验证试验内容主要包括材料强度试验、零组件强度试验、发动机压力试验、发动机

静力试验、发动机压力平衡试验、发动机超转试验、发动机超温试验、轮盘破裂转速试验、发动机包容性试验、发动机外物损伤试验、发动机零部件温度测量试验、发动机零部件振动应力测量试验等。

结合发动机零部件强度计算和发动机零部件温度、应力测量试验，对设计安全系数（储备裕量）进行评估。

10.5.3.2 振动

通过发动机整机振动测量试验、零件（叶片、盘、轴、管路等）振动应力测量试验进行验证。

10.5.3.3 寿命

航空发动机寿命主要表现为低循环疲劳寿命和蠕变/持久断裂寿命，可采用零部件试验、整机持久试车验证设计使用寿命，通过小批使用逐步完善并确定使用寿命。验证试验主要包括：

1）关键零部件（转子盘、轴、机匣）循环疲劳试验。验证发动机主体结构的循环疲劳寿命，发动机上非高温结构件寿命通常都是低周疲劳损伤，部分叠加有高周疲劳损伤。

2）发动机持久试车，验证发动机零部件（涡轮叶片、导向器、燃烧室等热端部件）蠕变/持久断裂寿命，验证发动机所有构件的循环疲劳损伤情况。持久试车通常包括耐久性试车、寿命试车和加速任务持久试车等。

3）部附件耐久性试验，如燃油泵—调节器等液压机械附件模拟工作试验、附件传动装置耐久性试验和轴承耐久性试验等。

10.5.4 战斗生存力

10.5.4.1 雷达反射

通过发动机前后向雷达反射截面积测量试验予以验证。

10.5.4.2 红外辐射

通过发动机的红外辐射测量试验（包括地面台架试验和高空试验）予以验证。

10.5.5 "五性"

10.5.5.1 安全性

通过安全性分析评估发动机安全性定量指标。通过发动机叶片断裂包容性试验、易燃液体附件防/耐火试验、引气取样分析试验、安装系统静力试验、关键结构件极限载荷试验等，对安全性定性要求进行验证。

10.5.5.2 可靠性

基于发动机持久试车、高空试验、飞行试验、使用试验、在役考核、外场使用等情况，运用适当的统计评估方法，对发动机可靠性指标进行量化评估；对发动机关键的电子电气类附件（如电子控制器）进行可靠性鉴定试验。

10.5.5.3 维修性

进行装机和不装机条件下的发动机维修演示，对预定维修的指标要求进行验证。基于试飞、使用试验、在役考核和外场使用的维修工作，对维修性指标进行定量评估验证。

10.5.5.4 测试性

通过对发动机控制系统、健康管理系统（或监测系统）开展故障模拟仿真试验，验证发动机测试性指标。根据发动机地面试车、高空试验、飞行试验、使用试验、在役考核、外场使用等情况，对发动机测试性指标进行评估。

10.5.5.5 保障性

根据发动机外场使用情况进行保障性指标评估验证；根据发动机试飞、使用试验、在役考核和外场使用情况，评估保障设备、工具、备件、技术资料和人员培训等的适用性、有效性；根据必要的试验、试用验证包装、存储、运输综合保障要求。

10.5.6 经济性

通过经济性分析测算，以及按规定程序的审价，进行经济性评估验证。

10.5.7 子系统适应性与完整性

10.5.7.1 控制系统

附件试验，包括附件功能性能试验、附件耐久性试验、附件环境试验（湿热、霉菌、盐雾、防爆、砂尘、加速度、冲击、振动等）、电子电气附件电磁环境效应试验（电磁发射与敏感性、电磁兼容性、抗雷电、抗高强电磁辐射）、电子电气附件可靠性试验等。

控制系统试验，包括控制系统半物理仿真试验、控制器在回路仿真试验、控制系统环境适应性试验、控制系统电磁环境效应试验（电磁发射与敏感性、电磁兼容性、抗雷电、抗高强电磁辐射）等。

发动机试验，包括地面台架试验、高空模拟试验或飞行台试验、飞行试验。

10.5.7.2 燃油系统

附件试验，包括附件功能性能试验、附件耐久性试验、附件环境试验（湿热、霉菌、盐雾、防爆、砂尘、加速度、冲击、振动等）、附件防/耐火试验等。

燃油系统试验，包括燃油系统耐久性试验（附件模拟工作试验）、燃油系统污染试验。

发动机试验，包括地面台架试验、高空模拟试验或飞行台试验、飞行试验。

10.5.7.3 电气系统

附件试验，包括附件功能性能试验、附件耐久性试验、附件环境试验（湿热、霉菌、盐雾、防爆、砂尘、加速度、冲击、振动等）、附件电磁兼容性试验、附件可靠性试验等。

发动机试验，包括电源失效试验、地面台架试验、高空模拟试验或飞行台试验、飞行试验。

10.5.7.4 润滑系统

滑油附件试验，包括功能性能试验、耐久性试验、环境试验、防火试验、滑油箱耐压试验、滑油箱压力循环试验、轴承贫油断油试验等。

滑油系统试验，包括滑油系统姿态试验等。

发动机试验，包括滑油中断试验、持久试车、高空模拟试验或飞行台试验、飞行试验。

10.5.7.5 矢量喷管系统

矢量喷管作动试验、发动机持久试车和飞行试验等。

10.5.7.6 反推力系统

反推力装置试验、发动机持久试车和飞行试验等。

10.5.7.7 起动系统（含点火、补氧系统）

点火系统附件试验，起动机功能性能试验、耐久性试验、超温超转试验和包容性试验，发动机地面起动试验、空中起动试验，发动机持久试车等。

10.5.7.8 监视系统/健康管理系统

附件试验，包括附件功能性能试验、附件耐久性试验、附件环境试验（湿热、霉菌、盐雾、防爆、砂尘、加速度、冲击、振动等）、附件电磁兼容性试验、附件可靠性试验等。

系统试验，包括系统功能性能试验、系统故障模拟试验。

发动机试验，包括发动机地面试验、高空模拟试验（或飞行台试验）、飞行试验等。

10.5.7.9 软件

软件审查和测评，主要包括软件需求审查、软件开发计划审查、软件概要设计审查、软件详细设计审查、软件测试审查、软件第三方测评等。

带软件的系统级试验，包括控制系统半物理仿真试验、控制系统硬件在回路仿真试验、健康管理系统仿真试验等。

发动机试验，包括发动机地面试验、高空模拟试验或飞行台试验、飞行试验等。

10.6 航空发动机试验考核体系

10.6.1 顶层规范验证试验项目

10.6.1.1 顶层规范验证试验项目

我国军用航空发动机顶层规范主要是 GJB 241《航空涡轮喷气和涡轮风扇发动机通用规范》和 GJB 242《航空涡轮螺桨和涡轮轴发动机通用规范》，最新版本是 GJB 241A—2010 和 GJB 242A—2018。GJB 241A—2010 和 GJB 242A—2018 分别针对军用涡喷/涡扇发动机和涡桨/涡轴发动机的研制，规定了发动机的设计构造要求以及试验验证要求。

以 GJB 241A—2010 为例，其第四章"质量保证规定"主要规定了 53 项验证试验项目（详见表 10-2），这些项目大部分都是综合性验证项目，包含丰富的验证内容。如低循环疲劳试验包含了风扇转子、高压压气机转子、高压涡轮转子、低压涡轮转子、高压涡轮轴、低压涡轮轴等多个部件的试验，既有部件试验器试验，又有整机试验；轮盘破裂转速试验包括了风扇、高压压气机、高压涡轮、低压涡轮的所有轮盘试验；振动测量试验、振动和应力试验、放热和滑油冷却试验、压力平衡试验等既包括地面台架试验验证，还包括高空试验验证等。

表 10－2　GJB 241A—2010 验证试验项目

序号	验证试验项目	序号	验证试验项目
1	飞行前规定持久试车	28	红外辐射试验
2	附件防爆试验	29	发动机压力试验
3	燃油泵高空试验	30	低循环疲劳试验
4	附件模拟工作试验	31	包容性试验
5	附件环境试验	32	超转试验
6	滑油箱试验	33	超温试验
7	附件传动装置试验	34	轮盘破裂转速试验
8	发电机试验	35	发动机静力试验
9	热交换器试验	36	姿态试验
10	防火试验	37	发动机压力平衡试验
11	液压系统试验	38	发动机放热和滑油冷却试验
12	飞行前高空试验	39	发动机振动测量
13	高低温和高原起动试验	40	振动和应力试验
14	环境结冰试验	41	陀螺试验
15	抗腐蚀性试验	42	超温控制系统试验
16	吞鸟试验	43	轴承试验
17	外物损伤试验	44	电源/光源失效试验
18	吞冰试验	45	飞机系统引气试验
19	吞砂试验	46	滑油中断试验
20	吞入大气中液态水试验	47	修正系数验证试验
21	吞入火药气体试验	48	电磁环境效应试验
22	噪声测量	49	设计定型持久试车
23	排气污染试验	50	设计定型高空试验
24	生存力与易损性试验	51	飞行试验
25	起动扭矩试验	52	加速模拟任务持久试车
26	矢量喷管试验	53	验收试车
27	雷达反射截面试验		

GJB 241A—2010 采用的是"要求"与"验证"分开的编写方式,"验证"条款与"要求"条款并不一一对应,在贯彻执行时需要将"验证"与"要求"统筹起来考虑,否则很容易造成部分验证内容的遗漏、缺失。

10.6.1.2 国外顶层规范验证试验项目

美国军用航空发动机研制顶层规范,从早期的 MIL – STD – 5007 系列、MIL – E – 87231 系列发展到目前的 JSSG – 2007 系列《航空涡轮发动机规范指南》。其中,JSSG – 2007B 第四章"验证与合格鉴定"规定了100多项主要验证试验项目要求,详见表10 – 3(以涡扇发动机为例)。

表10 – 3 JSSG – 2007B 主要验证试验项目(涡扇发动机)

序号	验证试验项目	序号	验证试验项目
1	安装节试验	22	过调和欠调验证试验
2	引气接口试验	23	加速过程推力下降验证试验
3	功率分出试验	24	风车试验
4	起动传动链试验	25	反推力试验
5	起动扭矩和转速试验	26	空气流量测量试验
6	反推力装置界面试验	27	进口气流畸变试验
7	可燃液体系统耐火试验	28	发动机可恢复性试验
8	电气附件防爆试验	29	燃气流路和截面温度测量试验
9	尾喷流测量试验	30	表面温度和放热测量试验
10	发动机稳态性能试验	31	附件和外部件的温度测量试验
11	发动机过渡态性能试验	32	湿度试验
12	性能保持验证试验	33	霉菌试验
13	工作包线试验	34	腐蚀性大气试验
14	工作姿态限制试验	35	结冰环境试验
15	地面起动试验	36	吞鸟试验
16	空中起动试验	37	外物损伤试验
17	自动再点火试验	38	吞冰试验
18	停车试验	39	吞砂试验
19	慢车推力试验	40	吞水试验
20	稳定性试验	41	吸入火药气体试验
21	推力瞬变试验	42	吸入水蒸气试验

续表

序号	验证试验项目	序号	验证试验项目
43	电磁干扰试验	71	软件测试
44	系统内电磁兼容试验	72	可靠性验证
45	系统间电磁兼容试验	73	维修性定量要求验证
46	雷电试验	74	维修性定性要求验证
47	设计使用寿命试验	75	维修检查间隔试验
48	设计用法验证	76	维修工具及维修检查技术验证
49	外部作用力试验	77	噪声测量试验
50	材料特性试验	78	红外辐射测量试验
51	耐久性试验	79	排烟/燃气流/水蒸气尾流测量试验
52	高循环疲劳寿命试验	80	排气污染测量试验
53	低循环疲劳寿命试验	81	雷达横截面测量试验
54	蠕变试验	82	防冰和除冰系统试验
55	强度试验	83	控制系统试验
56	安全系数验证试验	84	备份控制系统试验
57	叶片和轮盘变形试验	85	超转保护系统试验
58	包容性试验	86	燃油污染试验
59	叶片折断/脱出试验	87	带/不带外部辅助装置的燃油系统性能试验
60	超转和超温试验		
61	轮盘破裂转速试验	88	燃油润滑性试验
62	轴承载荷试验	89	燃油滤试验
63	陀螺力矩试验	90	电源试验
64	损伤容限试验	91	发电机试验
65	剩余强度试验	92	电气接头和电缆试验
66	裂纹扩展和检查间隔验证	93	电气搭接试验
67	振动及动应力试验	94	点火系统试验
68	振动限制试验	95	点火系统污垢试验
69	临界转速试验	96	发动机健康监视系统试验
70	外来物损伤试验	97	润滑系统试验

续表

序号	验证试验项目	序号	验证试验项目
98	滑油中断试验	106	齿轮箱试验
99	滑油箱试验	107	涡喷涡扇发动机加速任务试验/涡桨涡轴发动机循环试验
100	滑油滤试验		
101	滑油屑末监测器试验	108	发动机任务化耐久性试验
102	发动机液压系统试验	109	发动机高空台试验
103	尾喷管系统试验	110	控制和外部附件模拟任务试验
104	矢量喷管系统试验	111	控制和外部附件环境试验
105	加力系统试验		

验证试验项目要求主要是针对发动机某项性能或能力提出的，表 10 - 3 中的试验项目大部分都是综合性的，包含丰富的验证内容。例如，材料特性试验包括疲劳、蠕变、持久、瞬断等性能，不同温度下的材料性能，塑性的温度—时间关系，强度性能的分散性，性能对应力集中的敏感性，对裂纹的敏感性等；附件环境试验包括湿热、霉菌、盐雾、防爆、沙尘、加速度、冲击、振动等；数控系统试验内容包括半物理仿真试验、电子控制装置综合环境可靠性试验、控制系统故障模拟试验等，试验方式涉及附件试验、子系统试验、发动机持久试车和高空试验等。

10.6.2 试验考核体系分析

根据对航空发动机技术指标验证试验需求的分析，以及国内外军用航空发动机顶层规范对试验验证的要求，可将全部试验验证按试验类别进行归纳、合并、提炼，归并为材料试验、零部件试验、成附件试验、子系统试验、发动机地面台架试验（含持久试车、专项试车）、高空试验、飞行试验、使用试验、在役考核等九类，其中材料试验、零部件试验、成附件试验、子系统试验（含软件测试）、发动机地面台架试验、高空试验、飞行试验等属于发动机性能试验范畴，各类发动机的主要试验项目或验证内容如下。

10.6.2.1 材料试验

材料试验的主要目的：一是针对尚未在航空发动机上广泛应用的新材料，通过一系列的试验，验证新材料在工作环境下的性能特性以及在发动机使用条件下的适用性、耐久性，为新材料的鉴定提供依据；二是通过试验，为材料（主要是新材料）在航空发动机上的选用提供依据；三是通过试验，为材料或零部件的验收提供依据；四是通过试验，获取零部件的材料性能数据，为零部件的结构完整性试验载荷修正提供依据。

材料试验的项目、内容主要包括：材料试样的机械性能试验，构件模拟试样的机械性能试验，关键重要零件（如钛合金压气机盘和大尺寸风扇叶片、涡轮盘、燃烧室机匣等）的材料机械性能检验试验等。

10.6.2.2　零部件试验

零部件级鉴定试验主要以验证发动机结构完整性为目的。零部件结构完整性试验对发动机鉴定是十分关键且必不可缺的试验内容，是对整机试验验证的重要补充。主要原因：一是，发动机整机试验难以实现对部件极限载荷、破坏载荷的施加或模拟，如轮盘的破裂转速载荷、轴的破坏扭矩载荷、机匣的破坏压力载荷、安装节的极限载荷等；二是，对部分性能和能力的验证，有时以发动机整机试验方式验证存在代价大、成本高、效益低的问题，如转子、轴、机匣的循环疲劳寿命，附件传动装置的耐久性等；三是，部分零部件的性能能力无法通过整机试验进行验证，如叶片的疲劳强度等。

零部件级鉴定试验项目、内容主要包括：
1）叶片疲劳强度、持久强度试验；
2）转子低循环疲劳试验；
3）转子超转试验；
4）轮盘破裂转速试验；
5）轴的破坏扭矩试验；
6）轴的循环疲劳试验；
7）机匣压力试验；
8）机匣低循环疲劳试验；
9）安装节等静子件的极限载荷、限制载荷试验；
10）附件传动装置强度和耐久性试验等。

10.6.2.3　成附件试验

成附件鉴定试验主要包括环境试验、耐久性/寿命试验、可靠性试验，以及其他附加试验（如防/耐火试验等）。具体成附件的鉴定试验项目需根据其使用需求、工作条件及技术特点确定。

环境试验主要验证附件在电磁环境、自然环境及机械环境下的适应能力。电磁环境试验包括电磁兼容试验、高强辐射场（HIRF）试验、雷电试验等；自然环境试验包括低气压（高度）试验、高温试验（包括高温日循环贮存及高温工作循环）、低温试验、温度冲击试验、爆炸性大气试验、湿热试验、霉菌试验、盐雾试验、砂尘试验、温度—高度试验、流体污染试验、淋雨试验等；机械环境试验包括振动试验、机械冲击试验、加速度试验等。

耐久性/寿命试验主要用于考核有寿附件的寿命，通常包括首翻寿命和总寿命。

可靠性试验主要针对电子产品进行，关键电子产品应进行可靠性鉴定试验，非关键电子产品可进行可靠性分析评估或可靠性评估试验。

其他附加试验，主要针对一些附件特殊的工作条件和技术特点提出，如电源特性试验、控制器超温过热试验、燃油泵高空试验、燃油泵超转试验、燃油超温试验、耐压试验、防火/耐火试验、交流发电机试验、压力容器试验（流量、压力和温度循环试验、耐压试验）、轴承断油试验、轴承风车状态试验、空气涡轮起动机输出轴超越旋转试验、包容性试验、抗发动机叶片飞失冲击载荷耐受性试验等。

发动机配套附件大致可分为电子类、电气类和机械类产品。

所有附件均应完成环境试验考核。电子、电气类附件应完成全面的电磁环境、自然环境及机械环境试验考核，机械类附件的环境试验考核以机械环境试验为主。附件环境试验方法可参照 GJB 150A《军用装备实验室环境试验方法》[10] 或者 DO – 160 系列标准[11] 执行。

所有有寿附件（机械类附件及电子电气附件中的有寿结构件）应完成寿命试验考核。

电子类附件应完成可靠性试验与评估。数字电子控制器应按 GJB 899《可靠性鉴定与验收试验》完成可靠性鉴定试验考核，其他非关键电子附件完成可靠性评估试验或可靠性分析评估。

此外，相关附件还应完成部分附加试验，如：燃滑油附件防火/耐火试验；点火系统积垢试验；发电机超转、负载、包容性试验；滑油箱、燃滑油散热器耐压试验，循环疲劳试验；轴承滑油中断试验；空气涡轮起动机输出轴超越旋转试验、包容性试验等。

航空发动机的电子控制器、燃油泵—调节器、空气涡轮起动机、交流发电机、滑油箱、主轴轴承等典型成附件的主要鉴定试验项目可参考表 10 – 4 ~ 表 10 – 9。

表 10 – 4　电子控制器鉴定试验项目

序号	试验项目	序号	试验项目
1	低气压（高度）试验	12	淋雨试验
2	高温试验	13	加速度试验
3	低温试验	14	振动试验
4	温度冲击试验	15	冲击试验
5	湿热试验	16	电磁兼容试验
6	霉菌试验	17	雷电试验
7	盐雾试验	18	高强辐射场（HIRF）试验
8	爆炸性大气（防爆）试验	19	寿命试验（减震器试验）
9	砂尘试验	20	可靠性鉴定试验
10	温度—高度试验	21	电源特性试验
11	流体污染（喷淋）	22	超温过热试验

表 10–5 燃油泵 – 调节器鉴定试验项目

序号	试验项目	序号	试验项目
1	低气压（高度）试验（电气二次配套件试验）	13	加速度试验
		14	振动试验
2	温度—高度试验	15	机械冲击试验
3	高温试验	16	电磁兼容试验
4	低温试验	17	雷电试验
5	温度冲击试验	18	高强辐射场（HIRF）试验
6	湿热试验	19	首翻寿命试验
7	霉菌试验	20	加速全寿命试验
8	盐雾试验	21	燃油泵气蚀试验
9	爆炸性大气（防爆）试验（电气二次配套件试验）	22	燃油泵超转试验
		23	燃油超温试验
10	砂尘试验	24	耐压试验
11	流体污染	25	耐火试验
12	淋雨试验	26	抗发动机叶片飞失冲击载荷耐受性评估

表 10–6 空气涡轮起动机鉴定试验项目

序号	试验项目	序号	试验项目
1	低气压（高度）试验	14	振动试验
2	高温试验	15	机械冲击试验
3	低温试验	16	电磁兼容试验
4	温度冲击试验	17	雷电试验
5	湿热试验	18	高强辐射场（HIRF）试验
6	霉菌试验	19	首翻寿命试验
7	盐雾试验	20	全寿命试验
8	爆炸性大气（防爆）试验（电气二次配套件试验）	21	连续循环运转试验
		22	输出轴超越旋转试验
9	砂尘试验	23	耐久性试验
10	温度—高度试验	24	自由运转试验
11	流体污染	25	运转接合试验
12	淋雨试验	26	绝缘强度试验
13	加速度试验	27	离合器和轴的破坏试验

续表

序号	试验项目	序号	试验项目
28	（输出轴）承剪段强度试验	30	包容性试验
29	耐火试验	31	姿态试验

表 10-7　交流发电机鉴定试验项目

序号	试验项目	序号	试验项目
1	低气压（高度）试验	13	振动试验
2	高温试验	14	机械冲击试验
3	低温试验	15	电磁兼容试验
4	温度冲击试验	16	雷电试验
5	温度—高度试验	17	高强辐射场（HIRF）试验
6	湿热试验	18	电源特性
7	霉菌试验	19	爆炸性大气（防爆）试验
8	盐雾试验	20	防火试验
9	砂尘试验	21	加速寿命试验
10	流体污染试验	22	首翻寿命试验
11	淋雨试验	23	专项试验（包容性、超速、过载试验）
12	恒加速度试验		

表 10-8　滑油箱鉴定试验项目

序号	试验项目	序号	试验项目
1	低气压（高度）试验	11	机械冲击试验
2	高温试验	12	振动试验
3	低温试验	13	爆炸性大气（防爆）试验（油位传感器）
4	温度冲击试验	14	电磁兼容试验（油位传感器）
5	温度—高度试验	15	雷电试验（油位传感器）
6	湿热试验	16	高强辐射场（HIRF）试验（油位传感器）
7	霉菌试验	17	防火试验
8	盐雾试验	18	加速寿命试验
9	砂尘试验	19	耐压试验
10	恒加速度试验		

表 10-9 主轴轴承鉴定试验项目

序号	试验项目	序号	试验项目
1	发动机中间/最大状态断油试验	4	首翻期耐久性试验
2	空中慢车状态断油试验	5	全寿命耐久性试验
3	风车状态贫油试验	6	超速超载试验

10.6.2.4 子系统试验（含软件测试）

发动机子系统由多个附件及管路、电缆、传感器和软件等组成。与成附件试验相比，子系统试验能更真实地模拟各附件间的关联关系，更准确地验证附件、子系统乃至发动机的能力要求等。子系统试验既是对发动机整机试验、成附件试验的重要补充，也是对发动机子系统进行鉴定的必要依据。

根据发动机各子系统的特点，通常需要对发动机的控制系统、燃油系统、润滑系统、健康管理系统等进行子系统级试验。发动机子系统级的鉴定试验主要包括：

（1）控制系统试验

1）控制系统半物理仿真试验；

2）控制系统硬件（控制器）在回路仿真试验；

3）控制系统电磁兼容性试验；

4）控制系统雷电试验；

5）控制系统抗高强辐射试验；

6）控制系统软件测试（测评）等。

控制系统的主要试验参见 GJB 4053《航空发动机数字电子控制系统通用规范》[12]。

（2）燃油系统试验

燃油系统污染试验。

（3）润滑系统试验

润滑系统姿态试验。

润滑系统的其他主要试验参见 GJB 3057《航空涡轮发动机润滑系统通用规范》[13]。

（4）健康管理系统试验

1）健康管理系统电磁兼容性试验；

2）健康管理系统雷电试验；

3）健康管理系统抗高强辐射试验；

4）健康管理系统故障模拟试验；

5）健康管理系统软件测试（测评）等。

10.6.2.5 发动机地面台架试验

发动机地面台架试验以整机为试验对象，主要包括持久试车和专项试验。持久试车可对发动机功能、性能、可靠性、耐久性、适用性等多种能力进行综合验证，持久试车通常由多个试车循环构成，以耐久性验证为主，发动机工作时间通常较长。专项试验主要对发动机的某项能力要求进行专项验证，发动机工作时间通常较短。

发动机地面台架试验主要包括：

（1）性能与适用性验证

1）电源失效试验；

2）飞机系统引气试验；

3）功率分出试验；

4）起动扭矩试验；

5）滑油中断试验；

6）修正系数验证试验；

7）发动机放热和滑油冷却试验；

8）进口气流畸变试验等。

（2）环境适应性验证

1）发动机高低温和高原起动试验；

2）环境结冰试验；

3）抗腐蚀性试验；

4）吞鸟试验；

5）吞冰、吞雹试验；

6）吞砂试验；

7）吞入大气中液态水试验；

8）吞入火药气体试验；

9）吞入蒸汽试验；

10）吞入燃油试验；

11）噪声测量试验；

12）排气污染试验等。

（3）结构完整性验证

1）振动与应力测量试验；

2）发动机压力平衡试验；

3）内部零件温度测量试验；

4）包容性试验；

5）外物损伤试验；

6）发动机超转试验；

7）发动机超温试验；

8）发动机失速与喘振试验；

9）叶片和轮盘变形试验；

10）临界转速试验；

11）转子不平衡试验；

12）转子低循环疲劳试验；

13）高周疲劳试验等。

(4) 战斗生存力验证

1) 雷达反射截面测量试验;

2) 红外辐射测量试验等。

(5) 系统适应性验证

1) 控制系统试验;

2) 超转保护系统试验;

3) 超温控制系统试验;

4) 矢量喷管试验;

5) 反推力装置试验;

6) 防冰和除冰系统试验等。

(6) 综合能力验证(持久试车)

1) 初始飞行前规定持久试车;

2) 鉴定持久试车;

3) 耐久性试验;

4) 加速模拟任务持久试验;

5) 维修检查间隔试验等。

10.6.2.6 发动机高空试验

高空试验是在真实高空条件或模拟高空条件下对发动机及其部附件、子系统进行性能和能力验证的试验,通常包括高空模拟试验和飞行台试验。

发动机高空试验验证内容主要应包括:

1) 高空性能试验;

2) 高空功能及稳定性试验;

3) 使用包线摸底试验;

4) 推力/功率瞬变试验;

5) 空中起动与再起动试验;

6) 进气畸变试验;

7) 空中风车试验;

8) 引气污染分析试验;

9) 高原起动试验;

10) 高低温起动试验;

11) 振动测量试验;

12) 发动机放热试验;

13) 压力平衡试验;

14) 进气加温加压试验;

15) 发动机控制系统验证;

16) 发动机燃油系统验证;

17) 发动机润滑系统验证;

18）发动机健康管理系统验证。

10.6.2.7 发动机飞行试验

飞行试验是在实际装机条件下对发动机及其部附件、子系统进行性能和能力验证的试验。根据 GJB 243A—2004《航空燃气涡轮动力装置飞行试验要求》等的规定，发动机飞行试验鉴定内容主要包括：

1）发动机性能特性鉴定试验：地面温度特性鉴定试验，高度—速度特性鉴定试验，性能修正系数测定试验等。

2）发动机工作特性鉴定试验：工作稳定性鉴定试验，风车状态检查，空中起动特性鉴定试验，加减速性鉴定试验，发动机操纵系统、指示系统鉴定试验，动力装置控制系统鉴定试验，加力工作特性鉴定试验，滑油系统工作质量鉴定试验，控制系统鉴定试验，推力矢量喷管鉴定试验，防冰系统鉴定试验，发动机振动测量，武器发射时发动机工作质量鉴定试验，红外辐射测量，发动机可靠性、维修性鉴定试验等。

3）发动机与进气道相容性鉴定试验。

4）发动机与排气系统相容性鉴定试验。

5）涡轴发动机减速装置鉴定试验。

6）发动机高温部件温度测量与动力装置冷却通风系统鉴定试验。

7）监视系统/健康管理鉴定试验。

8）发动机环境适应性试验。

9）"五性"评估等。

10.6.2.8 使用试验

航空发动机作为航空平台的重要子系统，其使用试验的目的是考核在实际使用环境中发动机的部署与快速出动能力、使用效能和复杂使用环境中的适应能力，考核其与平台及武器系统的使用效能和适用性。通过航空发动机的使用试验，还可以为拟订飞行技巧（或战术）、编制人员要求及编制操作维修手册等提供必要的信息。

航空发动机随航空装备开展使用试验时，主要考核评价内容包括：

1）使用适用性：反映在为飞机、直升机等航空装备使用性能提供的支撑能力。内容包括支撑快速出动的能力、支撑任务飞行的能力、支撑使用机动的能力、支撑使用操控的能力、支撑武器发射的能力、支撑装备隐身的能力等。

2）使用环境适应性：发动机在使用使用过程中，适应所处使用环境要求的能力。内容包括自然环境适应性、电磁环境适应性、机械环境适应性等。

3）质量稳定性：指发动机质量特性保持一致性的程度。内容应包括：发动机性能特性与鉴定状态的差异性；多台发动机性能特性的差异性；发动机可靠性、维修性、保障性与鉴定状态的差异性；发动机性能衰减特性与设计状态的差异性；发动机性能随使用条件、环境变化特性与设计状态的差异性等。

4）保障效能：保障效能是在预期或规定的使用条件下由具有代表性的人员对装备实施使用保障、后勤保障和技术保障时，装备得到有效保障的程度。包括油料适应性、可运输性、保障设备、资料、软件适应性、"五性"评估、装机适应性评估、人机工效等。

5）使用效能支持能力：航空装备的使用效能与发动机的高度—速度特性、加减速性、起动特性、雷达与红外隐身性能、可靠性、安全性、维修性等综合性能相关，结合对飞机、直升机等航空装备使用效能的考核，以及对航空发动机使用环境适应性、使用适应性、保障效能、质量稳定性的评价，对航空发动机支撑航空装备实现其使用效能的能力进行评价。

10.6.2.9 在役考核

在役考核是在装备列装服役期间，为检验装备满足用户使用与保障要求的程度所进行的持续性试验鉴定活动。

航空发动机具有技术复杂、研制难度大、周期长的特点，一个新型号的航空发动机从技术研发到鉴定定型往往需要20年左右的周期，即使是型号改进也通常需要10年以上的周期。因此，一般来说，一种发动机开始服役后，要10~20年之后才有新型号发动机可以替换。在此期间，对发动机提高性能或改善某些特殊功能的要求，主要是通过在役发动机的使用考核与改进发展来满足，包括发动机可靠性增长、寿命延长，也包括性能的改进或发动机改型。

发动机批量装备之前，即使安排有使用试验，但存在试验时间有限、参试发动机数量有限、试验环境条件有限等不足，难以全面暴露发动机的深层次问题和缺陷。开展发动机的在役考核十分必要，可以持续提高发动机的用户适应性、质量稳定性，促进航空发动机的升级改进和使用效能的持续提升。

在役考核评价内容：

1）适装性：指发动机适合批量使用的能力，与用户适用性有许多共同之处。适装性也大致可包括飞行环境适应能力、使用适用能力和保障适应能力。

2）安全性、可靠性及完好性：服役期间，借助大批量装备的使用、大量多样化的使用及训练任务，对发动机的安全性、可靠性及完好性进行全面评估。

3）质量稳定性：服役期间，需要持续监测、评估发动机的质量稳定性。内容应包括：发动机性能特性与定型状态的差异性；多台发动机性能特性的差异性；发动机可靠性、安全性、维修性、测试性、保障性的波动性；发动机性能衰减特性与规定状态差异性；发动机性能随使用条件、环境变化特性与规定状态的差异性等。

4）服役期经济性：服役期经济性直接影响其适装性和批量装备能力。发动机服役期的经济性与发动机的采购成本、维修保障成本以及发动机的使用寿命相关。在役考核期间应持续监测发动机及其备件的采购成本，监测发动机的维修保障成本，计算发动机的单位小时费用和寿命周期费用。

注：本章内容的主要素材取自以下参考文献以及若干其他资料。

参考文献

[1] 张宝诚. 航空发动机试验和测试技术 [M]. 北京：北京航空航天大学出版社，2005.

[2] 杜鹤岭. 航空发动机高空模拟 [M]. 北京：国防工业出版社，2002.

[3] 侯敏杰. 高空模拟试验技术 [M]. 北京：航空工业出版社，2014.

[4] 中国人民解放军总装备部. GJB 243，航空燃气涡轮动力装置飞行试验要求，2004.

[5] [英] Ian Moir，Allan Seabridge. 飞机系统：机械、电气和航空电子分系统综合 [M]. 凌和生，等译. 北京：航空工业出版社，2011.

[6] US DoD. JSSG-2007, Engines, Aircraft, Turbine.

[7] 中国人民解放军总装备部. GJB 241A，航空涡轮喷气与涡轮风扇发动机通用规范，2010.

[8] 中国人民解放军总装备部. GJB 242A，航空涡轮螺桨和涡轮轴发动机通用规范，2018.

[9] 中国民航局. CCAR-33R2，航空发动机适航规定.

[10] 中国人民解放军总装备部. GJB 150A 系列标准，军用装备实验室环境试验方法，2009.

[11] RTCA/DO-160A/B/C/D/E Environmental Conditions and Test Procedures for Airborne Equipment.

[12] 中国人民解放军总装备部. GJB 4053，航空发动机数字电子控制系统通用规范.

[13] 中国人民解放军总装备部. GJB 3057，航空涡轮发动机润滑系统通用规范.

第 11 章
航空发动机使用发展

11.1 概念与内涵

使用发展是针对已经定型投产和正在使用中的发动机所做的工程支持和发展工作，是发动机寿命期的最后一个阶段，其属性与工程研制相同。

一种发动机定型投产以后，一般有 20~50 年的使用寿命期，在其使用期间，需要进行维护、维修和运行保障，预防和排除故障，充分发挥发动机效能，保障完成飞行任务和飞行安全。此外，不可避免地会出现研制中没有暴露和考虑到的技术问题，需要进行修正和完善，使其更好地适应实际使用要求；或者，为了开辟新的用途或为了提高可靠性和耐久性，运用新技术不断对发动机进行改进。使用发展的工作通常可包括改进改型、可靠性增长、定寿延寿和使用维修等。

许多国家把大力加强使用发展作为发展航空发动机的重要途径，以取得投资少、风险低、周期短的效果。一些重要的航空发动机都会有一系列的改进改型，衍生发展出多个型号，系列改进改型的总投资可以超过最初型号研制的好几倍。而且，有些发动机改型后会成为一个全新的型号，甚至演变成一个新的机种。例如 J79 涡轮喷气发动机发展出了 10 多个改型，推力提高了 40%，还演变成为后风扇发动机 CJ805-23；在 J57 涡轮喷气发动机上装上前风扇，即演变为 TF33 涡轮风扇发动机；轰炸机用的 F101 涡轮风扇发动机改型为战斗机用的 F110，成了一个新的型号。有关系列发动机的改进历程可见林左鸣[1]、倪金刚[2]、陈光[3]等的著作。

由此可见，一项技术或产品发展成功以后，在使用中又不断发展，这实质上就是科学技术的一个新的研究和发展层次。美国国防部科研分类 6.6 类使用发展是对已批准采购的和正在使用的系统的发展工作，但在具体落实使用发展类的项目合同时，还是按照该项目所处的研究和发展状态，给出从 6.1 研究类到 6.4 工程发展类的合同号。比如：为改进 F100 发动机状态诊断系统的合同号是 6.2 类探索发展，为改进 F100 发动机耐久性的合同号是 6.4 类工程发展。这是对上述论点的一个佐证。这说明美国国防部对每个项目的各种发展工作是按其工作性质来分类管理的。

将使用发展看作是一个新的层次上的研究和发展工作，有助于对使用发展有本质的认识。首先，使用发展也要以新技术的预研为基础，如果没有新技术基础，即使引进或仿制成功一个产品，也无法用所谓的"渐改法"或"小步前进"途径改型出新的产品；其次，改型也需要用与新型号发展类似的阶段程序，这在国外已有明确规定。当然，使用发展还有弥补产品定型投产时成熟性不够这一方面的作用。

11.2 使用发展的作用意义

11.2.1 改进可靠性和耐久性

工程发展和使用发展在时间上的分界点是通过定型试验的时间。发动机通过定型试验时达到了规定的性能指标，但在可靠性和耐久性方面还远远没有成熟。发动机达到定型时只做完了性能试验和大部分的操纵性试验，做了一部分静强度试验，而动强度试验则还刚刚开始。造成这种情况的主要原因是：出于尽快投入使用或市场竞争的需要，在新飞机研制时往往着眼于尽快先把性能拿到手，在研制中试验特别是强度试验难以做得很充分。因此，发动机定型投入使用后常发生故障，甚至造成飞行事故。为此，在投入使用后还需要通过发动机部件改进计划来解决这些问题。J79 发动机通过部件改进，翻修寿命从 1957 年的 160 h 延长到 1972 年的 1 200 h。F100 发动机经过 10 年的改进，在操纵性、可靠性和耐久性方面的进步见表 11-1。

表 11-1 F100 发动机操纵性、可靠性和耐久性的进步

项　目	F100-PW-100	F100-PW-220
滞止失速/[次·(1 000 发动机飞行小时)$^{-1}$]	0.2~1.0	0~0.1
油泵停车/[次·(10 000 发动机飞行小时)$^{-1}$]	0.9	0.2
发动机提前拆换/[次·(1 000 发动机飞行小时)$^{-1}$]	7.3	4.0~6.0
维修人时/[小时·(发动机飞行小时)$^{-1}$]	8.5	4.6
维修费用/[美元·(发动机飞行小时)$^{-1}$]	585	258~480

11.2.2 提高性能和扩大用途

为了提高飞机性能和扩大用途，许多比较著名的发动机，如 J79 和 J57，衍生发展出了 20~30 个型别。J79 的最大加力推力提高了 36%，耗油率从 2.24 kg/(daN·h) 降低到 2.01 kg/(daN·h)，满足了 F-104、F-4 和 A-5 等多种飞机的要求。法国的阿塔涡喷发动机系列，加力推力从最初的 3 725 daN 发展到 6 863 daN，形成了一个完整的发动机系列，满足了本国作战飞机不断发展的要求。在民用发动机方面也有不少典型例子，如英国的达特涡桨发动机功率从 1 044 kW 提高到 2 238 kW，巡航耗油率降低 10%。20 世纪 70 年代美国 NASA 实施的飞机节能计划中，将发动机部件改进计划作为第一步，目标是通过一系列的部件技术改进，使现役的 JT8D、JT9D 和 CF6 涡扇发动机耗油率降低 5%，其投资 4 000 万美元，已于 1982 年完成，研究成果已用于这些发动机的改进设计。

F100 发动机在改进了可靠性和耐久性后,为满足飞机增大推力的需要,通过改型,使加力推力从 10 600 daN 增加到 12 900 daN。

11.2.3 降低成本和费用

降低成本和费用中包括降低生产成本和寿命期费用。

11.2.3.1 降低生产成本

本来可以在研制中设法降低生产成本,但在许多情况下为了赶研制进度,不得不把降低生产成本的工作留到定型以后再去做。对于一种批量产品的生产成本有一种所谓的"熟练曲线",即制造单件产品的劳动量随生产数量的增加要逐步减少,一般认为飞机制造业的熟练曲线为 80%,即生产数量翻一番,制造单架飞机所需的劳动量下降到原来的 80%。所以,批量越大,制造成本下降越多。

11.2.3.2 降低寿命期费用

产品定型后,研制和生产费用已经基本确定了,影响寿命期费用的主要是使用和维修费用。对于民用发动机来说,使用费用,特别是燃油费用占相当大的比例,因此通过降低发动机耗油率可减少使用费用。而对于作战飞机的发动机来说,维修费用占极大的比例,因此主要通过提高耐久性和维修性来降低维修费。除对发动机做改进外,还可通过改进维修方法和程序来达到降低维修费用的目的。据估计,在发动机产品改进计划中每 1 元的投资可以得到 8~10 元的回报。

11.3 使用维修与监控

航空发动机是结构高度复杂的旋转机械,在高温、高压、高转速的恶劣条件下工作,其性能的发挥不仅取决于设计制造水平,也取决于使用过程中的维护和保障水平。

现在我国正逐步贯彻"以可靠性为中心"的维修思想以及"状态监控和视情维修相结合"的维修方式,因此,现代航空发动机的监控与故障诊断能力越来越重要,其技术发展对发动机性能起着重要作用。

11.3.1 飞机维修活动

11.3.1.1 定义

飞机的维修,是为保持和恢复飞机、直升机规定技术状态所进行的维护和修理活动,基本任务是预防和排除飞机故障,充分发挥飞机效能,保障完成飞行任务和保证飞行安全。

11.3.1.2 分类

飞机维修工作有多种分类方法,概述如下:

1) 根据作业内容,可以分为日常维护、定期检查和各级修理。
2) 按照作业技术,可以分为维护、检测、状态监控、调试和校准、分解和组合、修复与更换、部分零件加工等。

3）按照维修的性质，可以分为预防性维修和修复性维修。前者指使装备保持规定技术状态，包括清洗润滑、检查测试、校验调整、更换到寿机件等；后者指使装备恢复规定技术状态，包括故障定位和隔离、故障排除、受损件修理和更换等。

4）按照维修方式分，有定时维修、视情维修和事后维修等。

5）按照维修的组织管理体制分，有基层级、中继级、后方基地级等，又称维修等级。

11.3.1.3 各维修等级的定义

划定维修等级的目的是：合理设置维修机构，构建维修网络，配置维修资源，分担维修任务，顺利实施领导管理，确保优质高效地完成飞机维修任务，以满足空军航空兵部队作战训练的需要。下面介绍一些国家稍早时期军用飞机的维修模式，各国也都在根据装备特点不断优化维修模式。

由于世界各国空军航空兵部队的体制编制等情况不同，故飞机维修分级也不是一种模式。

（1）美国维修模式

美国实行三级维修，包括：

1）基层级，由飞行联队下属的维修中队负责飞机的日常维护，承担过往飞机的飞行前、后检查维护，以及部分简单故障的原位维修任务。

2）中继级，由飞行联队下属的专业中队负责飞机的周期性维修工作，承担简单零件配制，以及部分复杂故障的离位维修任务。

3）后方基地级，由空军后勤中心负责的飞机大修。

（2）俄罗斯维修模式

俄罗斯空军实行四级维修：

1）一级，由飞行大队维护队承担的日常维护。

2）二级，由航空兵团承担的定期检修和飞机小修。

3）三级，由师、军修理厂承担的飞机中修。

4）四级，由空军修理厂或修理基地承担的飞机大修。

（3）我国的维修模式

我国实行的是具有中国特色的三级维修体制：

1）基层级，由航空兵团以下维修机构进行，主要工作有飞机的日常维护、定期检查、小修和轻度战伤的飞机抢修等。

2）中继级，由飞行学院和航空中心修理厂负责，主要工作有飞机中修、机载设备修理、部分零备件制造、一般项目改装以及战时的飞机抢修等。

3）后方基地级，由飞机制造厂和航空修理工厂负责的维修，主要工作有飞机大修、复杂项目改装、零备件制造，以及平时的技术支援、战时的抢修支援等。

11.3.2 发动机的维修工作

11.3.2.1 发动机的维修等级

美国对发动机仍采取三级维修的体制，中继级机构具有更换发动机单元体和发动机试验的能力。

在我国,由于航空发动机的特殊性,产品的整体性、系统性较强,对试验条件要求高,中继级机构不具有修理条件,只有两级维修,基层级无法完成的工作则直接返修理工厂进行后方基地级检修或者大修。

以某型发动机为例,外场维护中队负责发动机的日常维护、故障排除、简单机件的更换等,修理厂负责光谱分析、发动机特检、油滤清洗和拆装发动机等,这些都属于基层级维修的范畴。发动机到寿或者出现无法排除的故障,即返回修理工厂进行检修或者大修。

11.3.2.2 发动机的维修内容

以下以某型发动机为例,介绍一些发动机的主要维修工作。

发动机的日常维护属于基层级维修的业务范围,主要包括:

1) 飞行前准备,内容有发动机流道目视检查(进气道、压气机进口叶片、加力燃烧室、尾喷口等)、滑油量、漏油情况检查等。

2) 再次出动准备,主要有发动机惯性检查、滑油量检查和流道目视检查。

3) 飞行后准备,包括发动机流道目视检查、发动机惯性检查、滑油量检查、漏油情况检查、光谱分析等。

4) 发动机集中排故、试车检测等。

发动机的定期检查也属于基层级维修,主要有:

1) 25 h 工作,首次达到时更换滑油。

2) 50 h 工作,轴承检查,清洗燃油、滑油系统油滤,孔探检查压气机和涡轮叶片,试车检查发动机振动水平。

3) 100 h 工作,检查金属屑信号器、燃烧室、燃油泵传动轴花键、空中起动系统工作,飞机附件机匣和涡轮起动机测振,以及 50 h 工作内容等。

发动机的修理工作主要有:

1) 发动机排故或换件,由外场实施。

2) 叶片更换,在外场修理、更换打伤的压气机叶片。

这几项工作应该也属于基层级维修的业务范围。

发动机检修,发动机在寿命期内由于出现外场条件无法排除的故障,返厂进行针对性分解、检查、修理,检修出厂后按照剩余阶段寿命使用;发动机大修,发动机在用完一个翻修寿命期后返回修理单位进行全面分解、检查、修理,出厂后再给定一个阶段寿命。这两项修理均属于后方基地级维修。

11.3.2.3 维修体制的发展趋势

总的趋势是基层级的任务日益简化,主要是日常检查维护及找出故障部件并更换;中继级逐步缩减;后方基地级有所扩展,将承担大批高技术含量的机载设备的修理工作。下面介绍美军的一些新的做法。

F-22 飞机研制之初,美军就对飞机的可靠性、维护性和保障性提出了很高的要求,简单地说就是要求飞机机载设备的可靠性指标比服役的 F-15 飞机加倍,而需要的维修工时、人员等减半。同时大量的数字化技术、计算机技术以及各种综合技术的应用使飞机的维修保障模式发生了很大变化，将传统飞机的三级维修体制改为二级维修体制，取消了中继级。

F-22飞机上的自检系统和故障告警显示技术比较完善，使原来的一线维修几乎不再依赖地面检测设备，机载设备采用单元体和模块化结构设计，使外场一线换件更容易，这些条件客观上使原来的外场维修深度得到加强；同时由于系统功能的高度综合化、设备线路的超大集成化，使得飞机的原位检测要求非常宽、离位检测要求非常深，即一般性故障利用机上自检设备和一线检测设备就可以完成故障件的隔离与换件，而对于复杂故障、大型系统故障则必须依赖更复杂的检测设备，使原有的中继级执行的野战级维护存在的必要性大大降低。由于大量计算机的应用，计算机软件系统的复杂性以及新材料、新工艺采用后对修复设备要求的复杂化，使得原有的二级维修也难以保证应有的维修能力。

如F-22飞机的航电系统综合为100多个小模块，分别为信号处理、数据处理、存储及电源等几种通用模块，同种模块可以互换，通过运行不同的软件实现不同的功能，大大减少了维修备件的种类。据称F-22飞机航空电子设备的自检能力达到80%以上，而飞机的开敞率则达到30%~40%。飞机在外场维护主要是检查隔离故障，进行故障单元定位，然后利用设备具备的模块化设计功能直接进行单元体或模块板的插拔更换，大大简化和方便了飞机的外场维修工作。

不仅F-22飞机上的航电系统具有较高的自检和故障诊断能力，非航电系统也是如此。如"非航电系统监控处理机"就是将飞机的电源系统、燃油系统、液压系统、环控系统和制动系统等进行综合监控及数据、信息共享，这些系统一旦发生故障，飞机就可以利用自身的检测功能提供报警，必要时还可以进行系统重构，大大降低了系统对地面设备的依赖性。

F-119发动机采用单元体设计技术，可以简化发动机的拆装、维护，也给取消二级维修提供了条件。对于发动机的维修，基层级的主要任务是根据机载故障监控与诊断系统的信息，判明发动机发生故障的原因，将故障定位到单元体和外场可更换单元（LRU）一级，并更换故障单元；根据监控系统信息，更换达到使用寿命的单元或者工作能力不能满足要求的单元；换下的单元体或者LRU返回后方基地进行恢复工作能力的深度维修。

11.3.3 发动机健康管理

早期的发动机健康管理系统也称为发动机监控系统，为了提高发动机的使用可靠性和维修性，现代发动机普遍加装了健康管理系统，以对发动机的使用维修进行持续监控。尉询楷[4]、高金吉[5]等比较详细地介绍了发动机健康管理系统。

11.3.3.1 发动机监控系统的效益

发动机监控系统通过改善安全性、降低费用支出、增加可用度和可靠性等产生效益。

(1) 改善安全性

及时的告警可以使空勤和地勤人员注意到影响任务完成或引起发动机故障的一些问题，避免等级事故的发生。

例如在1978年，日航27架波音747飞机，一年内总飞行时间为388 000 h，计划更换发动机58台。由于使用了监控技术，在计划外根据故障情况更换了85台发动机，避免了大量事故，使发动机的空中停车率降到0.04台/kh。

(2) 节省费用

应用发动机监控系统能较好地确定和管理发动机的使用、状态、使用寿命和剩余寿命，可以在零部件、劳动力、燃油、使用和后勤保障等五个方面节省费用的支出。

例如德国汉莎航空公司的A310/CF6-80，由于采用了AVM系统的数据，及时地给出需要重新平衡风扇的时机和信息，既避免了发生严重的机械故障，又免去了重新平衡转子需要进行的专门试车。据统计，该机群每年最少省掉了20次专门试车，可节约4 600 kg燃料、40 h的飞机利用率及100~120个人工小时。

(3) 改善使用

发动机监控系统能改善发动机与飞机的可用率和任务完成率。准确和连续的发动机监控有利于对发动机/零部件允许极限和使用极限进行重新评估，或适时修正用于维修零部件的准则。

例如1962—1970年，日航在JT3D发动机上应用各种监控技术，结果使发动机的大修间隔从1 200 h逐步提高到12 000 h，直至取消大修寿命。

11.3.3.2 常用诊断与监控技术介绍

现代航空发动机的状态监控和故障诊断手段主要有三类：

1) 性能状态监视或称气路参数分析技术，即根据测得的发动机主要截面上的气动热力参数、发动机转速和燃油流量比较，精确地分析和诊断发动机气动部件故障。

2) 机械状态监视，常用的有：滑油监视和振动监视；低周疲劳和热疲劳监视；叶片动应力检测和声谱检测等。

3) 无损探测，一般只作地面检测用，常用的有孔探仪检测、涡流检测、同位素照相检查、超声波检查、磁力探伤、声发射探测、X射线照相检查、荧光检查、着色检查、流体渗透检查等。

(1) 性能状态监视技术

使用经验表明，发动机的故障大多数都与空气—燃气通道中的部件有关，而热端部件的故障率又明显高于冷端部件。气路部件的故障通常都能导致发动机工作参数的改变，这种改变就是发动机性能监控的重要依据。

性能监控常用的方法有两种：趋向图分析法和故障方程诊断法，一般可以将这两种方法联系起来使用，首先用趋向图进行状态监控，发现异常后再用故障方程进行故障诊断。

趋向图分析法是通过对发动机部分状态参数的长期观察，将记录参数数据与代表正常性能的参数数据或标准数据进行比较，监控发动机的工作情况，判断发动机的损伤情况，预报发动机性能和可靠性变化趋向，提供维修信息。这种方法特别适用于运输机和轰炸机发动机的状态监控，因为这些大型飞机在每次飞行中通常都会保持一定的飞行状态，即一定的飞行高度和速度，甚至某些飞机飞行的航线也基本固定。但是歼击机和强击机却无法规定这样的一个飞行状态。目前正在研究适用于歼击机和强击机的处理方法。一般在稳定巡航状态下记录数据，常用参数有发动机的压比（EPR），高、低压转子的转速（n_1、n_2），排气温度（EGT）和燃油流量（FF），还有机械状态参数，如发动机和部件的振动、滑油压力、滑油温度及消耗量等，这些参数被直接记录并且可以观测其趋向。

故障方程诊断法是基于（线性）故障方程分析发动机所处状态的方法，即根据发动机的故障方程和发动机的测量参数（状态向量），确定故障及故障的类型和严重程度，一般分为全面诊断和局部诊断。这种方法主要适用于发动机稳态的气路分析（部件性能分析）。

（2）滑油监控技术

航空发动机是一种高速旋转机械，为保证其正常工作专门设置了润滑系统，对所有轴承与齿轮进行润滑和冷却。

滑油在润滑系统内是循环使用的，携带着发动机运动零部件状态的大量信息，如磨损和疲劳剥落等情况，利用这些信息可以了解发动机的运行信息、预测发动机有关零部件的寿命和决定维修的时机。

进行油样分析的方法比较多，如光谱分析法、铁谱分析法、磁塞检测法、颗粒计数法及磨粒分析法等，但目前部队常用的是光谱分析法、铁谱分析法和磁塞检测法。

1）磁塞和信号器检测法。

磁塞安装在润滑系统的管道中，以收集悬浮在滑油中的铁磁性磨屑，用肉眼、低倍放大镜或显微镜直接观察残渣的大小、数量和形状等特征，从而判断摩擦零件的磨损状态。

磁塞的缺点是只能用于检测铁磁性材料的磨粒。因此，在发动机润滑系统中还广泛采用金属屑信号器，其内部被金属碎屑堵塞时能向机组发出报警信号。

2）铁谱分析。

铁谱分析是利用铁谱仪从润滑油试样中分离检测出磨屑和碎屑，根据磨屑的大小及分布情况，分析和判断运动副表面的磨损类型、磨损程度和磨损部位的技术。分析过程包括进行定性和定量分析。

3）滑油光谱分析。

滑油光谱分析是利用滑油中各种元素的原子发射光谱或吸收光谱的不同，来分析滑油中磨粒的化学成分和含量，判断机件磨损的部位和磨损的严重程度，确定相应零件的磨损状态，进而对设备故障进行诊断。光谱分析法比较适合于分析油液中有色金属磨损产物。在某三代战机发动机维护中，大量应用光谱分析技术，多起轴承早期故障均被控制在地面解决。

三种滑油油样分析方法在检测效率上是相互补充的。因此，在利用滑油油样分析法预测发动机故障时，需要三种方法的相互配合。

1) 光谱分析法适用于 8 μm 以下磨粒的分析，能可靠地鉴别磨粒的成分，并对其进行定量分析，但不能获得磨粒形态的信息。

2) 铁谱分析法适用于 100 μm 以下磨粒的分析，能将磨粒按尺寸大小排列，获得颗粒形态及成分等方面的信息。

3) 磁塞检测适用于 50 μm 以上磨损颗粒，通过对磨粒的大小、数量和形态的观测，可判断零件的磨损状态；颗粒计数技术可把油样内的颗粒进行粒度测量，并按预选的粒度范围进行计数，从而得到有关颗粒粒度分布的重要信息。

(3) 发动机振动监控

航空发动机的振动监控与故障诊断主要用于识别发动机结构系统，特别是转子系统的机械状态和故障。振动信息包含了幅值、频率和相位等多种信息，能最全面地反映结构系统的机械状态。同时振动现象也是高速旋转机械最常见的问题和症结之一。

振动总量是发动机振动监控的最基本参数，超限监控和振动总量趋势分析是基本方法。

功率谱密度函数所包含的信息远大于振动总量，振动信号的频谱分析是发动机振动故障诊断应用最广泛、最有效的手段。如波兰航空公司对其 IL-62M 飞机坠毁原因进行研究，诊断结论是 2 号轴间轴承失效，通过频谱分析发现有明显的转速 2 倍频的成分。此后，通过增加 2 倍 N_2 频率的监控避免了该故障的再次发生。

在振动分析中，还经常把不同转速下振动的功率谱图绘制成三维的转速谱图（也称为瀑布图），来进行发动机的故障诊断。转速谱图对于识别强迫振动、非线性振动和自激振动等均非常有用。

英国航空公司统计了上百种由机载振动监控系统提供的监控信息，从而排除了发动机的早期失效，包括压气机或涡轮叶片掉块、叶尖碰磨、轴承失效、联轴器不同心、油流入压气机鼓内、压气机组件螺栓松动等。1987 年该公司的 RB211 发动机风扇轴处的轴承失效，失效速度增长迅速，由于机载振动监控系统及时给出报警，故防止了灾难性事故的发生。同年 RB211 发动机的第六级压气机故障，由于机载振动监控系统早期指示而减小了二次损伤。

(4) 发动机使用寿命监控

与其他动力机械一样（如汽车发动机），航空发动机的使用寿命也是有限的，但航空发动机不允许在飞行过程中出现失效，而汽车发动机却容许在使用过程中出现失效，因此必须对航空发动机的使用寿命进行严格的控制，既要防止寿命耗尽而危及安全，又要减少寿命损失以免造成经济上的浪费。

航空发动机的寿命监控是状态监控的一个重要方面，目前国内外一些军用飞机和民用飞机上都已不同程度地采用了发动机寿命监控技术。

发动机的寿命监控就是建立一个合适的反映零部件所受载荷和零部件应力—寿命关系的寿命损耗数学模型，根据每一次飞行参数的测量和处理，计算零部件的寿命损耗，得出其每一次飞行的寿命损耗百分数，保证发动机可靠工作及飞行安全，为发动机视情维修提供重要依据。

美国 GE 公司的 T700 发动机安装有记录发动机低循环寿命的历程记录仪，它显示并记录发动机主循环累计次数（0 - 最大 - 0 循环）、发动机次循环累计次数（巡航 - 最大 - 巡航循环）、时间温度指数和发动机实际工作小时数。

(5) 无损检测技术

无损检测技术就是在不损伤被检材料、工件或设备的情况下，应用多种物理原理和化学现象，对各种工程材料、零部件、结构件进行有效的检验和测试，来测定其物理性能、状态和内部结构，评价其均匀性、完整性、连续性、安全可靠性，从而判断其是否合格的科学。

实际使用的无损检测方法很多，适用于各种不同场合，但在航空工业生产检验中，目前应用最广泛的主要是射线检测、超声检测、磁粉检测、渗透检测和涡流检测等常规方法。其他用得比较多的有声发射检测、红外检测和激光全息摄影检测。

无损检测的发展经历了三个阶段，即 NDI（Non - Destructive Inspection，无损探伤）、NDT（Non - Destructive Testing，无损检测）和 NDE（Non - Destructive Evaluation，无损评估），目前一般统称为无损检测（NDT）。目前，发达国家的无损检测技术已逐步从 NDI 和 NDT 向 NDE 过渡。

1) 孔探仪检测技术。

孔探仪也称内窥镜，是一种管状的光学仪器，用于检测管件内表面或其他肉眼难以检查到的封闭结构内部的零件表面。常见的孔探仪有三种，即采用刚性管的硬式孔探仪、采用柔性管的软式孔探仪、采用柔性管的软式电子孔探仪。

孔探仪在航空发动机检查上应用很广，例如用于检查高压压气机进口整流叶片、主燃烧室火焰筒外壁、涡轮导向器内外环、高低压涡轮工作叶片等。

经验表明，与航空发动机安全和寿命密切相关的气路部件主要是压气机、燃烧室、高/低压涡轮，这些需要检查的部件一般都布置有放置孔探仪的通孔。

2) 涡流检测技术。

涡流检测是一种表面或近表面的无损检测方法，通过测定被检工件内感生涡流的变化来评价导电材料及其工件的某些性能或发现缺陷。

在工业生产中，涡流检测是控制各种金属材料和非金属材料及其产品品质的主要手段之一。与其他无损检测方法相比，涡流检测更容易实现自动化，特别是对管类、棒类和线材等型材有着很高的检测效率。

涡流检测技术在航空发动机上有广泛应用。外场常用涡流检测仪来检查发动机高压涡轮叶片表面裂纹；喷气发动机的风扇叶片在起飞时承受非常高的应力，叶片根部的最大应力可能接近或超过叶片材料的屈服强度，引起开裂。采用涡流法可以检出这种低周疲劳引起的叶片根部裂纹。

3) 超声波检测技术。

超声波检测：利用超声波射入被检材料或工件，根据其内部反射回来的损伤波来判断缺陷的存在、位置、性质和大小等。

超声波检测在大型锻件、铸件缺陷的检测方面得到了广泛应用。

复合材料很难用其他无损检测方法来检测，但使用超声波检测具有很好的检测效果。

利用超声波可以对发动机的高压压气机进口整流叶片、低压压气机进口导流叶片、涡轮导向器叶片、燃烧室火焰筒外壁板材组织等进行检测。

超声方法的一个发展是对关键件在工作期限内进行在线监测，这样即可避免定期将关键件进行拆卸检查，必要时还可以安装预警装置。

4）激光全息检测。

物体在受到外界载荷作用下会产生变形，这种变形与物体表面和内部缺陷直接相关，在不同的外界载荷条件下，物体表面变形的程度是不同的。

激光全息照相，是将物体表面和内部缺陷，通过外界加载的方法，使其在相应的物体表面造成局部的变形，用全息照相来观察和比较这种变形，并记录在不同外界载荷作用下的物体表面的变形情况，进行观察和分析，然后判断物体内部是否存在缺陷。

5）红外检测。

红外无损检测是利用红外物理理论，把红外辐射特性的分析技术和方法应用于被检对象的无损检测的一个综合性应用工程技术。航空发动机本质上是一种热机，其运行中的热状态变化是确定航空发动机实际工作状态和判断其可靠性的重要依据。对其红外辐射特性的确定和分析，是确定和判断其热状态的有效途径。

11.3.3.3 国内外航空发动机的监控与诊断系统

（1）国外情况

国外状态监控与故障诊断技术和监控系统的发展经历了由简单向复杂、由低级向高级、由离线诊断向实时监控、由单一向综合化的过程。

国外在20世纪60年代末开始研究开发状态监视和故障诊断综合系统，70年代开始在民用发动机上应用，70年代后期战斗机发动机也开始装备。到了20世纪80年代，国外服役的军用发动机无一例外地装有独立的发动机监控系统（EMS），或者将发动机状态信号提供给飞机的综合监测系统，对发动机实施监控。

最新趋势是机载与地面系统相结合的发动机健康管理系统（EHM）或称预测与健康管理系统（PHM）。

1）以超限检测为主的机载有限监视系统。

20世纪70年代初设计的有限监视系统，由于受传感和信号处理分析硬件技术发展的限制，测量参数较少，功能有限。其典型的功能有机载参数超限检查、寿命历程记录、地面故障检测和趋势分析，但其故障隔离诊断能力较低。监控效果对于工作应力大和工作状态变化大的军用发动机不明显，其主要原因是机载传感和分析手段有限，不能很准确地识别由于故障造成的参数异常和由于工作状态变化造成的参数异常。

2）以综合诊断为代表的扩展机载状态监视系统。

20世纪80年代中期至90年代后期，复杂信号处理工作可以机载在线实现，发动机传感器覆盖率得到大幅提升，新型传感器例如静电传感、应力波、高频振动传感器不断出现并逐步进入到技术验证阶段，状态监控和故障诊断系统功能大大增强。实现的典型功能有：传感器有效性检验和恢复；发动机事件、超限检查；滑油、振动、控制参数检查；故障告警；机上振动频谱分析；部件寿命管理；地面诊断系统可进行关键参数的趋势分析并将故障隔离到单元体。

发动机监控系统对于维修保障取得的经济效益日益凸显，监控系统能够主动根据装备维护需求，对其性能衰退趋势进行监测、评估和预测，制订维护计划，以防止其因故障而失效。此外，由于人工智能、机器学习等技术的快速发展，使得数据分析方法和手段上应用了更多的新技术。

3) 以早期故障预测和实时剩余寿命估计为代表的 PHM 系统。

现代先进航空发动机的标志之一就是 PHM 系统。发动机 PHM 系统是当前飞机上使用的机内测试（BIT）和状态监控能力的进一步拓展，实现了从状态监控向状态管理的转变，这种转变引入了故障预测能力，借助这种能力可以预测、识别和管理故障的发生，可减少维修人力、增加出动架次率、实现自主式保障。

PHM 系统从传统的基于传感器的诊断转向基于智能系统的预测，反应式的通信转向先导式的 3R（即在准确的时间对准确的部位采取准确的维修活动）。

PHM 重点是采用先进传感器的集成，并借助各种算法（如 Gabor 变换、快速傅立叶变换、离散傅立叶变换）与智能模型来预测、监控和管理发动机的健康状态。PHM 强化了预测的概念，对于一些关键部件进行实时状态监视和剩余寿命分析，大大提高了机载 PHM 系统对于全机关键部件的后勤管理能力，从而显著改善了外场维修保障的流程和模式，并且成为了实现基于性能和自主后勤保障模式的关键使能技术。

11.3.3.4 关键技术

航空发动机监控诊断是一门综合性学科，集成了传感器技术、信号处理技术、嵌入式计算技术、信息融合技术、材料疲劳力学、系统建模与辨识等多个学科的前沿成熟技术。除了振动、滑油、性能监控之外，底层专用传感器、多采样率参数采集、数据同步对准、信息融合推理以及嵌入式计算和操作平台等集成关键技术，检验与确认、不确定性管理、寿命管理和后勤维修规划等也都是 PHM 当中需要解决的重要问题。

(1) PHM 专用传感器技术

PHM 系统要求有足够的传感器（类型和数量）才能获得实现预测与健康管理目的所需的底层信息，着重突破高频振动传感器、应力波传感器、电涡流叶片机载监视传感器、滑油碎屑监视传感器等 PHM 专用传感器技术。

(2) 发动机整机振动监视技术

振动监控是 PHM 系统的核心技术之一，对于动态掌握转子系统的健康状况、提高可维修性具有重要意义。为能够监测到转子系统和传动系统，一般需要安装 3 个振动传感器，分别用于监视压气机、涡轮和主减速齿轮。

为了能够监视到转子系统的早期故障，频域一般表征为转子的倍频，传感器的测量范围至少应在 1 kHz 以上。整机振动监视的关键技术有：一是要确定传感器的测量范围；二是确定传感器的最佳安装位置；三是对应确定最佳的采样频率和后端信号处理；四是建立转子系统振动典型故障案例数据库。

(3) 滑油碎屑早期故障监视技术

油路分析方法直接与传动系统部件的健康状况相关,在早期磨损故障征兆出现后,例如产生金属颗粒,采用灵敏的传感器即可获得相关的故障信息,再采用先进的特征征兆获取和处理方法,即可将故障征兆与故障模式关联起来,从而达到故障诊断的目的。

美军油路监控主要包括三方面:一是监测滑油系统状态的传感器,即通过监视滑油的压力和温度等监视滑油系统的健康状况;二是监视滑油本身的品质和滑油消耗水平,即通过传感器实时监测滑油理化指标,监视滑油性能的健康状况,同时测量滑油的消耗水平;三是监视整个传动系统滑油润滑部件的磨损情况,即通过监视滑油当中的碎屑间接监视传动部件的健康状况。滑油碎屑对早期发现传动系统尤其是齿轮和轴承(非中介轴承)故障非常有效,应优先开发滑油碎屑在线监视和滑油消耗水平在线监视传感器。

(4) 发动机实时机载自调整模型技术

美军除了采用双裕度 FADEC 确保发动机控制安全之外,对于传感器基本上也都设计有物理冗余,并引入全包线机载自适应模型,用于从参考模型上增强系统的冗余性。普惠公司率先在 PW3000 发动机安装了机载自适应发动机模型 STORM,之后美军在 F-119 发动机进行了应用,主要用于提高控制用传感器的冗余备份,利用发动机基准模型实时检测传感器故障,并在冗余传感器失效时产生替代信号,以减少因传感器故障对控制系统造成的影响。2008 年,STORM 系统升级为增强机载自调整模型 ESTORM。

(5) 关键部件早期故障融合检测技术

轴承失效是引发美国军民用发动机空中停车和非定期换发的主要因素之一。在 PHM 技术框架下,美军在四代机上针对轴承开发了声发射、应力波、超高频振动、在线油液磨粒、静电、激光干涉等多项专用技术,确保从地面和飞行两方面保障轴承安全。

转子系统工作叶片、盘、轴等在故障早期也会在高频段出现可测的早期故障征兆,采用电涡流传感器配合高频振动分析的融合检测是进行叶片早期故障检测和实时状态监视的有效手段。对于盘和轴,高频振动分析是可用的监视手段。

(6) 系统集成关键技术

系统集成是健康管理系统研制当中技术难度最大、要求最高的关键环节。在当前先进健康管理系统当中,需要着重考虑系统集成的几个方面:

1) 多采样率数据采集,针对不同类型的传感器采用不同的采样率可最大化系统利用率,节约硬件资源,并满足系统对不同参数采集的要求。

2) 传感器有效性检验。为确保传感器输出有效,PHM 系统都有专门的模块对传感器进行检测,包括最低级机内测试、中间级奇异值检测以及基于模型参数关联传感器故障检测方法等。

3) 数据对准。要求在不丢失信号信息量的前提下,将所有信号进行高频低采、低频高采并同步到一个共同频率,是针对多采样系统进行信号同步处理的重要模块。

4) 信息融合检测与诊断。为提高故障诊断的可靠性和准确性,充分利用机载传感器的数据信息,采用信息融合的框架是先进健康管理系统的一大亮点。针对非同源传感器的特征级融合是当前针对机载功能模块提高监视诊断可靠性和准确率的重要途径。

11.4 可靠性增长

11.4.1 定义

对于军用发动机，军方批准通过列装定型，发动机就进入批量生产阶段；民用发动机取得了适航证后，进入批量生产阶段。但是实际上，研制中所做的试验验证不可能是完全充分的，新发动机还没有进入成熟期，在使用中还会继续暴露问题，所有新发动机使用早期可靠性偏低。因此，一种新发动机从服役的早期阶段开始，需要开展有关部件的改进计划，而且贯穿于整个使用过程中。其目的是通过改进使用中暴露出来的缺陷，提高使用可靠性，降低零件制造和修理费用，以及通过不断采取工程措施使发动机在全寿命期内的性能恶化不致影响可靠性。

从历史经验来看，许多重要的军用发动机在定型后用于部件改进的费用和时间多于定型以前所用的费用和时间。通过这种改进、改型，不少发动机在性能和其他指标上取得了不小的进展，在一定程度上可以满足航空发展的需要。

11.4.2 可靠性增长的需求

航空运输业的成长高度依赖于航空器及设备的可靠性（含安全性）。不可靠的航空设备，由于经常发生故障，可能并常常导致影响安全性的危险情况发生，从而可能引起人员伤害和飞机损坏，所以要尽一切努力清除潜在影响安全性危险的失效模式。如果做不到，则通过严格控制整个设计和制造过程，使失效率达到可以接受的程度。为了安全，通常制造这样的产品，但是产品造价高昂。

设备更可靠，也意味着当需要时有更多的飞机可用，这意味着只需要买较少的飞机，或者使用较少的飞机即可完成给定的任务。

此外，更可靠的设备也意味着在使用条件下，有更大的概率成功地完成任务。

所以，如果要以规模最小的机队，最有效和最获利地工作，则高可靠性的设备是至关重要的。

英国罗罗公司调查表明，宽体客机的计划外维修成本，在飞机使用寿命期内，可能是支出费用的10倍。类似地，对军用高速喷气式飞机，降低后的水平估计是2~3倍。典型的R.R军用发动机每3 min经受一次非计划维修，平均"维修时间"为20 h，其中包括主要的维修，如外物打伤后的换发和修理。另外，据估计在任一时间，一个喷气机队约有30%的飞机无法飞行。所有这些，对飞机的使用和效率都有直接或间接的影响。

民用宽体双发飞机延长航程的工作能力，是对更高可靠性要求的重要推动力，条例已经从60 min增加到180 min，这要求飞机仅用单发最长飞行3 h。

另据国外资料统计，在飞机机械故障中，由发动机引起的约占一半；在发动机故障中，结构故障占70%；在发动机结构故障中，疲劳故障占大部分，其中尤以高周疲劳（HCF）为甚。1982—1996年美军由于高周疲劳引起的发动机故障占发动机A级故障的56%。

提高可靠性并不等于根绝故障，出现故障和事故也并不奇怪，关键是认真对待，采取措施，改进提高，尽量少出故障，且少出严重的大故障。

11.4.3 可靠性增长案例分析

F-15战斗机是美国在20世纪70年代研制的空中优势战斗机，其配装的F100发动机具有十分优异的战术技术性能。然而在随后的使用过程中发现F100发动机存在许多影响可靠性的严重问题，直接危及飞行安全，这令使用者和设计者伤透脑筋。据统计从F100-PW-100正式投入使用到1979年4月，空军共试用1 100余台发动机，累计工作时间超过25万EFH（发动机飞行小时），综合故障率为2.688/1 000 EFH，造成1979年缺少90~100台发动机，而普·惠公司零备件供应不足更使得F-15不能处于战备状态，导致大批飞机"趴窝"，成为当时美军最棘手的问题之一。

F100发动机服役初期所发生的问题主要有压气机失速、涡轮超温导致叶片烧蚀、高空接通加力困难等故障，不仅影响战机的出勤率，更严重威胁到飞行安全。

虽然在F100-PW-100服役的最初几年里，普·惠公司也针对发动机发生的问题做了一些改进，1976—1978年间使用AMT方法验证了发动机的改进成效，返修寿命从最初的500 h提高到750 h，但是这些修补措施尚不能彻底解决可靠性不高的问题。1979年7月，美国空军与普·惠签订了一份工程发展验证合同，改进F100的性能和可靠性，1980年4月开始台架试车。

鉴于F100基本型的经验教训，美国空军在20世纪70年代末提出大幅延长发动机使用寿命的要求，最具代表性的指标"核心机检修间隔"从原来的1 800 TAC提高到4 000 TAC，相当于2 000 h或外场使用9年的寿命。普·惠公司在F100-PW-220改进研制之初就定下了一个指导方针，即不惜用牺牲性能的代价来提高发动机的可靠性、耐久性和结构完整性。这些改进包括：重新设计的"延长寿命的核心机"（ILC）、采用单晶材料制造的涡轮叶片（由原来的PWA1422定向合金改为PWA1480单晶）、第一种用于战斗机发动机的全权限数字式发动机控制系统（FADEC）、提高维护性的发动机故障诊断装置（EDU）、经改进的加力燃烧室和齿轮式燃油泵等。发动机的全加力推力保持在105.9 kN，但质量却增加了约66 kg，推重比下降到7.4。

为了考核发动机的可靠性、耐久性，在F100-PW-220的试验项目中还增加了3种试验：4 000 TAC的加速任务试车、高马赫数下的耐久性试验以及高周疲劳试验。在同一台发动机机进行的两次试验中，由发动机引发的换发率、停车率、推力损失率均为零，证明了F100-PW-220的改进措施是有效的，彻底解决了可靠性不高的问题，1985年3月发动机设计定型，同年11月首台生产型发动机面世，1986年投入使用。历经十年艰苦磨砺，F100发动机终于走向成熟，为将来的进一步改型奠定了坚实的基础。

11.4.4 可靠性增长的主要做法

1) 针对问题机种进行综合整治，在确保和提高可靠性的前提下改进改型，不单纯追求高性能。

从 20 世纪 70 年代末到 80 年代初，P&W 公司对 F100 发动机进行了综合整治，改进措施主要包括：重新设计长寿命的核心机、单晶涡轮叶片、全功能数字式电子调节器、采用齿轮燃油泵，等等。通过综合改进，发动机的可靠性、耐久性、安全性得到明显提高。改进后的发动机其推力与原型机相同，但重量加大了约 66 kg，即牺牲了性能（推重比）而获得了更高的可靠性。在保证较高的可靠性和耐久性的前提下，F100 发动机遵循"多继承、少创新"的原则和采用经验证的成熟技术，不断改进改型，提高性能，衍生出 F100 - PW - 229、F100 - PW - 229A 和 F100 - PW - 232 等发动机。

2) 制订实施航空发动机部件改进计划，支持发动机投入使用后持续改进发展，不断提高可靠性和工作稳定性。

新发动机定型投产后，需要不断修正使用中暴露出来的缺陷和故障，为此美国空军制订了一项长期的航空发动机部件改进计划（CIP），从 1960 年至今几十年持续不断，平均每年经费 1 亿~1.7 亿美元。

在 1968 年以前 CIP 还可以用来提高发动机性能和扩大用途，而 1968 年以后，则规定不能用来使发动机超过原来型号规范的指标。凡是超出原来规范指标的改型，就纳入专门的改型计划，按照在不同程度上简化的型号研制程序进行。按照美国国防部 20 世纪 80 年代的计划文件规定，CIP 是在发动机定型之后提供资金，用于不断进行的发展和工程支持活动，其目的是通过修正使用中暴露出来的缺陷、改进使用可靠性与降低零件制造和修理成本以及通过不断采取工程措施使发动机在寿命期内的衰老不致影响可靠性的方法，来改进发动机。最新的计划文件中，CIP 对使用中的空军发动机在寿命期内提供技术支持，计划的最高优先目标是保持飞行安全性。CIP 可修正使用中暴露出来的缺陷，降低使用和维修成本。其他的目标包括提高战备完好性以及可靠性和维修性。计划文件中还指出，为了应付变化的威胁，飞机系统要改变任务、战术和环境。发动机在实际使用中会产生大量新的问题，而 CIP 是修正这些问题的唯一经费来源。

另外，还专门实施了一个航空发动机热端部件技术（HOST）计划，总的目的是改善现役发动机的可靠性、耐久性和维修性，降低成本，提高性能，扩大用途。

3) 针对可靠性方面的突出问题，制订实施专项技术研究计划。

针对发动机高周疲劳（HCF）故障，美国在 1994 年 12 月实施了 HCF 科学和技术计划。该计划由空军牵头，由空、海、陆军和 NASA 以及工业咨询委组成的指导委员会管理，集中力量研究涡轮发动机 HCF 技术并实行成果转移，总投资近 1.34 亿美元。

此外，美国还制订实施了航空发动机结构完整性大纲（ENSIP）、航空发动机耐久性和损伤容限评估（DADTA）计划，以及提高涡轮叶片和涡轮盘寿命与可靠性的联合研究计划，等等。

4）妥善地确定飞行任务剖面和发动机使用方法，全面暴露发动机外场使用可能出现的问题，保证试验的真实性。

在设计、改进和定寿延寿过程中，需要做大量的试验来验证发动机，这些试验验证的有效性与飞行任务剖面的制定和发动机实际使用情况有着密切的关联。如 F404 发展计划开始时，设计使用方法是根据 9 种飞行任务剖面制定的，在 4 000 EFH 的计划寿命期内，估计需要 47 465 次油门变化。随后，海军在飞机和模拟飞行器上飞了这一剖面，发现实际的油门变化次数是 442 448 次，增加了 9 倍。海军对飞行剖面任务书进行修改后，有些零件的寿命估计值降低多达 50%。

上述案例充分说明将地面和飞行试验建立在科学预测的飞行任务剖面和发动机使用要求的基础上，才能充分暴露发动机外场使用可能出现的问题。

5）可靠性指标与承包合同报酬挂钩。

美国空军 800-30 号条例规定，发动机可靠性指标、使用寿命及寿命周期费用等与性能一样写入合同，并根据承包商的完成情况付与其报酬。这种方法将可靠性指标与承包商所获报酬相联系，能有效激发承包商对可靠性工作的积极性和责任心，对发动机可靠性的增长有很好的促进作用。

11.5 定寿延寿

11.5.1 航空发动机寿命的内涵

航空发动机寿命是指发动机能在飞机上正常运转的持续时间，实质是指其主要结构件在工作中的磨损、蠕变变形过大，应力断裂或高、低循环疲劳裂纹造成机件失效之前，整机能够安全可靠地工作的时间或工作循环次数。

在现役航空发动机寿命管理中，对整机寿命是采用总工作寿命、翻修寿命和发动机日历寿命三个指标实施控制。

发动机总工作寿命是指发动机在规定条件下，从开始使用到最终报废所规定的总工作时数，它主要可由总工作时间、循环寿命（低循环疲劳次数）、大状态工作时间来规定。目前我国军用发动机总工作寿命一般用小时给定，后期研制的发动机也有用低循环疲劳次数给定的。对于在总工作寿命期内允许大修的发动机，由于其几乎所有的零部件均可以得到更换，故整机总工作寿命是可以得到持续发展的。因此，在寿命管理中，采用总寿命指标并非是基于对发动机使用安全性和可靠性的考虑，而更多的是由于经济性、管理和技术更新的需要。

翻修寿命是指在规定条件下，发动机两次翻修之间的工作时间。发动机翻修寿命是基于发动机在外场使用的安全和可靠性要求而给定的。翻修寿命是一个动态指标，可随着部件结构的改进、外场维护技术和手段的提高而调整或延长。目前我国军用发动机翻修寿命的制定主要是沿用苏联的做法，先给出初始的翻修寿命，然后视发动机外场使用情况进行逐步延长。航空发动机定寿和延寿是发动机寿命研究中经常使用的概念。定寿是指在设计定型阶段按其上报的技术状态通过零部件试验、整机试车、外场试用进行综合分析和评估,确定发动机首翻期的工作。延寿是指发动机达到给定的翻修期或暂定的总寿命后,继续延长使用期限,重新给定翻修期或总寿命。

确定翻修间隔期限的依据除直接取决于工作寿命最短的零部件外(在翻修中对该部件进行修理或更换),发动机在使用中的可靠性水平已成为一个重要的参考因素。当代先进发动机已逐步将定时翻修改为视情维护方式,通过对发动机多种工作参数的实时监控和即时维护来保证使用安全。

发动机日历寿命,是指发动机制造出来后的累积日历时间,就像树木的年轮。在寿命控制中,它通常与工作小时指标并用,以先到者为准进行翻修。由于通常在设计时已经考虑了主体材料的腐蚀防护和控制问题,到了日历寿命期仅需对发动机易腐蚀件进行维护或更换,因此日历寿命通常较少制约发动机总工作寿命的发挥。

11.5.2 常用定寿方法

我国军用航空发动机定寿方法随发动机和定寿技术的不断发展而演变。在国军标和新机型号规范中,总寿命的概念已被设计使用寿命所取代。设计使用寿命通常是根据发动机研制技术要求和技术经济可行性确定的,并以该指标作为发动机主要零部件安全寿命的设计基准。整机设计使用寿命虽然是发动机在设计时所固有的,但由于在实际使用中的使用要求和使用环境等差异,发动机工作载荷与基准载荷(设计任务循环)差别较大,故各型号发动机的使用寿命在设计时很难固化,通常是在使用中结合实际载荷谱才能较准确地给出。对于一些引进机种,由于对发动机主要零部件寿命难以彻底摸底,故在发动机总寿命的给定中,保证主要零部件的使用安全可靠已成为主要的考虑因素,其定寿过程已类同于对主要零部件目标寿命的考核验证,这是现役机种定延寿的主要特点。

苏清友[6]、杨兴宇[7]等对定寿问题作了较深入的介绍,甘晓华等[8]介绍了目前常用的几种定寿方法及其特点。

11.5.2.1 台架试车和领先使用综合定寿法

现役机种定延寿最直接、最简明有效的方法仍然是一直采用的台架长期试车和领先使用考核。由于大多现役涡喷系列发动机原型均为苏联50—60年代设计的产品,其零部件结构强度是采用经验的"安全系数法"予以保证的,静强度储备系数较大,结构设计偏于安全,给出的寿命值比较保守,存在较大的寿命使用潜力,对这类发动机定寿则通常是延长使用寿命(重新确定)。由于"安全系数法"设计不能反映构件在实际工况下的载荷,而同时我国又没有原设计和试验验证寿命的技术数据,因此在对该类机种进行定延寿工作时,采用台架长期试车考核验证和领先使用相结合是有效可行的办法。

长试考核是发动机寿命延长的必要前提条件。在台架长期试车考核前,通常需要分析在使用中出现的故障情况,并对确定的薄弱环节进行必要的局部增强处理。通过长期试车考核可以检测主要零部件在预期的使用寿命期内可能出现的故障情况。但是,直到目前,持久试车程序仍大多采用台架和外场为1∶1的时数。由于发动机实际使用中载荷复杂多变，仅靠 1∶1 的小时持久试车谱很难对发动机使用任务和载荷循环进行真实模拟，特别是使用中的一些机动负荷在试车台架上无法模拟，有些零部件（如轴）故障并不能得到充分地暴露。因此，对长试考核后的发动机，在批准新的寿命值前必须通过小批量领先飞行使用的考核。领先使用就是通过延寿发动机在飞机上的小批使用，验证延寿目标的可实现性。实际上就是通过加强领先使用发动机的状态监控，来验证发动机是否可延寿到既定寿命。例如强五和歼六系列飞机的 WP6 系列发动机，苏联给定的是 400 h，经过该种方法延寿其寿命已延长至 750 h，提高了 60% 多。

11.5.2.2　安全寿命控制法

安全寿命控制法，是所给定的主要零部件寿命指标对应的是构件在工作中不出现裂纹（无限寿命设计）或出现工程可检裂纹的概率低于千分之一（有限寿命设计），按照最差结构件的最低寿命作为结构件机群寿命控制值的方法。在现行国际和国内通用的发动机型号设计准则中，已明确要求给出发动机所有断裂关键件（轮盘、轴和叶片等）的安全寿命指标，即给出关键件在设计任务循环下所允许的工作循环数和蠕变寿命（高温工作时间）。安全寿命和实际飞行载荷谱的结合，可以直接、准确地确定发动机零部件的寿命极限，在理论上讲，能够保证发动机在寿命期内的可靠性。通常认为，采用这种方法确定发动机寿命，一旦关键寿命件出现可检裂纹，就要考虑重新评估该型发动机使用寿命，是一种较严酷的寿命控制办法。

对整台发动机来说，必须给出安全寿命指标的零部件，大多是盘、轴类等关键件，该类零件失效后大多会造成发动机解体，从而导致严重的飞行事故。实际上，由于经济性因素，发动机总寿命往往就是取决于该类零部件所允许的寿命指标。通常这类部件的安全寿命指标（低循环疲劳或蠕变等）应该是在设计时给出的，但由于我国大多数现役发动机原始设计是参考国外产品，故在该方面至今仍无足够设计数据，长期以来其安全寿命还是通过台架长试间接考核的。从可靠性观点看，由于长试子样有限，故对结构件安全寿命的考核是很不充分的。

11.5.2.3　因故退役控制法

因故退役控制法是定时翻修维护体制下确定发动机关键件寿命的一种行之有效的方法。因故退役法首先是要能够给定发动机每个关键构件的初始寿命，在寿命期内的使用中一经发现裂纹就报废的寿命控制方法。亦即，实施因故退役法就是不允许带裂纹构件的继续使用，从而没有充分发掘出每个构件的寿命潜力。采用这种方法确定发动机寿命的通常做法是，一旦关键寿命件出现可检裂纹，就将该台发动机退出使用，而没有出现裂纹的同型发动机仍可继续使用。但它不适合于对寿命关键件不能够实施有效监测的发动机。

11.5.2.4　损伤容限控制法

损伤容限法是以每个构件的损伤容限寿命，即裂纹扩展到一定程度后报废作为寿命控制的准则。损伤容限控制是 20 世纪 80 年代基于断裂力学理论的发展而产生的。该方法利用断裂力学中对结构从起始裂纹到断裂失效之间裂纹扩展速率和临界裂纹长度的推算，确定构件在工作环境下所允许的工程裂纹长度和对应的检验周期。在同样保证使用安全的前提下，实施损伤容限控制的构件允许带裂纹构件继续使用，从而充分挖掘出每个构件的寿命潜力。

当发动机寿命主要受制于某一个关键零部件时，采用该种方法处理，通过对结构件在使用中的自然筛选，其使用寿命可以得到有效增长。只要对受检构件确定合适的检查周期（对外场不可检构件则对应翻修寿命），发动机的安全就可以得到有效保障。

在对结构件实施损伤容限控制时，必须具备三个方面的条件：一是能确定构件危险部位；二是能确定构件危险点的临界裂纹长度和扩展速率；三是具备有效检测仪器和检测方法，并确定检测周期。该方法在现役机关键件（盘、叶片等）寿命控制上得到广泛运用，并取得了显著的成就。

11.5.2.5 单机寿命控制法

我国军用航空发动机寿命确定一直沿用苏联的以统一的安全寿命（小时寿命）为限制参数的机群定寿技术体系，即同型发动机使用寿命都是一样的，一旦到了规定的使用小时数就一律送修或退役。实际上，发动机工作小时数并不能真实反映发动机寿命消耗的本质。在同样的工作时间内，每台发动机由于其用法不同，其使用载荷并不一样。按机群定寿，导致使用载荷较轻的发动机继续使用，潜力被完全浪费，使用载荷重的则易出飞行安全事故。

航空技术比较先进的国家，已经认识到这一弊端，自20世纪80年代通过增强发动机的使用载荷监控和分析等手段，在部分三代机上已逐步将发动机的寿命由机群定时翻修转变为采用使用载荷为寿命限制的单机寿命控制。这种方法是先确定出机群寿命主要结构件的载荷损伤寿命值（主工作循环次数），再根据单台发动机的累计使用载荷强度是否到达规定的主要循环次数来确定剩余寿命。与传统的机群定寿相比，采用单机寿命监控，由于排除了使用载荷分散性，故其给定安全寿命的分散系数会有所降低。如英国军用飞机使用规范规定，在一定样本量的疲劳实验结果下，对于不采用单机寿命监控的飞机，分散系数为5，而采用单机寿命监控的飞机，则分散系数可取3.33。可见，采用单机寿命监控可以大大提高安全寿命。

11.5.2.6 按单机技术状态定寿法

所谓单机定寿就是要确定出每一台发动机的使用寿命。由于在实际使用中，同型发动机会有相当比例的发动机由于出现影响安全的严重故障，中途退役。这种影响发动机个体寿命的原因主要是发动机个体之间存在使用载荷强度、制造和维护的差异。实际上，由于材料、热处理工艺、制造工艺、使用载荷等因素分散性存在，以及使用维护的差异，其使用寿命必然有一定的差异。由此可见，以机群的安全寿命或载荷强度寿命值（主循环次数）控制寿命，并不能确定发动机单机最终的实际使用寿命值。

为此，发展了按发动机单机技术状态确定使用寿命的理念，其主要思路为：发动机个体之间由于制造、使用和维护的差异，即使发动机用法相同，其实际承受的载荷大小和承受的能力也存在一定差异，这种差异会在发动机到达预期寿命前以某种故障形态表现出来而提前退役。因此，在确定了发动机个体累积载荷强度寿命后，纳入个体制造和使用维护差异对使用寿命的影响，综合两种因素确定发动机单机使用寿命。这种方法确定出的是发动机单机的实际服役使用寿命值,既有助于延长使用寿命又可保证使用安全。

该方法是先确定发动机机群使用载荷寿命值(如大状态工作时间比例和主要工作循环次数等),再通过发动机使用载荷历程的准确统计,完整地追溯单台发动机装机以来的使用载荷强度,确定使用消耗寿命。此外还需要进行发动机相关气动热力参数、振动、油液、损伤等检测和趋势分析,掌握单机技术状态(以此考虑发动机个体制造和使用维护差异对使用寿命的影响),综合判别单台发动机可否继续安全使用。简要地说,单机定寿 = 使用载荷 + 健康状态。这种方法与传统的机群定寿相比,既提高了使用寿命,又较好地保障了使用安全性,能取得良好的经济和安全效益。

11.5.3 结论

以上介绍了在现役航空发动机定延寿工作中常用的定寿方法。实质上,整机定延寿工作是一项复杂的系统工程,仅仅采用其中一种技术是不够的。上述定寿方法各有所长,也各有其局限性。在发动机定延寿中,要根据发动机具体技术特点,综合运用相关方法,才能最大限度地既延长发动机寿命又保障发动机延寿期内的可靠性。

现役航空发动机定延寿需要研制部门和使用部门的共同配合。对任一型号发动机寿命的确定,通常应由研制单位首先给出经试验考核的主要零部件的设计循环寿命或使用小时寿命,然后根据发动机装机使用的真实载荷和使用维护状况分阶段进行寿命确定。

由于航空发动机使用寿命在设计阶段存在很多不确定因素,外场使用故障分析仍是最直接、有效的延寿技术依据,对发动机使用维护中可靠性故障信息的收集、整理和分析是定、延寿的有机组成部分。

航空发动机定寿技术发展特点,总体上讲,一是从依靠台架试车和领先使用综合定寿,发展到研制部门依据计算分析和试验给出设计使用寿命,再根据实际使用状况进行修正;二是从机群定寿发展到单机定寿;三是从单纯的根据使用载荷定寿发展到根据使用载荷并考虑制造和使用差异综合定寿;四是从寿命管理的"一刀切"控制办法发展到采用以耐久性和损伤容限为中心的寿命控制方法。

11.5.4 某型发动机单机延寿案例

以下介绍发动机单机延寿的一个例子,可详见甘晓华等[9]的相关资料介绍。

某引进发动机陆续进入首翻期,而且部分机件出现了不同程度的损伤,按照传统的定寿方法,发动机不能继续使用,需要返厂大修。由于修理问题一时得不到解决,相关飞机面临大面积停飞问题。因此,尝试按发动机单机技术状态确定使用寿命,在保证使用安全的前提下延长发动机的使用寿命。

11.5.4.1 调查论证

从 2003 年 11 月起,开展了延长首翻期的调研和方案论证工作,收集了该发动机使用维护特别是故障信息,分析故障模式和对首翻期寿命的影响,确定延长首翻期工作的重点。调研了同类发动机的有关设计、制造信息，发动机的关键零部件试验、生产、质量控制情况，以及长期试车情况。

根据获得的发动机使用技术状况，以及设计制造、使用维护特别是故障信息，提出了延长发动机寿命的技术方案。

11.5.4.2 发动机分解检查

2003年12月起，对首翻期到寿的4台发动机进行分解和故检。根据故障信息分析，重点通过清除积炭、抛光、探伤（着色、荧光、X光）、磁力探伤检查等，以及微分测量和发动机转子轴承的检测，确定了影响发动机使用寿命的关键部件主要是：涡轮高压导向器内叶片烧蚀、燃烧室机匣裂纹、主轴承磨损等。

11.5.4.3 寿命关键件损伤容限研究

对涡轮高压导向器内叶片烧蚀、燃烧室机匣1号进气肋裂纹、6主轴承磨损等损伤容限进行了试验研究，确定其在使用载荷下从裂纹萌生、扩展至失效的寿命状况。

11.5.4.4 长试大纲编制和实施长试

2004年3月起，编制长试大纲搜集飞参数据，统计了年度飞行任务和飞行科目，编制发动机的使用载荷谱和发动机延长首翻期长期试车考核的大纲，以及长试期间特定检查监控程序。

2004年8月至9月，发动机顺利通过了预定延长寿命期内的长试考核。

11.5.4.5 单机寿命监控软件编制

自2004年10月开始，开展了单机寿命监控的技术研究，编制了通过飞参数据自动提取发动机寿命消耗记录的软件及发动机状态监控的软件，达到对发动机按实际使用强度计算寿命消耗和技术状态管理的目的，交付部队使用。

通过追溯和累计单机历史使用载荷，可得出单机发动机寿命消耗值。但发动机的剩余寿命还应考虑设计制造和使用维护因素对寿命的影响，这要根据发动机状态监控结果才能确定，综合两种因素得出的寿命值是单机实际使用寿命值。最终，确定发动机使用寿命确定取决于单机使用载荷＋健康状态。

11.5.4.6 延寿发动机领先使用

在有关使用单位的实施中，进行了发动机延长首翻期领先使用的技术培训，总结外场使用维护和状态监控经验，制定延长首翻期的特定检查内容，以及飞行员和地面指挥员加强对发动机状态掌握、飞行限制以及特情处置的要求和操作规程，并完善相关技术保障体系。

将发动机首翻期延长的有关技术要求纳入使用单位的维护手册、工艺规程；全程跟踪领先使用情况，按照有关节点对领先使用的发动机进行定期检查，并对发动机状况和维护措施进行评估，为全面实施延长首翻期寿命打下基础。

11.5.4.7 单机延寿后的复查及结论

2005年4月，对延长首翻期使用的发动机进行了复查，部分发动机已经延长到预期的使用寿命，每台均安全使用到累计1 000 h，延长寿命的发动机能够正常使用。最后，这批发动机均按照新的寿命值使用。

单机定寿的本质是按技术状态（使用载荷强度 + 健康状态）确定使用寿命。该方法借鉴发动机视情维护的先进理念，在现行定时维修体制下，既挖掘了发动机寿命使用潜力，又保障了使用安全，实现了发展寿命和安全协调的统一。单机寿命控制的技术方法是一种以主要结构件损伤容限控制研究、使用寿命综合验证、单机技术状态评估、外场配套体系保障等为基础的先进寿命管理模式。经实际应用表明，其能够实现合理确定发动机单机使用寿命的目标。

11.6 系列化发展

航空发动机是高度技术复杂的精密机电产品，研制和采购成本巨大。为了提高经济可承受性，降低装备和使用成本，航空发动机的改进、改型大量采用了系列化发展的技术途径

11.6.1 系列化发展的技术途径

从核心机和技术验证机所得到的技术是可以放大或缩小的、灵活的并适用于各种潜在的推进系统，这就是系列化发展途径，即在研制成功的核心机基础上，配上其他必要的部件和系统，就可以以低的风险研制一系列发动机。这里要说明以下两点。

11.6.1.1 部件尺寸的线性放大或缩小

根据相似准则，发动机部件可以按比例放大或缩小。例如，通用电气公司在 F101、F110、F404、CF6 和 CFM56 等发动机的发展中，许多部件是相互借鉴的，F110 的风扇和尾喷管是从 F404 放大而来的，加力燃烧室是 F101 的缩小型。反过来，F404 改进型的喷管又吸取了 F110 的发展经验。

关于放大或缩小的程度，据一般经验认为是可以放大一倍或缩小一半。但是，任何真实的按比例放大或缩小，都意味着发动机的每个零件都要改变，涉及的发展工作量和费用都非常大。因此，从历史上看真正全机按尺寸放大或缩小的发动机极少，由 J57 涡喷放大为 J75 发动机即是其中一例。

11.6.1.2 核心机系列化的推力增长潜力

发动机系列化的最主要途径是在保持一台成熟的核心机基本几何参数不变的条件下，通过改变风扇或低压压气机级数和直径以及涡轮的冷却或材料来改变发动机的主要循环参数，如压比、涵道比、空气流量、涡轮进口温度，从而获得不同性能和用途的发动机。这种派生发展系列化的方法风险小，零件通用性好，有利于降低生产和维修费用。

在同一核心机基础上发展的潜力究竟有多大？国外有一种"1.8"系数的说法，即推力或功率增大潜力为 80%。由于受到原有核心机技术和结构的限制，再要增大推力或功率就很困难了。据统计 F404 加力型、F404 不加力型、JY8D、CF6、RB211、T56、T700/CT7 和 RTM322 等发动机已有的和计划中的改型发动机的数据，其推力或功率增长潜力为 60%~90%，与"1.8"系数的说法粗略相符。

11.6.2 CFM 56 发动机的系列化发展案例介绍

11.6.2.1 CFM 国际合作项目的产生过程

航空发动机的宽广技术领域、高的价值、单元体结构、计算机辅助设计/制造和快速的全球通信系统使它成为国际合作的最佳平台，结果国际市场上的竞争和合作成为趋势。竞争需要合作，合作是为了更有效的竞争。近三四十年几乎所有重要的民用航空发动机都是不同形式的国际合作的产物，主要航空发动机制造商在某个型号上是亲密的合作伙伴，在另外的型号上却是激烈的竞争对手。其中法国斯奈克玛公司和美国通用电气公司合资建立的 CFM 国际公司脱颖而出，以其 16 000 多台 CFM56 发动机的交付量成为同行中的佼佼者。这项合作不仅使斯奈克玛公司摆脱单一军品市场束缚，稳坐世界第四的宝座，也使通用电气公司超过普惠公司而稳居全球第一。凯恩海华德[10]、倪金刚[11]、皮埃尔·斯帕克[12]等叙述了这个合作的详情。

在 20 世纪 60 年代后期，法国斯奈克玛公司认为，中等推力的低油耗、高可靠性和环境友好的高涵道比涡轮风扇发动机是在下一代窄机身客机上替代中等涵道比 JT8D 的理想发动机。由于斯奈克玛公司从未生产过大型民用航空发动机，因此，在普·惠公司和通用电气公司之间进行选择合作伙伴。在 20 世纪 60 年代，普·惠公司在世界民用发动机市场上占统治地位，而通用电气公司所占份额微不足道，即使到 1978 年，普·惠公司仍占主导地位（见表 11 - 2），而普·惠公司又不想危及已经在市场上占有相当份额的 JT8D 涡扇发动机今后的销路，故对早早替代它的发动机不太感兴趣。

表 11 - 2 1965 年和 1978 年世界民用发动机市场份额比较　　　　　%

年份	普惠公司	通用电气公司	罗罗公司	斯奈克玛公司
1965	92.4	1.7	5.9	0
1978	62.7	12.7	24.6	0

相反，通用电气公司正在伺机扩大它的民用发动机系列，企图夺取当时被普·惠公司统治的世界民用发动机市场。1971 年 3 月，斯奈克玛公司与通用电气公司签订初步协议，开始合作研制 CFM56 发动机（CF 是通用电气公司民用风扇的英文缩写，M56 是斯奈克玛公司第 56 个发动机项目，两者合在一起就成为 CFM56）。1971 年 11 月，通用电气公司和斯奈克玛公司同意组成一家名为 CFM 国际（CFM International）的联合公司，主管研制和销售，经过美法两国政府的谈判，1974 年 9 月 28 日正式成立 CFM 国际公司。

在 CFM 国际公司的所有项目中，原则上两个公司始终是各承担一半的工作量，具体的分工（见图 11 -1）是：通用电气公司承担系统设计一体化、核心机和主发动机控制器；斯奈克玛公司承担风扇、低压涡轮、齿轮箱、发动机安装节、反推力装置和附件传动。

研制时，两家公司各自负责所分工的部分，由通用电气公司负责一体化。在生产中，两家公司分别生产各自负责的零件，运往对方进行总装，因为在法国和美国各设有

图 11-1　CFM56 发动机按部件的分工

一条装配线。鉴于发动机具有部件单元体装配的特点，这样做使项目的总费用只增加 2%，却加强了两家公司在联营组织中对等的地位，当一个产品需要进一步发展或改进时，双方按分工承担各自的研制工作。

11.6.2.2　产品系列化发展情况

CFM56 发动机是围绕通用电气公司 F101 军用发动机的"核心机"来设计的，当时 F101 是美国最先进的发动机。"核心机"是任何喷气式发动机的心脏，是发动机设计中最困难的部件，CFM56 采用它可大大节省研制费用。

CFM56 发动机自 1979 年取得适航证以来，在 F101 飞机核心机基础上通过匹配不同的低压部件，以及不断改进发展出 -2、-3、-5 和 -7 四个子系列，10 多个改型，推力范围为 8 240～15 000 daN，耗油率下降了近 20%。图 11-2 所示为 CFM56 系列发动机的性能、技术特点、用途和取证年份。与此同时，可靠性和耐久性也大大提高，空中停车率为每 0.002～0.005 次/1 000 h，航班准点率为 99.95%～99.98%，机上时间平均超过 16 000 h，最长的达到 40 728 h，噪声和污染水平也有显著降低。

截至 2006 年年底，全世界已交付 20 000 多台 CFM56 发动机。已交付的发动机在 430 家民用和军用用户的 6 000 架飞机机上使用。世界上每 3 s 就有一架装备 CFM56 发动机的飞机起飞，机队已经积累超过 3 亿 EFH 和 1.8 亿个飞行循环。

1990 年，CFM56 发动机进入美国国家航空和航天博物馆永久展出。

2005 年开始，CFM 国际公司又开始实施 LEAP（前沿航空推进）56 计划，为今后 30 年的民用发动机做技术准备。其目标是耗油率降低 10%、维修成本降低 25%、机上寿命延长到 20 000 h 以上，还把改善环境特性作为一个重点。2007 年开始部件试验，2009—2010 年进行系统验证，2012—2013 年投入使用，正好赶上窄体客机波音 737 和 A320 换代。具体的技术方向如下：

1）低的总使用成本（包括维修成本）；
2）鲁棒设计；

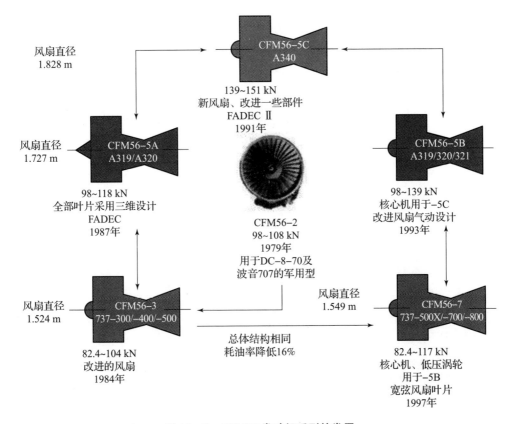

图 11-2 CFM56 发动机系列的发展

3）大大降低的噪声；
4）先进控制技术；
5）改善的系统一体化；
6）轻重量结构；
7）先进复合材料风扇叶片；
8）多电发动机；
9）三维叶轮机设计；
10）高可靠性、轻重量、低成本附件；
11）新一代的控制系统。

目前计划的成果已经成为产品，公司命名为 LEAP 发动机，分为 LEAP-1A/B/C 三个型号，分别配装空客（Airbus）、波音（Boeing）和中国的 C919 飞机。

11.6.2.3 CFM56 发动机系列化发展经验总结

(1) 满足单通道飞机动力需求

世界民航市场主流是载客 100~200 人、航程 5 000 km 的单通道客机，波音 737 系列和空客 320 系列瓜分了这个市场，我国的 C919 系列也正在进入，其需要的动力正是 10 t 以上推力的涡扇发动机，CFM56 完全满足需求。

(2) 优良成熟的设计

核心机来自美国 B1 轰炸机的 F101 发动机，在美军的支持下发展十分成熟；通过配装不同低压部件得到了推力可变的发动机家族；进一步不断改进，得到了良好的性能。

(3) 极高的质量安全性

CFM56 系列发动机具有极高的可靠性，创下了在翼飞行 30 000 h 的世界纪录，同时取得了美国 FAA 和欧洲 EASA 两个适航认证，以及通向全球市场的许可。

(4) 物美价廉的产品

得意于成熟的设计和极高的销量，发动机销售价格十分优惠。

11.6.3 АЛ-31Ф 系列发动机案例介绍

11.6.3.1 研制发展概况

美国研制成功 F-15 飞机后，苏联在重型战斗机领域为了对抗美国，研制了 SU-27 战斗机。АЛ-31Ф 是为适应苏-27 战斗机需要，由苏联留里卡设计局在 1975—1984 年研制的加力式涡轮风扇发动机。

АЛ-31Ф 发动机在研制中曾遇到极大的困难。一是超重，起初，发动机有 4 级风扇、12 级高压压气机、2 级高压涡轮和 2 级低压涡轮共 20 个级，结果发动机超重，达 1 600 kg，而推力仅 11 000 daN，不得不进行大改，改后的方案，风扇仍为 4 级，但高压压气机减为 9 级，高低压涡轮各为 1 级，总级数降到 15 级，于 1976 年将重量降到 1 520 kg，但故障很多。为排除故障重量又有所增加，约增加了 10%，后来采用每减重 1 kg 奖励 5 个月工资的办法，减轻了 70 kg，实现了原定的重量目标。二是涡轮效率比设计值低 4%，后来决定接受这个现实。但为了达到性能，只好将涡轮进口温度由 1 350 ℃ 提高到 1 392 ℃，结果涡轮叶片产生裂纹，为此改进了冷却流路，流路十分复杂，采用了旋流冷却，用了新的工艺和好的材料，表面加钴、镍、铬、铝涂层。为此曾撤换过 5 名领导。在 1976—1985 年期间，共解决了 685 个难题。АЛ-31Ф 设计中共获得 128 项专利，使用 51 台发动机，总运转 22 900 h，其中台架试车 16 625 h，试飞 6 275 h。

АЛ-31Ф 发动机的生产主要是莫斯科"礼炮"和乌法市"乌法"厂生产。

在 АЛ-31Ф 发动机的研制过程中，共投入了 51 台发动机，其中地面试验用了 48 台，共 16 625 h，其中整机的特种试车及部件的特种试验占用了 38 台份。空中试飞先用了 3 台试飞，后来试飞工作量大，又另外加工了 7 台发动机进行试飞，这样实际到定型共投入了 58 台 АЛ-31Ф 发动机。

АЛ-31Ф 发动机所经受的特种试验、试车有：进口加温试车、加速任务试车、寿命试车、检查测定空气动力及测振试车、稳定工作裕度试车、防喘系统功能试车；在大风洞中承受温度畸变的试车（模拟吞入武器的废气）、加力燃烧室温度升高裕度试车、100 次断滑油 16 s 试验、加力燃烧室高空小表速下的点火试验，等等，特别还进行了发动机引气对座舱污染的考核试车。

苏霍伊飞机设计局对飞机进气道与 АЛ-31Ф 发动机的匹配也做了很多的工作，主要有进气道—发动机—机身 1∶1 的试验台试验，定在苏霍伊设计局或 ЦИАМ（中央航空发动机研究院)进行,留里卡发动机设计局全程参加;还进行了进气道—发动机匹配的试飞,约飞了30 h,尾喷口排气系统试飞大约用了20 h。

АЛ-31Ф发动机在海平面标准大气条件下,最大推力达到12 500 kg,最大飞行马赫数为2.35,最大静升限20 kg,推重比8.2(不含附件)。

11.6.3.2 改进改型情况

1) АЛ-31ФП,1988年开始研制,带矢量喷管,安装在苏-37、苏-30МКИ和其他苏-27系列飞机上;最大马赫数为2,最小机动表速200 km/h;制造过程中采用了多种措施,以降低非加力状态的红外探测性。

АЛ-31ФП的最复杂部件之一是矢量喷管和加力燃烧室后端的密封,此处温度达2 000 ℃,压力为5~7个大气压。

喷管АЛ-100是能够在两个平面内产生矢量推力的喷管,垂直方向偏转角为±15°,水平方向为±8°。

2) 地面燃机。采用АЛ-31Ф的核心机,发展了地面燃机АЛ-31СТ,1991年开始发展,现在已经用于天然气输送系统。它由双轴单涵道燃气涡轮发动机组成,加装了自由涡轮,可以在任何气候条件下工作,自动工作在最优状态。1996年АЛ-31СТ通过了生产试验,在"乌法"厂生产,自由涡轮轴输出功率达到了16.8 MW,有效效率达到37%,自由涡轮转速5 300 r/min,燃料为纯天然气,排放水平为NO_x 25 ppm、CO 80 ppm,自由涡轮排气温度763 K,天然气消耗量为0.965 kg/c,长5 236 mm、宽2 103 mm、高1 950 mm,质量4 990 kg,翻修寿命25 000 h,总技术寿命75 000 h。

在此基础上通过优化自由涡轮设计,又发展了20 MW的发电设备АЛ-31СТЭ,作为电站的单元体,产生电能,利用排放的废气产生热量。它由燃气发生器、动力涡轮和非传动附件三个单元体构成,功率20 MW,效率35%,自由涡轮转速3 000 r/min,燃料使用天然气,排气温度788 K(废气收集器前),长4 880 mm、高2 118 mm、宽1 950 mm,质量5 200 kg(含构架),翻修寿命15 000~25 000 h,总技术寿命45 000~75 000 h,动力涡轮总技术寿命6 000~10 000 h。

3) 推力达13300的АЛ-31Ф-M1,主要的改进是采用了直径从ϕ905 mm增大到ϕ924 mm的新四级低压压气机КНД-924,空气流量增大6%,以及更现代化的数字式控制系统,涡轮前温度提高了25 ℃,根据2002年1月25日完成的试飞结果,全加力推力达到了13 300 kg,最大状态推力也提高到了8 300 kg。

4) 2004年改进的АЛ-31Ф-M2,带有新型燃烧室,采用了新材料、新冷却系统涡轮叶片的改进涡轮,以及全权限数控系统,贯彻以上措施后,涡轮前温度提高了100 ℃,推力达到了14 400 kg,它既可是通常结构,也可安装由礼炮和克里莫夫联合开发的全向偏转矢量喷管。此阶段还要保证延长翻修间隔期和总寿命。

5) АЛ-31Ф-M3发动机,换装带宽弦叶片的三级低压压气机,按整体叶盘制造,2002年11月该压气机上试验台,带该压气机的АЛ-31Ф-M3推力达到了14 600 kg。并且,这些改型发动机具有完全互换性,无须更改苏-27结构即可换装,改进可望在大修时在现役АЛ-31Ф发动机上完成。

АЛ-31Ф 发动机分别配装在多种类型的军用战斗机上，如用于苏-27、苏-27УБ、苏-30、苏-30MK、苏-33、苏-34、苏-32ФН等飞机上，包括出口中国的苏-27、苏-30MKK，带有矢量喷管的改进型装备了出口印度的苏30MKI，俄罗斯礼炮厂为歼10飞机发展了附件下置的АЛ-31ФН发动机。

11.6.3.3 АЛ-31Ф 系列发动机发展经验

1）先进的性能。

发动机推重比达到8，双发配装苏-27 系列飞机，使飞机推重比超过1，可以实现飞机垂直爬升，该系列飞机在第三代战斗机中创造了多个飞行纪录，均有赖于强劲的发动机性能。

2）较大的发展潜力。

在发动机原型机基础上发展了多个改型，用于苏-27 家族，还可以改成地面燃机。该发动机的最新改型是苏-35 飞机的117C 发动机，俄罗斯第五代飞机苏-57 初始装备的АЛ-41 发动机仍沿用了大量用于АЛ-31Ф发动机的成熟的技术和零部件。

3）泼辣的作战适用性。

良好的气动稳定性，保证了飞机在大机动条件下的发动机稳定工作，苏-27 飞机首次实现了眼镜蛇机动，迎角高达120°的发动机仍工作正常；空中使用极少喘振停车，空中提车率低；无忧虑操纵。

4）较佳的可靠性维修性

通过研制阶段的严格试验和改进设计，发动机主机可靠性较高，总可靠性超过150 h，故障集中在附件系统；外场容易更换发动机风扇和压气机叶片。发动机可以在-60 ℃～+60 ℃的环境下起动工作，适应全球战场环境，但与西方先进发动机相比还有一定差距。

注： 本章内容的主要素材取自以下参考文献以及若干其他资料。

参考文献

[1] 林左鸣. 世界航空发动机手册［M］. 北京：航空工业出版社，2012.

[2] 倪金刚. CFM56 方程［M］. 北京：航空工业出版社，2007.

[3] 陈光. 航空发动机结构设计分析［M］. 北京：北京航空航天大学出版社，2006.

[4] 尉询楷，等. 航空发动机预测与健康管理［M］. 北京：国防工业出版社，2014.

[5] 高金吉，等. 中国高端能源动力机械健康与能效监控智能化发展战略研究［M］. 北京：科学出版社，2018.

[6] 苏清友，等. 航空涡喷、涡扇发动机主要零部件定寿指南［M］. 北京：航空工业出版社，2004.

[7] 杨兴宇，等. 航空发动机使用寿命控制技术［M］. 北京：科学出版社，2018.

[8] 甘晓华，李伟. 军用航空发动机使用寿命确定和控制方法［J］. 航空工程进展，2010（05）：2.

[9] 甘晓华，李伟，东岩. 航空发动机单机定寿研究，中国航空学会 2010 年动力年会论文摘要汇编，2010（10）：6.
[10] ［美］凯恩·海华德. 民用航空工业的国际合作［M］. 叶惠民，译. 北京：航空工业出版社，1989.
[11] 倪金刚. GE 航空发动机百年史话［M］. 北京：航空工业出版社，2015.
[12] （法）皮埃尔·斯帕克. 斯奈克玛：蓝天引擎［M］. 方昌德，朱守信，译. 北京：航空工业出版社，2008.

第12章

航空发动机标准体系

12.1 概述

12.1.1 定义

"标准"是由有关各方根据科学技术成就与先进经验，共同合作起草，一致或基本上同意的技术规范或其他公开文件，其目的在于促进最佳的公众利益，并由标准化团体批准。

1983年我国颁布的国家标准（GB 3935.1—1983）中对"标准"的定义是："标准是对重复性事物和概念所做的统一规定。它以科学、技术和实践经验的综合成果为基础，经有关方面协商一致，由主管机构批准，以特定形式发布，作为共同遵守的准则和依据。"

军用标准是为满足军用要求，对有关的重复性事物和概念所做的统一规定。它以国防科技和实践的经验的综合成果为基础，经有关方面协商一致，由主管机关批准，以特定形式发布，作为国防科技、军事装备科研、生产、使用和其他军事活动的共同依据。

12.1.2 标准在国家建设中的地位和作用

标准化作为国家科学技术现代化的一种重要标志，在国家建设中具有重要的地位与作用。每一个国家都有自己的标准，或采用国际的或自己建立。对于军用标准：

1）美国国防部提出，军用标准化工作的重要目的是：改进各军事机构行动，节省资金、人力、时间、设施和自然资源，使用于采购与供应各种产品的程序和方法最佳化，提高军用设备和军需品的互换性、可靠性和维修性，保证确定与获得具有一定质量和满足最低基本要求的产品，改进后勤工作的效能等。

2）苏联提出，标准化目的是：经常保持军事技术装备的战斗力，提高其质量与可靠性，延长使用寿命，缩短设计时间，减少研制、生产与使用的费用，简化订货与供应手续，通过减少产品品种和对民用与军用产品提出合理的统一要求，以提高工业的生产能力。

3）我国有关文件中明确提出：搞好军用标准化工作，对于促进国防科技工作进步，保证装备的质量和提高系列化、通用化程度，缩短研制周期，便于部队使用维修，改善后勤供应效能，节约军费开支，增强我军在现代战争条件下的自卫作战能力，具有重要的战备意义。

12.1.2.1　标准化是保证产品质量的重要技术基础工作

标准是衡量产品质量的尺度，产品质量标准是企业管理要达到的目标，通过标准规定的具体指标，可以揭示产品的质量差距。

在产品生产过程中，从原料进厂到成品验收，如果都严格按照标准办事，则产品质量一定能够得到保证。20世纪50年代以来，我国军工企业普遍设置了在厂长直接领导下的检验机构，根据标准的规定，从原材料进厂经投料加工、到成品出厂，按技术条件进行一系列的测试、检验，合格后再提交驻厂军代表验收，对保证产品质量起到了重要的促进作用。我国军工产品过去存在的质量问题比较多，有的产品还有很多种材料没有标准。根据对一些研制、试验中的质量故障分析，属于无质量标准的约占41%。为改变这种情况，在军用标准化工作中进行综合标准化工作，从多方面进行了理论研究，提出和采取了一些必要的措施，以健全各种质量保证措施，从而达到提高产品质量的目的。目前我国军工产品质量保证体系已逐步形成，各种质量保证措施逐渐完善，在保证提高产品质量方面起到了重要作用。

12.1.2.2　标准化是合理发展产品品种规格，提高装备系列化和通用化程度的重要措施

在发展过程中需要做的工作很多，其中一个比较重要的方面是要合理控制和保障设备及各种产品的品种规格，提高系列化和通用化程度，最终达到方便使用的目的。搞好标准化可以有效解决这方面的问题。标准化工作中的一个十分重要的内容是简化，通过简化与消除多余的和低功能的产品品种，保留功能良好的品种，这样在发展过程中经过不断的选择、优化，就能逐渐形成一种好的品种规格系列。但由于实践中需要的产品品种规格极多，所以在选择过程中还要做到以尽量少的品种构成满足较广泛需要的品种系列，有时可将某个典型品种作为基型产品，进一步发展变型产品，有效地提高系列化和通用化程度。

实践表明，系列化对实现通用化和合理地发展品种规格是一个必不可少的条件，因而世界各国的标准化工作中也都十分强调这一点。

我国在秦帝国时代就有了标准件的实例。考古发现，秦国生产的弓箭等兵器达到了非常高的标准化水平，显著提高了军队的战斗力。

20世纪50年代末60年代初，国外战斗机外挂装置的品种已超过100种，为改变这种情况，美国和北约组织等致力于飞机外挂系统的标准化工作，经过多年的努力，形成了较为完整的标准系列，实现了飞机外挂装置的通用化。在相容性许可的条件下，各种炸弹、导弹、火箭发射器、侦察吊舱、电子干扰吊舱、副油箱等，在各机种上均可悬挂，提高了多国军队作战使用的通用性和综合后勤保障工作能力，具有重要的军事意义。

12.1.2.3　标准化有利于缩短研制周期和节约经费开支

在研制过程中开展标准化工作，可以充分继承已有的技术成果，采用标准件、通用

件和外购件，运用组合化的设计原理和各种典型的计算方法，可以节省各种零部件及工装的设计工作量，节省制造加工时间，降低研制成本和缩短研制周期。

开展标准化工作可以缩短文件资料的准备时间，当全国标准统一、新产品标准和制造厂标准一致时，可以节约修改资料和统一标准的时间。

通过标准化工作，能使新型号研制过程中各项工作相互协调，提高工作效率；反之会造成浪费。据我国航天工业估计，在有些产品的研制中，由于没有很好地解决标准化问题，给研制工作带来了不少的困难，为协调这方面的问题，在人、财、物的消耗上大约要占去研制工作的三分之一。

北大西洋公约组织实行装备标准化以后，不增加预算可使防务效能提高20%~30%。美国研制F-15战斗机时，仅在设计中采用标准图样这一项就节约1 500万美元。

12.1.2.4　标准化是提高综合后勤保障能力的重要手段

1) 通过制定和贯彻有关标准，可控制产品的原材料、元器件、零部件的品种规格，对于采购、储备、管理以及供应等都会带来极大的方便，否则就会造成损失。例如，美国在第二次世界大战中，仅因螺纹件牙型规格不统一，结果在后勤供应方面就从本土往欧洲战场多运送了200百多万t物资。如果的零备件实现通用化和互换性，简化品种规格，就会为后勤供应带来方便。

2) 搞好标准化，提高产品质量，可减少零备件储备，缩短维修时间。美国M198式155牵引榴弹炮，根据标准规定："不用修复和大修能够射击15 000发全装药当量炮弹。"按照这种标准研制的火炮，使用中对后勤保障工作的要求自然就会简单。我国以前没有认真开展这方面的标准化工作，暴露问题很多。当前，我国已制定与颁发了有关可靠性和维修性标准，按标准的要求从新产品设计开始就考虑综合后勤保障问题，新研制的装备要有定量的可靠性指标，保证使用可靠，而且在使用中能够维修且便于维修，并规定这些要求不但要在设计中给予保证，完成设计后要进行设计评审，最后还要按标准的要求进行试验和验收。有了这样一套严格的程序，研制出的装备在综合保障能力方面一定会有很大提高。

3) 通过标准化工作，建立物资编码系统，可以加强后勤物资的科学管理，提高工作效率和经济效益。物资编码系统是一种由物资分类、物资识别和综合数据系统组成的一个多功能系统，它能保证对经常使用、采购、储存、发放的每种物品进行命名、识别、分类和编号，为各级后勤管理部门提供一套统一的物资识别和信息语言。在这个系统中，一个补给品只有一个编号，而且还给出相互间的通用互换关系，当一种物资的储备满足不了要求时，很快就能查到代用品。做好物资编码标准化工作，可以取得明显的经济效果。据美国统计，美国联邦物资编码系统在全联邦范围内建立了一个单一的编码系统，可以节约25亿美元。

4) 军用标准化工作中强调军民结合和军民通用。对国家已经有的通用基础标准和原材料、配套产品标准，凡能满足要求的，都不再制定军用标准，而且在已有的标准中，许多地方都引用了国家标准。这样，在研制军工产品时，许多设备和组件，如发动机、轮式车辆、瞄准用的光学仪器，以及各种设备中用的轴承、电机、电器元件等，都可形成军民结合型的产品系列，平时有利于组织专业化生产，战时可迅速转入军工生产，保证供应，提高综合后勤保障的能力。

12.1.2.5 标准化是保障人员健康，增强战斗力的重要因素

现代化战争，人的因素仍然是决定性的因素。装备的发展，使军事生活、劳动环境复杂多变，无论是在心理上还是在人体负荷上均有更高的要求。从生理卫生功能和医药卫生保证方面提出一系列的卫生标准和技术装备标准，保证军人在良好的状态下活动，发挥最佳效益和增强战斗力。

为了与现代化军事技术装备和现代化战争的需要相适应，军队医药卫生标准化有着广阔的发展领域，如军事活动范围的全球性，提出了在各种恶劣环境条件下的医药卫生保障问题；现代化战争的立体性，提出了陆、海、空、航天、深潜和地下防御工事的医药卫生保障问题；由于核、化学、生物、激光等武器的应用，故提出了一些特殊的医药卫生防护问题；随着军事技术和装备的更新，也带来了一系列的人一机一环境系统和微小空间医学卫生保障问题。总之，军队医药卫生标准化涉及每个军人的身体健康，直接影响着部队战斗力。

12.1.3 军用标准化的历史

军用标准化的历史非常悠久，自从人类社会生活中出现军事斗争以后，有关军用标准化的活动就开始了。封建社会初期，秦始皇修建的大型防御工程——万里长城；三国时期诸葛亮在兵器制造方面也运用了许多标准化的原理和方法，如战车和各种重要兵器的标准化均达到了很高的程度。

据有关资料记载，古罗马帝国，军队所用的兵器标准化程度就非常高，当时，一个部队由帝国的一个地区调往另一个地区可不携带武器。1546 年，法兰西一世统一军工产品时，将所有军工厂生产的炮弹品种规格进行简化，统一为六种型号。1715 年，俄罗斯帝国生产兵器时，采用了统一的尺寸公差，保证零部件能够互换。

近代标准化发展过程中，军用标准化的发展更为突出和明显。第一次世界大战的爆发，军需品生产急剧增长，为满足作战的需要，迫切要求统一各种零部件的规格，于是推动了各参战国标准化工作的开展。德国首先在军工产品中统一了螺钉、螺栓和螺纹的标准。英国为了战争的需要，也制定了大量的材料和军需标准，其中最大的贡献是制定了一批飞机材料标准。战争末期，温斯顿·丘吉尔在一次美国航空委员会召开的会议上说："对飞机材料进行如此深刻的标准化，说明了这样一条真理，即它们不仅在战争年代，即使在战争之后，亦更应当给予重视"。

第二次世界大战的爆发把对标准化的迫切需要更为尖锐地提到了战场前线。由于保障工具甚至连普通的螺栓、螺钉、螺母等互换使用的零件的标准都不同，结果造成供给与维护用品异常紧张。用于美国装备的备件必须经常从美国本土运来，这在关键时刻给战斗效果造成了极大的损失。在大战期间的供给品管理工作，也重新强调减少各种材料和产品品种的重要性，从而发展许多新的技术，包括运筹学、价值分析、线性规划和统计质量管理等。

第二次世界大战后，美国成立了国防部，由国防部负责全军标准化工作；1952年颁布了"国防编目和标准化法"；1954年制订了国防标准化计划，以此作为全军标准化工作的准绳。美国军用标准在体系上是完整的，从总体到各系统以致零部件都制定了相应的规范。美国军用标准具有体系完整、内容丰富、结构严谨、技术先进、格式统一、实用性强等特点，美军标已成为国际上公认有权威的一种重要技术标准。

1951年，北大西洋公约组织成立了军事标准局，致力于各国装备的标准化工作。由于装备的统一，给生产、储备和使用等都带来了方便。

近几十年来，由于政治和军事战略的需要，各主要发达国家（如美、苏联、英、法、德国等）都以不同的方式加强了军用标准化工作。

12.1.4 我国军用标准化概况

12.1.4.1 军用标准的构成

军用标准数量巨大、种类繁多，是一个复杂的系统。为了建立一个科学合理、结构优化、功能齐全的军标体系，标准分级和分层有相互联系的一面，又有内涵上的不同。分层主要是为了标准体系具有层次性，做到结构有序和优化；分级主要是为了更好地实施管理。分级和分层的主要根据都是标准覆盖的专业领域和有效范围。

《军用标准管理办法》规定，军用标准分为国家军用标准、专业标准和企业军用标准。1988年12月颁发的《中华人民共和国标准化法》则只规定了标准分为国家标准、行业标准、地方标准和企业标准。

（1）国家军用标准

国家军用标准主要是指对国防科学技术和军事装备发展有重大意义而必须在国防科研、生产、使用范围内统一的标准，包括：

1）标准技术内容涉及面广，适用于各类军事装备的综合性通用基础标准。

①工程专业标准（包括可靠性、维修性、安全性、综合技术保障、电磁兼容性、环境试验、包装储运标准、标准化管理、质量管理、计量管理标准等）；

②工程管理标准；

③信息工程标准；

④各类装备通用结构、互换性标准；

⑤基本术语、符号和标志标准；

⑥安全、卫生、防护及人机工效标准。

2）层次高、覆盖面宽的重要军事装备的产品标准。

①核武器系统重要装备标准；

②航空系统重要装备标准；

③导弹系统重要装备标准；

④卫星系统重要装备标准；

⑤舰船系统重要装备标准；

⑥兵器系统重要装备（火炮、坦克车辆、军用汽车等）标准；

⑦电子系统重要装备标准；
⑧全军通用后勤技术装备、军队医药卫生标准；
⑨其他重要装备标准。

(2) 行业（部门）军用标准

行业（部门）军用标准主要是指对国防科学技术和军事装备发展有重大意义，需要在行业（部门）内统一的标准。

(3) 企业军用标准

企业军用标准主要是指没有国家军用标准或行业（部门）军用标准而又需要在本企业范围内统一的标准。

12.1.4.2 军用标准的分类

军用标准可以按照标准的性质、内容的特征、使用时的约束程度等不同角度进行分类。科学的分级、分类，系统地归纳综合是设计军用标准体系、划分标准界面、组织标准制定的前提。

(1) 按标准使用时的约束程度分类

根据《中华人民共和国标准化法》，国家标准及行业标准可以分为强制性标准和推荐性标准。保障人体健康及人身、财产安全的标准和法律，行政法规规定强制执行的标准是强制性标准，其他标准是推荐性标准。

强制性标准必须执行，不符合强制性标准的产品，禁止生产、销售和进口。推荐性标准国家鼓励企业自愿采用。

我国过去把标准看成是"技术法规"，即单一的强制性体制，改变为强制性和推荐性体制并存无疑是一大进步，能较好地适应发展商品经济的需要。标准应该处于法律、法规的下一层次，不能要求像执行法律、法规那样要求实施标准，标准只有引入法律、法规或合同才受有关法律约束，只有纳入有关产品的专用技术文件才必须贯彻执行。

(2) 按标准所属行业或部门分类

按照标准对象所属行业，军用标准可分为：

1) 核武器系统行业标准；
2) 航空系统行业标准；
3) 导弹系统行业标准；
4) 航天（卫星）系统行业标准；
5) 舰船系统行业标准；
6) 兵器系统行业标准；
7) 电子系统行业标准；
8) 军用车辆系统行业标准；
9) 军队医药卫生行业标准；
10) 其他特殊装备行业标准。

建立各行业标准对直接保证各行业军事装备的研制、生产、使用，以及提高装备的使用效能、提高行业的管理水平有重要意义。在制定和管理各行业标准时，要注意划清该行业上下各级、各层次标准的范围,注意各行业同级标准之间的交叉,如电子系统行业的标准,往往和导弹、卫星、飞机、舰船、兵器等行业系统标准有很大交叉,要划清它们之间的界面,避免一个对象重复制定几个行业标准的现象。

(3) 按作用和编写格式分类

我国军用标准按其目的、作用和编写格式可以分为以下几类:

1) 军用标准(狭义),和前述基础标准一样主要用来规定术语、符号、代号、编码、标志;基本技术事项,过程、程序、规则和方法,优先数系;模数制;电压频率、等级;量和单位;制图方法;通用的试验方法、分析方法、检验方法、测试方法、数理统计方法;产品的分类、型号命名、参数系列及产品选用限制;包装的种类、结构、尺寸系列等对象,以便明确概念表述,促进相互了解。建立合理次序,控制产品的品种与规格及各种不必要的差异,保证产品在互换性、相容性、安全性、可靠性、维修性和运输性方面的设计与试验要求标准化。军用标准的目的是向设计人员和使用者提供在军事装备研制与生产中选用产品、设备、材料和工艺时所必不可少的资料与说明。

2) 军用规范,和前述产品标准一样,主要用来规定产品或服务事项的基本要求和为确定其是否符合这些要求所应使用的必要检验程序、规则和方法,以确定产品或服务事项的适用性,供订货方和承制方签订合同、进行交付或验收活动时使用。

军用规范实际上是产品标准,是国家和行业(部门)军用标准的主体部分。

军用规范根据装备和产品的地位、复杂程度可分为系统规范、研制规范、产品规范、软件规范、材料规范、工艺规范,前四项又构成了产品规范树。

3) 军用标准图样,主要用来规定标准零件、部件、组件以及元器件的尺寸参数、性能参数与其他要求;设计中与保证互换性、安全性、安装、装配间隙等有关的结构参数以及设备的外形尺寸。军用标准图样应为工程技术人员使用标准图样提供必需的基本技术资料,一般包括图形、代号、表格和要求等。

4) 军用指导性技术文件,主要用来为设计、生产、使用和管理提供有关资料或指南,其目的是推荐常用的资料、程序和技术数据以及材料、成品、工艺、惯例等方面的设计资料或参考资料,供有关人员参照使用。

(4) 按标准的性质分类

按标准的性质分为技术标准、管理标准和工作标准。

1) 技术标准,是以"物"为标准化对象,规定和衡量"物"的技术特性的标准,如产品质量、技术要求、测试方法以及其他涉及"物"的抽象的基础概念等方面的标准,是目前我国标准化工作的主要对象。这类标准对军事装备具有重要的直接意义和广泛的影响。

2) 管理标准,是以"事务"为标准化对象,规定与衡量事务的过程和有序程度的标准。为了强化事务的有序性和组织程度,管理标准对管理对象和管理过程及工作人员行使的职能规定了准则。如研制程序和要求、计划与控制、协调、决策与评审等方面的标准,是促进我国各项管理走向现代化的重要手段。

3) 工作标准,是根据技术标准的要求,对各项工作的范围、构成、要求、方法和程度等工作内容所作的有关规定。工作标准介于技术标准与管理标准之间，对提高工作效率，保证工作秩序和工作质量，改善协作关系等都有重要作用。

(5) 按标准的对象特征分类

按标准的对象特征分为通用基础标准、通用方法标准、产品标准和安全、环保标准。

1) 通用基础标准，是对标准化对象中那些最基本的，对各类装备都具有广泛和普遍指导意义的标准，它往往作为制定其他标准的依据，具有最一般的共性，通用性最广，包括：

①技术语言标准，如术语、符号、标志、制图等方面的标准。

②通用结构、互换性标准，如螺纹、齿轮及各类装备通用的结构标准。互换性标准包括公差配合等各类机械接口和互换性标准及电器、电子接口参数等互换性标准。

③信息工程标准，如信息代码、计算机语言等方面的标准。

④工程专业标准，如可靠性、维修性、安全性、保障性、电磁兼容性、包装储运等通用工程专业及标准化管理、计量管理、质量管理等专业标准。

⑤工程管理标准，指装备研制生产系统工程中所用的管理标准，如系统工程、技术状态管理标准，装备工作分解结构（WBS）标准，产品技术规范的编制标准等。

以上各类通用基础标准中，既包括军民通用的，也包括装备范围内通用的标准，其中工程专业标准与工程管理标准是我们重点研究和发展的方向，对提高装备的性能、质量水平、管理水平，降低研制费用和周期具有特别重要的意义。

2) 产品标准，为保证军工产品的适用性，对产品必须达到某些要求或全部要求所制定的标准，其内容包括品种、规格、技术性能、质量保证要求、试验方法和检验规则及包装、储存、运输要求等，是指导研制、生产、检验验收、使用和维修的重要文件。

产品标准不但有整个装备系统的标准，还有分系统，设备各级及原材料、零部件、元器件等各层次产品的标准，是军用标准的主体部分。

产品标准以前习惯称为产品通用技术条件，在我国军标和美国军标中称为产品通用规范。由于它明确规定了军工产品的性能及技术要求、质量一致性要求及检验验收规则，所以它是订货和贸易洽谈的技术依据，对保证军事装备的效能和经济性具有重要作用。

3) 方法标准，是以试验、检查、分析、抽样统计、计算、操作等各种方法、规程为对象制定的标准，主要包括该方法的范围、原理、条件、程序、结果的分析及评定等。这些方法指的是通用性的方法、规程，而某特定类别产品所用的方法和条件要求等应在相应产品标准（规范）中规定。

4) 安全与环境、防护标准，指保障人身、机器设备安全与控制环境污染和防护等方面的表征。军工产品的使用环境比较恶劣，安全保障成为重要的要求，如火炸药、引爆装置安全保障标准。其他如生产、操作过程中的安全、环境要求标准，军人作战或作业时各种危害人体健康诸因素的安全限值、防护及军队医药卫生等方面的标准。

（6）按企业生产的对象分类

1）基础标准，一般企业均指不形成硬件产品所有对象的标准，除了包括前述分类中的基础标准外，往往亦将有关方法标准、安全防卫标准列入这一类中。

2）产品标准，一般企业均指与最终出厂产品性能和试验验收直接有关方面的标准，如产品通用标准规范、产品试验验收方法标准、产品设计和计算方面的标准等。

3）零部件、元器件标准，一般指产品广泛采用、通用程度高的零部件、元器件方面的各级标准，这些标准是组织专业化生产的前提，对提高产品质量、降低研制和生产成本具有重要意义。

4）原材料、毛坯标准，是针对产品生产过程中前期生产的半成品标准，一般原材料都是按材料的重要程度和生产单位的不同定成不同级别标准，供材料选择和订货之用。毛坯标准一般根据集中生产程度定成不同级别标准，有的企业自行生产毛坯，自定企业标准，也可直接贯彻执行上级标准。

5）工艺、工装标准，指为研制或生产产品用的工艺过程（如锻、铸、焊接、热处理、表面处理等）用的标准。过去不少企业对统一化的工艺程序以生产说明书形式颁发，实际上就是工艺标准；工装标准主要指刀具、量具、卡具、冷冲模、热铸模、塑料无制模、试验设备等工艺装备的标准。

12.1.5 国外先进标准

国外先进标准是指国际上有权威的区域标准，世界上主要经济发达国家的国家标准和通行的团体标准，以及其他国际上先进的标准。

12.1.5.1 欧洲标准化委员会（CEN）通过的欧洲标准

CEN 是由 1961 年欧洲经济共同体（EEC）和欧洲自由贸易联盟所属国家及西班牙共同组成的，CEN 的工作包括除电工、电子工程以外的所有领域，而电工、电子领域由 CENELEC 负责，分工关系恰似 ISO 和 IEC。

12.1.5.2 欧洲电工标准化委员会（CENELEC）通过的欧洲电工标准

CENELEC 是 1972 年由欧洲电工标准协调委员会（CENEL）和欧洲电工协调委员会共同市场小组（CENELCOM）合并而成的，它负责协调成员国在电气领域的标准，制定统一的欧洲电工标准。

12.1.5.3 北大西洋公约组织的军用标准化

北大西洋公约组织（NATO）成立于 1949 年，于 1951 年设立军用标准化局（MAS），在北约军事委员会的直接领导下，主管军事装备的标准化工作。

美国作为北约的重要成员国，对北约标准化工作有较大的影响。1977 年美国国防部制定了一个国防部指令 DoDD2010.6《北约组织内武器系统和设备的标准化和互换性》，1980 年又重新颁发这一指令，进一步阐明了美国的方针和政策，即：根据北大西洋组织条约，美国在欧洲的雇佣军队所购买的设备应该标准化，或至少应该和北约其他成员国的装备互相通用。为了贯彻这一政策，美国还规定了三条具体途径，从采办政策和研制过程等方面进行协调，以达到提高北约装备标准化和互通性的目的。在美国国家法典中还规定，如果购买不标准的或与其他北约成员国互通的新型装备，国防部长必须向国会提出书面报告，反映全部情况。这些政策和规定对北约标准化工作起到了一定的推动作用。

12.1.5.4 世界上经济发达国家的国家标准

世界上主要的经济发达国家的国家标准是指美、俄、日本、德、英、法等国的国家标准，这些国家不仅实现了生产的现代化，产品的产量、质量和科学技术水平都进入了世界先进水平，而且这些国家半个多世纪以前，甚至更早，标准化就在生产领域推行，建立了比较完整和先进的标准体系、标准化管理体系，以及制定了标准的研究体系。

美国，1898年成立材料试验协会，1918年成立美国标准协会，目前已颁发10 000多个美国国家标准（ANSI）。

英国，1901年成立英国标准协会，现颁发了7 000多个英国国家标准（BS）。

德国，1917年成立标准化协会，现有20 000个左右联邦国家标准（DIN）。

日本，1921年成立工业产品标准统一调查会，现有7 000多个日本工业标准（JIS）。

苏联，1923年成立临时标准化局，1970年发展成为苏联部长会议国家标准化委员会（简称国家标委），现有20 000多个苏联国家标准。

法国，1926年成立标准化协会，现有10 000多个法国国家标准（NF）。

12.2 军用装备标准化管理

12.2.1 型号标准化工作

12.2.1.1 型号标准化任务

型号标准化是针对型号研制过程中的技术、经济和管理等开展的标准化工作，贯穿于型号研制工作全过程的各个领域，是型号质量控制和技术状态管理的重要基础，是装备全系统、全寿命周期工作的重要组成部分，其主要任务是：贯彻国家与军队的方针政策和法律法规；开展标准化论证，提出型号标准化要求；建立型号标准化工作系统；建立型号标准化文件体系，协调规范型号技术状态；制定型号标准化大纲，建立标准体系；组织标准的制定、采用、贯彻实施及监督检查等。

12.2.1.2 型号标准化的作用

1）依据标准设计是确保质量达到型号研制要求的重要标志。产品的质量体现在产品的适用性，而标准是型号产品适用性的载体之一，产品适用性的各项要求都是从现有的通用标准、规范中选择适用于该产品的内容综合而成的。选用先进、科学的标准，并按照标准、规范规定的性能指标及方法组织进行设计、制造和试验，方能确保产品的性能质量建立在先进的技术水平和可靠的基础上。因此根据标准进行设计是确保型号产品质量达到型号研制要求的重要标志。

2）标准化是项目管理、技术状态控制和接口协调的重要途径和有效手段。标准化既是一种管理手段，也是一种技术方法。开展型号标准化工作，在型号工程中贯彻各种相关的技术和管理标准、执行统一的程序文件，使得型号产品的设计、试验、生产和服务等过程在技术和管理上得到了统一，因而达到型号各系统之间在设计基准、技术要求、接口关系上的相互协调和规范统一。因此标准化是型号项目技术管理、状态控制与协调接口的重要途径和有效手段。

3) 符合标准化要求是型号设计定型的必要条件。军工产品定型工作规定明确了设计定型应达到的六项标准和要求，其中明确规定产品应"达到批准的研制总要求和规定的标准"，其他几项要求也与标准化有关，因此符合标准化要求是型号设计定型的必要条件。

12.2.1.3　型号标准化要求

型号标准化要求是型号研制总要求的重要组成部分，在"研制总要求"中明确提出相应的型号标准化要求是型号标准化工作的重要内容。标准化要求主要包括：一是为达到装备使用要求和战术技术指标规定的接口、设计、试验、使用以及鉴定验收等应遵循的规范和标准；二是为提高装备使用效能，降低全寿命周期费用规定的可靠性、维修性、安全性、保障性、环境适应性、电磁兼容性、人机工程、软件工程等专业工程标准；三是型号研制中应按照装备体系、规模、结构的发展规划，遵照装备的型谱、系列规划和发展计划，以及制定的有关标准化综合要求、"三化"（通用化、系列化、组合化）要求及其他工作项目、控制措施等要求。

12.2.1.4　型号标准化论证主要内容

型号标准化论证应依据装备全寿命标准化工作规定，以军方需求为牵引，紧密围绕型号研制，贯彻全寿命标准化管理、全系统标准化支持和全过程标准化控制思想，按照以下主要内容开展论证研究：

（1）标准化目标

一般应在研制总要求中，论证提出标准化总体目标、水平目标、效果目标和任务目标。水平目标应提出标准采用、实施和"三化"应达到的效果；效果目标应提出通过全寿命标准化管理、全系统标准化支持和全过程标准化控制应达到的最终效果；任务目标应提出型号标准化文件及贯彻实施标准的数量。

（2）标准化文件体系

按装备研制生产标准化工作规定的相关要求，论证提出型号标准化文件体系的组成和要求。

（3）型号标准体系

按照型号研制技术体系，论证提出构建型号标准体系的要求，其中应包括对型号系统和分系统的要求、论证提出对型号专用规范的要求。

（4）标准贯彻实施要求

根据型号研制需求，论证提出标准选用、标准剪裁的一般要求，贯彻实施重大标准的要求，以及标准化评审和标准化检查要求。

（5）通用化、系列化、组合化

论证提出对型号系统、分系统开展"三化"工作的基本要求，重点应考虑基本型派生发展的型谱要求，保障装备的作战效能和战备完好性。

(6) 互连、互通、互操作

应根据型号的体系兼容能力以及渐进式发展能力的需求，论证提出系统交互接口、设备接口和信息传输标准等互连、互通、互操作基本要求，支持联合作战。

(7) 装备使用管理、保障及质量监测的标准化要求

针对型号研制特点，论证提出装备与地面维护保障系统和检测设备之间、地面保障设备、地面检测设备以及用户资料编制的标准化要求，开展质量监测工作的要求，以及开展计量保障工作的标准化要求。

(8) 原材料、元器件及标准件

按照型号研制、生产过程的特点，论证提出原材料、元器件与标准件管理和选用工作的要求，以及选用原则和国产化率要求。

(9) 技术状态管理

论证提出实施技术状态管理工作的基本要求，以及建立型号技术状态基线的要求。

(10) 贯标目录

为达到型号使用要求和战术技术指标要求，论证提出应贯彻的主要标准，并作为研制总要求的附录。

12.2.2 型号专用规范

型号专用规范是规定特定研制项目的系统、分系统（含子系统）、设备、计算机软件、材料和工艺应符合的要求及其符合性判据等内容的技术状态文件，是型号标准体系的重要组成部分。型号专用规范是技术状态基线建立的前提和依据，一般分为系统规范、研制规范、产品规范、软件规范、材料规范和工艺规范。

其中系统规范、研制规范、产品规范、软件规范构成产品规范树。规范树包含了各个层次的实体规范和接口规范，可以根据产品的复杂性来分解规范树的层次，直到足够说明实体的特征，其与产品的 WBS（工作任务分解结构）一致。产品规范树是项目通用管理文件之一，是型号标准体系的核心。型号标准体系构建的核心也就是依据型号工作分解结构（WBS）和技术体系，编制系统规范、研制规范、产品规范和软件规范，构建产品规范树。

系统规范是依据研制总要求转化为型号设计要求的规范，通常由军方技术管理单位开展，以细化研制要求、深化验证内容、强化状态管理，满足研制的实施技术状态管理需要的系统规范制定。

12.2.3 标准化程度评价

按研制生产标准化工作规定的要求，在型号工程的定型（鉴定）阶段，需要对研制过程中的标准化情况进行全面总结，形成产品定型标准化审查报告，其中一项重要内容就是对型号的标准化程度进行评价，一般以产品标准化系数作为重要指标。

产品标准化系数是度量产品构成件中标准化程度的指标，用产品中标准件、通用件、借用件形式的零部件计算品种数占产品零部件计算品种总数的百分比来表征。

12.2.4 军用标准的选用和剪裁

军用标准是适用于所有或某一类军事装备的通用文件，它的内容必然具有覆盖面宽、通用性强的特点。而对于特定型号产品，不论它是一个大系统还是分系统、设备，都是针对特定的使用要求、使用条件，在一定的经费和研制周期约束下来研制生产的。一个产品系统，不同分系统，不同设备或部位对贯彻即使是同一项标准的要求也有所不同。从时间上来说，一个产品在不同的研制或生产阶段，对贯彻标准的要求和严格程度也是不一样的。

12.2.4.1 "选用"和"剪裁"的定义

选用是指根据特定装备使用和研制的需要、产品的不同层次，从现行、有效的标准和规范中，适时地选择适用于特定产品研制、生产的标准、规范，并在合同或技术规范等文件中加以规定的过程。剪裁是指对选用标准中的每一项要求进行分析、评估和权衡，确定其对特定产品的适用程度，必要时对其进行修改、删减和补充，并通过有关文件提出适合于特定产品最低要求的过程。所以剪裁并不是任意取舍，而是在保证装备最低要求的前提下谨慎地进行，必须建立在认真消化和分析、权衡的基础上。

12.2.4.2 选用和剪裁标准的基本步骤

从产品使用的任务剖面和环境出发，确定产品特定的性能要求；从所有各类技术和管理标准、规范中选择对特定产品必不可少的标准或规范；从选用的标准、规范中剪裁出适用的要求；将剪裁出来的及补充的内容经批准或签约后，以各种不同的形式纳入合同或技术规范等产品专用文件中去。

12.2.4.3 选用和剪裁标准时应考虑的因素

研制的阶段和标准的层次；产品研制生产的技术水平、工艺条件；允许的研制、生产、使用周期；产品的复杂性及关键特性；生产数量和价格；后勤保障要求；其他装备使用或研制中的要求。

原则上讲，几乎所有标准，除法律、法规规定必须全部执行以外，都可以剪裁。

12.3 航空发动机标准体系特点

航空发动机是飞机的"心脏"，对飞机的性能、安全性、可靠性具有极端的重要性。为规范发动机研制过程、保证研制质量、降低研制风险，国内于 1987 年颁布了国军标 GJB 241《航空涡轮喷气和涡轮风扇发动机通用规范》[1] 和 GJB 242《航空涡轮螺桨和涡轮轴发动机通用规范》[2]（以下简称通用规范），作为开展新型航空发动机研制工作遵循的顶层标准。

由于航空发动机是集机械、电子、电气、液压、气动、化工、冶金、材料等多领域技术于一体的高科技产品，研制过程十分复杂，单靠顶层的通用规范难以对发动机的设计、试验、生产等各个环节及材料、结构、工艺等各方面予以详细规定，需要大量的支持性标准与通用规范配套使用，通过成系统的军用标准体系来严格规范航空发动机的研制过程，切实保证发动机的使用可靠性和安全性。

航空发动机通用规范配套标准体系是在航空装备领域标准体系框架下的一个子系统，是在航空发动机论证、研制管理、采购等活动中军方与工业部门所共同遵守的标准的有机组合，是军方在装备研制过程中规范管理工业部门研制活动的重要技术文件的集合。

12.3.1 国外航空发动机标准体系分析

当今国外先进的军用航空动力装置标准、规范、手册，当属美国军用标准（MIL）和俄罗斯航空行业标准（OCT1），英国标准、法国宇航标准、美国的机动工程师协会标准（SAE），美国的 GE、普惠公司，英国罗·罗公司的各种手册，以及大量的公司标准。

12.3.1.1 美国军用标准体系

从 20 世纪 60 年代起，美国不断总结前期发动机研制经验，制定并颁布航空发动机通用规范，用以指导新型发动机的研制，并在使用中不断修订完善，最著名的有 5007 系列标准和 87231 系列标准。蕴含丰富发动机研制经验的军用标准 MIL – E – 5007D《航空涡轮喷气和涡轮风扇发动机通用规范》于 1974 年颁布，该标准还成为我国国军标 GJB 241—1987 的参照蓝本，后来美国对该军标不断进行修改完善，于 1983 年和 1994 年分别颁布了 MIL – E – 5007E 和 MIL – E – 5007F 标准，5007 系列标准主要在美国海军组织研制的发动机型号中得到应用。美国还于 1985 年颁布了军用标准 MIL – E – 87231《军用航空涡轮发动机通用规范》，MIL – E – 87231 系列标准主要在美国空军组织研制的发动机型号中得到应用。1995 年 1 月，美国国防部发布 JSGS – 87231A[3]代替 MIL – E – 87231，将范围扩充成适用于航空涡轮（涡喷、涡扇、涡桨和涡轴）发动机，且进一步丰富了使用指南。1998 年 10 月，美国发布的 JSSG – 2007 与 JSGS – 87231A 内容基本一致，只是在标准格式上做了些调整，在指导意见和经验教训上有所增删。2004 年 1 月，美国又发布 JSSG – 2007A，替代了 JSSG – 2007。2007 年发布了 JSSG – 2007B，2012 年发布了 JSSG – 2007C[4]。对于辅助动力装置，适用标准为 JSSG – 2009[5]。为了加强航空发动机的结构完整性，还有专用标准 MIL – HDBK – 1783 Engine Structural Integrity Program[6]。由上可见美国对标准不断的修订与完善非常重视，修改是频繁的。除了标准体系的原因外，每次修订都是在对发动机研制经验总结的基础上进行的，因此，每一版规范都体现了当时的发动机技术水平。

除了发动机通用规范等顶层规范，美国又建立有比较完善的标准体系，重点对发动机的各类试验方法做了明确的规定，较好地规范了发动机的研制过程，为各型先进航空发动机的成功研制奠定了良好基础。

根据调研，美国军用标准主要包含在国防部规范与标准索引（DODISS）中，是由国防部副部长办公室和国防器材规范与标准办公室出版的，定期进行更新。

美国军用标准有 24 000 项左右，美军标中与发动机有关的专用标准和规范主要是属于联邦供应分类（FSC）中的 28 大类——发动机、涡轮及其部件，29 大类——发动机附件，以及 30 大类——机械动力传动设备。另外，有部分类别是以符号表示的，如

PACK（包装、保管和运输）、ISDF（国际标准化文件—空军）、MISC（杂项）、TMSS（技术手册的编制规范和标准）等。经初步统计，美军标中与航空发动机有关的标准共750项，其中MIL标准、规范共333项，引用英军标2项，MS标准图样共415项；333项MIL标准中，属于活塞类发动机的有26项，属于涡喷类发动机的有300项，属于冲压火箭发动机类的有7项。编制这些标准的单位及代码为：06-美国空军司令部，11-空军系统司令部航空系统部工程标准部，99-空军后勤司令部合同执行处地方订货承接科，AS-海军航空兵司令部，AT-美国陆军坦克-车辆装备战备司令部。

美国航空动力装置标准体系具有以下几个特点：

1) 美军标是以采购事项为目标的统一规定，它更侧重于美军采购装备时应达到的性能特性和物理特性要求。至于如何达到这类要求，在它们的标准中都比较"淡化"，也就是说不作刻意的硬性规定。如何达到规定的技术要求，由企业（公司）或行业制定的标准或手册来实现，这为军用装备的制造提供了比较灵活的研制空间，也促进了制造技术的多样化。

2) 标准、规范从原来条文中包含具体数据发展成"填空"规范。填空部分的数据均在标准的附录中给出，这就为采购装备提供了更为灵活的协调空间。

3) 标准、规范的附录除提供条款中推荐的填空数据外，还提供了该标准条款为什么这样规定以及规定该条款的经验教训，为采购和研制方在技术协调时提供了可贵的决策依据。

4) 标准、规范更新速度快，及时总结研发中的创新成果，为后续的研发提供了技术储备，如MIL-E-5007系列标准，现已发展成JSSG-2007C。从增加的矢量喷管要求到细化了可靠性、维修性、保障性、安全性方面的要求可以看出，这些标准是随着航空动力装置研发创新成果不断总结和完善的。

5) MS标准图样占美军标的60%以上，可见美国航空动力装置在研发中大量地选用了货架产品。按MS标准形成的货架产品，其质量在MS标准规定的范围内应该是可信和稳定的。大量选用货架产品，在航空发动机研发过程中就可以节省大量的研制费用，从而降低研发成本。

6) 美军标是可以剪裁的，标准规范只给出了该类动力装置的通用要求，而通过对标准技术要求的剪裁，形成型号规范后才能强制执行。

12.3.1.2 俄罗斯航空行业标准

俄罗斯航空行业标准（OCT1）包括PTM、My、Ty等共有17 000余项，其中与航空动力装置直接有关的标准共266项，大量的通用零部件标准不包括在其中；涡喷类发动机标准262项，冲压、火箭发动机3项，活塞式发动机2项，详见标准中附表2（不含标准件）。它的主要特点如下：

1) 俄标是一种研制型标准，它在标准中既规定了技术要求，也规定了达到这些要求的技术途径。这样标准从操作性的角度来看，其可操作性较强，标准拿来就可以用，但由于达标途径规定得比较具体，约束了制造技术发展的灵活性，使制造技术的多样化受到限制，制约了研制技术的灵活发展。

2) 俄标 OCT1 中还包含了一批 PTM、My、Ty 等方法指南类标准,这些标准有点儿类似于航空行业标准中"使用指南"类的指导性标准。

3) 俄标 OCT1 通用零部件标准占整个 OCT1 标准的 70% 以上,这个比例与美军标大致相当,由此可见,各国都比较关注通用零部件的标准化和通用化。

12.3.2 国内航空发动机标准体系分析

12.3.2.1 顶层标准

国内于 1987 年参照美国军用标准制定并颁布了国军标 GJB 241—1987《航空涡轮喷气和涡轮风扇发动机通用规范》和 GJB 242—1987《航空涡轮螺桨和涡轮轴发动机通用规范》。在随后的一些新型发动机的研制中贯彻了发动机通用规范,对保证发动机的研制质量发挥了重要作用。在国军标 GJB 241—1987、GJB 242—1987 贯彻实施的十几年中,逐步暴露了该通用规范的一些缺陷和不足,并且该通用规范由于制定日期较早,已不适应航空发动机技术的发展需求,在此背景下,修订了国军标 GJB 241—1987、GJB 242—1987,2010 年颁布实施了 GJB 241A—2010,2018 年颁布实施了 GJB 242A—2018。

12.3.2.2 航空发动机军用标准体系的发展历史

标准体系的研究,从"十五"计划开始,当时在标准化的理论上已提出了"系统的观念",标准化工作也从原来的单一、简化、协调、优化发展到标准化系统协调概念。体系表是体现这一系统的一种形式,它由体系表结构框图和体系表项目明细表组成。

国防科工委①在这一理论的指导下,将航空发动机标准体系隶属于国防科技工业标准体系,涵盖在编制的"八六"版、"九五"版、"二〇〇〇"版三个版次的装备标准体系表中,主要借鉴美国军标技术体制来发展我国军用标准体系。航空发动机标准体系的研究,是军标体系研究的一个重要组成部分。这三个体系版本有力地推动了航空发动机行业标准化工作的发展,相继制定了发动机通用规范 GJB 241、GJB 242、GJB 243[7]和 GJB/Z 101[8] 等发动机顶层规范,至今一直指导着航空发动机的研制,成为用户与研制方确定研制方案、建立合同关系及产品研制、验收的不可缺少的重要依据性标准。

《装备标准化管理办法》中,明确制定和修订的国军标重点是对"采购事项作出统一规定",也就是侧重在以采购装备为主的标准、规范的制定贯彻与修订,类似美国军用标准和某些西方国家制定的产品采购标准。

新国防科工委(局)通过实践,已逐步明确了国防科技工业标准制定与修订的重点是"围绕提高型号设计和生产能力的需要,重新制定与修订装备总体和结构的设计方法标准、试验方法标准、设备与产品标准、制造工艺标准,和装备的性能规范形成互补"。

12.3.2.3 航空发动机军用标准体系构成

(1) 标准分级划分原则

1) 总体、性能设计、结构强度设计、系统设计与试验的顶层标准或专业范围的总标准,及涉及军方采购范畴的标准,则以国军标(GJB)为主;

---

① 国防科工委全称为中华人民共和国国防科学技术工业委员会,2008 年 3 月 15 日撤销。

2）属研制标准、设计方法，则以航标（HB）为主；

3）飞行试验、高空试验、台架试车的顶层标准，则以 GJB 为主；

4）部组件、零件的设计与试验方法和要求，为 HB；

5）设备标准，原则上以 HB 为主；

6）主要涉及军方、外系统协调的项目，以 GJB 为主；

7）涉及行业内部的标准，以 HB 为主；

8）企标不进入该体系，只有待企标实施较为完善，又具有在行业中的通用性，才可提升为 HB。

（2）现行需遵守的主要标准

此处列出航空发动机研制需要遵循的主要国军标，见表 12-1，相关航标和企标不再赘述。

表 12-1 航空发动机相关国家军用标准

序号	分类	标准名称	标准编号
1	通用要求	航空涡轮喷气和涡轮风扇发动机通用规范	GJB 241—2010
2		航空涡轮螺桨和涡轮轴发动机通用规范	GJB 242—2018
3		装备可靠性工作通用要求	GJB 450A—2004
4		装备维修性工作通用要求	GJB 368B—2009
5		装备综合保障通用要求	GJB 3872—1999
6		装备安全性工作通用要求	GJB 900A—2012
7	主机设计	装备可靠性维修性保障性要求论证	GJB 1909A—2009
8		可靠性模型的建立和可靠性预计	GJB 813—1990
9		装备质量信息管理通用要求	GJB 1686A—2005
10		可靠性维修性评审指南	GJB/Z 72—1995
11		装备综合保障评审指南	GJB/Z 147—2006
12		维修性试验与评定	GJB 2072—1994
13		维修性分配与预计手册	GJB/Z 57—1994
14		维修性设计技术手册	GJB/Z 91—1997
15		装备保障性分析	GJB 1371—1992
16		航空发动机防火安全设计要求	GJB 3568—1999
17		军用软件安全性设计指南	GJB/Z 102A—2012
18		航空涡轮发动机包容性要求	GJB 3366—1998
19		航空涡轮发动机单元体设计要求	GJB 3817—1999

续表

序号	分类	标准名称	标准编号
20	设计	航空发动机结构完整性指南	GJB/Z 101—1997
21	设计	航空发动机重量平衡与控制要求	GJB 2640—1996
22	设计	航空涡喷、涡扇发动机振动标准	GJB 4651—1993
23	设计	涡喷涡扇发动机进口总压畸变评定指南	GJB/Z 64A—2004
24	设计	航空涡轮发动机的冷却计算方法	GJB/Z 88—1997
25	设计	涡喷涡扇发动机性能的湿度修正规范	GJB 359—1987
26	设计	涡喷涡扇发动机性能的温度修正规范	GJB 378—1987
27	设计	涡喷涡扇发动机性能的燃油热值修正规范	GJB 723—1989
28	设计	航空发动机非核生存力设计指南	GJB/Z 81—1996
29	材料与工艺	航空发动机转动件用高温合金热轧棒材规范	GJB 1953A—2008
30	材料与工艺	航空发动机用钛合金饼、环坯规范	GJB 2220—1994
31	材料与工艺	航空发动机全尺寸模型的构造和检验	GJB 2184—1994
32	材料与工艺	航空发动机压气机叶片用TC4钛合金棒材	GJB 493A—2008
33	材料与工艺	航空发动机压气机叶片用TC11钛合金棒材	GJB 494A—2008
34	材料与工艺	航空发动机油泵柱塞用圆钢规范	GJB 2836—1997
35	试验	航空发动机地面试车台通用要求	GJB 5543—2006
36	试验	涡喷涡扇发动机试车台校准规范	GJB 721—1989
37	试验	涡喷涡扇发动机试车性能修正规范	GJB 722—1989
38	试验	航空涡喷涡扇发动机高空模拟试验要求	GJB 4879—2003
39	试验	航空燃气涡轮动力装置飞行试验规范	GJB 243A—2004
40	试验	军用飞机科研试飞训练要求（动力装置有关部分）	GJB 624 系列
41	试验	航空涡喷涡扇发动机吞砂试验要求	GJB 2026—1994
42	试验	航空发动机吞鸟试验要求	GJB 3727—1999
43	试验	航空发动机吞冰试验要求	GJB 4187—2001
44	试验	航空涡轮发动机吞水试验要求	GJB 4877—2003
45	试验	航空涡轮发动机吞入火药气体试验要求	GJB 4878—2003

（主机分类跨序号29—45）

续表

序号	分类		标准名称	标准编号
46	主机	交付使用	航空发动机型号命名及编号	GJB/Z 20369
47			航空发动机的封存包装	GJB 1284—1991
48			航空涡轮喷气发动机例行试验	GJB 3740—1999
49			航空发动机技术说明书编写规定	GJB 3891—1999
50			航空发动机维修手册编制要求	GJB 4868—2003
51			航空发动机安装手册编制要求	GJB 5581—2006
52			航空发动机大修手册编制要求	GJB 5580—2006
53			航空发动机故障分析手册编制要求	GJB 5362—2005
54			航空发动机结构修理手册编制要求	GJB 5363—2005
55			航空发动机图解零部件目录编制要求	GJB 5364—2005
56			航空发动机履历本编写要求	GJB 4597A—2006
57	配套系统、产品及保障设备	通用要求	航空发动机燃油与控制系统通用规范	GJB 2190—1994
58			涡喷涡扇发动机数字电子控制系统通用规范	GJB 4053—2000
59			航空涡轮发动机润滑系统通用规范	GJB 3057—1997
60			航空涡轮发动机起动系统通用规范	GJB 3215—1998
61			航空发动机引气系统通用规范	GJB 3214—1998
62			航空发动机燃油泵与调节器通用规范	GJB 3465A—2015
63			航空发动机管路系统通用技术要求	GJB 3816—1999
64			飞机发动机用空气涡轮起动机通用规范	GJB 4735—1996
65			航空燃气涡轮辅助动力装置通用规范	GJB 3971—2000
66			航空起动电机通用规范	GJB 4869—2003
67			飞机燃气涡轮发动机合成防锈油规范	GJB 2377—1995
68			航空燃气涡轮发动机燃气通道清洗剂通用要求	GJB 4747—1996
69			航空涡轮发动机用合成润滑油标准	GJB 1263—1991
70			航空发动机包装箱通用规范	GJB 835—1990
71			航空涡轮发动机监视系统设计准则	GJB 2875—1997
72			航空发动机点火系统特性和燃烧室设计相容性要求	GJB 3811—1999

续表

序号	分类	标准名称	标准编号
73	设计	航空发动机包装箱设计	GJB 1360—1992
74	设计	航空发动机包装件标志	GJB 833—1990
75	配套系统、产品及保障设备	航空发动机燃油泵-调节器耐久性试验方法	GJB 3277—1998
76	配套系统、产品及保障设备	军用装备实验室环境试验方法	GJB 150 系列
77	配套系统、产品及保障设备	军用设备和分系统电磁发射和敏感度要求与测量	GJB 151B—2013
78	配套系统、产品及保障设备	航空涡轮发动机润滑油试验方法	GJB 1264—1994
79	配套系统、产品及保障设备	航空涡轮发动机润滑油泡沫特性测定法（静态泡沫试验）	GJB 498—1988
80	配套系统、产品及保障设备	航空涡轮发动机润滑剂腐蚀性和氧化安定性测定法	GJB 499—1988
81	配套系统、产品及保障设备	航空发动机润滑油相容性测定法	GJB 562—1988
82	配套系统、产品及保障设备	航空涡轮发动机用合成润滑油与硅橡胶相容性测定法	GJB 1820—1993
83	配套系统、产品及保障设备	航空发动机包装件鉴定试验	GJB 834—1990

注：本章内容的主要素材取自以下参考文献以及若干其他资料。

参考文献

[1] 中国人民解放军总装备部. GJB 241A, 航空涡轮喷气与涡轮风扇发动机通用规范 [S]. 2010.

[2] 中国人民解放军总装备部. GJB 242A, 航空涡轮螺桨和涡轮轴发动机通用规范 [S]. 2018.

[3] US DoD. JSGS-87231A, JOINT SERVICES GUIDE SPECIFICATION FOR MILITARY AIRCRAFT ENGINES.

[4] US DoD. JSSG-2007, Engines, Aircraft, Turbine.

[5] US DoD. JSSG-2009, Air Vehicle Subsystems.

[6] US DoD. MIL-HDBK-1783, Engine Structural Integrity Program.

[7] 中国人民解放军总装备部. GJB 243A—2004, 航空燃气涡轮动力装置飞行试验要求 [S]. 2004.

[8] 国防科工委. GJB/Z 101, 航空发动机结构完整性指南.

第 13 章

航空发动机技术状态管理

13.1 概述

技术状态管理是对产品技术状态进行文件化及其更改、控制的方法。技术状态是指在技术文件中规定的并在产品中达到的物理特性和功能特性。技术状态管理是指应用技术和行政管理手段对产品技术状态进行标识、控制、审核和纪实的活动。

13.1.1 技术状态管理发展的历史

技术状态管理的概念由复杂武器系统的研制产生，最早在 20 世纪 50 年代的导弹竞赛中由美国提出。20 世纪 70 年代到 80 年代初，伴随着在大型武器系统研制过程中的广泛应用，逐步形成了成熟的技术状态管理理念。陈学楚[1]等系统介绍了技术状态管理的概念方法。

在复杂武器装备的研制过程中，由于科技进步和需求改变等，产品性能和结构动态调整日益复杂，造成研制费用高、研制周期长且使用保障复杂。在长达十余年的研制周期中，由于人事变动可能不利于连贯性，且参研单位多造成协作要求高，有大量的技术资料需要及时交换处理，大量的试验件需要试验评价。研制中不可避免地需要不断更改设计方案，从而涉及某些数据和设计资料也要随之更改，而且需要与总体设计方案和关联系统、下游零部件协调一致。在这种纵横交错、反复迭代、不断变化的情况下，如果某个环节或项目协调不充分、更改不及时、控制不严密、前后不连贯、步调不一致，轻则影响批次产品性能、质量不一样，增加成本、延误进度，重则导致整个工程研制的失败。

技术状态管理是对武器装备研制控制的一种手段，它要对设计、费用、进度、性能、保障性和风险等方面的权衡决策的完整性与连续性进行记录和控制，使承制方向用户交付的产品，其技术状态能够满足合同和技术规范的要求，防止性能、费用、进度的失控，生产出满足预期要求的武器装备。

技术状态管理的某些管理思想在我国装备研制中早已存在。1987 年《军工产品质量管理条例》明确提出了进行工程项目的技术状态管理研究。

对于大型武器装备的研制，必须采用技术状态管理，才能确保研制不失控。

图 13-1 所示为美军装备研制的阶段划分,一般分五个阶段、四个里程碑,设置三个基线来确定技术状态,并通过六种技术审查来不断细化确认和完善。

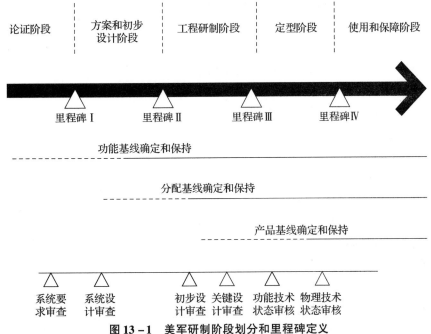

图 13-1 美军研制阶段划分和里程碑定义

1992 年,美军颁布了 MIL-STD-973《技术状态管理》;1997 年,美军颁布了 MIL-HDBK-61《技术状态管理指南》[2]。

1998 年,我国颁布了 GJB 3206《技术状态管理》[3];2006 年,颁布了 GJB 5709-2006《装备技术状态管理监督要求》[4];技术状态管理的标准还有 GB/T 37507《项目管理指南》[5]、GB/T 19017《质量管理体系 技术状态管理指南》[6]。

《军工产品质量管理条例》中明确"技术状态"即"configuration"的含义。民用飞机研制过程中,多采用"构型"的提法。软件工程中,根据软件研制的特点,多采用"配置"的提法。GJB 5235[7]规定了军用软件的配置管理。本书主要采用军用发动机"技术状态管理"的提法,在民机研制中称为"构型控制",在软件工程中称为"配置项管理",具体操作实施类似。Ian Moir[8]介绍了民用飞机构型控制的做法,适用于飞机机载系统和发动机 FADEC 系统。

航空发动机是一个极其复杂的机电产品,一台现代大型涡扇发动机可能有上万个零部件,研发周期从预研开始历时几十年。从第 5、6 章我们看到,即使进入发动机型号研制阶段,也需要反复迭代修改设计,产生大量的过程数据和技术状态,如果不进行有效的技术状态管理控制,将产生灾难性的后果。

13.1.2 定义

13.1.2.1 技术状态的定义

在技术文件中规定的,并且在产品中所达到的功能特性和物理特性。

功能特性：产品的性能指标、设计约束条件和使用保障要求。

物理特性：产品的形体特性，如组成、尺寸、形状、配合、公差、重量等。

技术状态是在按文件要求所生产的产品中实际达到的特性，即产品的技术状态就是产品的特性。技术状态是在技术文件中明确规定的，对于没有在技术文件中规定的，不属于技术状态管理的范畴。

在实施技术状态管理中涉及两个基本的管理要素，一是技术状态项目，二是基线。技术状态管理主要是针对技术状态项目的基线实施的管理。

13.1.2.2 技术状态项目（CI）

技术状态项目是技术状态管理的基本单元，是能满足最终使用功能，并被指定作为单个实体进行技术状态管理的硬件、软件或其集合体。其特点如下：

1）确定为 CI 的条件：能满足最终使用功能，即该项目具备功能特性和物理特性；
2）被指定为单个实体，是独立的单个实体而不是一个普通的零部件；
3）需要对其进行单独的技术状态管理。

技术状态项目的影响：

1）单独编制规范；
2）更改需经正式批准；
3）分别记录技术状态状况；
4）逐个进行设计审查和技术状态审核；
5）单独进行合格鉴定试验。

13.1.2.3 技术状态文件

规定技术状态项目的要求、设计、生产和验收所必需的技术文件。只有技术状态项目才有技术状态文件，其他项目则根据自身情况，编制其所必需的技术文件。在工作分解结构中处于不同位置的技术状态项目，所需的技术状态文件也不相同。

13.1.2.4 技术状态基线

在技术状态项目研制过程中的某一特定时刻，被正式确认并被作为今后研制和生产活动基准的技术状态文件。基线也是指已批准的并形成文件的技术描述。技术状态管理中，一般要考虑三个基线——功能基线、分配基线和产品基线的管理。承制方可按需增设两条内部基线，即设计基线、制造基线。这些基线的特点有：用技术状态文件描述和体现；通过对技术状态文件的正式评审确认；是在研制过程中的重要节点确定的，具有里程碑意义；基线的确定表示对前一阶段产品定义的批准和认可；基线是进一步推动产品技术演进的基础。

1）功能基线：通过系统要求评审（SRR），由正式批准、描述整个系统或产品功能特性和物理特性的系统规范（即功能技术状态文件）构成的，反映方案阶段产品定义的结果。

2）分配基线：通过初步设计评审（PDR），由正式批准的、描述分系统或 CI 的研制规范（即分配技术状态文件）构成的，研制规范包括分配下来的性能指标、功能要求、设计限制等，反映初步设计阶段产品定义的结果。分配基线的建立标志着产品的研制技术状态冻结。

3）产品基线：通过 FCA（功能技术状态审核）和 PCA（物理技术状态审核），并经初始小批生产后，通常由正式批准的下列文件构成：产品规范、材料规范、工艺规范、产品工程图样或三维模型及相关的零件表或 BOM 表、接口控制文件、试验要求文件、检验要求文件、工装图、软件开发和测试文件等。

13.1.3 技术状态管理

13.1.3.1 定义

建立产品的性能、功能和物理特性，并在其整个寿命期内使这些性能和特性与其要求、设计和使用信息保持一致的管理过程。

其主要活动如下：

1）技术状态标识；
2）技术状态控制；
3）技术状态记实；
4）技术状态审核。

13.1.3.2 目的

实现产品的技术状态在生命周期内得到控制和保持，提高技术状态项目的可重用性，保证产品的技术状态具有唯一性、可控性、有效性和追溯性。

13.1.3.3 作用

通过技术状态标识、控制、记录和报告、审核等工作，达到以最优的性能、最佳的效费比、最短的周期，研制出满足要求的武器装备并提供成套的技术资料。

对于基线的管理：

标识——建立技术状态基线；

控制——控制对技术状态基线的更改；

记实——记录/报告基线的状况及变化情况；

审核——审核产品与其基线的符合情况。

13.2 技术状态标识

13.2.1 定义

技术状态标识是确定技术状态项目的特性，并对其进行说明的技术状态管理活动，即为各技术状态项目的控制与状况记实逐步建立和保持一个确定的现行基准。

13.2.2 主要活动

13.2.2.1 选择技术状态项目

通常应选择功能特性和物理特性能被单独管理且有助于达到总的最终使用性能的产

品作为技术状态项。

可从多个角度选择技术状态项,被选择作为技术状态项的产品一般是:

1) 武器装备、分系统级产品或跨单位、跨部门研制的产品;
2) 在风险、安全、完成使用任务等方面具有关键特性和重要特性的产品;
3) 新研制的产品;
4) 接口复杂且重要的产品;
5) 单独采购的重要产品;
6) 使用和保障方面需着重考虑的产品。

技术状态项目选择实例:

1) 具有独立的功能特性,需单独确定性能和试验要求;
2) 高风险和关键部件;
3) 关键的、新的或改进的设计;
4) 与其他系统、设备或软件有接口关系,或者是几个系统共有的部件;
5) 有单独的交付或安装要求;
6) 必须保持可互换性。

技术状态项目在选择时需考虑以下因素:

1) 产品层次结构中的实体是技术状态的候选集合;
2) 数量多少需要权衡管理需要和管理成本;
3) 如果从装备顶层考虑,则所选技术状态项目应被用于用户监督管理;
4) 要保证技术状态项可以进行单独管理,以免造成型号管理的界面混乱;
5) 技术状态项基本与需要定型或鉴定的产品一致;
6) 技术状态项是从 GJB 2116[9]工作分解结构中挑选。

技术状态项目的选择时机:

1) 承制方应编制技术状态项清单,并提交订购方认可。选定的技术状态项应在合同中予以规定。
2) 较高层次的技术状态项可在方案阶段初期或之前选择,较低层次的技术状态项可在工程研制阶段初期或之前选择。

13.2.2.2 建立技术状态基线

功能基线一般在产品的方案阶段建立。分配基线一般在产品的方案阶段末期或工程研制阶段初期建立。产品基线一般在产品设计定型时基本建立,在产品生产定型时最终建立,具体如图 13-2 所示。

功能基线、分配基线和产品基线一般应自建立时起,维持到产品寿命周期结束为止。GJB 6387《武器装备项目专用规范编写规定》[10]规定了六类规范:系统规范("甲型专用规范")、研制规范("乙型专用规范")、产品规范("丙型专用规范")、工艺规范("丁型专用规范")、材料规范("戊型专用规范")、软件规范("己型专用规范")。

第 13 章 航空发动机技术状态管理

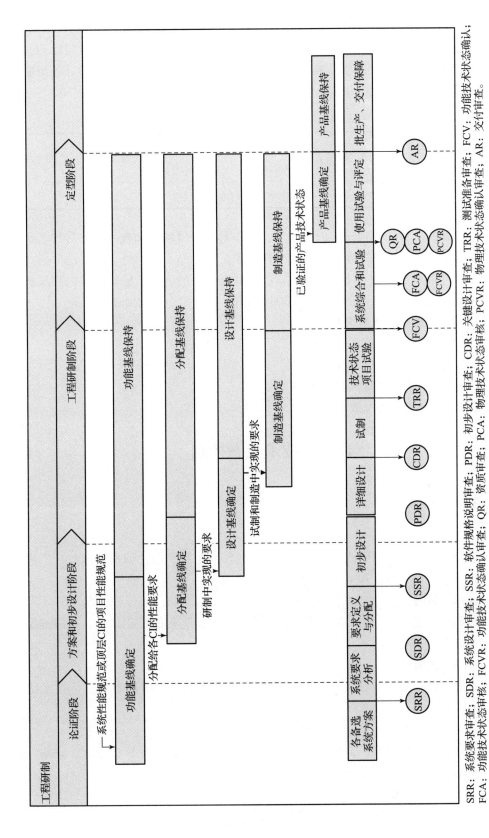

图 13-2 技术状态基线的建立时机

SRR: 系统要求审查; SDR: 系统设计审查; SSR: 软件规格说明审查; PDR: 初步设计审查; CDR: 关键设计审查; TRR: 测试准备审查; FCV: 功能技术状态确认; FCA: 功能技术状态审核; FCVR: 功能技术状态确认审核; PCA: 物理技术状态审查; PCVR: 物理技术状态确认审查; QR: 资质审查; AR: 交付审查。

13.2.2.3 指定技术状态标识

技术状态项目：应以 WBS 为依据，按相应规定给每个技术状态项目指定标识，尾号可明确一个区间为技术状态项目编号，并进行修订版本标识和有效性管理。各研制阶段技术状态文件标识见表 13-1。

表 13-1 各研制阶段技术状态文件标识

研制阶段名称	模样（方案）	初样	试样（正样）	设计定型（应用）	工艺定型	批生产
阶段标记	M(F)	C	S(Z)	D	G	P

技术状态文件：应按相应规定，为规范、工程图样（模型）和技术文件等技术状态文件指定标识，并进行修订版本标识和有效性管理。

应确定每个技术状态项在不同阶段所需技术状态文件的名称、标识号、内容和责任主体。技术状态文件应随产品的寿命周期阶段递进、研制工作深化而逐步完备。

13.2.2.4 发放技术状态文件

1) 应按规定程序发放技术状态文件。
2) 应按规定形式发放技术状态文件。
3) 应按规定形式审签技术状态文件。
4) 记录技术状态文件发放的信息。

13.3 技术状态控制

13.3.1 概念

13.3.1.1 定义

为控制技术状态项目的更改而对提出的更改建议（工程更改、偏离、超差）所进行的论证、评定、协调、审批和实施的活动。

13.3.1.2 目的

技术状态基线建立后，为控制技术状态项目的更改而进行的控制活动，目的是保持预定技术状态基线。

13.3.1.3 控制主体

技术状态控制是对技术状态项目的控制，未列入技术状态项目者不进行技术状态控制。

13.3.1.4 控制对象

包括对提出的更改建议、工程更改指令、偏离和超差申请所进行的论证、评估、协调、审批和实施等活动。

13.3.1.5 控制类型

工程更改、偏差/超差控制和接口控制。

1）工程更改：在技术状态项目研制、生产过程中，对已正式确认的现行技术状态文件的更改。

2）偏离/超差控制：对技术状态项目的某些（特性）方面（允许）不按其已批准的现行技术状态文件要求进行制造（和验收）的一种书面认可，不构成对已确认文件的更改。

3）接口控制：项目更改时，接口所涉及的功能或物理特性应作为设计更改的约束条件。

13.3.2 原则

1）严格更改的审批权限，通过网络加速更改信息的传递。

2）收集订购方、设计、管理、生产等各方面的意见与建议，考虑成本、进度和技术等因素，合理确定工程更改方案。

3）全面评估工程更改的影响，在更改发出前完成协调，保证相关文件之间的协调性。

4）采用数字化预装配等方法，优化设计，减少工程更改的次数。

5）更改中应明确对在制品的处理情况，在允许的情况下应减少报废。

13.3.3 工程更改

工程更改实质上是对基线所做的更改，是对技术状态项目已冻结的技术状态文件的更改并加以控制。工程更改的过程如下：

13.3.3.1 提出更改请求

更改请求通常来源于订购方、设计、生产和服务部门。

13.3.3.2 更改类别判断及影响分析

应通过现场会议、例会或由相应级别主管确定等形式，初步判定更改的必要性，并判断更改类别。按控制级别可分为Ⅰ类工程更改和Ⅱ类工程更改。

1）Ⅰ类工程更改是由订购方批准，对订购方和承制方共同控制的技术状态项目的更改。凡涉及技术状态基线更改或偏离，即更改功能、形状和接口等，均属于Ⅰ类更改，应按相应的控制流程实施，主要包括：

①影响合同中某些重要因素的更改。

②由于更改功能技术状态文件和分配技术状态文件，致使某些要求超出规定限值或规定容差者。

③由于更改产品技术状态文件，致使对功能技术状态文件或分配技术状态文件的影响达到②条所述程度，或影响到某些因素者。

2）凡不涉及Ⅰ类工程更改情况的更改均属Ⅱ类更改，由承制方自行控制。

Ⅱ类更改按更改的重要性和对在制品的影响可分为：

①A类更改：涉及产品（CI项目）结构、性能和互换性的重大更改；在制品（包括已出厂、已完成装配、已进入试飞、已交付订购方的零组件）报废。

②B类更改：不涉及产品（CI项目）结构、性能和互换性的重大更改；在制品需返修。

③C类更改：涉及产品结构或性能等方面的完善性更改；为提高产品质量或改善工艺性等的更改；不影响在制品或在制品可用。

④D类更改：订正一般性错误，完善CAD文件质量等的更改；对在制品无任何影响。

Ⅱ类更改按更改建议批复和实施时间迫切程度分为：

①危急：对设计、生产、使用等具有重大影响的更改。例如进入服务机群/试飞的飞机安全的更改；对即将交付飞机的更改；涉及发正式服务通报的更改。

②紧急：对设计、生产、使用等具有重要影响的更改。例如飞机飞行能力恢复的更改；恢复与飞机运行使用一致的维护级别的更改；恢复遵守合格证要求的更改；对已停飞事件处理的有关更改；如不尽快更改将造成设计、生产风险或巨大浪费的更改；影响其他工作开展的更改。

③一般：对设计、生产、使用等具有完善性质，不涉及在制品和在制品报废的更改。例如改进性更改，如制造可替换件、改进操作等；更改说明；更换一个可用设备或订购方指定的装置；一般性的文字更改与完善等。

13.3.3.3　编制更改建议

Ⅰ类工程更改建议，提出的工程更改建议还应附有必要的资料（如试验数据与分析、保障性分析、费用分析等），以论证与说明更改的必要性和更改带来的影响。

Ⅱ类工程更改建议，按承制方自行规定的要求和格式拟定。

13.3.3.4　更改建议审批

Ⅰ类工程更改建议，经承制方内部各有关部门或各相关协作单位协调，并经总设计师签署后，送交订购方审批。订购方组织有关部门审查后确定是否批准该项工程更改建议。

Ⅱ类工程更改建议，经承制方内部制度批准后，送交订购方备案。如订购方对所确定的工程更改有异议，应经双方充分协商后，由订购方最后决定。

13.3.3.5　编制更改指令

编制依据：工程更改建议是编制工程更改指令的依据。

编制顺序：应结合工程更改建议的优先级安排工程更改指令的编制。

编制内容：应将工程更改建议的内容及时落实到图样、技术文件中。

限制条件：被批准的《工程更改建议》对有关各方具有约束力和强制性；工程更改指令不应偏离《工程更改建议》内容。

编制形式：《规范更改单》《更改单》《临时更改单》《技术单》。

13.3.3.6　工程更改实施

须经审批流程，被批准的工程更改指令才能发放。

发放的工程更改指令是设计、生产等研制工作的依据。

应按优先级和研制工作实际情况，及时、全面地将工程更改内容落实到研制工作中

（包括对在制品的处理）。

13.3.4 偏离/超差

13.3.4.1 定义

偏离：技术状态项目制造前，不按已批准的现行技术状态文件要求进行制造，对其已批准的现行技术状态文件不做出相应更改。

超差：技术状态项目制造期间或检验验收过程中，不符合已被批准的现行技术状态文件规定要求，不需要或用经批准的方法修理后仍可使用。

13.3.4.2 主要过程

1) 申请：应填写统一的申请表，对每一偏离/超差给定唯一标识。偏离/超差申请至少应包括：信息，例如涉及的 CI 数量、CI 名称及编号、申请偏离/超差的规范、图样和文件编号、对提出偏离/超差的说明、承制方名称；影响分析，例如合同编号、对交付质量的影响、对上游产品的影响、对交货进度的影响、对综合保障物资的影响等。

2) 审批：涉及产品性能、可靠性、互换性和维修性的重大偏离/超差；属于严重缺陷的偏离/超差；其他情况，承制方按照其现行制度对偏离/超差情况实施一般审批。

3) 执行：由申请提出单位依据申请批复文件，形成偏离/超差文件，经各级签署批准后发送到有关单位。

4) 验证：由制造部门依据偏离文件及超差文件，验证相关文件与偏离文件的符合性；按超差处理程序，记录超差使用情况。

13.3.5 接口控制

13.3.5.1 更改要求

经批准的接口控制文件应置于技术状态管理之下，不得擅自更改。任何更改必须按程序进行。

属订购方控制的更改项目，由承制方批准，订购方认可；属于承制方控制的更改项目，由承制方批准即可。

一般由系统总设计师、分系统主任设计师批准。必要时，由上一级系统、分系统技术负责人批准下一级的接口控制文件的更改。

13.3.5.2 控制文件

成品技术协议书、接口管理程序和接口控制文件/安装定义文件。

13.4 技术状态记实

定义：对已确定的技术状态文件、提出的更改状况和已批准更改的执行情况所作的正式记录和报告，是创建和组织知识库的过程。

技术状态记实的任务包括：

1) 记录并报告各技术状态项的标识号、现行已批准的技术状态文件及其标识号；

2) 记录并报告每一项技术状态更改从提出到实施的全过程情况;
3) 记录并报告技术状态项的所有偏离许可和让步的状况;
4) 记录并报告技术状态审核的结果,包括不符合的状况和最终处理情况;
5) 记录并维持已交付产品的版本信息及产品升级的信息;
6) 定期备份技术状态记实数据,维护数据的安全性。

13.5 技术状态审核

13.5.1 定义

为确定技术状态项目是否符合其技术状态文件所进行的检查。

功能技术状态审核是确认技术状态项目是否达到功能技术状态文件和分配技术状态文件中规定的功能特性的正式审核。

物理技术状态审核是确认制造结果的技术状态与其产品技术状态文件符合性的正式审核。

功能技术状态审核在技术状态项目设计技术鉴定或设计定型时进行。

物理技术状态审核在生产定型阶段进行。

13.5.2 人员

由承制方和订购方共同组织进行,机构成员由双方协商确定。

13.5.3 地点

应在承制方或分承制方的现场进行。

13.5.4 步骤

一般分为审核前准备、实际审核和审核后处理阶段三个步骤。

13.6 监督与实施

订购方应对承制单位技术状态管理过程相互关联的活动实施监督。

订购方应依据有关法规和合同要求,对承制单位的装备研制、生产各阶段实施技术状态管理的监督,落实监督措施,确保监督的有效性。

订购方应监督承制单位按照装备类别、合同要求和有关标准,制定并执行技术状态管理形成文件的程序。

订购方应监督承制单位分别编制的不同研制阶段的技术状态文件,经用户确认后建立功能基线、分配基线、产品基线,并控制对这些基线的更改。

订购方应监督承制单位制订技术状态管理计划。技术状态管理计划应符合合同要求，明确对技术状态项目的功能特性与物理特性进行管理所采取的程序和方法。

13.7 应用案例

根据研制需要，航空发动机整机的批次一般分为：

验证机：技术验证机、工程验证机；

原型机：一批（科研批，首飞前试验和首飞）；二批（鉴定批，鉴定试验试飞）。

航空发动机的附件和分系统，一般分为 C 型件、S 型件、D 型件等至少三个批次，并根据主机需要及时更改技术状态。

由于航空发动机零部件数量高达万件以上，研制过程较长、批次较多，故一般需采用专门的技术状态管理工具软件完成技术状态管理工作。

案例1：某工厂在某型航空发动机燃油柱塞泵修理中，为了加快修理进度、减少成本，更改了加工工艺，将柱塞泵柱塞头部的修理工艺由磨削改为车削，造成柱塞头部残余应力过大，交付使用几十个小时后，头部发生剥落，剥落的金属碎屑随着燃油在燃油控制系统内流动，卡滞在精密活门等处，造成发动机起动不成功。最终该问题查明后，采用该工艺的几百台产品全部返厂修理，经济损失由工厂全部承担。

案例2：某工厂开展某弹射座椅零件国产化工作，在选用一个安全销的材料时，错误地选用了高强度材料，使该零件的剪切强度增大 3 倍左右，造成飞机发生飞行事故时，飞行员选择弹射救生，该安全销不能破坏，造成飞行员弹射失败而牺牲。

案例3：美国和法国合作的 CFM56 发动机是接口控制的典范。美国 GE 公司负责核心机研制，法国 SNECMA 公司负责低压部件的研制，双方均提供了准确详实的接口，并充分保护了己方的技术秘密和知识产权。两家公司对全球市场进行了划分，分别完成所在市场订单的总装和市场服务。有赖于极其完美的技术状态控制，CFM56 发动机取得了巨大的市场成功。其后，五个国家合作的 V2500 系列发动机取得了同样的成就。

案例4：2003 年 2 月 1 日，哥伦比亚号航天飞机在原定降落时间 16 min 前与地面失去联络，继而在得克萨斯州上空解体，七名宇航员葬身火海。故障原因是对已识别的防热瓦可能脱落导致防热结构失效的技术风险未引起高度重视，未及时采取有效的风险应对措施。

注：本章内容的主要素材取自以下参考文献以及若干其他资料。

参考文献

[1] 陈学楚，等. 装备系统工程［M］. 北京：国防工业出版社，2005.
[2] US DoD. MIL – HDBK – 61，Configuration Management Guidance.
[3] 中国人民解放军总装备部. GJB 3206A，技术状态管理，2010.
[4] 中国人民解放军总装备部. GJB 5709，装备技术状态管理监督要求，2006.

[5] 国家市场监督管理总局. GB/T 37507, 项目管理指南.
[6] 国家市场监督管理总局. GB/T 19017, 质量管理体系 技术状态管理指南.
[7] 中国人民解放军总装备部. GJB 5235, 军用软件配置管理.
[8] [英] Ian Moir, Allan Seabridge. 飞机系统设计和研制导论[M]. 凌和生, 等译. 北京: 航空工业出版社, 2012.
[9] 中国人民解放军总装备部. GJB 2116, 武器装备研制项目工作分解结构.
[10] 中国人民解放军总装备部. GJB 6387, 武器装备项目专用规范编写规定.

第 14 章

航空发动机经济可承受性

14.1 概述

航空发动机是涉及众多学科和技术领域的高技术产品。研发一台高性能航空发动机一般需要几十亿甚至上百亿元,需要花费十几年或更长时间。发动机的研制、采购和使用保障需要综合考虑质量、进度和成本问题,在性能、可靠性、安全性基础上需要从经济性上进行分析和监管。

14.1.1 装备费用的构成与作用

国家与国家、军队与军队之间的对抗,实际上也是经济实力的比拼。航空发动机属于国家战略装备,其发展尤为重要,需以国家经济为基础。航空发动机属于高科技产品,其发展始终处于追求先进技术水平的状态,技术含量和复杂程度不断提高,其研制、购置和使用保障所需的经费不断上涨,费用已经越来越成为制约其发展的重要因素之一。

美军对军用飞机的费用统计表明:一是研制费不断攀升。1969年以前,一型飞机的研制费用不超过10亿美元,而从1969年以后的研制费从来没有低过35亿美元,F-22飞机的研制费近300亿美元,F-35由于同时研发三型飞机,故研制费高达502亿美元;二是制造成本大幅上升,以美军战斗机单机飞离价格(不同于采购价格,仅计算该机生产发生的重复性工时和材料成本)为例,1971年以前,均低于2 300万美元,而在此之后的战斗机,除F-16外,其他均上升到5 000万美元以上,F-22单机飞离价格更是高达1.2亿美元;三是使用保障费居高不下,据统计,第三代飞机的使用保障费占到寿命周期费用的60%~80%,美军1975—2005年装备总数减少了30%,而使用保障费却基本不变。

由于装备费用的上涨,"买不起,用不起"矛盾突出,美军F-22飞机1986年研制时计划采购750架,而随着采办费用(相当于我国研制费和购置费之和)的不断上涨,2005年降为178架,虽然近年有所变化,但总数量截至2009年也仅为183架。图14-1即为F-22采购数量随平均单机采办费用的变化情况,可见到2005年,F-22研制费、购置费平均到每架飞机高达3.45亿美元。美国兰德公司的 Mark V Arena[1] 介绍了美国军用飞机采办费用飞涨的情况。

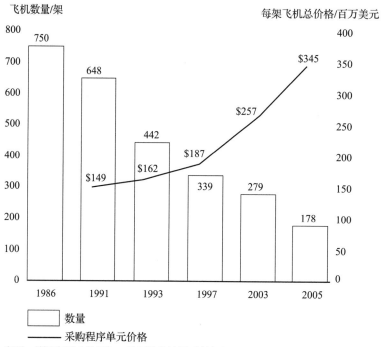

图 14-1　F-22 采购数量随平均单机采办费用的变化情况

对装备费用的认识需要从全系统、全寿命的角度去看，装备寿命周期费用由装备研制费用、购置费用、使用保障费用以及退役处置费用构成，不能只考虑研制费或采购价格，使用保障费往往是装备费用的"大头"，也即常说的装备费用的"冰山效应"或"后效性"，如图 14-2 所示，装备的费用就像冰山一样，水面上可以看到的订购费用仅仅是该型装备费用的一小部分，更大的使用保障费用则沉在水面下，随着使用维修保障过程逐步显现，如果只考虑前期的研制、订购所需的费用，则很可能会撞上费用冰山，导致"用不起"的恶果。因此，对于武器装备采办费用的管理是非常重要的。杨克巍[2]等介绍了武器装备采办费用管理的主要要求。

14.1.2　装备经济可承受性

装备的经济性也称经济承受性，GJB 451A—2005《可靠性维修性保障性术语》对经济承受性的定义为：用户在产品的寿命周期内，能够承担产品研制、采购、使用和保障费用的能力。该定义重点从单型装备的角度对经济承受性进行了描述，事实上，对于整个装备体系也有经济性的问题。

为从经济上确保装备建设发展，必须将经济性要求纳入装备发展规划和计划之中，考虑规划、计划的经济可承受能力，科学论证和控制装备建设经费，使其发挥出最大效益。

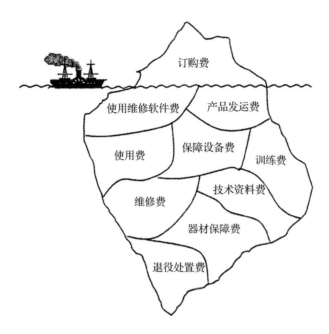

图 14-2 装备费用的"冰山效应"

14.2 经济性研究基础

开展装备经济性论证，需要掌握与运用一些基本的经济分析方法和技术，其中，寿命周期费用分解结构、费用的时间价值、熟练曲线、费用估算程序与方法等，是最基础的知识内容。

14.2.1 寿命周期费用分解结构

寿命周期费用分解结构也称费用分解结构（Cost Breakdown Structure，CBS），它是指按装备的硬件、软件和全寿命周期各阶段的工作项目，将寿命周期费用逐级分解，直至基本费用单元为止，所构成的按序分类排列的费用单元的体系。

装备系统的硬件和软件的设计、研制或购置以及全寿命周期各阶段所进行的工作项目（如总体设计、试飞试验、使用与保障等）都需要发生费用。进行费用分解时，首先按费用等级将寿命周期费用分解为若干个主费用单元，每个主费用单元又分解为若干个子费用单元，如此逐级分解下去，直到可以单独进行计算的基本费用单元为止。每一个费用单元是其所包含的下一级费用单元的总和，所有主费用单元的总和即寿命周期费用。

对费用分解结构的要求一般有5个方面：
1) 必须考虑装备整个系统在寿命周期内发生的所有费用；
2) 每个费用单元必须有明确定义，与其他相关费用单元的界面分明，并为费用分析人员及管理人员所共识；

3)费用分解结构应当与装备研制项目的计价、军品的定价以及管理部门的财会类目相协调;

4)每个费用单元要有明确的数据来源,要赋予可识别的标记符号及数据单元编号;

5)寿命周期费用分解结构的详细程度,可以因估算的目的和估算所处的寿命周期阶段的不同而异。

费用分解结构可以根据费用估算的特点与工作分解结构相结合。装备类型不同,所进行的费用分析的目的以及所定义的费用单元不同,所建立的费用分解结构形式也就不同。

装备有众多类型,由于各类装备的构成、维修保障方式等均不同,故其寿命周期费用分解结构也不同。以军用飞机为例进行分析,其寿命周期费用主要由研制费、购置费、使用保障费和退役处置费构成,分解结构如图 14-3 所示,其中退役处置费所占比例很小,在研究中可以不予考虑。

唐长红[3]、韩景倜[4]等分析了航空武器装备的经济性,《飞机设计手册》第 22 分册[5]专门论述了经济性设计的内容。

14.2.2 费用的时间价值

费用的时间价值,就是货币对时间指数的变化关系。货币价值随时间的变化是客观存在的,其变化具有一定的规律性。装备的研制、生产、使用都要经历一个较长的时期,因此,必须考虑费用的时间价值,要将不同时刻发生的费用折算到同一个时间基准点上的价值,使费用数值具有可比性,否则在进行寿命周期费用估算与分析时就会造成很大的误差。

相同金额的费用在不同的时刻(时点)具有不同价值,一笔费用或资金的金额应指明哪一年的币值,而且通常都要换算到该年年末的币值。换算的时间基准点可以是现在时刻(一般是零年末),或某一时刻。所谓现值是费用现在时刻的价值,或指定时间基准点的价值,通常用符号 P 表示。所谓终值(也称未来值)是与现值等价的未来某一时刻的费用价值,通常用符号 F 表示。

在进行费用币值换算时,除时间因素外,影响费用不同时刻币值的因素有贴现率和物价指数。贴现率是综合考虑货币时间价值的投资收益率。所谓贴现是将某一笔资金按一定的贴现率折算成现值。物价指数(也称通货膨胀率)是指物价水平持续上涨而造成币值贬值的指数。在计算费用的时间价值时,若综合考虑贴现率和物价指数的影响,则可以将两项指数相加。一般情况下,利率随时间的变化反映了贴现率和物价指数的双重变化,因此,在计算费用的时间价值时,经常采用银行公布的利率。但是,利率又是一项重要的国家经济调控手段,从财经政策来看具有一定的主观性,所以有时可能不完全反映贴现率和物价指数的变化。

14.2.3 熟练曲线

所谓"熟练",是指操作者技术熟练程度的提高,机械设备、工艺准备、制造技术

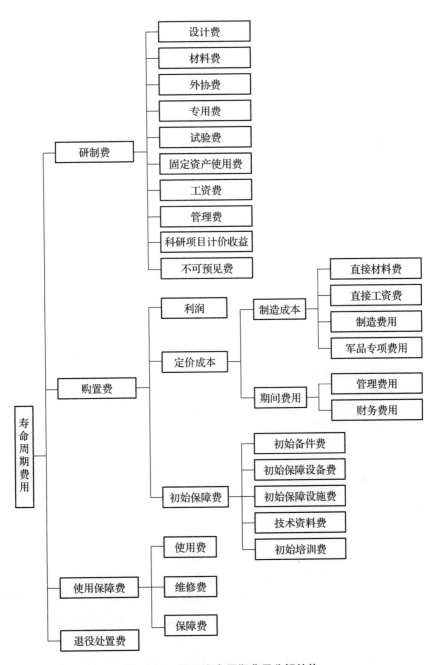

图 14-3 飞机寿命周期费用分解结构

与管理技术的改善,以及废品、次品的减少等的综合反映。这种熟练程度的提高可以使完成同一作业的工时缩短,从而达到降低生产费用的效果。

熟练曲线的理论指出:单位产品的制造工时或制造成本随着产品累计数量的增加而下降,但随着累计数量的增大,下降速率逐渐变小,直到趋于稳定。熟练曲线的规律是当自变量产量成倍增多时,因变量工时或费用成比例下降,形成指数关系曲线(见图 14-4),可表达为

$$t_n = t_1 n^b$$

式中，t_n——生产到第 n 件产品时单件产品的制造工时或制造成本；

t_1——第1件产品的制造工时或制造成本；

n——产品的累计数量；

b——熟练曲线斜率指数。

b 可表示为

$$b = \lg S/\lg 2 \quad (14-1)$$

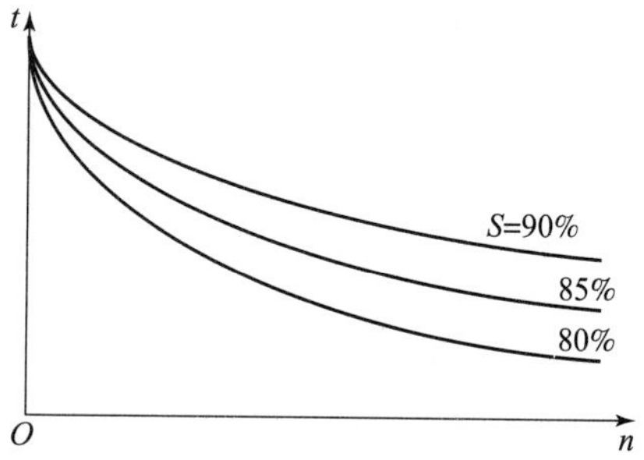

图 14-4 熟练曲线

式中，S——熟练率。

研究表明产品产量每翻一番，其制造工时或制造成本将下降到一固定百分数，该百分数即为熟练率 S，可表示为

$$S = \frac{t_{2n}}{t_n} = \frac{t_1 (2n)^b}{t_1 n^b} = 2^b \quad (14-2)$$

那么，生产第1件至第 n 件产品的平均制造工时或制造成本为

$$\bar{t} = \frac{1}{n} t_1 \sum_{i=1}^{n} i^b \quad (14-3)$$

14.2.4 费用估算程序

费用估算可以预见、分析和评估装备成本，是寿命周期费用论证的基础和核心，是装备寿命周期费用管理和控制的关键技术。寿命周期费用论证的每个步骤、每种方法中都包含着大量的、反复的费用估算。

费用估算程序是指导如何进行费用估算的工具。费用估算程序应规范费用的估算步骤，使寿命周期费用估算全面而准确，并方便跟踪、复制及更新估算结果。

14.2.4.1 确定估算目标

确定估算目标就是对所要估算的费用给予正确的说明，要根据估算所处的阶段及具体任务，确定估算的目标，明确估算范围（寿命周期费用或某主要费用单元，或主要分系统的费用）及估算精度要求。估算的目标能确定和限制费用分析的范围，并将费用估算值与装备项目的决策联系起来。估算的目标又往往受到数据的完备性和精确性、估算的进度与工作量、估算的准确度要求、估算结果的应用等因素的限制。

14.2.4.2 制订估算计划

估算计划主要包括确定费用估算的步骤、估算人员的任务安排、估算的进度与工作量、数据的来源、估算的准确程度以及估算结果的应用，等等。

14.2.4.3 明确假设和约束条件

确定了估算目标之后，要对估算所涉及的各种因素进行分析，做出相应的各种假设和建立约束条件，以保证估算的顺利进行。估算寿命周期费用应有明确的假设和约束条件，主要包括装备研制的进度、数量、部署方案、供应与维修机构的设置、使用方案、保障方案、维修要求、任务频次、任务时间、使用年限、利率、物价指数、可利用的历史数据等。凡是不能确定而估算时又必需的约束条件都应假设。

对于所有的假设，都应当作清楚的说明，而且要用实际数据加以证明。如果既不能作清楚的说明，也不能用实际数据加以证明，那就应该说明此假设的理由（如，在数学上处理简便，符合常理），准确地指出可能产生偏差的地方。对于关键的假设，还应检验它们的合理性。

约束条件能够用来缩小问题范围，但必须具有一定的伸缩性，不应妨碍到问题的解决。

随着装备研制、生产和使用的进展，原有的假设和约束条件会发生变化，某些假设可能要转换为约束条件，应当及时予以修正。

14.2.4.4 建立费用分解结构

根据估算的目标、假设与约束条件，在熟悉了解装备的基础上，确定费用单元和建立费用分解结构。费用分解结构的一般要求为：一切费用既不遗漏也不重复，必须考虑装备整个估算范围内的所有费用；由上到下逐级分类展开，一直分解到可进行估算的基本费用单元；应与财会费用类目相协调；每个费用单元必须有明确的定义和标记符号，并为各有关单位所共识；每个费用单元要有明确的数据来源。

14.2.4.5 选择费用估算方法

在不同的阶段对费用进行估算时，可能得到的信息量不同，考虑的因素有差异，因此采用的估算方法不同。最常用的费用估算方法有三类：工程估算法、参数估算法、类比估算法。

根据费用估算与分析的目标、所处的寿命周期阶段、可利用的数据及其详细程度、允许进行费用估算与分析的时间及经费要求，选择适用的费用估算方法。费用估算方法在寿命周期各个阶段的适用性见表14-1。

表14-1 费用估算方法在寿命周期各阶段的适用性

	立项论证阶段	方案论证阶段	工程研制阶段	设计定型阶段	生产阶段	使用保障阶段
工程估算法	NA	NA	S(√)	P(√)	P(√)	P(√)
参数估算法	P(√)	P(√)	S(√)	NA(√)	NA	NA
类比估算法	S(√)	P(√)	S(√)	NA(√)	NA	NA

备注：P 表示该阶段采用的主要方法；
S 表示该阶段采用的次要方法；
NA 表示通常不采用的方法；
√ 表示方法的阶段适用性。

在估算时，可以同时采用几种不同的估算方法，也可以在一种方法中部分地使用另一种估算方法，以补充一种方法的不足和提高估算与分析的精度。

14.2.4.6 数据的收集、筛选和处理

经上述步骤后的工作是收集和筛选数据，它是寿命周期费用估算中工作量最大的一

项工作，其基本步骤为：

第一步，确定可能的数据来源，如经费及财务记录、所估算装备的费用数据库、费用研究报告、专家的分析判断、类似装备的历史费用数据库等；

第二步，拟定利用数据源的策略，如进行现场收集或函调；

第三步，获得可利用的数据，并提取数据；

第四步，去伪存真，筛选数据，剔除数据中有明显错误的数值；

第五步，补充遗漏的数据或更正错误数据。

对数据进行收集和筛选后，还不能直接加以使用，在用于费用估算模型的建立前必须开展数据处理工作，主要有统一费用单元、统一计量单位以及人员开支标准化等。

14.2.4.7 建立费用估算模型并计算

根据已确定的估算目标、估算方法和已建立的费用分解结构，按要求建立适用的费用估算模型，然后输入数据进行计算。计算时，要根据估算要求和物价指数及贴现率，将费用估算值换算到一个时间基准。

在参数法费用估算中，选择合适的建模方法和费用说明性变量是非常关键的，它们决定了费用估算结果的可信度和精度。若费用估算不能通过检验或者不能达到预定精度，则必须重新选择建模方法或费用说明性变量，再次建立费用参数估算模型。

14.2.4.8 费用敏感度分析

敏感度分析是分析事物变化原因的变化对事物变化结果影响程度的一种系统分析方法，在建立费用估算模型时，需进行敏感度分析。

进行费用敏感度分析的基本步骤如下：

第一步，根据费用估算与分析的目标，确定敏感度分析的要求，如通过敏感度分析确定对寿命周期费用的总现值，或其中某个主费用单元或费用单元的现值的费用影响因素；

第二步，根据假设与约束条件和费用分解结构，确定重要费用不确定性因素；

第三步，确定每个费用不确定性因素的变化范围，即最可能值（最常见情况下的值）、乐观值（在较好情况下的值）、悲观值（在最坏情况下的值）；

第四步，逐一将每个重要费用不确定因素在乐观值与悲观值的范围内以一定的百分数变化，其他重要费用不确定因素固定于最可能值，计算出所估算或所分析的费用值对变化的敏感程度（以百分数表示）；

第五步，进行综合分析，找出对所估算或分析的费用影响大的费用不确定因素及其影响程度，为费用的控制与管理决策提供依据。

图 14-5 所示为某型飞机使用保障费用的敏感度分析结果。图中表示了四项因素变化引起的使用保障费用的变化，均用相对的百分数表示。由图 14-5 可知，每飞行小时所需的维修人时和平均大修间隔时间是对使用保障费用影响最大的两项因素。要减少使用保障费用，主要应当在改进飞机可靠性和维修性上下功夫，从而减少飞机每飞行小时所需的维修人时和增大平均大修间隔时间。

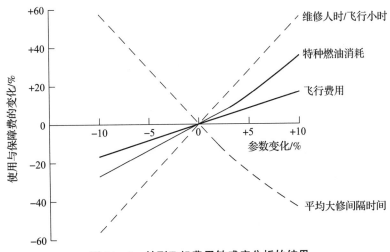

图 14-5 某型飞机费用敏感度分析的结果

14.2.4.9 费用风险分析

费用风险是对在规定的假设和约束条件下不能实现费用目标的可能性的度量。费用风险分析一般采用蒙特卡罗仿真法进行。

进行费用风险分析的基本程序：

第一步，确定费用风险分析的对象，如寿命周期费用，或其中某个费用单元；

第二步，根据假设与约束条件和费用分解结构，确定费用不确定性因素；

第三步，确定每个费用不确定性因素的变化范围，即最可能值、乐观值、悲观值，并为其选择一种合适的概率分布模型，在费用风险分析中常用的概率分布模型有均匀分布、三角分布、β 分布和正态分布等；

第四步，根据每个费用不确定性因素的变化范围及其概率分布模型，采用蒙特卡罗仿真方法进行随机抽样；

第五步，根据随机抽样数据进行多次费用估算，对多次费用估算值进行统计处理，求出最小值、最大值、数学期望值和标准方差；

第六步，根据统计结果，生成费用估算值的分布密度曲线和累积概率分布曲线；

第七步，依据分布密度曲线和累积概率分布曲线，获取费用估算值的置信区间，并进行费用风险分析。

14.2.4.10 判断估算结果是否满足要求

将获取的估算结果与估算目标进行比较，以判断估算结果是否满足要求。如果满足要求，则编写估算结果报告；如果不满足要求，则回到第一步重新审定估算目标并继续估算，直到满足目标为止。

14.2.4.11 形成寿命周期费用估算报告

将估算结果形成寿命周期费用估算报告。寿命周期费用估算报告是进行寿命周期费用估算的结果文件，其内容主要包括：

1) 阐明估算目标与所估算费用范围，以及估算的精度要求；

2) 概要说明装备的用途与主要功能，研制技术方案（或研制总体方案）和主要技术要求，装备的组成，需研制的主要配套设备、设施及订购方提供或推荐的设备与设施，阐明装备预期的采购数量、服役的地理位置及环境条件；

3）说明装备的计划进度和实际进度情况；

4）说明寿命周期费用估算所遵循的基本原则，以及作了哪些具体的假设与约束条件；

5）说明为实施寿命周期费用估算所建立的费用分解结构及必要的费用单元的定义；

6）说明所采用的估算方法和选择该方法的理由，所建立的费用估算模型，以及对费用估算模型所进行的合理性检验的结果；

7）说明估算所使用的物价指数、贴现率及熟练曲线等数据，以及这些数据的来源；

8）说明费用数据收集、筛选和处理及其来源情况；

9）根据费用估算目标和要求，给出费用估算结果；

10）说明对费用估算所进行的敏感度分析、风险分析的方法和结果；

11）依据历次寿命周期费用估算的结果，说明对费用的检查跟踪情况；

12）说明根据在装备研制、生产和使用过程中的寿命周期费用估算结果，对各项费用指标要求实现的评估情况，以及对出现偏差的分析；

13）需要说明的问题及建议。

14.2.4.12 根据变化更新估算结果

随着装备研制的进展，费用估算的假设和约束条件可能发生变化，或者费用说明性变量的数值可能发生变化，费用估算结果应根据这些变化予以更新。

当装备研制经过新阶段或里程碑时，费用估算要同步更新。

14.2.5 费用估算方法

在不同的寿命周期阶段对费用进行估算时，可能得到的信息量不同，考虑的因素有差异，因此采用的估算方法不同。最常用的费用估算方法有三类：工程估算法、参数估算法、类比估算法。美国兰德公司的 Younossi O[6] 等提出了估算的方法。

14.2.5.1 工程估算法

应用工程估算法必须先建立该项目的费用分解结构，逐步计算出单元费用数据，逐级向上归集，最终估算出整个项目的总费用。采用该方法进行估算时，对每一项已发生的费用单元的费用采用实际费用，当较低层次费用单元的费用尚无实际值时，可以采用参数估算法、类比估算法或专家判断估算法进行估算。

工程估算法的优点主要有：能按照费用分解结构表达寿命周期费用的各费用单元的关系，估算比较准确；能灵活、独立地估算出寿命周期费用中需要估算的装备任何部分、任一阶段和任何费用单元的费用；能方便地为费用仿真和敏感度分析提供费用数据。

该方法的缺点是工作量大，需要大量的各种费用的数据库支持，没有足够的详细资料之前无法进行有效的费用估算。

工程估算法是一种较为细致准确的方法，但在应用中有一定的约束条件，应用时必须具备：工程项目已发展到一定的阶段；工程项目的费用分解结构已分解到一定的层次；具有相关专业的经验丰富的工作人员组成的工作小组；具备了从以前项目发展中积累的有可比性的费用数据。

工程估算法模型的关键是建立适于该工程项目的费用分解结构。在一定的费用分解结构层次上，利用以前积累的数据库和相关专业人员的经验，对费用单元的费用进行估算，然后逐级统计，得到总费用。

14.2.5.2 参数估算法

如果研制的新系统（产品）与以前的旧系统类似，且旧系统的有关物理特性、性能参数和费用的数据存在，则可利用这些数据通过一定的数学方法建立起系统费用与特征参数（重量、速度等）之间的关系，同样地，子系统的费用也可与其物理特性和性能参数相关，这样建立起来的关系式称为"费用估算关系式"（Cost Estimate Relation，CER），此费用估算方法也称为参数估算法。

建立费用估算关系式的数学方法可以根据问题的特点而灵活选择，目前还不存在通用的规范。

参数估算法的实质是从已建立的数据库外推，因此，有一点必须予以强调，就是在使用参数估算法时，首先要判断数据库中相似系统的数据对未来新系统的适用性。

参数估算法的优点主要有以下四个方面：

1）它可在研制早期就加以应用，参数估算法的根据是性能参数和构型方案，而不是详细的设计，所以在论证和方案阶段即能使用；

2）使用快速、廉价，费用估算关系式一旦开发，可以重复、快速、廉价地使用，因此，它可用于一个系统的多种备选方案；

3）客观性比较好，由于该方法的输入为系统的特征参数，从而在一定程度上避免了人为偏见造成的主观影响；

4）不仅可以给出费用估算值，还可以给出置信区间。

参数估算法虽然有上述优点，但同时存在以下四个方面的不足：

1）由于全新系统与老系统在寿命周期费用方面的影响因素和规律有较大差异，故该法无法可靠地应用于一个新技术含量很高的或全新设计的系统；

2）即使用于一个改进的系统，该方法也需要进行一些调整，如设计方案、生产方法、使用与保障方案等，它们是不断变化的；

3）参数估算法一般用于系统级的费用估算，也可用于组成系统的分系统级，但一般不宜用于分系统以下各级的费用估算；

4）从目前情况分析，该法对使用保障费用的估算尚有不少需要解决的问题，主要问题在于其影响因素繁多，有许多参数是很难获取的。

14.2.5.3 类比估算法

如果新系统的功能、构型方案和性能与某个系统类似，则可以利用类似系统的费用数据，并考虑新、旧两个系统在配置和时间上的差异给予相应的修正，得到新系统所需的费用,这种费用估算方法就是类比估算法。

类比估算法的应用应考虑以下条件或环境:新、旧两个系统的研制时间,要充分考虑所处的不同经济环境;新、旧两个系统在技术、性能方面的类似程度,可由专家组给予充分评估,给出新、旧两个系统的可比因子;旧系统所发生费用的历史背景,主要是考虑一些特殊情况,例如,是否合作研制和研制周期要求等。

类比估算法在旧系统改进改型的费用估算方面较为准确,它一般用于系统设计的早期阶段(论证和方案阶段),并且是当参数估算法和工程估算法都不适用时才采用,是一种粗略的辅助性方法。

类比估算法的一般实施程序如下:

1) 确定估算目标、明确假设和约束条件。根据费用估算的需要,确定所估算的费用单元,并明确假设与约束条件。

2) 明确新研装备的定义。描述待估费用的新研装备,定义的详细程度随装备研制的进展而提高,并应与估算目标和要求相适应,主要包括:飞行任务、使用要求及使用与保障方案;技术指标要求;总体设计方案,特别要明确所采用的新技术和关键技术;初始供应保障计划等。

3) 确定基准比较系统与收集历史费用数据。根据定义的新研装备,确定用于比较分析的基准比较系统,收集比较系统的历史费用数据。收集费用数据的详细程度应能满足估算目标要求。

4) 比较分析与确定费用修正方法。将新研装备与基准比较系统从技术、使用与保障诸方面对所估算费用的各主要影响因素进行定性和定量的比较分析,通过分析要确定定量的费用修正方法,如确定调整的物价指数与贴现率、参数费用估算关系式等。

5) 估算新研装备费用。利用基准比较系统的历史费用数据与所确定的费用修正方法,按照费用估算目标要求,估算出新研装备的费用估计值。

工程估算法、参数估算法、类比估算法的主要优缺点见表 14-2。

表 14-2 三种概念估算方法的优缺点

方法	优点	缺点
工程估算法 (由下而上法)	因果关系明了,估算详细	开发实施难,要求大量详细数据,需要专业知识
参数估算法 (参变量法)	实施最简单,不需要技术专家	开发困难,因素可能相关但不是主要影响原因(例如缺少直接因果关系),利用现有数据外推预测未来(可能包括主要技术变化),结果可能不够正确
类比估算法 (类比法)	因果关系明了,比由下而上法更易应用	必须有合适的基准发动机,需要大量的详细数据,需要专业知识

14.2.6 寿命周期费用论证要点

寿命周期费用论证要点是指关系到费用论证质量和效果的关键性论证内容或事项。在此，从研制经费、采购价格和使用保障费用方面分别介绍费用论证要点。

14.2.6.1 研制经费论证要点

费用估算是费用论证的基础，费用论证过程包含大量的、反复的费用估算。对于研制经费的估算，首先根据已建立的项目工作分解结构、资源分解结构和产品分解结构，建立费用估算分解结构。然后，以基本费用单元为研究对象，如果是军机，则依据《国防科研项目计价管理办法》，综合采用工程估算法、参数估算法、类比估算法、专家判断估算法等方法进行费用估算分析。最后，从基本费用单元逐层向上归集，可得到各级费用单元的费用估算值。

研制费用估算的关键是费用分解，做到既不能漏项，也不能重复。每一项任务都要涉及其他专业工作，这是研制费用估算的难点。因此，经费的估算工作不是由几个人来完成的，需要各专业的配合，然后才统计归集，并且估算过程是反复进行的。

图 14-6 理论上表示了研制费用的估算过程，X 轴表示研制进度，并可按其实际的进度来划分，单位为月；Z 轴表示费用的绝对值，单位为万元；Y 轴表示的是任务。$X-Y$ 平面表示的是研制进度图，对应于各阶段各项任务的完成情况；$X-Z$ 平面表示的是各阶段的投资规律，并可统计出年度投资强度；$Y-Z$ 平面表示的是项目费用，如果 $X-Z$ 平面沿 Y 轴求和，则为研制经费总概算。

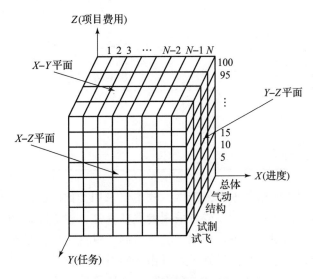

图 14-6 研制费用估算过程

14.2.6.2 采购价格论证要点

按《产品价格管理办法》规定，装备价格由其定价成本及按定价成本 5% 的利润率计算的利润两部分组成，定价成本包括制造成本和期间费用两部分，具体构成如表 14-3 所示。

表 14-3 军品价格构成

定价成本	制造成本	直接材料	原材料、辅助材料
			备品配件、外部协作件、外购半成品
			燃料、动力
			其他直接材料
		直接人工	主要包括直接工资、奖金、津贴、补贴和职工福利费等
		制造费用	组织和管理军产品生产所发生的人员工资、职工福利费、房屋建筑物与机器设备折旧费、修理费、试验检验费、取暖费、水电费、办公费、差旅费、运输费、劳动保护费、低值易耗品和修理期间的停工损失等
		专项费用	订货起点和质量筛选损失
			废品损失
			理化、测试及工艺试验费
			跟产技术服务费
			工装和零星仪器设备购置费
			售后服务和四随费用
			复产鉴定费
			必须支出的其他费用
	期间费用	管理费用	
		财务费用	
利润	按定价成本的5%计算		

在研制初期,由于价格数据尚未产生,故主要采用类比法,通过比较相似装备的价格数据对新型装备价格进行预测;或者采用参数估算法,建立或应用已有的参数估算模型,根据装备性能数据对价格进行预测。随着研制的进展,样机试制为装备价格的工程估算生成了部分数据,这些数据经修正后可用于装备价格预测。因此,可综合应用工程估算法、参数估算法、类比估算法、专家判断估算法等进行价格估算分析。

对于批生产装备,必须考虑到熟练曲线效应,制造成本估算可采用两种方案:一种是估算出该批量总的制造成本;另一种是估算出第一架(台)的制造成本,然后利用"熟练曲线"计算该批次中各装备的制造成本。

14.2.6.3 使用保障费用论证要点

影响使用保障费用的因素众多,主要包括设计因素、生产因素、使用维修保障方案以及用户的维修策略等。在建立估算模型时，必须对影响因素进行分析，不可能也没有必要全部计及所有因素，仅须选取重要的费用驱动因子作为费用说明性变量；要考虑到信息量的差异和影响因素的不同，选择正确的建模方法。

使用保障费用可以分为使用费用、维修费用和保障费用三大类，由于各费用单元的影响因素不同，故使用保障费用估算模型应按费用类目分别建立。

首先以每个基本费用单元为研究对象，对其影响因素进行分析，建立其费用估算模型，逐项建立，按费用分解结构逐层累加，形成飞机使用保障费用估算模型体系。

据统计分析，有些装备的使用保障费用已占到寿命周期费用的 70%~80%，这一现象在很大程度上是由装备研制初期的决策不当导致的。受认识的局限，过去人们对装备的研制费用、采购价格非常关心，忽视了后续长期累积的使用保障费用（由于使用保障费用在短期内看似很少）。研制早期的设计决策活动对装备寿命周期费用具有决定性的作用。为有效控制装备使用保障费用，必须从研制初期开始，加强装备使用保障费用的论证分析，将装备使用保障费用论证与设计贯穿于全寿命周期过程。

14.3 基于 PRICE 软件的寿命周期费用论证

PRICE 软件是美国 PRICE SYSTEMS 公司开发的参数估算软件，主要用于复杂系统研制费用、生产费用和使用保障费的估算、分析，在美国、欧洲、韩国、日本、以色列、土耳其等国家和地区得到了广泛应用，并取了良好的效果。该软件在总结分析了大量历史项目成本数据的基础上建立数学估算模型，把技术参数和成本关联起来，只要输入少量技术、进度、数量、环境参数，即可得到项目所需时间和费用的估计值，估算速度快，结果可信度高，同时能够依据实际情况进行校准，具有广泛的适应性和通用性。我国引进了 PRICE 软件，通过在多个装备型号论证中的应用，验证了 PRICE 软件在中国的适用性及估算结果的可信度。

PRICE 软件的参数化成本估算过程是以参数化估算模型为核心，开展的输入、计算、输出、校准的循环过程，如图 14-7 所示。

具体步骤如下：

1）对所要估算的对象给予正确的技术描述，主要包括项目的主要性能、技术指标、物理状态等。之后根据估算所处的阶段及具体任务，明确估算范围及估算精度要求。

2）根据项目的实际规模、估算的范围，确定费用单元和建立费用分解结构。

3）对估算所涉及的各种因素进行分析，作出相应的各种假设和建立约束条件，以保证估算的顺利进行。

4）根据估算的范围、假设与约束条件、费用分解结构，确定需要的数据。数据来源主要包括：经费及财务记录、所估算产品的费用数据库、费用研究报告、专家的分析判断、类似产品的历史费用数据库等。

5）输入数据进行计算。计算时，要根据估算要求和物价指数及贴现率，将费用统一换算到同一时间基准点。

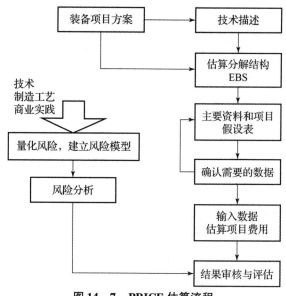

图 14-7 PRICE 估算流程

6) 进行风险分析。从资源、技术、进度等方面对重要的费用不确定性因素和影响费用的主要因素（如可靠性、维修性及某些新技术的引入）进行分析，以便估计决策风险和提高决策的准确性。

7) 将得出的估算结果与估算的目标进行比较，以判断估算结果是否满足要求。如果满足要求，则确定估算结果；如果不满足要求，则反馈到第一步，重新审定估算的目标并继续估算，直到满足估算的目标为止，如图 14-8 所示。

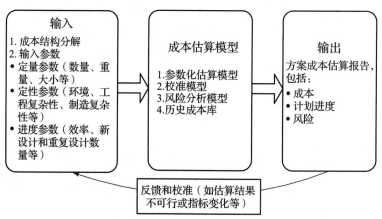

图 14-8 PRICE 反馈与校准

在使用 PRICE 参数化估算模型估算时，需要对整个估算过程进行反复的迭代运算，并将历史的技术数据、财务数据代入模型中进行校准，得出标准的、可以在新项目中使用的技术、财务指标，将其作为装备估算的参照基础。在进行装备费用的估算时，将新技术、财务数据代入到参数模型中，并与校准得出的指标基线进行比较，确定出估算的各项输入，得出估算结果。该过程是在研制过程中持续进行的，准确性随着研制进度逐渐增加，具体过程如图 14-9 所示。

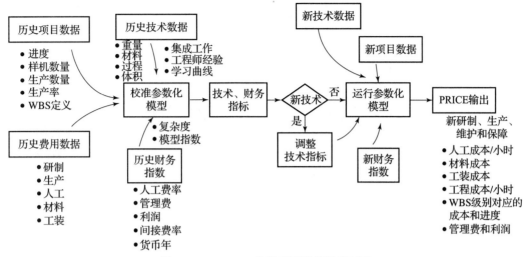

图 14-9　PRICE 参数模型估算迭代过程

14.4　发动机经济性算例分析

综合应用参数估算法和类比估算法计算了假设的某新型发动机经费和某型发动机全寿命周期费用。下面结合算例介绍计算的方法。

14.4.1　某预研计划算例分析

研发成本包括发动机设计、研究、试验的所有费用。我国研发经验较少,而美国研制新型号较多,积累了大量数据,提出了主要以发动机推力、涡轮前温度、最大马赫数、耗油率等为参变量的参数法估算公式,可以供估算使用。由于两国国情不同,故还运用了类比估算法。

估算一个某假设的新型发动机的投资,步骤如下:

14.4.1.1　计算条件

为了进行估算,首先根据国内外经验,以下列假设条件作为计算的输入:

1) 根据国外经验,不针对特定型号的发动机预研费用占全部发动机研究和发展费用的 30%~35%。由此可推断,对于全新发展的一代发动机,预研经费应该相当于型号研制经费的 50% 左右。

2) 根据国内研发实际对比,国内研发或预研相同技术水平的发动机,需要经费约为美国的一半。例如美国 F100 发动机研发经费约 6 亿美元(折合人民币约 50 亿元),国内某发动机约 25 亿元。

14.4.1.2　计算方法 1

美国兰德公司 2002 年发布的研究报告 *Military Jet Engine Acquisition Technology Basic and Cost - Estimating Methodology*(军用喷气发动机采办技术基础和成本估计方法),提出了新研发动机研制成本的估算公式:

$$\text{Ln rd0lm} = -24.429 + 4.027 \ln \text{ritf} \quad (14-4)$$

根据此公式,取下一代新型涡扇发动机高压涡轮转子进口温度 ritf = 1 970 K,计算可知下一代发动机研发成本为

$$\text{rd0lm} = 2\,771.772 \text{ 百万美元(2001 年币值)}$$

根据假设1),预研经费应该占研发经费的一半左右,按照2001年汇率8.2的水平,约为144亿元的水平。根据假设2),国内预研经费相当于美国一半,则按照2001年币值需投入预研经费57亿元;考虑物价上涨因素,若取物价上涨指数为3%,则按照2011年币值,预研经费需求为 $57 \times (1+0.03)^{10} = 76.6$(亿元);若取物价上涨指数为5%,则按照2011年币值,预研经费需求为 $57 \times (1+0.05)^{10} = 92.8$(亿元)。

14.4.1.3 计算方法 2

根据《航空发动机设计手册》第五分册的介绍,发动机研制成本计算可采用兰德公司1980年提出的统计公式:

$$A_1 = -845.804 + 0.001\,124 F_m + 249.838 M + 0.563\,4 T_4^* \quad (14-5)$$

按照美国新一代发动机性能参数,取 F_m(起飞重量)为 18 t,马赫数取为 2,T_4^* 取 1 970 K,可得研制经费为

$$A_1 = 966.09 \text{ 百万美元(1980 年)}$$

取 CPI = 5%,故至2010年应为

$$A_1 = 966.09 \times (1+0.05)^{30} = 4\,175 \text{(百万美元)}$$

按照当前人民币和美元汇率6.64,折合人民币为277.22亿元,再考虑假设2),国内研发经费需要138亿元,根据假设1)相应需要预研经费69亿元。

14.4.1.4 计算结论

为了提高航空发动机研发水平,进行新一代涡扇发动机前期研发预研需投资 70~90 亿元。

14.4.2 某涡扇发动机全寿命费用分析

本书还针对某假设的战斗机用涡扇发动机,进行了全寿命费用估算。

14.4.2.1 发动机全寿命费用概念和组成

一般来说,发动机的全寿命费用(LCC)由研制费(C_1)、采购费(C_2)和使用保障费(C_3)构成,即:

$$\text{LCC} = C_1 + C_2 + C_3 \quad (14-6)$$

使用保障费是为保障新飞机在全寿命期内的正常使用需要在发动机方面支出的费用,包括替换发动机的采购费(C_{31})、备份发动机的采购费(C_{32})、内外场维护费(C_{33})、修理厂返修费(C_{34})、发动机耗油费(C_{35})、部件改进费(C_{36})、其他费用(C_{37}),即

$$C_3 = C_{31} + C_{32} + C_{33} + C_{34} + C_{35} + C_{36} + C_{37} \quad (14-7)$$

14.4.2.2 某型涡扇发动机全寿命费用计算的条件

假设发展一型轻型多用途飞机,配装一台某型涡扇发动机。假设该发动机为派生发

展，直接进入工程研制，因此其研制经费可以用工程法估算。

(1) 飞机数量与寿命的设定

轻型多用途战斗机装备量暂按 800 架来计，单架飞机的总寿命按 4 000 h 进行计算。

(2) 涡扇发动机参数设定

涡扇发动机的单台价格按 1 500 万元计算，技术总寿命规定 1 200 h 来计算，首翻期为 600 h，翻修一次。

14.4.2.3 配装涡扇发动机的全寿命费用

(1) 研制费用

研制费用包括从发动机论证立项到设计定型这一阶段所发生的所有费用。

采用工程估算法，推算出某涡扇发动机需要研制费 180 000 万元。

$$C_1 = 180\ 000\ 万元$$

(2) 安装发动机的采购费

飞机的总数量按 800 架计，涡扇发动机的单台采购费用为 1 500 万元，所以在新飞机上安装中推涡扇发动机的采购费为

$$C_2 = 800 \times 1\ 500 = 1\ 200\ 000\ （万元）$$

(3) 替换发动机的采购费

在飞机的全寿命周期内，首次安装的发动机寿命到期之后，需要有发动机来替换，这些发动机的采购费用就是"替换发动机的采购费"。

飞机的总寿命按 4 000 小时计算。

涡扇发动机的设计总寿命为 1 200 h，因此涡扇发动机的替换总台数为

$$Q_{31} = (4\ 000/1\ 200 - 1) \times 800 = 1\ 867\ (台)$$

涡扇发动机的"替换发动机的采购费"为

$$C_{31} = 1\ 867 \times 1\ 500 = 2\ 800\ 500\ (万元)$$

(4) 备份发动机的采购费

当发动机从飞机上拆下修理时，需要有备份的发动机来替补，以满足规定的飞机出勤率，这部分储备发动机的费用就是"备份发动机的采购费"。

单发飞机备份的发动机与安装的发动机的台数之比（R），如不考虑替换发动机，一般取为 0.4~0.6，考虑到有替换发动机，这里取 0.1 来计算。因此备份发动机的台数为

$$Q_4 = 0.1 \times 800 = 80\ (台)$$

涡扇发动机的"备份的发动机的采购费"为

$$C_{32} = 80 \times 1\ 500 = 120\ 000\ （万元）$$

(5) 内外场维护费

内外场维护费包括外场维护和在内场进行的中、小修费用。

关于每台发动机每飞行小时的内外场维修费（C_b），国内目前尚无计算方法。美国空军有下面统计公式：

$$\ln C_b = 3.508\ 19 - 0.474\ 57\ln(\text{MTBO}) + 0.012\ 99 N_Q + 0.567\ 39\ln Y_0$$

式中，MTBO——最大翻修寿命（h）；

N_Q——最大翻修间隔内的发动机使用季节数;

Y_0——发动机单台价格(×1 000 美元)。

按上面公式计算,可以得到:

涡扇发动机的每飞行小时内外场维修费为

$$C_b = 0.172\ 0\ \text{万元}$$

涡扇发动机的内外场维修费为

$$C_{33} = 0.172\ 0 \times 800 \times 4\ 000 = 550\ 400\ (\text{万元})$$

(6) 发动机修理厂翻修费

发动机修理厂翻修费包括计划翻修和非计划翻修,单次翻修的费用(M_c)一般为发动机单价的30%。非计划翻修率一般为0.6~1.0次/1 000飞行小时。

$$C_{34} = (N_p + N_u) \times M_c$$

式中,N_p——计划翻修次数;

N_u——非计划翻修次数;

M_c——单次翻修费用。

涡扇发动机的翻修方案为600+600(h),修理厂翻修费为

$$C_{34} = (N_p + N_u) \times M_c = 2\ 640\ 000\ \text{万元}$$

(7) 发动机部件改进和其他费用

据国外统计发动机部件改进与其他费用分别占装备全寿命使用费用的2%~3%和1%~2%,但是国内发动机装备后,实施的部件改进相对较少,可以认为该项费用占全寿命费用的2%。

(8) 发动机全寿命期需要生产的总台数

某涡扇发动机实际需要生产的台数为

$$800(\text{首次装机}) + 1\ 867(\text{替换}) + 80(\text{备份}) = 2\ 747(\text{台})$$

(9) 发动机全寿命期总费用

涡扇发动机的全寿命期费用为

$$\text{LCC} = (180\ 000 + 1\ 200\ 000 + 2\ 800\ 500 + 120\ 000 + 550\ 400 + 2\ 640\ 000)/0.98$$
$$= 7\ 643\ 265(\text{万元}) \approx 764.33\ \text{亿元}$$

(10) 每发动机飞行小时平均费用

$$7\ 643\ 265/(800 \times 4\ 000) = 2.39(\text{万元})$$

这个水平属于第三代战斗机发动机的正常水平。

14.5 控制发动机全寿命费用的措施

14.5.1 费用作为独立变量的方法

美军为有效控制装备寿命周期费用,相继提出了定费用设计(Design to Cost, DTC)、费用作为独立变量(Cost as Independent Variable, CAIV)等管理方法。DTC 是

装备按规定的费用指标进行设计、制造的一种控制寿命周期费用的管理方法。CAIV 是在 DTC 基础上发展而来的,其最重要的组成部分是"独立变量",反映了 CAIV 最重要的两个需求:

1) 将费用作为输入而不是输出,过去基于"性能满足或超过需求"的竞争使费用成为设计的结果而不是设计的驱动因素,而 CAIV 强调费用本身也是项目需求和目标的重要组成部分。

2) 强化费用和性能之间的权衡,过去"性能需求是刚性的",不可能因为费用而进行折中,而 CAIV 认为费用与性能有同等的权重。

14.5.1.1 CAIV 的定义

经过多年的不断完善,CAIV 目前的定义为"用于采办和使用各种经济上可承受的国防部系统的方法,主要包括设定激进的、可以实现的费用目标,以及为实现这些目标而开展的管理工作,如在性能与进度之间进行权衡"。费用目标使各种任务需求和计划的年度资源取得平衡,同时考虑在国防部和工业界进行的预期的过程改进,以满足关键的用户需求。CAIV 注意到政府对按照总费用确定/调整寿命周期费用目标和评价要求的职责。

14.5.1.2 CAIV 的技术途径

CAIV 与传统费用管理方法相比,尤其强调以下几个方面:设定激进的费用目标,依项目不同可以设定 10%~30% 的费用削减目标;给予各层次更大的权衡权限,可以变更"非硬性"要求;采取更有效的激励措施,削减的费用中有相当部分用于奖励订购方、使用方和承制方的参研人员。

从系统工程角度来说,CAIV 实际上强调的是以下几种系统工程方法的综合应用:在各阶段、各层次深入开展性能—费用—进度权衡;强调技术创新,首先寻求创新方案来达成目标,而不是依靠增加费用或削减要求;严格控制性能—费用—进度权衡过程中包含的风险;注重过程改进,各阶段都针对项目费用目标进行过程改进。

14.5.1.3 CAIV 中权衡

权衡技术在 CAIV 实施中得到了充分的强调,CAIV 要求为权衡技术的应用做以下铺垫:

1) 根据中长期资源投入,在项目早期阶段判定需求的长期"经济可承受性",即明确装备体系顶层设计的宏观协调性,为项目层次的权衡提供一个基本合理的环境;

2) 以需求权衡为起点向项目管理层提供更大的权衡权限,将更多的内容纳入权衡;

3) 在需求论证阶段,由用户、项目办公室和工业界组成"需求定义小组(RDT)",共同确定需求,扩大权衡范围,订购方、使用方、承制方共同权衡整个寿命周期内的各项因素;

4) 用性能规范替代对详细设计及生产过程的具体要求并缩小"硬性需求"的范围,其目的是为权衡提供必要的技术空间。

14.5.1.4 CAIV 的应用效果

CAIV 提出以来,在美国防部的积极推动下,已经应用于多个采办项目。飞机类项目有联合攻击战斗机（F-35）、B-1B 轰炸机改进项目等。

各项目也取得了一些 CAIV 的业绩，其中，B-1B 改进项目可靠性得到了提高，使用保障费用减少了 5~6 千万美元/架·年。但是，方法不是万能的，F-35 战斗机则饱受经费超支之苦。

14.5.2 控制发动机费用的途径分析

根据分析国内外的有关资料，可以探讨通过一些技术和管理途径来控制有关费用。

14.5.2.1 将费用作为独立变量

学习国外经验，将费用作为独立变量，在各阶段、各层次深入开展性能—费用—进度权衡；注重过程改进，各阶段都针对项目费用目标进行过程改进；采取更有效的激励措施，削减的费用中有相当部分用于奖励订购方、使用方和承制方的参研人员。

14.5.2.2 发展数字孪生技术，大力采用仿真手段，减少样机数量、降低试验成本

从研制成本构成分析，国内大量经费用于研制试验样机和开展整机试车试飞上面。因此，一方面应大力发展数字孪生技术，减少加工成本；大力采用仿真手段，削减试验样机数量和试验时数，可以避免浪费。

14.5.2.3 设计上考虑费用，减少材料种类，尽量采用成熟工艺

成立设计—工艺—费用联合小组，在设计具体零部件时及时核算成本，多方案权衡；在性能可接受的条件下，总设计师系统注意减少昂贵材料的种类和用量，批产工艺尽量采用成熟且经济性高的工艺。

14.5.2.4 提高发动机可靠性

发动机使用中的故障排除、提前换发、非计划修理是造成全寿命费用增加的重要因素。在设计时注重提高可靠性，加强测试性设计、单元体设计等，可有效降低故障率、提前换发率，减少排故修理成本。

14.5.2.5 开展系列核心机设计，形成发动机家族化

从前面参数分析可知，涡轮前温度代表了航空发动机的技术水平，全新设计发动机投入巨大，应参照世界先进经验，发展一系列核心机，并在此基础上匹配不同低压部件，形成家族化发展的发动机品种，可以有效降低发动机研发费用；由于同家族发动机备件通用率高，采购费用、修理费用也将有可观的降低。

国外对航空发动机采办费用的研究还可见参考文献 [7]~[13]，国内陶增元[14] 等在其著作中也提出了相关计算方法。

注：本章内容的主要素材取自以下参考文献以及若干其他资料。

参考文献

[1] Mark V Arena, Obaid Younossi, Kevin Brancato, et al. Why has the cost of fixed-wing aircraft risen [R]. RAND Corporation, 2008.

[2] 杨克巍，等. 武器装备采办管理 [M]. 北京：科学出版社，2015.

[3] 唐长红. 航空武器装备经济性与效费分析 [M]. 北京：航空工业出版社，2018.
[4] 韩景倜. 航空装备寿命周期费用与经济性分析 [M]. 北京：国防工业出版社，2008.
[5] 飞机设计手册总编委会. 飞机设计手册：第 22 册技术经济设计 [M]. 北京：航空工业出版社，2001.
[6] Younossi O, et al. Military jet engine acquisition—Technology basics and cost – estimating technology [R]. ISBN – 08330 – 3282 – 8. Rand Corporation. 2002.
[7] Birkler, J. L., J. B. Garfinkle, and K. E. Marks. Development of Cost Estimating Relationships for Aircraft Turbine Engines [R]. Santa Monica, Calif.：RAND, N – 1882 – AF, 1982.
[8] Bond, David F.. "Risk, Cost Sway Airframe, Engine Choices for ATF," [J]. Aviation Week and Space Technology, April 29, 1991：20 – 25.
[9] Camm, Frank. The Development of the F100 – PW – 220 and F110 – GE – 1000 Engines：A Case Study of Risk Assessment and Risk Management [R]. Santa Monica, Calif.：RAND, N – 3618 – AF, 1993.
[10] Cook, Cynthia R., and John C. Graser, Military Airframe Acquisition Costs：The Effects of Lean Manufacturing [R]. Santa Monica, Calif.：RAND, MR – 1325 – AF, 2001.
[11] Dabney, Thomas R., and Michael J. Hirschberg. Engine Wars：Competition for U. S. Fighter Engine Production [R]. Arlington, Va.：ANSER, 1998.
[12] Drewes, R. W.. The Air Force and the Great Engine War [R]. Washington, D. C.：National Defense University Press, 1987.
[13] Large, J. P.. Estimating Aircraft Turbine Engine Costs [R]. Santa Monica, Calif.：RAND, RM – 6384 – PR, 1970.
[14] 陶增元，王如根. 飞机推进系统总体设计 [M]. 北京：国防工业出版社，2001.

符 号 表

A	面积
BCA	最佳巡航高度
BCM	最佳巡航马赫数
C	气流绝对速度,系数
C_p	比热
e	部件多变效率
F	推力
H	焓,高度
h	比焓
f	燃油与空气的质量流量比
Ma	马赫数
m	流量
P	压力
Q_R	燃料的反应热
R	气体常数
r	半径
S	面积,熵,耗油率
T	温度
T_{SL}	起飞推力
U	周向速度
V	流体速度,轴向速度
v	容积,速度
W	功率,相对速度
W_{TO}	起飞重量
η_c	压气机绝热效率
η_n	喷管绝热效率
η_t	涡轮绝热效率
η_{TH}	发动机热效率

η_P	发动机推进效率
η_o	发动机总效率
τ	力矩、总温比
ρ	密度
α	涵道比
ω	角速度
π	部件增压比
γ	比热比
σ	总压恢复系数
β	相对引起量
ε	冷却气质量流量

下标

a	空气
AB	加力燃烧室
b	燃烧室
d	进气道，扩压器
c	压气机
F	燃油
f	风扇
e	出口
o	大气参数
L	低压部分
H	高压部分
M	混合室
m	机械
n	尾喷管
t	涡轮

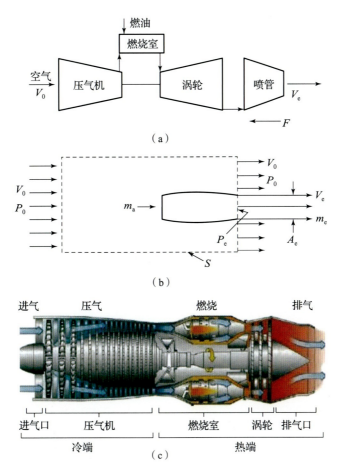

图 2-1 航空发动机工作原理图[1]

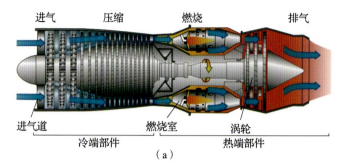

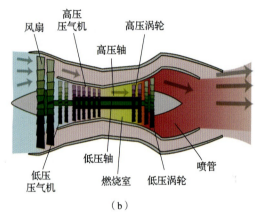

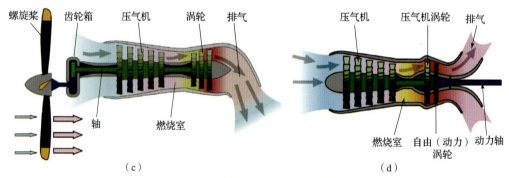

图 2-3 四类燃气涡轮发动机示意图

(a) 涡喷——适用于高速飞行,但效率低;(b) 涡扇——采用风扇和外涵道,效率高于涡喷;
(c) 涡桨——用于低速飞行,效率高;(d) 涡轴——用于直升机动力和地面动力,效率高

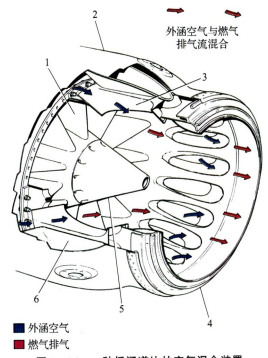

外涵空气与燃气
排气流混合

■ 外涵空气
■ 燃气排气

图 3-26 一种低涵道比的空气混合装置

1—涡轮后支柱；2—外涵道；3—混合器斜槽；4—喷管安装边；5—排气装置的内锥；6—分流器的整流罩

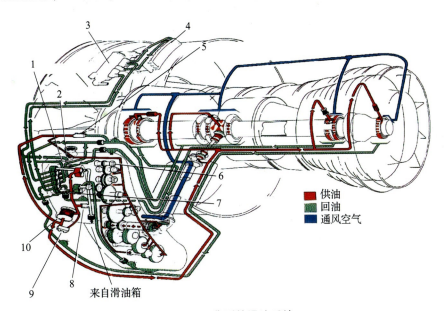

■ 供油
■ 回油
■ 通风空气

来自滑油箱

图 3-31 典型的滑油系统

1—油气分离器盘；2—节流后溢油流回滑油箱；3—燃油冷却滑油散热器；
4—空气冷却滑油散热器；5—滑油压力传感器和低压警告开关；
6—离心式通风机；7—滑油泵组件；8—减压活门；
9—滑油压差开关；10—高压油滤

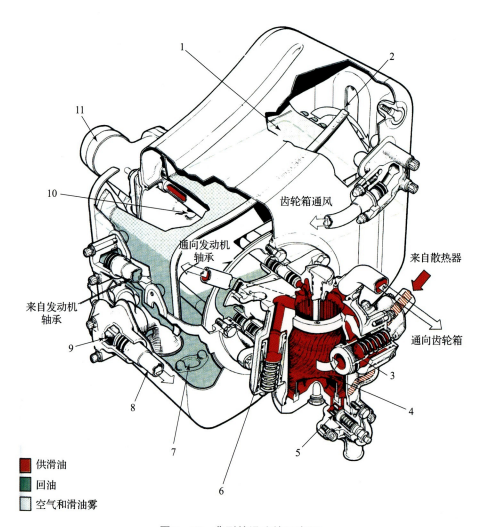

图 3-32 典型的滑油箱示意图

1—油气分离器盘；2—观察窗玻璃；3—油滤旁通活门；4—滤芯；5—油滤放油活门；
6—系统减压活门；7—放油塞；8—通向增压滑油泵；9—滤网；
10—高压油滤进口；11—滑油压力传感器

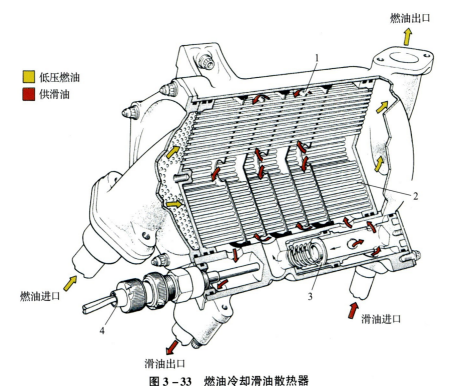

图 3-33　燃油冷却滑油散热器
1—折流板；2—蜂窝结构散热组件；3—滑油旁路活门；4—滑油温度传感器

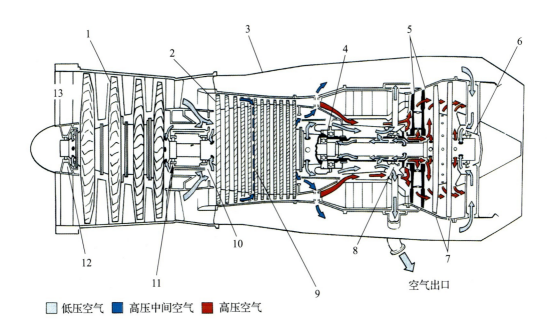

图 3-34　内部空气流简图
1—低压压气机；2—高压压气机；3—外涵道；4—定位轴承；5—高压涡轮；6—低压涡轮轴承；
7—低压涡轮；8—高压涡轮轴承；9—引气口；10—高压压气机前轴承；11—低压压气机后轴承；
12—低压压气机前轴承；13—空气进口

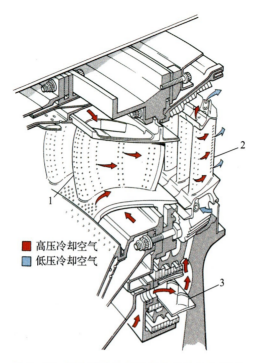

图 3 – 35 导向叶片和涡轮叶片的冷却布置图

1—导向叶片；2—涡轮叶片；3—预旋喷嘴

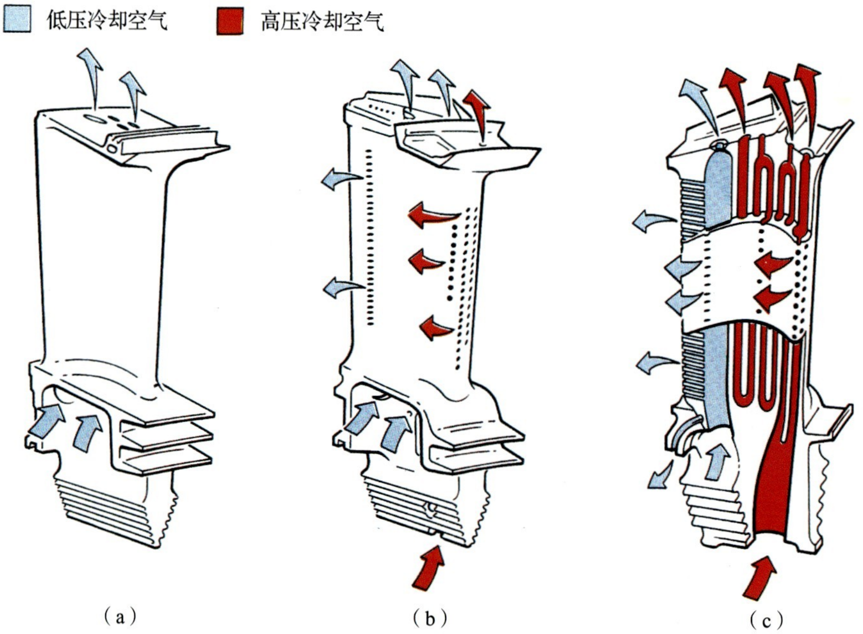

图 3 – 36 高压涡轮叶片的发展

(a) 单通道，内部冷却（20世纪60年代）；(b) 单通道，多路内部冷却及气膜冷却（20世纪70年代）；
(c) 五通道，多路内部冷却（广泛使用气膜冷却）

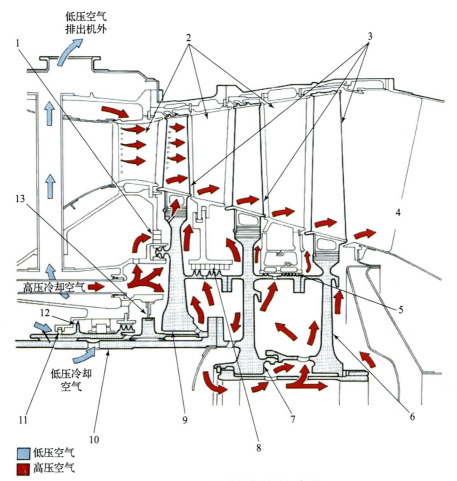

图 3-37 涡轮冷却和封严示意图

1—预旋喷嘴；2—导向叶片；3—涡轮叶片；4—高压冷却空气进入燃气流；5—级间篦齿式封严件；
6，7，9—涡轮盘；8—级间蜂窝封严件；10—涡轮轴；11—浮动环封严件；
12—液压封严件；13—刷式封严件

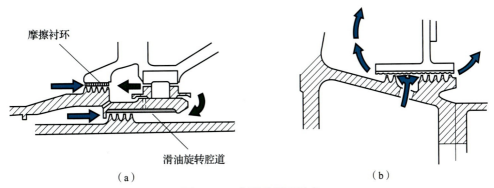

图 3-38 典型的封严形式

(a) 液体和摩擦衬环篦齿式封严件；(b) 级间连续槽（篦齿式）空气封严件

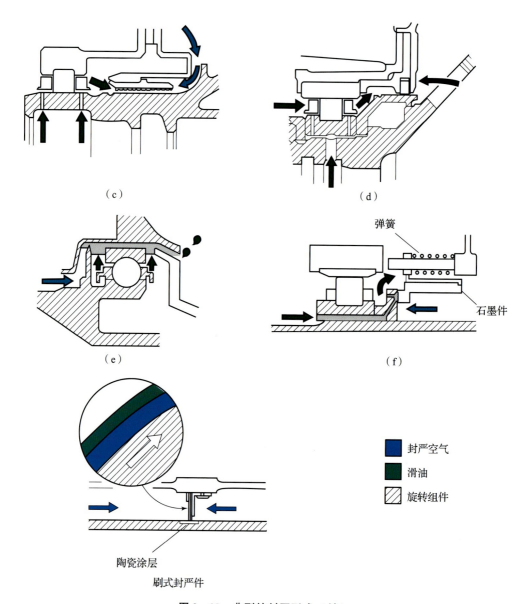

图 3-38 典型的封严形式（续）

(c) 螺纹式（篦齿式）滑油封严件；(d) 浮动环式滑油封严件；(e) 轴间液压封严件；(f) 石墨封严件

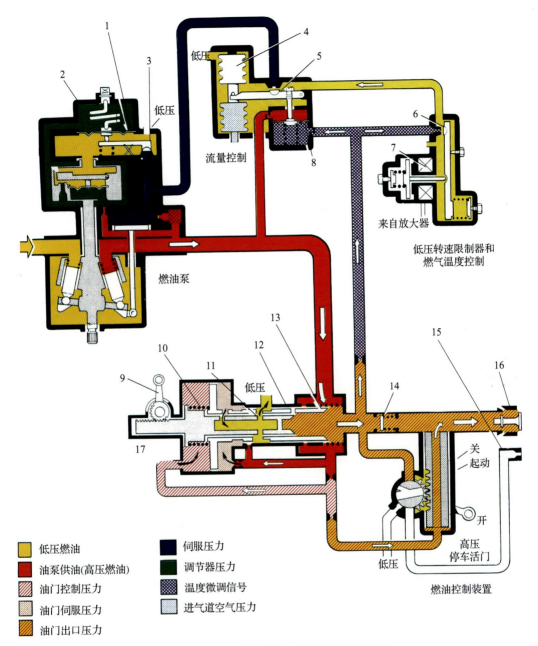

图 3-40 液压机械式的压力控制系统示意图

1—伺服控制膜片；2—高压轴调节器（液压机械式）；3—伺服溢流活门；4—真空膜盒；
5，6—溢流活门；7—电磁线圈；8—压降控制膜片；9—油门杆；10—伺服弹簧；
11—控制活门；12—带孔套筒；13—油门开关；14—反压活门；
15—起动燃油喷嘴；16—主燃油喷嘴；17—阻尼油门

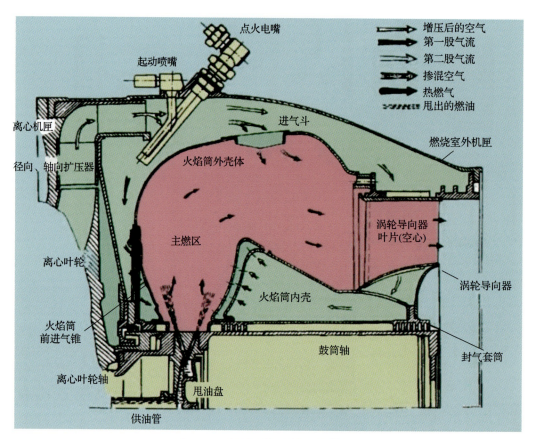

图 3-42 折流环形甩油盘式燃烧室